遥感影像三维重建技术与应用

施群山　周　杨　梁　静
蓝朝桢　吕　亮　胡校飞　编著

科学出版社
北　京

内 容 简 介

本书全面、系统地介绍遥感影像三维重建相关的技术基础与具体实现方法，包括基于矢量数据的交互式三维重建技术、基于 LiDAR 数据的半自动三维重建技术、倾斜摄影自动三维重建技术基础和实践、倾斜摄影三维模型编辑技术、卫星遥感影像三维重建技术以及三维模型发布技术。

本书主要面向高等职业院校的学生，也可作为从事测绘地理信息行业的工程技术人员、教师、本科生的参考用书。

图书在版编目（CIP）数据

遥感影像三维重建技术与应用 / 施群山等编著. -- 北京 : 科学出版社，2025. 8. -- ISBN 978-7-03-081650-4

Ⅰ. TP75

中国国家版本馆 CIP 数据核字第 20252K5T78 号

责任编辑：石 珺 / 责任校对：郝甜甜
责任印制：赵 博 / 封面设计：蓝正设计

科学出版社出版
北京东黄城根北街 16 号
邮政编码：100717
http://www.sciencep.com
北京建宏印刷有限公司印刷
科学出版社发行 各地新华书店经销
*
2025 年 8 月第 一 版 开本：720×1000 1/16
2026 年 1 月第二次印刷 印张：22 3/4
字数：432 000

定价：198.00 元

（如有印装质量问题，我社负责调换）

前言

近年来，随着摄影测量技术的发展以及无人机的普及，特别是自然资源部实景三维中国计划的提出，利用遥感影像进行三维重建已经成为测绘领域的一项基础性工作，其提供的三维产品可为数字城市建设、数字旅游、自然灾害监测、文物修复重建、军事测绘导航、虚拟战场构建、无人作战应用、军事医疗救护、装备制造维修等多方面应用提供支持。目前遥感影像三维重建技术基本可以实现高度自动化，但在某些情况下，还存在着精度不高、细节缺失、纹理失真等问题，因此往往需要结合手工修补进一步完善。本书以遥感影像三维重建基本原理为基础，以遥感影像三维重建实操为主线，兼顾传统基于矢量数据的交互式三维重建技术与基于 LiDAR 数据的半自动三维重建技术，采用理论与实践相结合的方法，系统介绍遥感影像三维重建所涉及的核心技术、方法与工具，以促进初学者对遥感影像三维重建知识与技能的全面理解与掌握。

遥感影像三维重建作为实景三维建设的核心技术，无论是相关院校还是行业，对该方面教材的需求十分旺盛，但是目前已出版的书籍主要是一些学术专著，缺少实际操作指导，另外一些主要是相关软件的操作手册，缺少系统性的理论知识介绍。遥感影像三维重建涉及知识面广，且需要多款工具软件相互配合共同完成，因此本书参考了大量国内外相关文献和著作，结合编者多年来的积累和经验，根据高等职业院校培养应用型人才要求，系统讲解了遥感影像三维重建涉及的基本理论和实际的操作方法。

本书共 8 章，第 1 章绪论，主要介绍遥感影像三维重建的定义、分类，常用的三维重建方法、质量控制要求以及三维重建的主要应用领域；第 2 章基于矢量数据的交互式三维重建技术，主要介绍基于矢量数据的交互式三维重建的基本流程、规范要求，重点介绍如何利用 3ds Max 对模型进行交互编辑的方法；第 3 章基于 LiDAR 数据的半自动三维重建技术，主要介绍三维激光扫描系统的组成和工作原理、常用的数据格式，重点介绍如何利用 Terrasolid 软件进行建筑的三维重建，详细描述操作步骤；第 4 章倾斜摄影自动三维重建技术基础，主要介绍倾斜摄影测量硬件系统的组成与工作原理、常见的硬件产品类型及三维重建软件，重点介绍实现倾斜摄影测量三维重建的关键技术；第 5 章倾斜摄影自动三维重建技术实践，主要介绍 Metashape、ContextCapture、Pix4Dmapper 等几款目前常用的软件的操作步骤；第 6 章倾斜摄影三维模型编辑技术，主要介绍 DP Modeler、

SVSMeshEditor 这两款模型编辑软件的详细操作流程；第 7 章卫星遥感影像三维重建技术，主要介绍了利用卫星遥感影像开展三维重建的流程、关键技术及软件实操步骤；第 8 章遥感影像三维模型发布技术，主要介绍模型发布常用的 3DTiles、glTF 两种格式的基本概况、数据格式的转换方法，并对三维模型数据服务与三维模型数据网页可视化方法进行介绍。

本书由施群山、周杨、梁静、蓝朝桢、吕亮、胡校飞合编，第 1 章由施群山编写，第 2 章由施群山和梁静共同编写，第 3 章由梁静编写，第 4 章由施群山和周杨共同编写，第 5 章由施群山和蓝朝桢共同编写，第 6 章由梁静和施群山共同编写，第 7 章由施群山和吕亮共同编写，第 8 章由胡校飞和施群山共同编写。全书由施群山统稿，梁静协助文字审校。

本书在编写过程中，参考国内外大量相关文献，在此感谢相关专家和学者，本书编写中尽量将所参考的文献全部列出，但是难免有疏漏之处，如有遗漏，恳请谅解。

感谢信息工程大学地理空间信息学院领导及各级机关对本书给予的支持和帮助，本书的出版得到校“双重”建设经费资助。感谢信息工程大学地理空间信息学院测绘工程教研室的领导和同事，在你们的指导和帮助下，才得以顺利完成本书的编写工作。感谢感知天下（北京）信息科技有限公司、武汉天际航信息科技股份有限公司、武汉智觉空间信息技术有限公司等单位为本书的编写，提供丰富的案例素材和相关的技术支持。最后要感谢科学出版社编辑以及参与本书出版编辑工作的所有老师，感谢你们为本书的出版所做的工作。

由于遥感影像三维重建技术的迅猛发展以及作者编写水平和时间有限，书中有些地方尚不能反映当前遥感影像三维重建技术最新成就，内容难免有不完善之处，恳请专家、学者和读者批评指正。

编　者

2024 年 10 月

目录

第 1 章

绪　论

1.1 遥感影像三维重建的概念

三维重建技术是对三维物体或场景的一种恢复和重构，以建立适合计算机表示和处理的数学模型，是在计算机环境下对其进行处理、操作和分析的基础，也是在计算机中建立表达客观世界的虚拟现实的关键技术。

三维重建的方法有很多种，传统的建模方式多采用建模软件（例如 3D Studio Max、AutoCAD 等）进行正向设计和建模。同时，对于已有物体、场景则可使用三维扫描仪通过逆向扫描重建后得到模型。基于计算机图形学的遥感影像三维重建方法，其成本低廉、真实感强、自动化程度高，可在诸多场景中得到应用。

遥感影像三维重建是从若干幅影像计算提取出场景和物体的三维深度信息，根据获取的三维深度信息，重构出具备很强真实感的物体或者场景的三维模型的方法。该方法涉及多个热门领域，比如计算机图像处理、计算机图形学、计算机视觉和计算机辅助设计等很多领域。目前，遥感影像三维重建技术已经成为一个极具潜力的热门领域，在诸多方面有着很重要的应用，比如数字城市、航天飞行、遥感测绘、数字文博等领域。尤其是近年来自然资源部实景三维中国建设计划的提出，遥感影像三维重建技术更是成为学术界研究热点。

1.2 三维模型类型

根据《基础地理信息要素分类与代码》（GB/T 13923——2022）及国内外三维重建的实践经验，三维模型主要包括地形模型、建筑模型、交通设施模型、管线及地下空间模型、植被模型、水系模型、场地模型及其他模型等类型（宁振伟等，2013）。

（1）地形模型：用于表示地面高低起伏形态的三维模型。

（2）建筑模型：依据地形图、建筑平面图、实景照片、规划设计等数据制作的建筑物、构筑物、附着物等三维模型，主要表达它们的几何形态、空间位置、实景或规划纹理效果等信息。

（3）交通设施模型：依据地形图、交通规划设计资料、实景照片等数据制作的道路及其附属设施的三维模型，主要表达道路、桥梁、隧道、道路指示牌等对象的空间位置、几何形态及外观效果等信息。

（4）水系模型：依据地形图、水系测量等数据制作的水系及其附属设施三维模型。主要表达河流、河堤、湖泊及其附属结构的空间位置、几何形态及外观效果等信息。

（5）管线及地下空间模型：依据管线测量数据或设计资料制作的管线三维模型，主要表达管线、地下停车场、地铁等物体的空间位置、形态、类型及附属设施等三维信息。

（6）植被模型：依据地形图、植被等测量数据制作的三维模型，主要表达绿化树、花坛、人工绿地等对象的空间位置、分布、形态及种类等信息。

（7）场地模型：依据场地测量数据或设计资料制作的三维模型，主要表达除建筑物、道路、水系、植被所占地面以外的自然或人工修筑地面区域的空间位置、几何形态及外观效果。

（8）其他模型主要是指除地形、建（构）筑物、交通、水系、植被、地下空间设施以外的要素。包括城市雕塑（含城市中各类装饰雕塑）、城市休息设施（含座具、伞与座椅、步廊、路亭等）、城市卫生设施（含垃圾箱、公共厕所、饮水及清洗台等）、城市信息和通讯设施（含电话亭、邮箱、环境标识、告示板、宣传栏、计时装置、电子信息查询器等）、城市娱乐休闲设施（含游戏设施、娱乐设施、户外健身设施等）、城市消防设施（含消防水池、消防水塔等）以及残疾人专业设施等内容。

1.3 三维模型数据

每一类建模对象按照三维模型建立和应用的需要，一般可以分为三维坐标数据、纹理数据、属性数据三部分。根据构建三维模型的等级要求，一般三维坐标数据和纹理数据是必须要获取的，属性数据根据模型需要决定是否附加。

（一）三维坐标数据

三维坐标数据主要是指建筑物平面的二维坐标、建筑物高度数据，以及建筑物的几何形态数据。

1. 平面数据的获取方法

（1）扫描数字化，即对纸质或者数字化的二维平面地形图和设计图扫描而获取数据。

（2）通过在野外实地利用传统测绘方式测量获取。

（3）平面二维矢量数据提取，地物在二维矢量数据中的形状一般需要通过投影到地面的轮廓线来表达，将该轮廓线提取，并生成面状要素存储在地图数据中。

从二维地图中提取三维地物的投影数据主要有两种途径：一种是把面数据转换成线数据重新获取地物的轮廓线；另一种是将地物轮廓面数据作为三维地物模型的地面。该方法的特点在于利用已有的数据成果，节省时间，避免重复劳动，降低成本，从而提高工作效率。

（4）利用遥感或航拍影像获取。从影像获取地物平面数据主要有两种方式。

第一种是使用航空影像交互式获取。航空影像图片分辨率高，可以真实地反映建筑物的部分侧面、顶面信息以及大部分建筑物的附属信息，结合手工交互数字化获取建筑物的外部形状。该方法虽然获取的数据比较真实，但需要专业人员操作，对操作人员的专业素质要求也较高，同时工作量巨大，建模速度慢。

第二种是利用高分辨率卫星遥感数据自动提取。在卫星遥感高分辨率影像中获取地物实时的高分辨率的影像数据，利用遥感面向对象的方式，可以自动提取地物的轮廓。这种方式的优点是获取数据速度非常快，但由于在城市建筑物之间会有互相遮掩，导致不能精确、完整地提取的几何信息。为保证正确率，在后期工作中必须要人工处理。

2. 高度数据获取方法

（1）从建筑景观设计建造图纸中来获得建筑物高度数据以及形状信息。

（2）从已建好的地理信息系统专题数据库中获取。在现有的二维地理信息的地图资料中，获取建筑物专题信息数据库，或在别的包含建筑物高度字段数据的专题数据库中获取，如包含建筑物高程信息，可以直接提取来利用；若没有，可根据建筑物层数和建筑物使用性质估算建筑物高程信息。此方法成本较低、工作量相对较小，但是由于通过估算得到的数据，所以不够精确。

（3）从影像中来直接提取建筑物高度以及其他信息，此方法的优点是效率高，但目前还不能自动处理大量数据。

（4）通过三维激光雷达系统直接获取建筑物的三维坐标信息，速度快效率高，但是费用稍微昂贵。

（二）纹理数据

地物表面纹理数据不影响数字城市后期的数据管理，但由于三维地物模型表面覆盖真实的纹理图片，会影响三维重建的真实性。细致的地物表面纹理数据可以塑造更加逼真的视觉效果，更加准确地表现地物的表面信息，突出现实景观的信息，增加地物的识别度，使用户容易识别相关地物，对地物及与周围地物景观的相对位置形象化、直观化。

地物表面的纹理数据的获取主要有三种方式：航空摄影测量技术、近景摄影测量技术、计算机简单模拟绘制。

（1）航空摄影测量技术主要应用于地表面影像数据和建筑物侧面纹理数据的获取，此方法数据获取速度快，但是由于纹理变形大而导致数据的真实感差。

（2）近景摄影测量技术利用地面摄影的相片来从中直接提取纹理数据，由于需要拍摄海量的地物表面相片，同时结合图像处理技术获取纹理数据，所以后期工作处理量会非常大，数据获取的速度也比较慢。

（3）计算机简单模拟绘制是利用计算机图形学技术，依据一定的算法规则生成纹理，用于模型表面的贴面。此方法的数据量较小，可以很快地浏览制作的模型，但是因为纹理与显示地物表面差异大而导致场景缺乏真实感。

（三）属性数据

属性数据可以来自经济普查数据、城镇地籍数据和基础地理信息数据，还可以参考相关行业的专题数据。

1.4 常用三维重建方法

三维重建技术可以根据采集方式、处理实时性、智能化程度、数据源的获取技术等进行分类（吴彤和傅中力，2015）。

根据采集方式，三维重建技术可以分为接触式和非接触式两大类。接触式方法基于力触发原理，借助于一定的传感器，通过探针等与物体直接接触来获取物体表面采样点的坐标，主要包括触发式数据测量、连续式数据测量等技术。非接触式方法利用某种与物体表面发生相互作用的物理现象，如声、光、电磁等来获取物体表面的三维坐标信息。根据所采用的物理原理，又可分为光学方法、声学方法和电磁学方法。光学方法应用最为广泛，主要包括立体视觉法、结构光方法等；声学方法主要包括超声波方法等；电磁学方法主要包括工业 CT 法和核磁共振（MRI）法等。

根据能否实时处理可分为非实时三维重建技术和实时三维重建技术。非实时三维重建技术主要包括双目视差法、明暗恢复形状法、调焦法和投影光栅相位法等，因其计算复杂、操作烦琐，不能实时地应用于三维场景的重建。实时三维重建技术主要包括单激光线扫描法、傅里叶变换轮廓法、彩色条纹结构光法等，具有算法效率高、处理数据量小、算法能够有效处理噪声、不需要人工加以修正数据等特点（熊利郎等，2013）。

根据智能化程度，可以分为传统的基于视觉几何的传统三维重建方法和基于深度学习的三维重建方法。基于视觉几何的传统三维重建方法研究时间较久远，技术相对成熟。其主要通过多视角图像对采集数据的相机位姿进行估计，再通过图像提取特征后进行比对拼接完成二维图像到三维模型的转换。基于深度学习的三维重建方法主要使用深度神经网络超级强大的学习和拟合能力，可以对 RGB 或 RGBD 等图像进行三维重建。这种方法多为监督学习方法，对数据集的依赖程度很高。由于数据集的收集和标注问题，目前多在体积较小的物体重建方向上研究较多。

还可以根据数据源的获取技术进行分类，三维重建方法随着数据源的获取技术的发展而变化。三维空间数据获取方式经历从全人工的地面野外测量，到摄影测量获取地面的全景影像，再到三维激光扫描技术获取地物激光点云数据的发展过程。三维模型的建模方法也从全手工建模到人机交互半自动或自动化建模。从建模的精细程度、使用领域进行比较，各种方法都有各自的技术特点和应用方向。如地面激光扫描、近景摄影测量和野外传统测绘的 CAD 手动建模多用于对单个或少量建筑物进行精细三维重建；数字化地形图和已有二维矢量地图数据自动快速建模多用于要求不高的简单三维模型生产；遥感影像和机载激光扫描系统半自动建模多用于大面积的城市三维场景模型重建；车载摄影测量和车载激光扫描系统多用于走廊地带的三维建筑物立面建模和精细地面建模；基于倾斜摄影测量技术可以快速重建大范围城市真三维场景。具体分类可以分为基于二维矢量数据的三维重建方法、基于三维激光点云数据的三维重建方法、基于传统摄影测量技术的三维重建方法，以及基于倾斜摄影测量技术的三维重建方法等几种建模方法（杨存英，2016；梁静等，2020），这几种方法是本书重点要介绍的三维重建方法，此处首先简要介绍这几种方法，后续章节将详细介绍相关建模方法的详细流程和步骤。

1.4.1　基于矢量数据的三维重建

数字地图为三维重建提供了丰富的二维矢量数据来源，各种地物要素如地貌、居民地、道路及附属设施、水系及附属设施、植被、绿化及独立地物等，既具有严格、精确的几何图形数据，又具备完善的属性数据，所有这些数据都为建立三维模型提供了数学基础。可见，二维矢量数据已具有大部分地形地貌实体建模所需的基础数据，同时二维矢量数据本身还具有较完整的数据库及其操作功能。因此，直接从二维矢量数据转换到三维模型是一条经济、快捷的有效途径。目前，常见的数字地图数据有数字地图（地形图、地籍图等）和二维矢量数据库。这些数据源不仅含有三维重建所需要的几何信息，如目标物的位置，建立 DTM 所需要的等高线或高程点，建筑物的底面形状，建筑物占地边界与面积，屋顶的倾斜和边沿的方向，建筑物的高度、层数等，而且含有丰富的语义属性信息，如建筑物的用途、建筑年代、名称、结构、权属等。现有的纸质地图也可通过数字化仪、扫描仪等工具结合专业软件转化为数字地图和二维矢量数据。

常规的二维矢量数据包含多种类别的数据，如矢量线划数据、地籍数据、地面测量数据等。数字高程模型数据和正射影像数据也越来越多地被纳入基础空间数据库范畴。这样，只需地籍数据加建筑物高度数据，一种简单实用的盒状实体模型就可快速自动生成。数字高程模型数据的使用在于逼真重建地形表面，并将所有地物放置在与实际位置一致的空间布局上。建筑物的逼真侧面纹理则可以通过地面摄影的方法获取，建筑物的顶部纹理可以采用材质或者使用其他方法如从正射影像图获取。

三维模型的构建需要三维的空间数据（包括平面位置、高程和高度数据）和真实的纹理数据（包括建筑物侧面纹理等）。现有二维矢量数据中除二维空间数据之外，并不具有直接完整的第三维信息和纹理数据。二维矢量数据中一般只有建筑物相对的高度属性–层数信息，而建筑物层数所反映的高度信息与实际差别一般较大，所以需要进行专门获取。从二维矢量数据到三维模型，除真实的表面纹理需要人工交互式完成以外，根据建筑物的二维底边界数据就可以自动生成建筑物盒状的三维几何模型，并自动关联二维矢量数据中相应的属性信息。可见，从二维矢量数据到三维模型有以下两种方法：

（1）在二维矢量数据的基础上，直接给定建筑物的相对高度和纹理数据来构建建筑物的三维模型。这种方法的缺点在于模型真实感差，对城市景观信息的表达比较少。由于没有利用 DEM 表达实际的地形起伏特征，所有建筑物都立足于一个假定的水平面上。这种方法主要用于快速显示二维矢量数据对应的三维建筑物基本轮廓特征，许多 GIS 软件都提供此类从二维转换到三维的功能。

（2）结合建筑物的相对高度信息也可构建具有真实地理分布的城市景观。由于涉及不同类型数据的应用和比较专业化的三维重建与编辑功能，二维 GIS 软件须进行特别的扩展。

二维矢量数据缺少建筑物垂直面的几何和纹理信息，从二维到三维的转换工作主要是建立表面几何模型并赋予纹理等属性信息。由于表面纹理信息与二维矢量数据相关点较少，其制作方法一般独立地从影像上提取，用数码相机拍摄真实纹理，或者人工制作。二维到三维的过程既是平面到立体的过程，也是让目标物集成高度及立面信息的过程。这种方式需要在相关的三维重建软件（如 AutoCAD、3ds Max 等）完成建筑的三维重建。下面利用二维矢量地形数据 DLG 介绍建筑物三维重建的一般过程：

（1）首先利用现有二维矢量 DLG 数据（图 1.1），确定建筑物的平面位置和高程信息。

（2）将获取的建筑物二维地形图导入到 3ds Max 中，结合二维矢量图和高程数据构建建筑物的外形轮廓线，生成建筑物的白模（图 1.2）。

（3）通过外业拍摄获取建筑物顶面或侧面纹理，结合采集的纹理照片对三维模型的白模进行手动纹理贴图，生成建筑物的三维模型，然后将建筑物的三维模型经过平面校准后投入到三维场景中，最终生成三维模型。3ds Max 构建的三维模型效果如图 1.3 所示。

该方法优点是：建模方法简单、建模成本低、模型平面精度高、模型几何纹理精细化程度强。但是也有一定的缺点，模型制作工艺复杂，需要大量的人工，

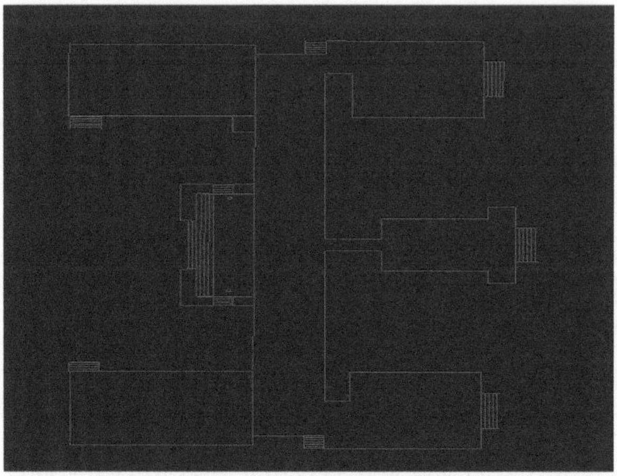

图 1.1　二维矢量数据

图 1.2　建筑物白模

生产周期长，建模效率低。该方法比较适合小范围精细化三维模型精细化制作。

1.4.2　基于三维激光点云数据的三维重建

三维激光扫描技术能高效率、大面积、均匀的快速获取对象的表面空间三维信息。所获得的物体表面的阵列式离散空间点位信息，同时也能通过后处理反映

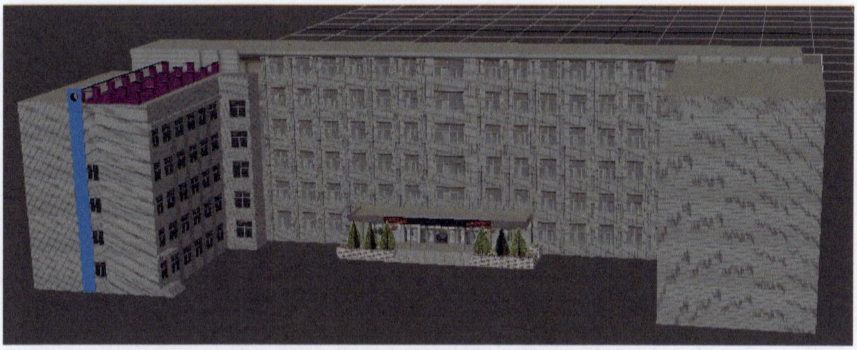

图 1.3 手动贴纹理后三维模型

出面部信息，为建筑物的模型重建提供更多的信息。三维激光扫描仪所获得的海量三维空间点位信息，称之为点云。点云不仅仅包含物体表面激光脚点在扫描仪坐标系下的空间坐标，还包含点云子集合所代表的曲面信息。同时，激光脚点是三维激光扫描仪所反射的激光信号与物体表面的接触点。不同的物理材质会有不同强度的回波信号，所以回波信号强度的差异反映出激光脚点处物体的物理特性的不同。

基于激光点云数据的三维重建方法，其具有高效、快速、高精度和大面积获取物体的三维空间分布信息的特点，使其被广泛应用于建筑物、文物保护和数字城市等三维重构领域。

在基于三维激光点云数据的三维重建过程中，针对激光三维扫描仪获取海量的点云数据，需要经过点云拼接、点云分割和点云建模三个重要的步骤，完成三维重建。

（1）点云拼接。在三维重建过程中，点云拼接，也称点云配准，是指将激光扫描仪采集到的完整实体的点云数据进行适当的坐标系转换，也就是使所有的点云数据都在一个统一的坐标系下，共同表征实体的空间几何信息。换句话说，点云拼接，就是将多个角度扫描得到的数据统一到一个共同的坐标系的过程。

要进行点云拼接，就是需要完成两个或多个坐标系之间的旋转参数和平移矩阵的选择和确定。在坐标系的转换方面，有相关的具体方法。例如，李亚萍提出的点云拼接的方法是采用实四元数组的方法来求解向量点云在三维空间中绕任何坐标轴的旋转 ，从而计算出转换参数。这种拼接的方法，计算过程简单，计算数据量不大，计算速度也快。这种方法在计算机图形学领域也具有同样重要的价值。在此基础上，其他学者也相应提出改善的拼接算法，如朱延娟等学者提出一种直接对散乱的点云数据进行配准的方法，即根据所扫描点的曲率和法向量，采用几何哈希技术提取出相应有效的同名点对集合，然后再利用迭代最近点法 ICP（Iterative Closest Points Algorithm）进行精确的匹配，进而提高配准的可靠性和稳定性。总体而言，随着研究的不断深入，关于点云数据的拼接算法也在不断得到发展和完善，其最主要的发展方向就是朝着便捷易行，计算量小的方向进行发展。

（2）点云分割。点云分割，顾名思义，就是将代表同一属性的激光扫描得到的点云数据，一般是指如平面属性、圆柱面属性等，划归到相同的点云子集中的过程。激光三维扫描点云数据的点云分割对于后续三维实体的建模重构具有重要的意义。其扫描实体的表面形态、采集的点云数据的完整性及分割方法的合理性都直接决定点云数据的分割效果。目前，点云数据的点云分割算法主要有三大类，即基于边界检测的分割方法、基于区域生长的分割方法和基于混合边界和区域生长的方法。基于边界检测的分割方法主要是从数学的角度出发，其核心是认为一个区域与另一个区域的边界之间的点的曲率存在着突变，最终的分割结果是封闭的边界区域。董明晓等基于数据点的曲率变化的分割方法，是通过计算每一条扫描线上的点计算器的曲率值，将曲率值变化较大的点作为边界，进而将点云分割成多个区域，这种分割的方法，其原理简单，边界提取速度也很快。而基于区域生长的分割方法，其分割思想则是将属于同一种几何特征的点划分到同一个区域的过程。国外学者则提出利用 K-邻域估算每一个云点的法矢，然后再随机选取种子点，进而根据某一准则来进一步检测邻域点集的基于区域生长的分割方法。而针对基于混合边界和区域生长的方法，则是结合边界和区域生长方法。这种混合的分割方法在一定程度上能够提高分割精度，避免实体模型的数据丢失。

（3）点云建模。激光三维扫描的点云建模，即利用实体的特征关键点，对实体进行几何重建和纹理重建。通常情况下，重建的几何模型已有边界表示法、实体几何模型法和空间划分法三种常用的表示方法。在点云建模过程中，近年来提出很多算法，如有学者提出采用 Alpha Shapes 算法来提取实体的轮廓线，并利用矩形与外接圆的几何关系和分类强制正交的方法来实现对实体轮廓线的规则化处理，最终得到建筑物的几何模型。随着各类算法的提出，点云建模的精度也在进一步提高，重构的速度也较原来有很大的提升，这对激光三维扫描计算的推广具有很强的促进作用。

1.4.3 基于传统摄影测量技术的三维重建

摄影测量技术通过卫星或低空遥感方式获取地物的原始影像，这些影像不但具有丰富的几何纹理信息，而且在影像上通过解译还可获得语义及拓扑信息，这为三维重建提供丰富的数据来源（王庆栋，2013）。伴随着计算机视觉技术和高分辨率遥感技术的快速发展，数字摄影测量技术成为当今构建高精度三维模型的重要方法之一。在摄影测量技术基础上进行三维模型构建的流程如下：

（1）首先通过航空航天摄影获取原始高分辨率影像，结合野外控制点数据，依据摄影测量原理对影像进行（空中三角测量，简称空三）加密，得到加密点平面及高程位置，以及每张影像对应的外方位元素。

（2）在数字摄影测量系统中，利用上述得到的空三加密成果对建筑物进行立体量测，采集建筑物的平面几何及高程数据，然后将采集的建筑物的矢量数据在软件中生成建筑物三维基础数据，即得到建筑物相应的结构体（王庆栋等，2014）。

（3）对原始影像进行调色处理后，结合生成的建筑物三维基础数据在软件中进行配准，软件自动提取建筑物顶部纹理信息，并将其附着在建筑物三维模型顶部。

（4）依据生成的建筑物的三维基础数据，再通过外业采集建筑物的侧面纹理信息，然后对采集图片进行大小、色彩、形状等方面的修正，将处理好的贴图映射到三维基础数据上，最终生成建筑物的三维模型。

利用摄影测量技术进行三维重建的方法优点是：数据获取范围大、模型数据精度高、成果类型丰富、技术相对成熟。该方法的缺点是：建模成本高、人工需求大、建模效率低、完全自动化困难、另外由于是垂直拍摄，建筑物几何立面纹理信息难以精确描述，不能实现完全仿真。因此，对于小范围的单一三维重建或是对三维模型有较高要求的，不适合使用此方法。

1.4.4 基于倾斜摄影测量技术的三维重建

倾斜影像技术是近年来国际测绘遥感领域发展起来的一项新型技术，通过在同一飞行平台上装载多台摄影机，使这些设备能够同时从垂直、任意角度对测区进行影像的采集，能够获取地面地物更全面的信息（魏祖帅等，2017），如图1.4所示。对地进行垂直摄影的影像称为正片（一组影像），而镜头与地面呈一定角度时拍摄的影像为斜片（如四组影像）。

目前，基于倾斜摄影测量技术进行三维重建最大的优点是实现自动化建模过程，无需人工干预，可以快速完成大场景实景三维模型重建，建模效率高、真实感强，质量要求不高时，模型成果基本不用修改即可发布到平台上。而且建模限制的条件少，仅有倾斜影像也可以完成三维重建和自动化纹理贴图。当然，如果提供原始的定位定姿系统（Position and Orientation System，POS）数据和控制点数据，三维重建的精度会更高（魏祖帅，2015）。但是这种方式也有一定的缺陷，数据量太大，数据处理过程对硬件配置要求较高，当质量要求较高时，必须对模型进行后期的修饰才能满足需求。总的来说基于倾斜摄影测量技术的三维重建方法利大于弊，适合于大范围三维模型生产。

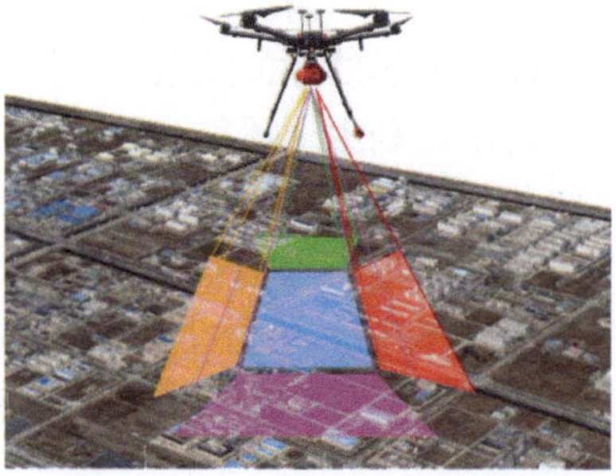

图 1.4　倾斜摄影测量相机视角

1. 倾斜影像特点

（1）从全方位的角度对地物进行观察，真实反映地物的实际情况及周边情况，极大地弥补了正射影像的不足。

（2）倾斜影像可以对所测量地物进行高度、长度、角度、坡度等的量测，能够实现单张影像量测，这一技术扩展了倾斜影像技术的应用。

（3）对于不同的地物，倾斜影像都能采集到地物的侧面纹理。在三维重建的过程中，结合航空摄影所获取的大范围的影像，加上倾斜影像采集到的侧面纹理，即可对大范围的区域进行建模并贴纹理，大大减少三维重建的成本。

对倾斜摄影获得的倾斜影像进行处理之后，利用相关专业建模软件能够生成倾斜影像三维模型，模型能够呈现两种成果数据：

（1）单体模型，它可以利用倾斜摄影提供的倾斜影像丰富影像纹理信息，借助相关的系统软件生产的三维模型框架，如数字摄影测量系统生成的建筑物立方体。通过纹理映射技术（自动），生成真实的三维模型。单个模型的特点是，每个建筑物都可以进行修改，包括它的纹理信息。

（2）非单个模型，它也称倾斜模型，这是利用系统软件进行全自动化生产的三维模型，它是通过多视影像数据，顾及多种系统误差，进行联合平差解算，首先生成高密度的点云图，然后自动生成 TIN 格网模型，最后生成带有真实纹理的三维模型。它最大的优点是全自动化，真实纹理。但它的缺点也较为明显，即每个建筑物都不可以进行修改，包括它的纹理信息。目前常用的软件有 ContextCapture、Agisoft Metashape、Pix4Dmapper、像素工厂等。

2. 倾斜摄影测量建模流程

倾斜摄影测量建模一般流程如下：

（1）首先通过倾斜航空摄影获取地表建筑物多视角影像，对获取的原始影像进行匀光、匀色、几何纠正等预处理，确保建模所需的资料和数据的完整性。

（2）对多视影像进行空中三角测量计算，其中包括相对定向、控制点量测、绝对定向、区域网平差等步骤，通过空三计算后，获得高精度影像外方位元素和经过畸变改正后的影像，为后面的模型创建和纹理提取作准备，如图 1.5 所示。

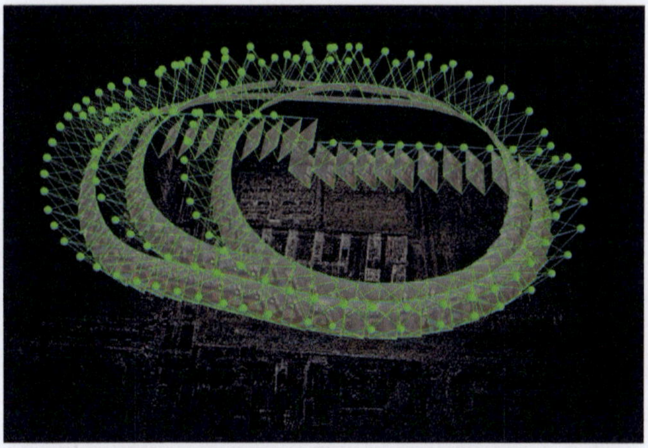

图 1.5　影像之间的空间关系计算结果

（3）采用多视影像密集匹配技术将影像中的各像素在三维空间中离散化，获得地表建筑物高密度三维彩色点云，如图 1.6 所示。

图 1.6　三维彩色点云

（4）构建白模。通过 TIN 三角构网方法，将一个个离散的点云点连接形成一个个三角形面片并形成三角网，制作为实景三维模型中的基础模型——“白模”，如图 1.7 所示。

图 1.7　构建的白模效果

（5）将带有精确坐标信息的纹理影像与三维 TIN 模型进行配准，从而实现纹理自动映射，最终生成城市实景三维模型，如图 1.8 所示。

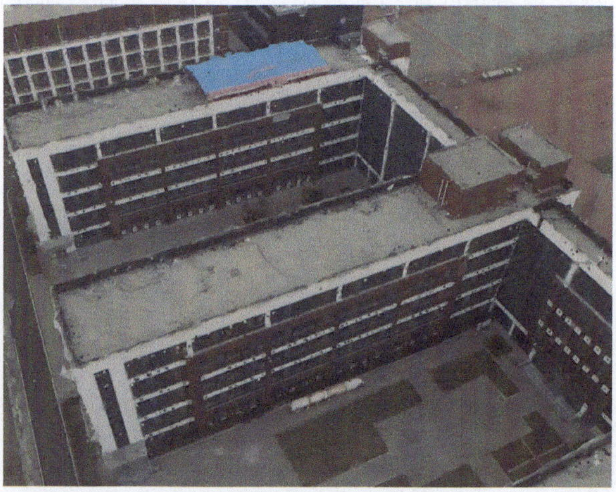

图 1.8　实景三维模型效果

1.4.5　几种三维重建方法比较

下表 1.1 对四种三维重建方法的优缺点进行对比（梁静等，2020），在实际生产项目中，根据三维模型用途和模型精细度要求选择合适的作业方式，或者结合不同方式一起作业生产三维模型。

表 1.1 四种三维重建方法对比

建模方式	具体方法	优缺点
基于矢量数据的三维重建方法	以二维矢量数据为基础，用建模软件如 3ds Max 将二维矢量数据拉伸为立体三维模型	方便构建简易的三维模型；利用二维矢量数据进行一般性的查询和空间分析；不宜表达复杂的建筑模型
基于三维激光点云数据的三维重建方法	通过三维激光扫描设备，获取建模物体的三维点云数据及纹理信息，并构建城市三维模型	可以快速地获取并构建地物的几何形态；可以同时获取地物的纹理信息；易于表达较复杂的地物模型，但数据量巨大
基于传统摄影测量技术的三维重建方法	在影像上提取建筑物的轮廓，或生成 DEM 和 DOM 构建三维地形场景和三维模型	可以生成形象直观的三维地形场景，但是模型建设效率比较低，建筑物轮廓不容易提取
基于倾斜摄影测量技术的三维重建方法	获取多角度倾斜影像，通过软件自动化建模	方便、快捷，自动化建模，人工干预少，可以生成真三维场景；影像质量不好时，对于物体的细节表达不是很到位，要进行三维空间分析、查询和检索时，还需要对模型进行单体化处理

1.5 三维模型精度要求

1.5.1 三维模型精细程度级别

三维模型根据精细程度，一般分为四级，Ⅰ级和Ⅱ级一般是指精细模型，Ⅲ级一般是指标准模型，Ⅳ级一般是指基本模型（宁振伟等，2013）。

1. Ⅰ级和Ⅱ级精细建筑

精细建筑一般是指一些地标建筑，建筑面积≥20000m^2 的建筑、大型雕塑、文物保护单位、大型文化卫生设施、医院、学校、酒店、政府机关、金融、商贸、文化、科技、展览、娱乐中心等建筑。

精细模型建模要求：

（1）需精细建模，外形、纹理与实际建筑相同，建筑细部（如：屋顶结构，建筑转折面，建筑与地面交界的铺地、台阶、柱子、出入口等），以及建筑的附属元素（门厅、大门、围墙、花坛等）需作出。

（2）精细模型建筑应与照片保持一致，应避免整个墙面一张贴图，损失模型的立体效果；需注意接地处理，例如玻璃不可直接戳在地上；该有的台阶、围墙（含栅栏、大门）、花坛必须做出；建筑的体量应与照片一致；贴图除屋顶贴图以外其余的贴图必须采用实地采集的纹理贴图。

（3）面数限制：精细模型控制在 5000 个面，在模型结构精细程度允许的情况下面数尽可能少，看不到的面都删掉，个别复杂模型面数可以稍微提高。

（4）精细模型建筑结构≥0.3m 需要用模型表现出其结构，<0.3m 可用贴图表现其结构。

2. Ⅲ级标准模型

标准模型建筑是指一些普通居民楼、居民小区、普通门面商铺，成串的骑楼等建筑。

标准模型建模要求：

（1）纹理与实际建筑相同，一些小的几何结构允许采用贴图来表现，但所有贴图均要求比较清晰美观；

（2）对于标准模型，整体、细节的颜色、形状都应与实际保持一致；

（3）面数限制：标准模型控制在 2000 个面以内；

（4）标准模型建筑结构≥0.8m 需要用模型表现出其结构，<0.8m 可用贴图表现其结构。

3. Ⅳ级基本模型

基本模型建筑是指不属于精细模型和标准模型的其他所有建筑。

基本模型建模要求：

（1）模型结构基本正确，表现出基本形状，能够通过该特征明显辨认，实地采集纹理贴图，纹理表现的层数应与现状基本吻合；对于建设城市规划区域、成片低矮平房（如城中村）、老式小区、待拆迁区域、周边区域等区域，可以整片处理，简化不可见的面片；

（2）基本模型建筑则不需面面俱到、细致到所有细节；

（3）面数限制：基本模型建筑控制在 800 个面以内。

1.5.2 三维模型精度要求

1. 三维模型平面精度要求

三维模型平面精度要求见表 1.2。

表 1.2 三维模型平面精度要求 （单位：m）

级别	Ⅰ级	Ⅱ级	Ⅲ级	Ⅳ级
成图比例尺	1∶500（外业调绘）	1∶500（非外业调绘）	1∶1000	1∶2000
平面精度	0.3	0.5	0.8	1.4

注：困难地区（如林区、阴影覆盖隐蔽区等）的平面中误差可按上表规定放宽 0.5 倍，两倍中误差值为最大误差。

2. 三维模型高程精度要求

三维模型高程精度要求见表 1.3。

表 1.3 三维模型高程精度要求 （单位：m）

级别	Ⅰ级	Ⅱ级	Ⅲ级	Ⅳ级
成图比例尺	1∶500（外业调绘）	1∶500（非外业调绘）	1∶1000	1∶2000
高程精度	0.5	0.8	1	2

注：困难地区（如林区、阴影覆盖隐蔽区等）的高程中误差可按以上规定放宽 0.5 倍；两倍中误差值为最大误差。

1.5.3 成果质量控制

三维重建的成果质量控制包括模型数据检查、整体效果检查、属性数据检查、文件及相关资料检查验收等内容（高山和陈思，2013；Koutsoudis et al.，2014；顾广杰等，2017）。

1. 模型数据检查

模型数据检查应包括下列内容：

（1）模型数据的完整性。应包括地形模型、建筑要素模型、交通设施模型、管线模型、植被要素模型和其他要素模型等的错、漏情况。

（2）模型制作的准确性、合理性。应包括模型数据的平面位置、高度、形状、比例等几何精度的准确性，模型在场景中表达逻辑正确以及各级别模型优化制作的合理性检查等。

（3）模型纹理、贴图的准确性、完整性、协调性。应包括模型纹理的准确性、清晰度以及纹理与几何模型的一致性检查等。

（4）各建模单元接边的正确性、合理性检查。

（5）模型及纹理数据命名的正确性、规范性检查。

2. 整体效果检查

整体效果检查应包括下列内容：

（1）地形模型表现应真实，模型应准确反映出建模物体的形状、质感、色彩、明度以及明暗关系。

（2）建（构）筑物表现应真实无误，模型应准确反映出建模物体的高度、形状、质感、色彩及明暗关系。

（3）交通设施表现应真实无误，模型应准确反映出建模物体的高度、形状、质感、色彩及明暗关系。

（4）交通附属设施表现应真实、完整，模型应准确反映出建模物体的形状、质感、色彩及明暗关系。

（5）道路沿线植被及各类绿地中的公共景观植被的表现应真实，模型应准确反映出建模物体的位置、高度、分布、样式、质感及色彩等。

（6）水系要素模型应准确反映出建模物体的形状、质感、色彩、水纹等信息。

（7）其他要素模型要素应真实、完整，模型应准确反映出建模物体的位置、高度、分布、样式、质感及色彩等。

（8）场景整体色彩、光照效果应协调一致。

3. 属性数据检查验收

属性数据检查验收应包括下列内容：

（1）属性数据的正确性。

（2）属性数据的完整性。

（3）属性数据的现势性。

4. 文件及相关资料检查验收

文件及相关资料检查验收应包括下列内容：

（1）文件资料应齐全，相关说明、附图、签章等应完整、清晰。

（2）文件资料内容应合理、可靠。

（3）自检报告的内容应完整，表述应清楚，报告分析结论应合理等。

1.6 三维重建的主要应用

为满足各类应用对真实世界三维信息的需要，各个领域的研究人员都致力于新型获取手段的探索和现有重建技术的改进。如计算机视觉中需要获取目标的三维特征从而实现自动目标识别和分类，机器人学中需要借助对环境信息的获取实现自动导航，测绘学领域需要获取高精度的地形信息以及植被、建筑物、道路等非地形信息，而考古学需要获取文物及遗址的三维模型实现对它们的保护和修理等。来自多个领域的需求促使当前各种三维重建技术层出不穷，精度不断提高，速率趋于实时，成本不断降低，进一步促进三维重建技术的广泛应用，特别是促进其在军事领域的深度应用，如军事测绘导航、虚拟战场构建、无人作战与应用、军事医疗救护、装备制造维修等方面的应用（吴彤和傅中力，2015；郭亮等，2019）。

（一）数字城市应用

数字城市是以计算机技术为基础，通过信息测绘与三维建模所构建的一座虚拟的城市，数字城市可以实现实体城市各个角落的信息收集与汇总，并将其在数字城市上进行相对应的标注，从而使得我们可以便捷、迅速、高效地完成对城市现状的了解。

数字化城市建设的框架支撑主要是信息技术、服务目标以及基本概要组成，数字化城市建设需要有完整的城市数据，而数据的来源就离不开信息技术系统、全球卫星定位系统、城市综合功能地理信息系统技术、数字化城市的管理技术、虚拟现实技术、云数据系统、原数据与宽带网络的建设等多种技术手段，通过这些技术手段的使用，对空间信息数据进行分析整合。数字化城市建设的主要目的就是体现城市综合信息水平的应用价值，归根结底，数字化城市的建设还是便利社会，为人服务。所以为保证数字城市建设的准确性与有效性，城市实景的三维建筑模型是数字城市建设的奠基石，数字城市建设过程中应当充分协调发挥出摄影测量技术的实用价值，测绘量取城市建筑的数据模型，可以采用无人机航拍来获取更多的实景三维模型数据，保证其真实性、完整性以及高精度标准。经过处理以后，生成航拍测绘城区建筑的实景三维场景模型，并以此为基础，通过三维建模软件对所测绘的建筑模型与场景模型进行二次调整，对数字化城市建筑模型中的重要建筑进行具体化、精准化的调整，从而完成实景三维模型建设（张鑫鑫等，2017；王港淼，2022）。

（二）数字旅游应用

我国旅游业目前蓬勃发展，数字旅游的概念，也已不是新鲜词汇，各个景区争相用信息化手段，打造数字化景区。然而，真正建立起数字化景区并充分利用起来的，少之又少。数据采集慢、建立时间长、耗资大、系统应用太专业、虚拟三维丢失细节信息，这些都是导致数字化建立起来却无法充分发挥作用的原因。应用实景三维重建技术，结合虚拟三维手段，可弥补二维数字景区的不足，充分利用景区地理、环境、人文等各方面的资源，建立以实景影像为特色数据的数字景区公共服务平台，资源开放共享，将会进一步推进旅游的大力发展（王果等，2018）。

（三）自然灾害监测

三维重建实景模型能从不同高程、不同角度反映滑坡、变形体等地质灾害点的全貌和细部特征以及周边地貌，获取到位置、距离、坡度、植被覆盖等信息，并进行挖填方量估算等三维可视化的操作。

（四）文物修复重建

随着光阴的流逝，许多文物在风吹雨打中逐渐被消磨，甚至有些已经变了模样。文物风蚀不可逆，文物保护刻不容缓。随着科技的发展，文物保护工作也已经从图片、视频，延伸到了三维领域。通过对文物进行实景三维重建，一方面可以保存珍贵的文物影像，用作宣传教育等，另一方面，在文物修复的过程中，也是很重要的参考资料（白云峰，2017）。实景三维重建技术能有效应用于文物的保护研究和展示利用中，并且对文物本体及附属环境不产生任何破坏，尤其是对世界遗产来说，其真实性和完整性也可以得到有效保护，甚至可以融合更多技术建设“数字博物馆”。

（五）军事测绘导航

随着武器装备信息化程度不断提高，远程精确打击武器在战争中发挥的作用愈发凸显，从近几次局部战争中精确制导武器的运用和效果可以深刻体会。精确制导技术也得到不断发展，天文制导、惯性制导、GPS 制导、地形匹配制导、景象匹配制导等多种方式组合运用，为导弹提供精确的目标指示（杨军，2012）。其中，景象匹配制导作为一种重要的末段制导方式，有效提升导弹的精确打击精度。所谓景象匹配，是指在导弹制导系统中预先存储大量目标基准图像，在制导过程中，导引头不断对目标进行探测，获取实时图像，然后与存储的目标基准图像进行相似度分析，检测判定出所要攻击的目标，主要包括红外成像制导、可见光成像制导、合成孔径雷达（SAR）图像制导以及下视景象匹配制导等（李言俊和张科，2009）。三维重建技术的发展和计算处理能力的提高，将使二维景象匹配升级为三维景象匹配，通过预先存储目标区域的三维场景，并在制导过程中实时解算比对三维模型匹配程度，准确发现捕获目标，使得伪装手段更易失效，提供更加准确的目标指示手段。

（六）虚拟战场构建

三维虚拟战场构建定位于为真实战场环境建立高精度、真三维、可量测、真实感强的模型，主要是指对目标环境内建筑物、地形、植被以及其他地物地貌的建模。作为数字战场的基础框架和平台，三维虚拟战场构建在军事训练、作战任务规划与指挥决策等方面具有广泛的应用。美国国防高级项目研究计划局 DARPA（Defense Advanced Research Projects Agency）自 20 世纪 80 年代起一直致力研究和开发 SIIVINET （Simulator Networking）虚拟战场环境，以提供坦克协同训练，不仅降低了作战训练费用，同时提高了训练质量。到 1989 年，SIIVINET 形成了约 260 个地面装甲仿真器及通讯网络、指挥所和数据处理设备等互联的网络，节点分布在美国和德国的 11 个城市，形成了一个包括海陆空多兵种、3700 个仿真实体参与、地域覆盖范围 $500km^2 \times 750km^2$ 的军事演练环境。美国海军研究实验室与弗吉尼亚技术研究室协作开发的战场可视化虚拟环境 Dragon 多次应用于作战演练，受到军方的一致肯定。美军在 90 年代末期提出了信息优势七大先期概念研究项目，其中多项涉及战场可视化技术研究，主要有：陆军/海军陆战队联合在城区地形的军事行动的先期概念技术演示、陆军的综合态势认知和目标定位计划、快速地形可视化先期概念技术演示、作战空间指挥和控制先期技术演示等。作战空间指挥和控制先期技术演示，为应用于陆军作战指挥系统（包括机动控制系统和 21 世纪部队旅及旅以下作战指挥系统）的改进提供技术选择（孙向军，2004）。

（七）无人作战应用

三维重建技术可以有效推进无人装备走向实战化应用（陈文灵和高楠，2013；樊高月，2013）。一方面，通过实时获取生成三维环境，有助于实现无人装备的自动导航。例如，在美国国防部高级研究计划局（DARPA）的支持下，波士顿动力公司联合福斯特·米勒公司、JPL 和哈佛大学共同研究大狗（Bigdog）四足军用机器人，用于在一些军用车辆难以使用的险要地方助士兵一臂之力，进行作战物资的运输。大狗机器人配有环境感知电子眼，能够结合立体视觉和激光扫描仪产生精确的三维地形模型，使其能够分辨出前方安全的道路。另一方面，通过获取目标的三维特征，可以实现目标自动识别和分类，并判断目标的行为动作，为人机协同提供有力支持。

（八）军事医疗救护

三维重建技术在军事医疗救护领域发挥重要作用，除了使用传统的CT扫描设备可以获取伤病人员的（部分）三维模型，进而为医生快速精确定位患处提供有效支持外，目前基于激光扫描或结构光扫描设备的扫描技术由于精度高且对人体无辐射作用，已经用于构建牙齿、颌面或脸部软组织等部位的精确三维模型，从而为相关的正畸手术提供帮助。此外，通过扫描手段获取人体的全身或者骨骼、关节等部位的三维模型，可以为身形矫正和假肢制造等提供精确的参数信息（杨洪文等，2010）。

（九）装备制造维修

三维重建技术广泛应用于装备制造维修领域。一方面，随着逆向工程不断发展，将实物转变为 CAD 模型相关的数字化技术、几何模型重建技术和产品制造技术加速演进，通过特定的测量设备和测量方法，如高精度激光扫描仪，获取实物表面离散点的几何坐标数据，并重建三维模型，是逆向工程的首要环节（萤锦菊，2007）。例如，著名逆向工程解决方案提供商 Direct Dimensions 公司使用 FAROLS 激光扫描仪获取 F15 战斗机 CAD 模型。另一方面，随着各种扫描技术在工业领域的应用，基于非接触式三维测量技术的微断面技术（1Vlicroprofilome-try ）、激光扫描技术等被广泛应用于工业制造中的质量检测（丁华，2004）。根据扫描数据，评估产品表面的光滑度、弯曲度、拓扑信息以及典型的缺陷，实现对产品质量的检测与监控。

1.7 本章小结

本章重点介绍三维重建及遥感影像三维重建的定义，并对三维模型的类型、数据组成等进行阐述。重点介绍常用的三维重建方法，并对比这几种方法的优缺点。介绍三维模型的精细程度划分等级及建模的精度要求，并介绍三维建模成果质量控制要求。最后介绍三维重建的主要应用领域。

思考题

1. 简述遥感影像三维重建的定义。
2. 简述三维模型数据的构成，以及各部分数据的主要来源。
3. 简述几种常用三维重建方法的优缺点。
4. 简述三维模型分级的方法以及各级模型的建模要求有哪些。
5. 简述三维重建的主要应用有哪些，请举例说明。

第 2 章

基于矢量数据的交互式三维重建技术

基于矢量数据的交互式三维重建作为一种传统的建模方式，在一些重点目标的建模方面，尤其是在无法获取激光雷达点云以及多视角影像数据时，其仍然是一种重要的建模手段，因此本章重点介绍如何利用矢量数据来完成目标的交互式建模。

2.1 基于矢量数据的交互式三维重建流程

为获取和实地形状一致的建筑物结构，一种传统的方法就是采用基于矢量数据的建模方法，该方法的基本思想是：首先利用矢量数据得到建筑物的二维轮廓数据，在此基础上根据建筑物的高度数据，将二维矢量数据变成具有高度的三维数据，这样可以得到建筑物的三维简单模型，进一步采用 3ds Max 等软件对该模型进行精修，即可得到相应的精细化模型，贴上纹理后则可以得到高逼真度的三维模型。具体流程如图 2.1 所示。

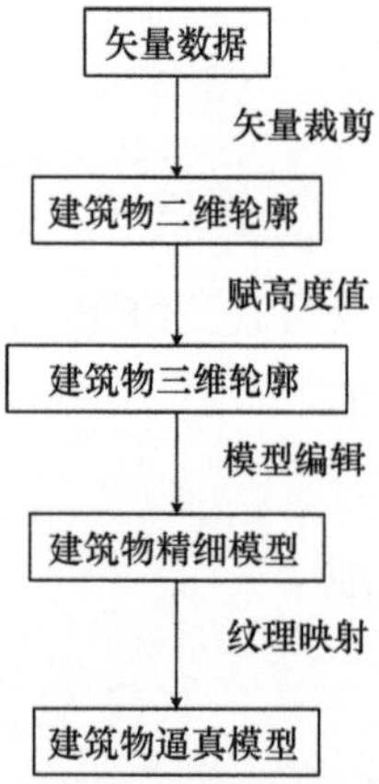

图 2.1　基于矢量数据的交互式三维重建流程

2.2 交互三维建模规范

三维模型建立是在相关的模型平面控制数据、模型高度控制数据、模型纹理数据等资料准备完善后生产模型的过程，包括建模单元划分、模型命名规则、基本技术指标及各种类模型生产等内容（宁振伟等，2013）。

（一）建模单元划分

1. 划分原则

三维模型建模单元宜按区（县）、管理单元、建模单元三级进行划分。其中，管理单元可以是街道、乡、镇等行政管理单元，也可以是规划管理的分区；建模单元以道路、水系等自然分界的围合区域（如街坊）为单位。

2. 建模单元编码方法

区编码采用《中华人民共和国行政区划代码》中规定的 6 位编码。

管理单元以主干道为界线进行划分，尽可能保证划分的管理单元形状规整。管理单元采用 3 位编码方法，一般采用所在地区统一的街道行政区划代码。

建模单元以管理单元内的次干道为界线划分。采用管理单元编码加 2 位顺序号的方式进行编码。最终建模单元编码由区编码、管理单元顺序号和建模单元顺序号三部分组成。其建模单元划分结构如图 2.2 所示。

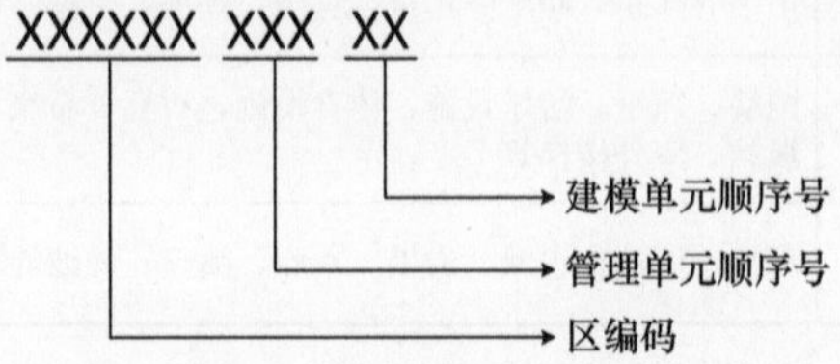

图 2.2　建模单元划分结构

3. 三维模型制作分类

在实际的三维建模生产中，为方便生产的具体操作，可把测区内的模型分为建筑模和景观模两大类。其中建筑模型按照三维模型精细程度级别，分为精细模型（Ⅰ级和Ⅱ级）、标准模型（Ⅲ级）、基本模型（Ⅳ级）等级别，景观模型分为地形地貌、道路及其附属设施、植被、小品、附属设施、水系等类型，如表 2.1 所示。模型的分层和编码在建模生产完成后，再根据数据标准进行操作。

（二）三维模型命名

1. 命名原则

数字三维模型命名原则如下：

（1）模型及纹理的命名应具有唯一性。

（2）模型的命名规则应具有可扩充性。

（3）模型及纹理命名应具有唯一相关性。

（4）命名应准确、合理、简明。

（5）名称可用字母、数字及下划线组合表示。

2. 模型命名方法

数字三维模型的命名方法如图 2.3 所示：

表 2.1　三维模型制作分类

建筑模型	精细模型	地标建筑，建筑面积≥20000m^2的建筑、大型雕塑、文物保护单位、大型文化卫生设施、医院、学校、酒店、政府机关、金融、商贸、文化、科技、展览、娱乐中心等建筑
	标准模型	一些普通居民楼、居民小区、普通门面商铺、成串的骑楼等建筑
	基本模型	不属于精细模型和标准模型的其他所有建筑
景观模型	地形地貌	按照不同地面材质为单元进行划分
	道路及其附属设施	路面、人行道、路沿石、路灯、桥梁、交通指示牌、路名牌、公交站牌、交通指示灯、交通岗亭等设施
	植被	街头绿化带、路中绿化带、公园、林地、草地、花坛、独立树、古树名木等
	小品附属设施	围墙、凉亭、游乐设施、体育设施、石凳、石桌、雕塑、消防栓、变电箱、垃圾站、室外楼梯等
	水系	河流、湖泊、水塘、沟渠、水库、喷泉、防波堤等

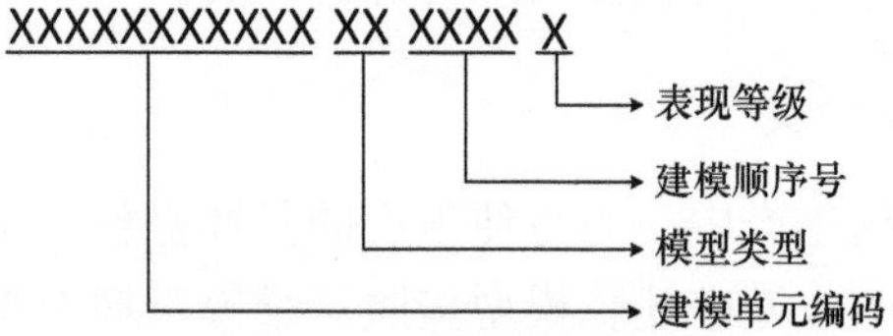

图 2.3　模型命名示意图

（1）三维模型命名应由建模单元编码、模型类型、模型顺序号和表现等级四部分构成。

（2）在同一行政区内，区编码可以省略。

（3）模型类型应按建筑模型、交通模型、水系模型、植被模型、小品模型、管线模型、地形模型划分，一般在模型生产中可用类型拼音首字母或英文缩写代替。

（4）模型顺序号应为模型在其大类地物中的顺序编号。

（5）表现等级一般可分为四类。除地形模型外，其他地物三维模型可根据表现的精细等级分为三种表现方式：细节建模表现、主体建模表现和符号表现。

在实际的项目生产中，因应用平台限制及格式转换的需要，通常会对模型命名位数根据一定的规则简化，以满足入库和使用要求。

3. 纹理命名方法

建筑模型的纹理命名应与模型名称相对应。一般采用“建筑模型名称+纹理顺序号”的方式命名，命名方法如图 2.4 所示。

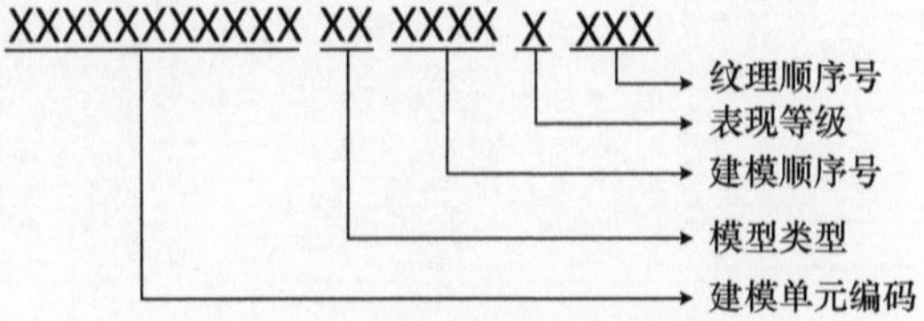

图 2.4　纹理命名示意图

在实际生产过程中，纹理命名位数受其数据转换等要求的限制（如模型在导出 3ds 格式时，纹理位数不超过 8 位），命名会根据实际要求对纹理名称位数进行简化。

2.3　矢量数据来源

这里的矢量数据主要是为进行建筑物三维轮廓的提取，常用的获取方式主要有以下几种。

（一）已有矢量数据

这类数据指的是已经采集的矢量数据，这些数据可以通过其他多种手段获取。目前矢量数据以数字地图和二维 GIS 数据库为主，矢量地图又包括地形图、地籍图等。在以往的经济建设中，各地各部门必定积累大量的矢量数据，这些数据是三维建模的重要数据来源。不过已有矢量数据，由于生产的时间不一，会存在数据过来，更新不及时的问题，因此对于已有矢量数据的应用，需要仔细甄别，确保数据准确。图 2.5 是用 Global Mapper 打开的郑州某一区域城市建筑的已有矢量数据，如需要对其中某一建筑进行建模，只需要将其对应的矢量数据单独导出即可。

在已有的矢量数据中，有一类是纸质地图，因此就需要经将纸质地图进行数字化处理。纸质地图数字化是将传统的纸质或其他材料上的地图（模拟信号）转换成计算机可识别图形数据（数字信号）的过程，以便进一步计算机存储、分析和输出，其是将地图图形或图像的模拟量转换成离散的数字量的过程。

主要有两种转换方式：手扶跟踪数字化和扫描数字化。

（1）手扶跟踪数字化。跟踪数字化是一种地图数字化方式，是通过记录数字化板上点的平面坐标来获取矢量数据的。利用手扶跟踪数字化仪可以输入点地物、

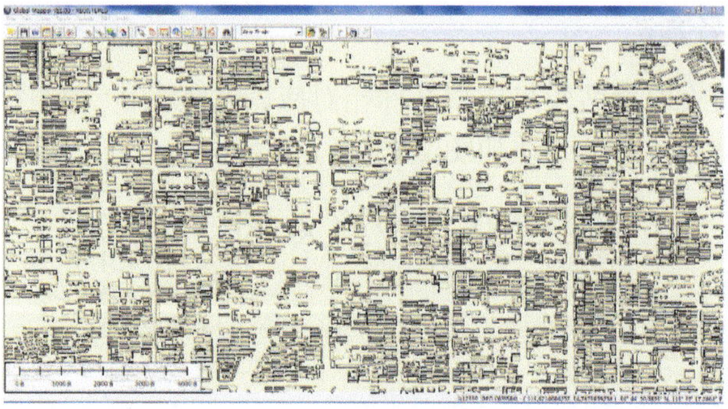

图 2.5　城市建筑矢量数据

线地物以及多边形边界的坐标。

（2）扫描数字化。扫描屏幕数字化是利用数字化扫描仪将地图图形或图像转换成栅格数据的方法。

扫描屏幕数字化基本步骤：纸质地图→扫描转化→拼接子图块→几何校正→屏幕跟踪矢量化→矢量图合成接边→矢量图编辑→存入空间数据库。

（二）野外采集

野外采集指的是通过野外测量的方法获取相关的矢量数据。野外采集主要是应用不同的仪器设备，如水准仪、经纬仪、全站仪、GNSS 等直接在现场施测，获得测量数据，进行地形图制作，为三维建模提供基本的矢量数据，野外测图如图 2.6 所示。野外采集的数据现势性较强，但是工作量大，使用小范围的三维重建，对于大范围的三维重建，数据采集工作量巨大，可以结合已有矢量数据，采取局部野外采集更新的方法，保证数据的新颖性。

图 2.6　野外测图

（三）利用立体像对进行采集

该方法是通过摄影测量的方法，在内业利用数字摄影测量工作站采集相应的建筑物的矢量数据。该方法作为地形图测制的重要来源，在进行三维建模时，也是矢量的重要来源，利用航空航天设备，获取目标区域的立体影像，在内业完成矢量数据的采集，效率高，时效性好，如图 2.7 所示。

图 2.7　摄影测量立体采集

（四）利用正射影像进行采集

当具有某一区域的正射影像图时，可以基于正射影像图进行建筑物轮廓的采集。正射影像是消除倾斜误差和投影误差的影像，其和地形图具有类似的几何属性，借助相应的工具软件，即可在正射影像上采集建筑物的轮廓，用于三维重建。以 Global Mapper 为例，打开一幅正射影像后，利用其矢量采集工具，即可完成矢量轮廓线的采集，如图 2.8 所示。

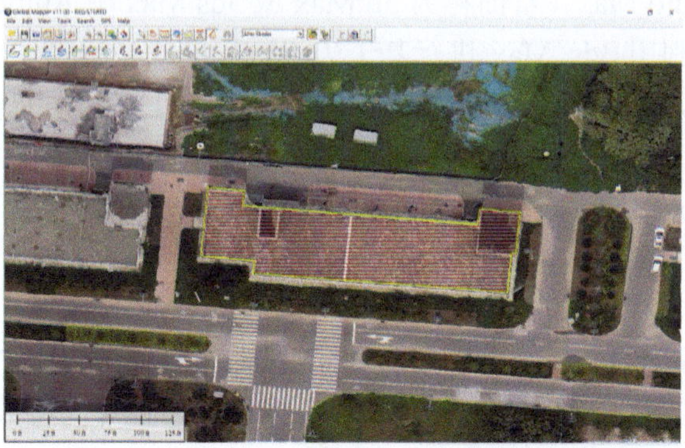

图 2.8　利用正射影像进行矢量数据采集

2.4 物体三维轮廓生成

基于矢量数据可以得到建筑物的二维轮廓，要完成三维建模还必须基于二维轮廓数据生成物体的三维轮廓。方法就是根据建筑物的高度数据，将二维矢量数据变成具有高度的三维数据，这样可以得到建筑物的三维轮廓。该三维轮廓是需要重建物体的一个简单的粗模，如图 2.9 所示，模型的细节，如门、窗等，以及纹理都没有进行处理，这样的模型还无法很好地重建物体的实际情况。

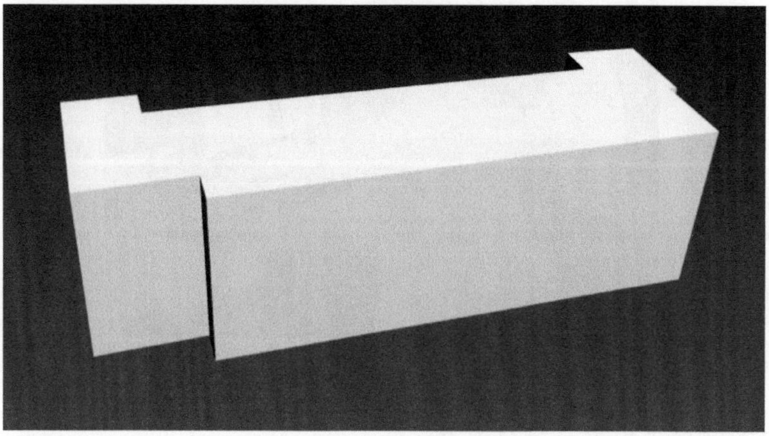

图 2.9 物体粗模

2.5 物体模型编辑

得到物体的三维轮廓后，进一步就需要对这样的粗模进行编辑，以恢复物体的细节。具体的编辑需要借助相应的三维建模软件来实现，目前三维建模软件较多，比如 3D Studio Max（常简称为 3d Max 或 3ds Max）、Autodesk Maya 等。本书重点介绍如何利用 3ds Max 进行基于矢量数据的模型编辑，下面主要介绍 3ds Max 的基本情况，本章最后将结合具体实例，介绍如何利用 3ds Max 来完成三维模型的建模。

3D Studio Max 是 Discreet 公司（后被 Autodesk 公司合并）开发的基于 PC 系统的三维动画渲染和制作软件。其前身是基于 DOS 操作系统的 3D Studio 系列软件。在 Windows NT 出现以前，工业级的 CG 制作被 SGI 图形工作站所垄断。3D Studio Max + Windows NT 组合的出现一下子降低了 CG 制作的门槛，首先开始运用在电脑游戏中的动画制作，后更进一步开始参与影视片的特效制作，例如 X 战警Ⅱ、最后的武士等。在 Discreet 3ds Max 7 后，正式更名为 AUTODESK 3ds MAX

（图 2.10）。

图 2.10　AUTODESK 3ds MAX 启动界面

1. 主要特点

（1）基于 PC 系统的低配置要求；

（2）安装插件（plugins）可提供 3D Studio Max 所没有的功能（比如说 3ds Max 6 版本以前不提供毛发功能）以及增强原本的功能；

（3）强大的角色（character）动画制作能力；

（4）可堆叠的建模步骤，使制作模型有非常大的弹性。

2. 软件应用

在应用范围方面，广泛应用于广告、影视、工业设计、建筑设计、三维动画、多媒体制作、游戏，以及工程可视化等领域。

3. 软件优势

1）性价比高

3ds Max 有非常好的性能价格比，它所提供的强大的功能远远超过它自身低廉的价格，一般的制作公司就可以承受得起，这样就可以使作品的制作成本大大降低，而且它对硬件系统的要求相对来说也很低，一般普通的配置已经就可以满足学习的需要，我想这也是每个软件使用者所关心的问题。

2）使用者多，便于交流

3ds Max 在国内拥有最多的使用者，便于交流，网络上的教程也很多，随着互联网的普及，关于 3ds Max 的论坛在国内也相当火爆。

3）上手容易

3ds Max 的制作流程十分简洁高效，可以使初学者很快地上手，所以先不要被它的大堆命令吓倒，只要操作思路清晰，上手是非常容易的，后续的高版本中操作性也十分地简便，操作的优化更有利于初学者学习。

2.6 模型纹理贴图

通过模型编辑后可以得到具有精细结构的三维模型，但是这样的模型还属于“白模”，如图 2.11 所示。为了更加真实地还原实际场景，还需要进行模型纹理贴图，所谓纹理贴图就是在现有材质的基础上再指定一些图像，以达到模拟真实物体的目的，如图 2.12 所示。

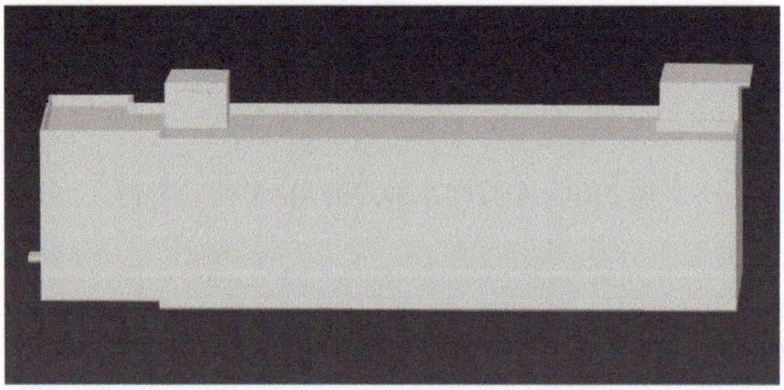

图 2.11　建筑白模

图 2.12　建筑白模贴纹理后

利用纹理贴图可以在不增加场景描述复杂度，不显著增加计算量的前提下，大幅度地提高模型的真实感。在纹理贴图中，纹理是关键，为获得真实的效果，纹理一般是通过拍照、扫描等手段获取的真实物体的图片，但是在纹理获取中，不可避免地会出现曝光异常、变形等问题，因此在进行纹理贴图之前，必须对纹理图像进行处理，下面首先介绍图像相关的一些基础知识，并重点介绍如何利用 Adobe Photoshop 软件进行纹理图像的处理。

Adobe Photoshop，简称“PS”，是由 Adobe Systems 公司开发和发行的图像处理软件。Photoshop 主要处理以像素所构成的数字图像。使用其众多的编修与绘图工具，可以有效地进行图片编辑和创造工作。PS 有很多功能，在图像、图形、文字、视频、出版等各方面都有涉及。

2.6.1　Photoshop 基础

1. 界面组成

Photoshop 界面主要由菜单栏、图像窗口、工具栏及工具箱、控制面板以及状态栏等组成，如图 2.13 所示。

图 2.13　Photoshop 的界面组成

- ➢　菜单栏：其中包括 9 个菜单。位于标题栏下方。
- ➢　图像窗口：位于工具栏的正下方。用来显示图像的区域，用于编辑和修改图像。
- ➢　工具栏及工具箱：位于菜单栏下方。可以随着工具的改变而改变。
- ➢　控制面板：窗口右侧的小窗口称为控制面板。用于改变图像的属性。
- ➢　状态栏：位于窗口底部，提供一些当前操作的帮助信息。

2. 基本操作

1）选区建立

选区指一个选取的区域。这个区域可以是规则的也可以是不规则的。具体操作如下：

（1）建立规则的选区：矩形、圆形、线形（1 个像素宽选区，水平和垂直）。

➢　用拖动的方法，确定一个任意选区；按住 Shift+拖动选区：正方形或正圆。

➢　如何绘制从中心等比的一个选区：按住 Alt+Shift 拖动选区为绘制中心等比选区。

➢　取消选区：“选择”菜单下的取消选择也可以按 Ctrl+D 键。

➢　在当前的选区上添加新选区：在已有选区的情况下，按住 Shift 键，添加多个选区。

➢　如何从当前的选区上减去选区：按住 Alt 键为从当前选区中减去。

➢　如何使选区交叉：按住 Alt+Shift 为与当前的选区交叉。

➢ 选区属性栏中多选区操作：选区添加，选区减去，选区交叉。

➢ 整个图像作选区："选择"—— "全选" 或 Ctrl+A。

➢ 航选区的羽化：将选区的边缘进行淡化处理。

使用选区工具前，如果羽化处理，一定要先填一个羽化值（0～250）。如果已有选区，必须使用"选择"菜单下的"羽化"（或 Ctrl+Alt+D），再填入羽化值。

➢ 反选：将当前的选区反转过来。Ctrl+Shift+I。或在"选择"菜单中"反选"。如抠图，换背景、变形处理等。

（2）建立不规则的选区：建立不规则的选区主要使用套索工具、多边形套索、磁性套索、魔棒工具等。

➢ 自由套索工具：通过拖动自由的绘制选区。

➢ 多边形套索：直线形的套索。

➢ 磁性套索：自动吸附物体的边缘确认选区。

➢ 魔棒工具：根据所点击位置的颜色的相似值来确认选区。容差越大，误差就越大，反之越小。按 shift+单击，确定多个选区。

（3）选区图像的复制与剪切：

➢ 先执行编辑下的拷贝，再到新的文件中执行粘贴的命令。

➢ 用工具栏上的移动工具将选区内的图像直接拖入新文件中去。

（4）选区菜单使用："选择"菜单

➢ 全选（Ctrl+a）：用于将整个图像全部选中。

➢ 取消选择（Ctrl+d）：用于取消当前图像中的所有选区。

➢ 重新选择（Shift+Ctrl+d）：恢复取消的选区。

➢ 反选（Ctrl+Shift+I）：用于将一个选区的范围反转过来。

➢ 选区色彩：选择现有选区，"编辑"— "填充"，充填前景色，背景色或图案。

➢ 羽化：对图像中已有的选区进行羽化。

➢ 修改选区：（菜单"选择"—"修改"）

扩边：将当前的选区扩一个边框选区（0～200）。

平滑：将选区的尖角，进行平滑处理（0～100）。

扩展：将选区扩大（0～100 的数值）。

收缩：将选区缩小（0～100 的数值）。

➢ 扩大选取：主要将用"魔棒"指定的容差范围选区相邻像素扩大。

➢ 选取相似：选择包含整个图像中位于容差范围内的像素，而不只是相邻的像素。

➢ 变换选区：用于变换当前选区的大小和角度；按住 Alt+Shift 可移动中心点位置，进行旋转。

➢ 显示/隐藏选区的边缘："视图"–"显示/额外"（或 Ctrl+h 转换）的命令，

可以将选区的边缘进行隐藏与显示。

2）图像编辑

图像基本操作包括：剪切，复制，粘贴，删除，移动等。

图像变换包括：调整，缩放，旋转，扭曲，翻转，自由变换等操作，如图 2.44 所示。

✧　图像编辑案例：制作垂直视角图像。

三维建模时，需要垂直视角的图像作为纹理，但是外业拍摄时，一般较难获取垂直视角的图像，因此需要利用图像编辑工具进行编辑，获取垂直视角图像，具体可以按照如下步骤完成。

（1）打开一幅图像，通如图 2.14。

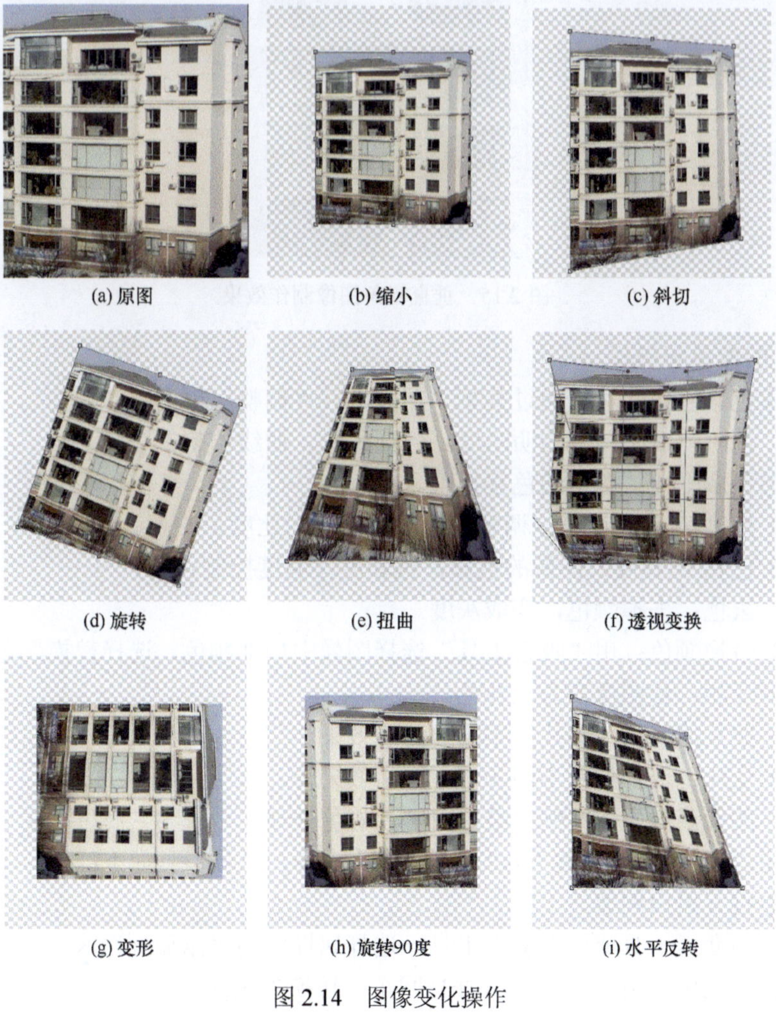

(a) 原图　(b) 缩小　(c) 斜切

(d) 旋转　(e) 扭曲　(f) 透视变换

(g) 变形　(h) 旋转90度　(i) 水平反转

图 2.14　图像变化操作

（2）使用“多边形套索”工具，选择原始图像中需要编辑的部分。

（3）新建文档，“粘贴”图像，再选择“编辑”–“变换”–“斜切”工具，进行调整。

（4）再选择“编辑”–“变换”–“变形”工具，进行局部微调。最终效果如图 2.15 所示。

图 2.15　垂直视角图像制作效果

3）图像色彩操作

图像色彩操作，可以通过菜单“图像”—“调整”来调用。

（1）色阶：调整图像的明暗度。包括色阶、曲线调整。

（2）色彩平衡：图像的色彩调整。

（3）亮度/对比度调整：调整图像的亮度和对比度。

（4）色相/饱和度：图像的色彩，饱和度，明度控制。

（5）去色：去掉颜色，变成灰度。

（6）替换颜色：用“吸管工具”选择图像中局部颜色，选择替换颜色。

（7）反相：使图像变为互补色。

（8）照片滤镜：给图片加不同的滤镜效果。

（9）变化：选择加深不同颜色，明暗效果等。

✧　图像色彩操作案例：给黑白照片着色处理。

利用“图像”–“调整”–“色彩平衡”命令，具体步骤如下：

（1）打开黑白图像。

（2）用套索工具或磁性套索工具，选择属性中的“添加到选区”按钮，选中衣服选区。或用自由钢笔–路径–Ctrl+回车，转换为选区。

（3）选择“图像”–“调整”–“色彩平衡”命令，在“色彩平衡”对话框中对中间调和高光进行调整，调节适当颜色。

（4）给皮肤上颜色，用磁性套索或魔棒工具，和选择衣服，着色方法相同。

（5）选择“套索工具”，选中整个人物，按 Ctrl+Shift+I 键将图反选，将羽化半径值设置为 5，然后用色彩平衡调节背景的颜色。着色前后的照片如图 2.16 所示。

(a) 着色前

(b) 着色后

图 2.16　图片着色效果

4）图层操作

图层指透明的画布，不同图层包含不同图像，相互叠加，组成新图像。

（1）图层操作包括：新建，隐藏/显示，删除，复制，移动，锁定，合并。

（2）新填充图层/新调整图层

➢　新填充图层：产生一个新图层，可以用颜色，渐变，图案进行充填。

➢　调整图层：产生一个新图层，可通过它对图像的颜色、色调、饱和度、亮度、对比度等进行修改，但这种修改不是对原图的直接修改，如果要取消这些修改，删除调整图层即可。

具体操作为：“图层”菜单–“新填充图层”/“新调整图层”。

✧　图层操作案例：利用图层制作彩虹（图 2.17）。

图 2.17　制作的彩虹效果

具体步骤如下：

（1）打开风景图像文件，新建图层。

（2）选择渐变工具–径向渐变，不透明 50%，“渐变编辑器”如图 2.18 所示。

（3）在新图层中，从下方的中间，往上拖动创建渐变。

（4）使用软笔尖的橡皮工具（不透明 100%，流程 100%，抹去历史记录），将两端擦除。

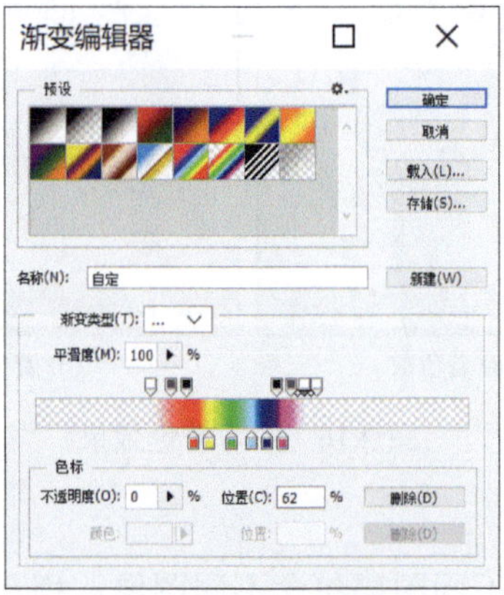

图 2.18　渐变编辑器

5）修改图片大小

三维建模时，在不损失图片质量基础上，减少图片的大小，可以减少最终建模文件的大小，便于存储和管理，下面介绍 Photoshop 在不损坏图片质量下快速修改图片大小的方法。具体步骤如下：

（1）首先以从百度下载的图片为例，该图片大小为 9.01M，尺寸为 5760 像素×3840 像素，如图 2.19 所示。具体目标是把图片大小变为小于 3M。

图 2.19　测试图片

（2）把图片拉进 Photoshop 里，如图 2.20 所示：

（3）然后按快捷键：Ctrl+Shift+Alt+s，就会直接出现一个存储为 Web 所用格式的对话框出来，如图 2.21 所示。或者直接点击菜单中“文件”，然后在列表中找到“存储为 Web 所用格式”。

图 2.20　打开图片

（4）然后在右上角的品质和模糊处进行微调，可以看到文件大小会发生变化，图 2.22 中所示，文件已经接近 2.0M。然后点击存储。

（5）选择保存的地方，修改文件名，点保存，如图 2.23 所示。

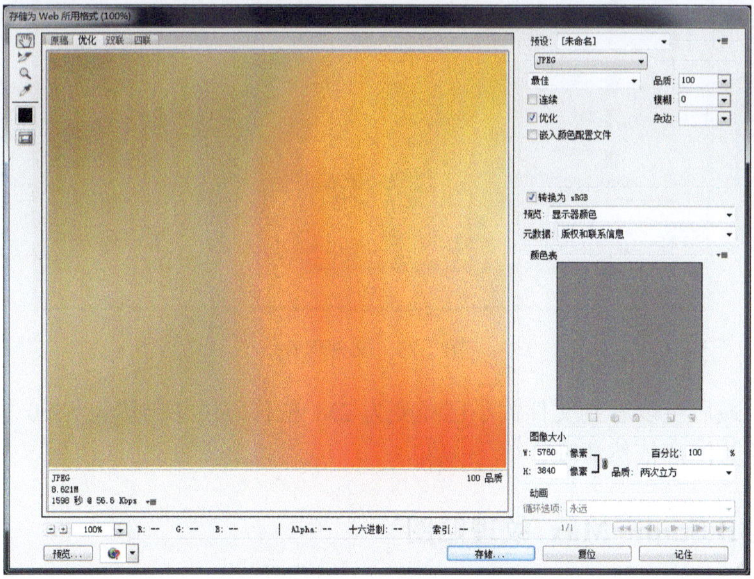

图 2.21　存储为 Web 所用格式对话框

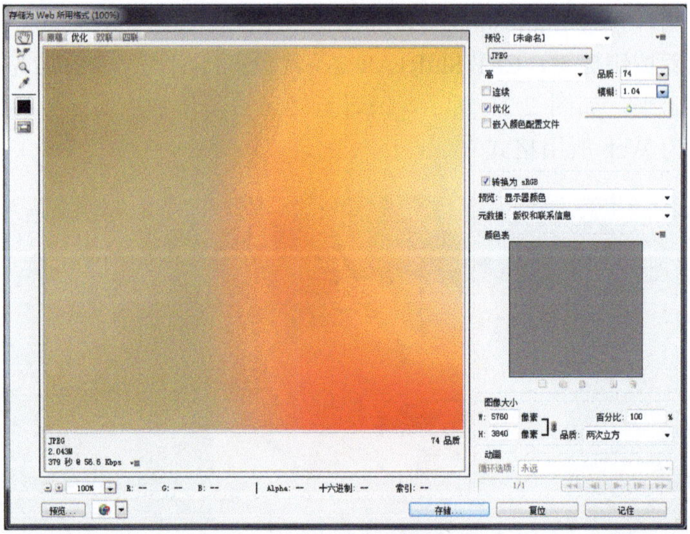

图 2.22　品质和模糊微调结果

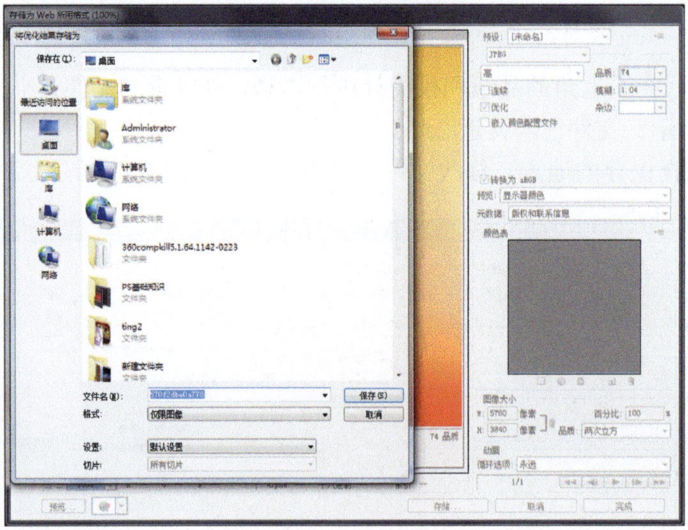

图 2.23　文件保存

（6）最后可以看到文件大小已经变为 2M 左右，尺寸仍然为 5760 像素×3840 像素，并且图片依然清晰。

2.6.2　3D Studio Max 纹理贴图

对于三维模型纹理贴图的具体实现，同样可以采用 3ds Max 完成，下面以给立方体进行纹理贴图为例，介绍 3ds Max 的贴图方法。具体步骤如下：

（1）如图 2.24 所示，先创建一个立方体，如果要创建球体、柱体、锥体等几何体也可以。任何复杂的模型其实都是这些基本的形体组合起来的。

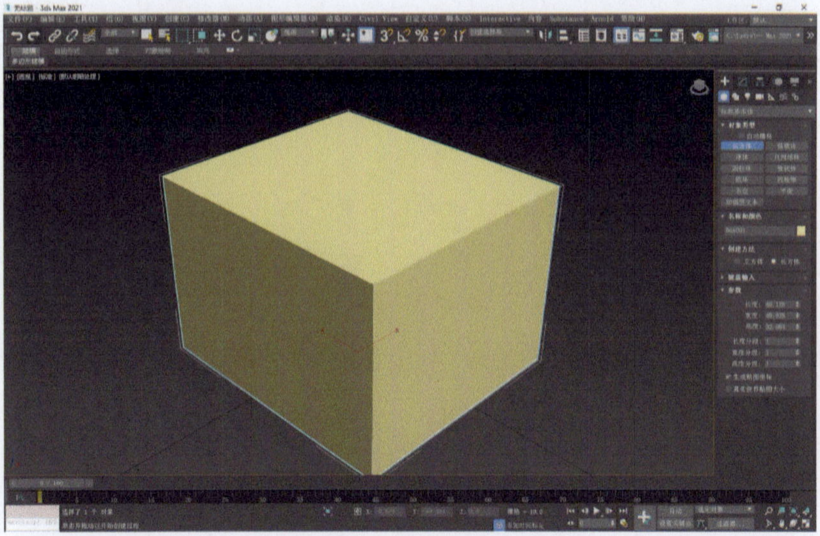

图 2.24　创建立方体

（2）打开材质编辑器，可以看到有很多材质球，每一个材质球可以自定义一种材质，如图 2.25 所示。

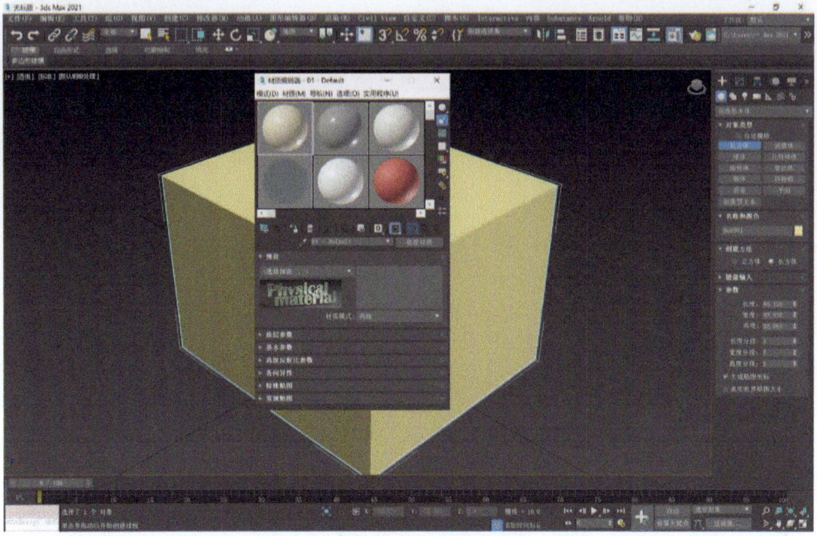

图 2.25　材质编辑器

（3）找到材质编辑器下面的“常规贴图”选项，点开后，选择“基础颜色”，点击后面“无贴图”，会弹出“材质/贴图浏览器”对话框，选择其中的“通用-位图”如图 2.26 所示。

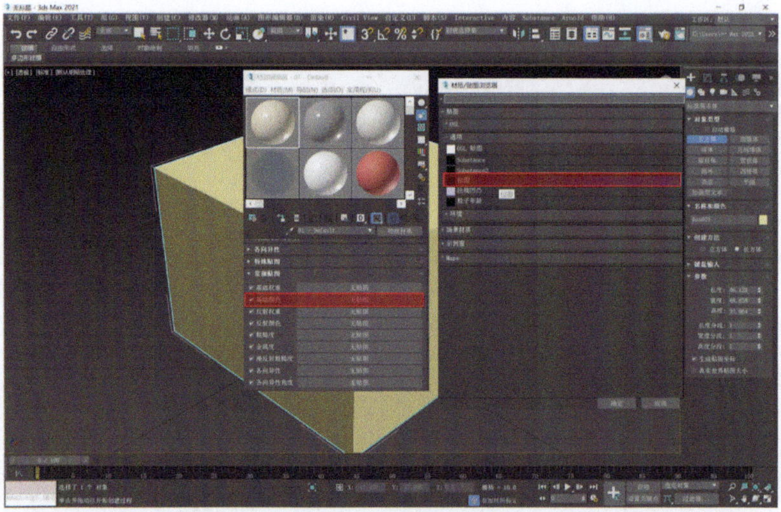

图 2.26　选择贴图方式

（4）选择事先准备好的砖块纹理作为这里的贴图材质。软件也自带很多种纹理图片作为贴图材质，具体需用自带的还是自己准备的贴图材质，需要根据具体的任务确定（图 2.27）。

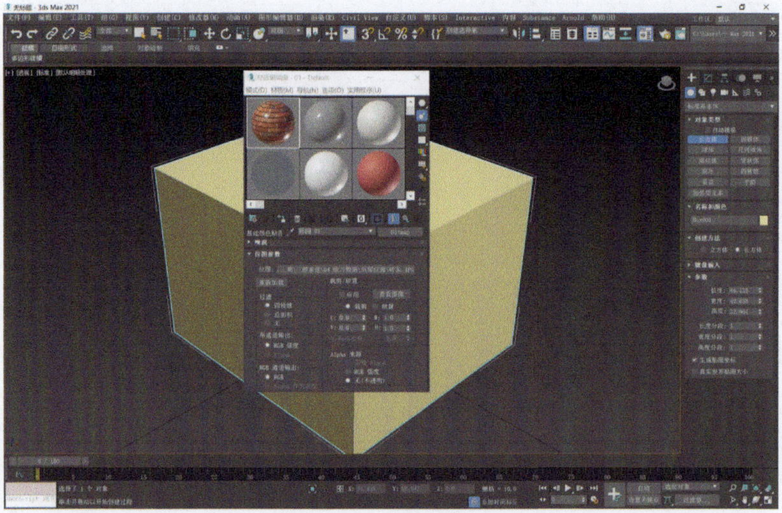

图 2.27　选择纹理

（5）给模型赋材质：即鼠标点击材质球选中，拖动到模型上，就成功赋材质，效果如图 2.28 所示。

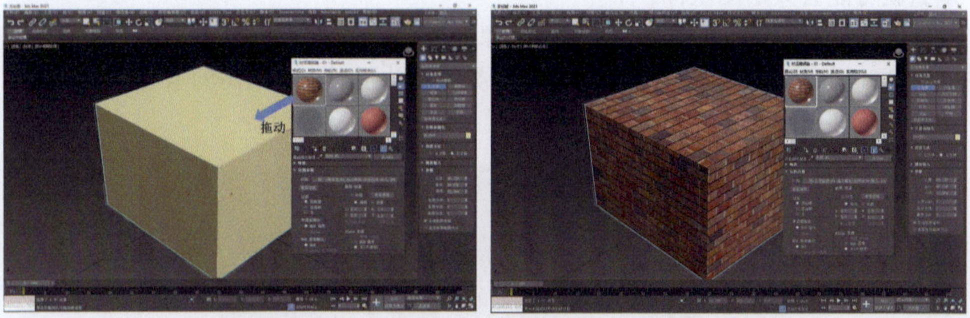

(a) 拖动到模型　　(b) 赋材质后效果

图 2.28　模型赋纹理

（6）贴图以后可以进行渲染，以查看最终效果。如图 2.29 所示，点击工具栏上的“渲染设置”按钮，打开渲染设置窗口，调整参数后，然后点击“渲染”按钮，渲染完成后，可以看到最终的渲染效果。

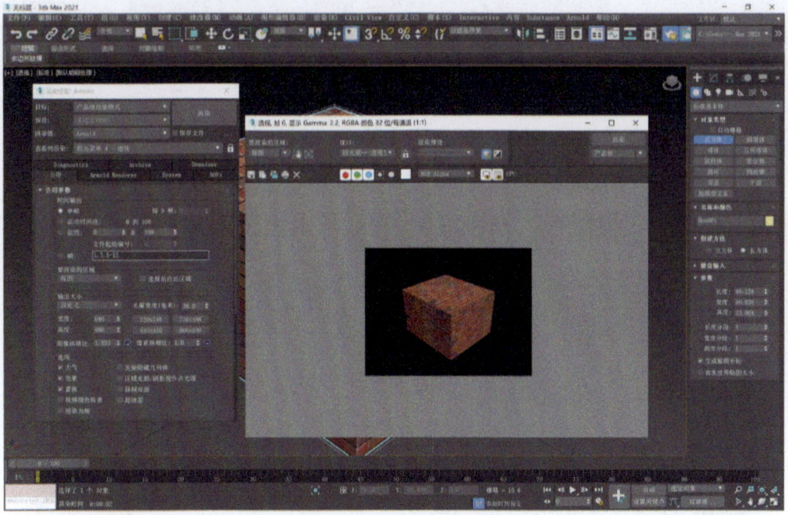

图 2.29　模型渲染

另外在纹理贴图时，经常会用到 UVW Map 编辑修改器来设定贴图坐标。当用 2D 贴图使用材质时，对对象来说，包含 UVW Mapping 信息非常重要。这些信息告诉 3ds Max 如何在对象上设计 2D 贴图。一些对象，例如 Editable Meshes，不会自动应用一个 UVW 贴图坐标，这时可以应用一个 UVW Map 编辑修改器来为其指定一个贴图坐标。所有的对象都具有默认的贴图坐标，但是如果应用了 Boolean 操作，或在为材质使用 2D Map 贴图之前对象已经塌陷成可编辑的网格，那么就可能丢失贴图坐标。

UVW Map 编辑修改器用来控制对象的 UVW 贴图坐标，其 Parameters 卷展栏如图 2.30 所示，它提供了调整贴图坐标类型、贴图大小、贴图的重复次数、贴图通道设置和贴图的对齐设置等功能。

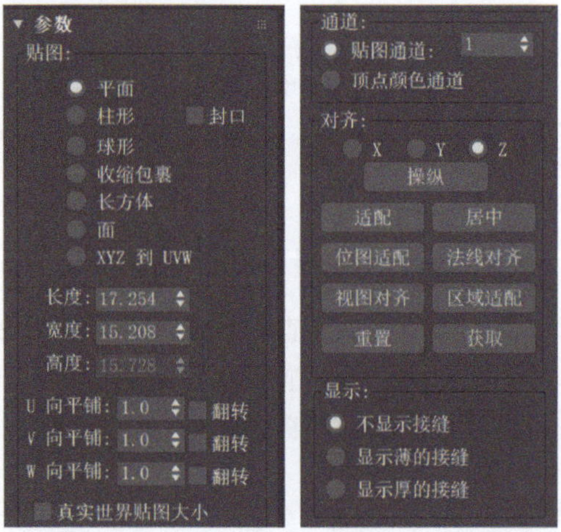

图 2.30　UVW Map 编辑修改器

贴图类型用来确定如何给对象应用 UVW 坐标，共有 7 个选项：

（1）平面方式（Planar）：该贴图类型以平面投影方式向对象上贴图。它适合于平面的表面，如纸和墙等。如图 2.31 所示是采用平面投影的结果。

图 2.31　平面投影

（2）圆柱方式（Cylindrical）：此贴图类型使用圆柱投影方式向对象上贴图。像螺丝钉、钢笔、电话筒和药瓶都适于圆柱贴图。如图 2.32 所示是采用圆柱投影的结果。

提示：选中封口（Cap）复选框，圆柱的顶面和底面放置的是平面贴图投影（图 2.33）。

（3）球形方式（Spherical）：该类型围绕对象以球形投影方式贴图，会产生接缝。在接缝处，贴图的边汇合在一起，顶底也有两个接点，如图 2.34 所示。

图 2.32　圆柱投影

图 2.33　封口复选框效果

图 2.34　球形投影

（4）收缩包裹方式（Shrink Wrap）：像球形贴图一样，它使用球形方式向对象投影贴图。但是该方式将贴图所有的角拉到一个点，消除了接缝，只产生一个奇异点，如图 2.35 所示。

（5）盒子方式（Box）：长方体贴图以 6 个面的方式向对象投影。每个面是一个 Planar 贴图。面法线决定不规则表面上贴图的偏移，如图 2.36 所示。

图 2.35　收缩包裹方式投影

图 2.36　盒子方式投影

（6）面贴图方式（Face）：该类型对对象的每一个面应用一个平面贴图。其贴图效果与几何体面的多少有很大关系，如图 2.37 所示。

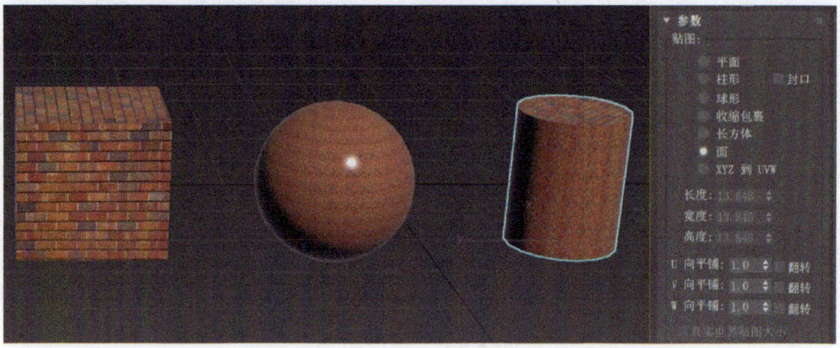

图 2.37　面贴图方式投影

（7）*XYZ* 到 *UVW*：此类贴图设计用于 3D Maps。它使 3D 贴图“粘贴”在对象的表面上，如图 2.38 所示。

另外几个参数设置如下：

- 长度、宽度、高度（Length/Width/Height）：分别指定代表贴图坐标的 Gizmo 物体的尺寸。在此物体（Sub-Object）级别中可以变换 Gizmo 物体的位置、方向和尺寸。
- *U*/*V*/*W* 方向平铺（*U*/*V*/*W* Tile）：分别设置三个方向上贴图的重复次数。翻转（Flip）：将贴图方向进行前后翻转。

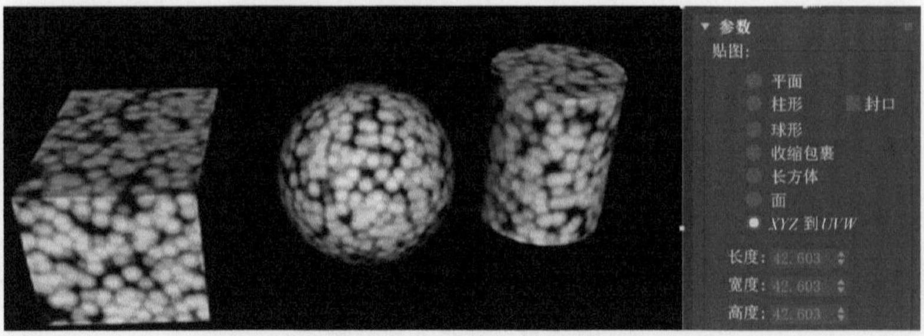

图 2.38　*XYZ* 到 *UVW* 贴图

2.7　模型制作实例

2.7.1　导入矢量数据

1. 导入矢量数据

点击文件→导入，如图 2.39 所示，弹出图 2.40 所示对话框，选择矢量数据，通常矢量数据格式为 DWG 或 DXF 格式，可在对话框文件类型中选择所有格式，选定所需导入的数据后，点击打开。

2. 设置参数

在弹出的 AutoCAD DWG/DXF 导入选项界面中，需要设置下图 2.41 中所示参数。

几何体面板设置：

（1）“重缩放”打钩，单位选择与矢量数据相同的单位，例如本案例中矢量数据在 CAD 中的单位为米，那么这里单位选择米。

（2）按以下项导出 AutoCAD 图元：选择一个对象。如果按层、块或颜色导入，导入的数据会成一个整体，不方便后期建模。

（3）几何体选项：焊接附近顶点、自动平滑相邻面、将相邻面的法线定向一致、封闭闭合样条线这四项前面打钩选中。

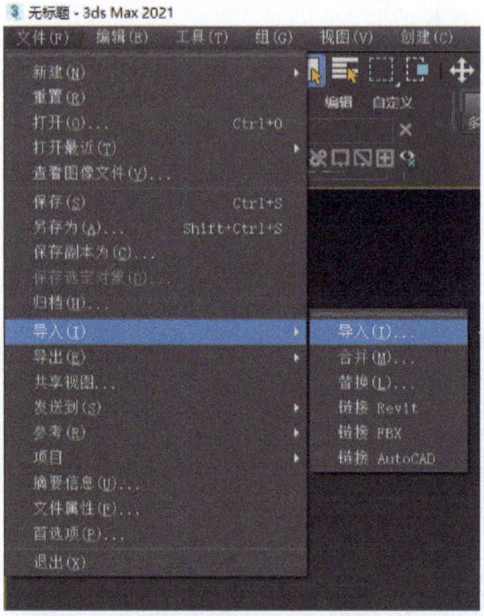

图 2.39　导入矢量数据

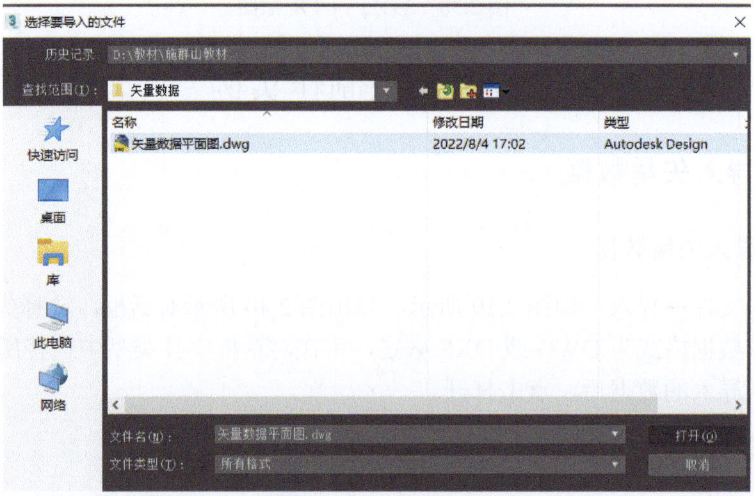

图 2.40　选择矢量数据

其他设置默认。

层面板设置：

先点击“无”，再选择 JMD 层（本数据 JMD 层中是房屋的矢量线），如图 2.42 所示。通常各个地物要素被分类存放在不同的层中，在导入 3ds Max 前可以在 AutoCAD 中打开查看各个层中的要素，确定建筑物、道路等层名称，以方便导入有用的矢量要素。

以上参数设置完成后，点击确定，弹出图 2.43 所示窗口，点击时，导入数据，出现如图 2.44 所示。

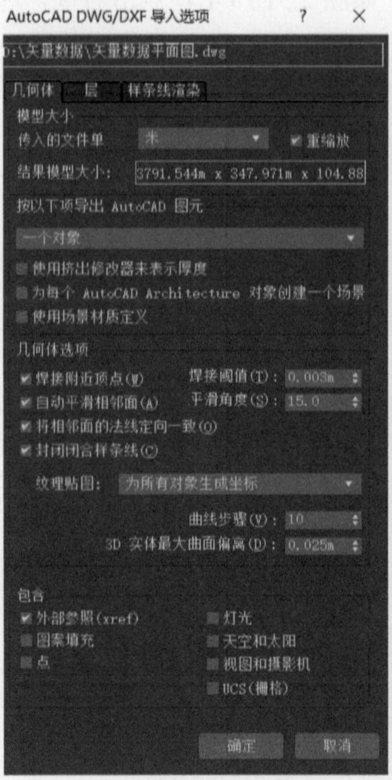

图 2.41　参数设置

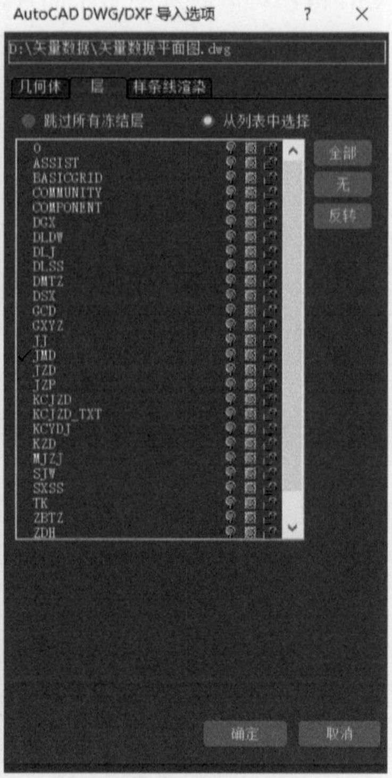

图 2.42　层选项

3. 将矢量数据坐标归零

选中矢量数据，点击鼠标右键，弹出图 2.45 所示的快捷菜单，点击“移动”后面的小方框，弹出图 2.46 对话框，将世界坐标系 X、Y、Z 归零。

2.7.2　设置 3ds Max 系统单位

在 3ds Max 软件上方菜单栏中，点击自定义→单位设置，如图 2.47 所示，在显示单位比例中，公制单位选择米，单位跟矢量数据单位保持一致。

2.7.3　制作三维模型（白模）

（1）选中矢量数据线，点击鼠标右键，如图 2.48 所示，点击下方“转换为→转换为可编辑多边形”，矢量线转化为平面面片，如图 2.49 所示。

在 3ds Max 软件界面右侧修改器面板中，点击“多边形”，可单独选择每一个面片，如图 2.50 所示。下面选中其中一栋建筑物进行建模，其他面片可以隐藏。

按住 Ctrl 键，可同时选中多个面片，如图 2.51 所示，点击右键，选择“隐藏未选定对象”，隐藏其他面片，如图 2.52 所示。图 2.53 是隐藏后效果。

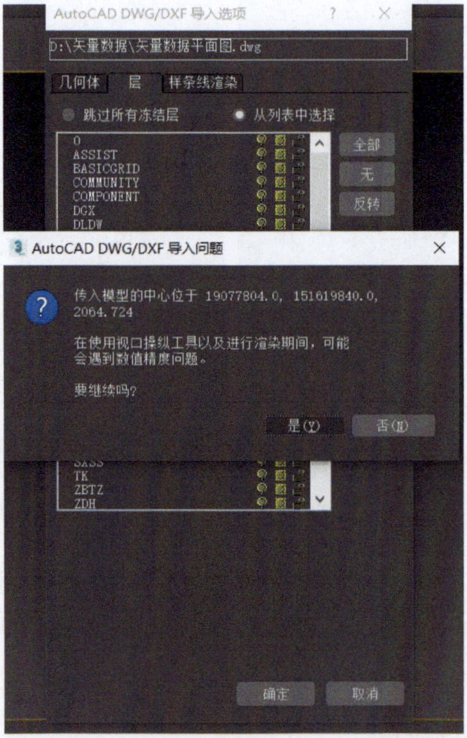

图 2.43　确定导入

图 2.44　导入的矢量数据

（2）按住快捷键 Z 可将元素视野放大。另外在软件的右下角，点击“最大化视口切换”，可将选定的窗口最大化，再点下“最大化视口切换”，可返回小窗口。

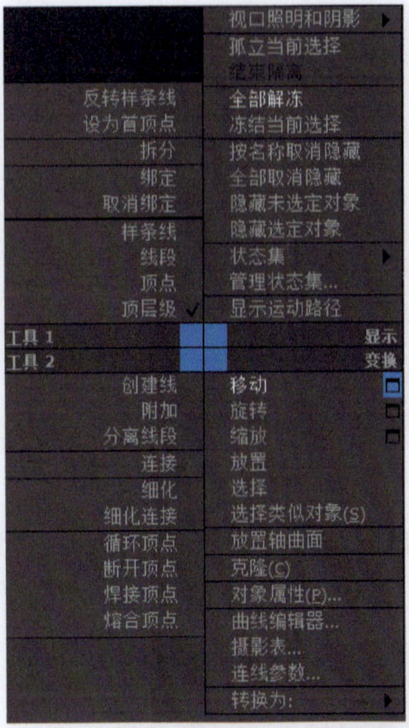

图 2.45　快捷菜单移动工具

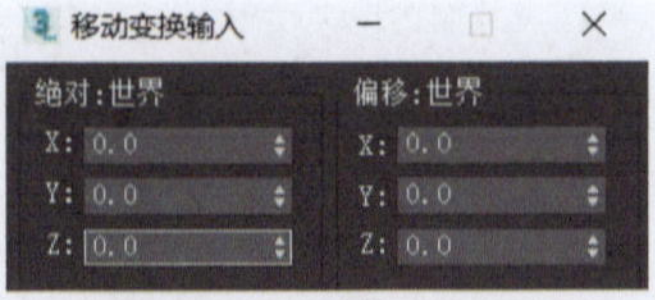

图 2.46　坐标归零

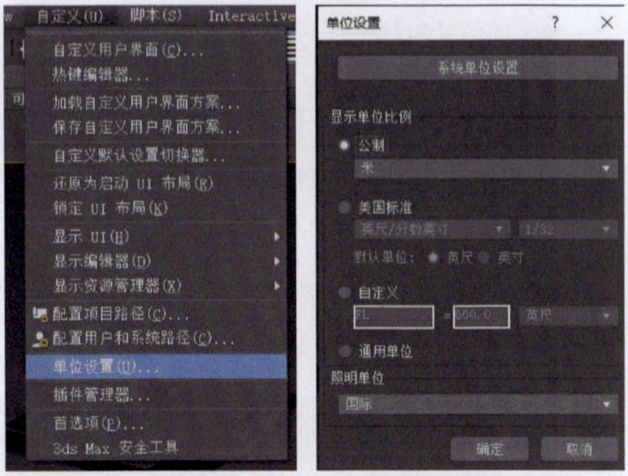

(a) 单位设置菜单　　(b) 单位设置对话框

图 2.47　设置单位

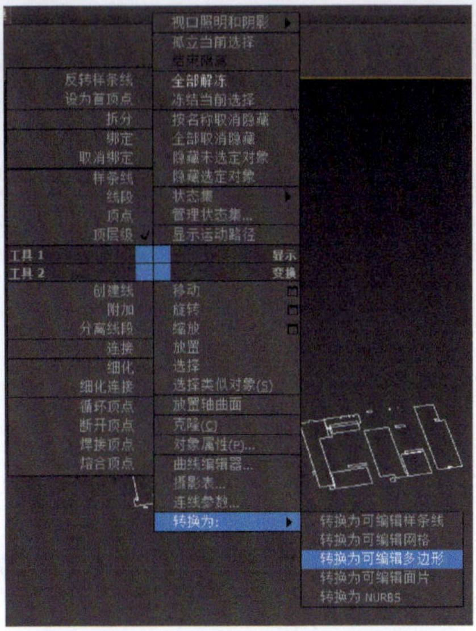

图 2.48　转换为可编辑多边形

（3）在右侧修改器面板中，选择“多边形”，在窗口中点击面片，编辑多边形→挤出，点击后方的小方框，如图 2.54 所示，或者选中面片后点击鼠标右键，如图 2.55 所示，选择挤出工具，点击前方小方框。

图 2.49　矢量线转换为面片

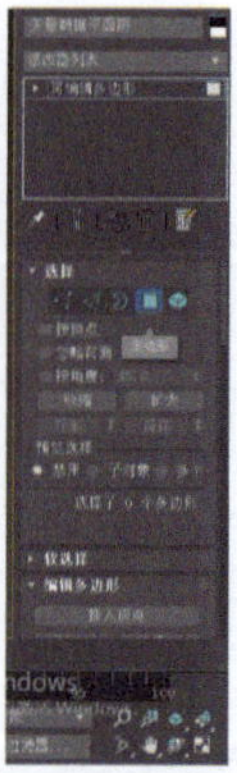

图 2.50　多边形工具

弹出下图 2.56 的挤出高度参数设置，设置挤出的高度 15m，点击√确定，挤出楼体，房屋的粗模即完成，如图 2.57 所示。

图 2.51　选中面片

2.7.4　制作精细三维模型

对照实景照片或实景模型，对白模进行精细制作。模型制作的精细程度主要根据项目对模型精细等级的要求。本案例的建筑物较简单，主要楼体要体现出女儿墙、房上房（阁楼）、门窗、台阶等要素，如图 2.58 所示。

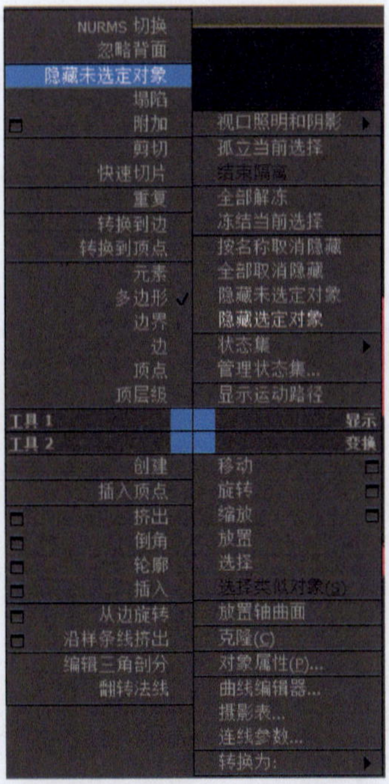

图 2.52　隐藏未选定对象

图 2.53　隐藏后保留面片

1. 制作房上房（阁楼）

该栋建筑物楼顶有两个阁楼 A、B，对照影像分别制作两个阁楼，影像图如图 2.59 所示。

（1）先制作 A 阁楼。点击“多边形”工具，选中楼体的侧面，如图 2.60 所示。

（2）在视图窗口中，将其中一个窗口调整成右视图，点击小窗口左上角的第二个方框，如图 2.61 所示，选择右即将视角切换成右视图。

（3）在右侧修改器面板中，选择“编辑几何体→快速切片”工具，如图 2.62 所示。参考“右视图”窗口，将选中的面片上平均切割成两个面片，如图 2.63 所示。

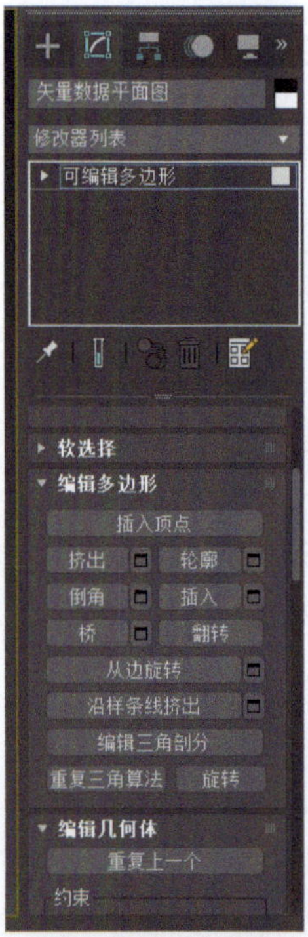

图 2.54　修改器中挤出工具

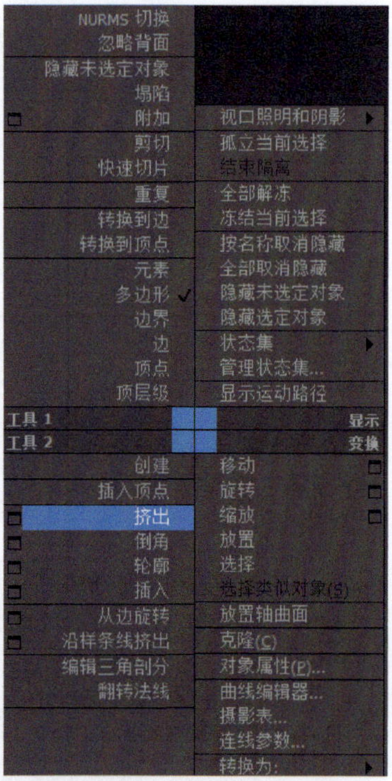

图 2.55　右键挤出工具

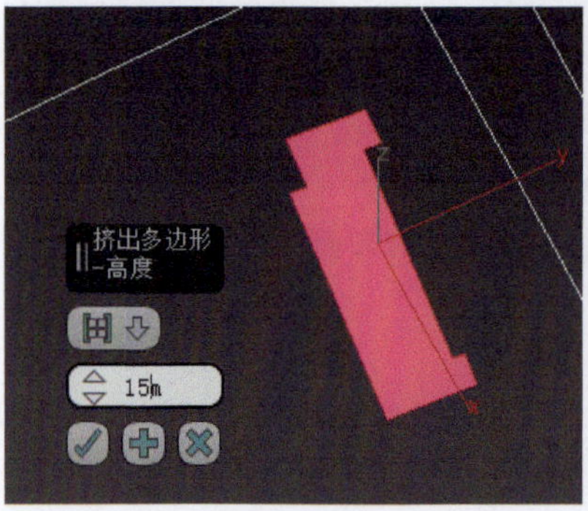

图 2.56　挤出参数设置

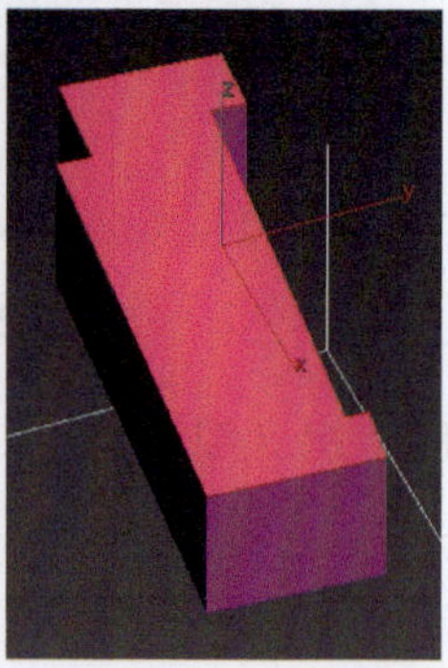

图 2.57　楼体挤出效果

图 2.58 实景照片

图 2.59 阁楼影像图

图 2.60 选中面片

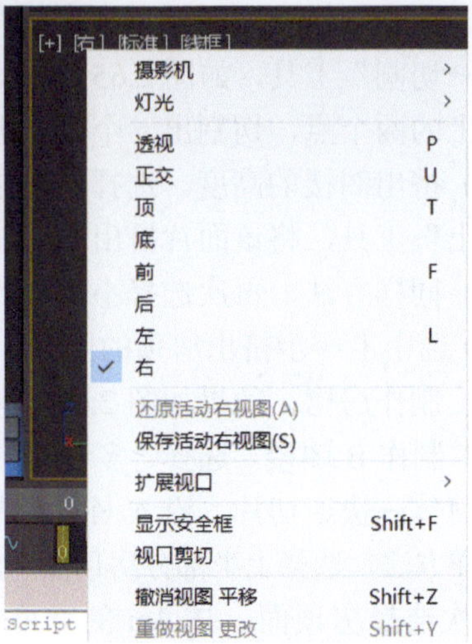

图 2.61 切换窗口

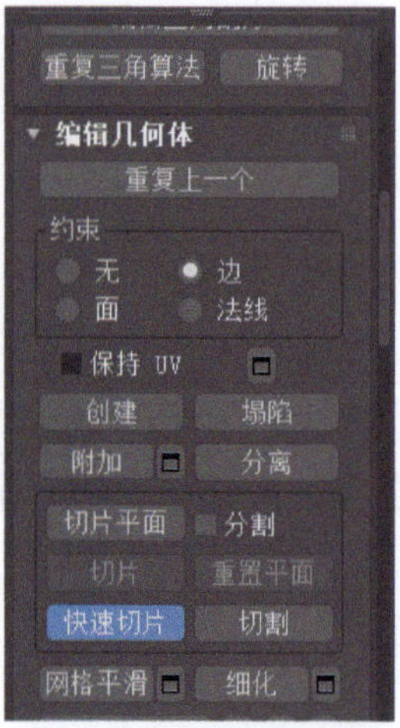

图 2.62　快速切片工具

图 2.63　切割成两个面片

（4）在右侧修改器面板中，选择“顶点”工具，如图 2.64 所示。选择“编辑几何体→切割”工具，如图 2.65 所示，在左上角“顶视图”窗口中，鼠标捕捉房顶边线上的两个点，切割出一个小矩形面，如图 2.66 所示。

（5）挤出阁楼的高度。选择“多边形”工具，选中切割出的小面片，右键点击“挤出”工具，将该面片挤出 3m 高度，如图 2.67 所示。

（6）同样方法，再次选择小阁楼的房顶面片，向上挤出 0.3m 高度。

（7）选中上一步挤出房顶的侧面，如图 2.67 所示，使用挤出工具向外挤出 1m 的距离，制作房檐，效果如图 2.68 所示。

（8）制作 B 阁楼。选择“多边形”工具，选中房顶面。在右侧修改器面板中，编辑几何体→快速切片，沿 A 栋阁楼的边线切割房顶，如图 2.69 所示。

同样方法，选择上半部分房顶面，沿楼体拐角处切割面片，如图 2.70 所示。

再次选择房顶面，按 4m 的宽度切割面片，最终切割出一个矩形面片，如图 2.71 所示。

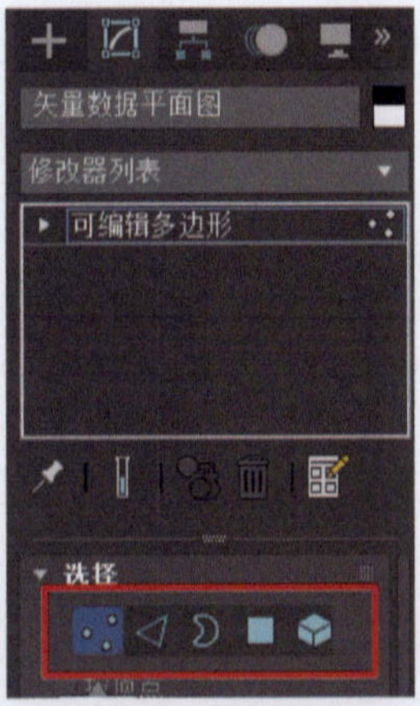

图 2.64　顶点工具

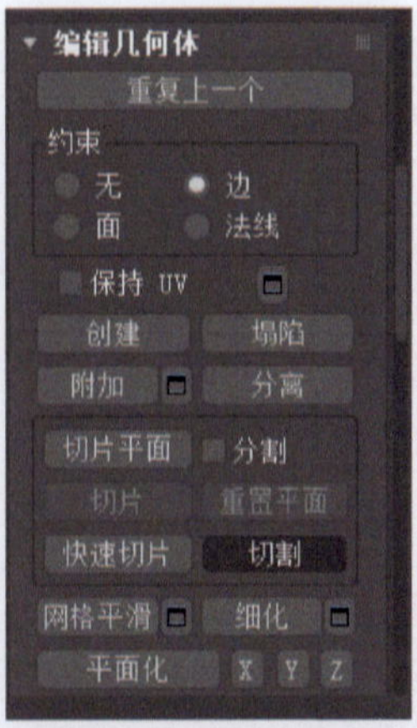

图 2.65　切割工具

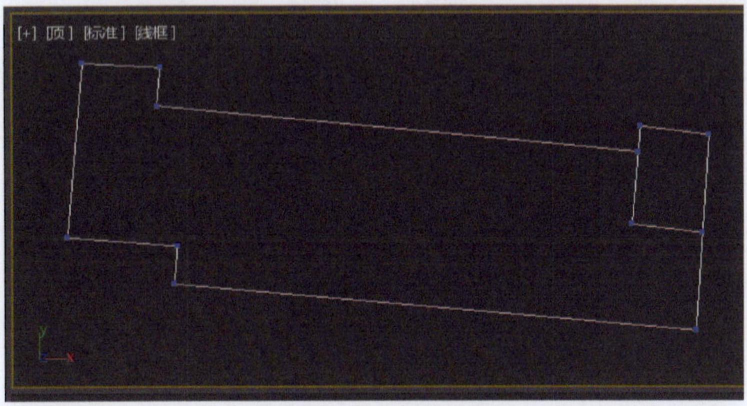

图 2.66　切割的矩形

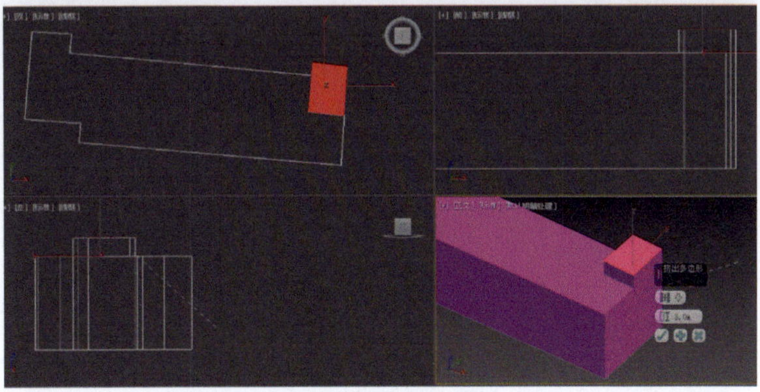

图 2.67　挤出高度

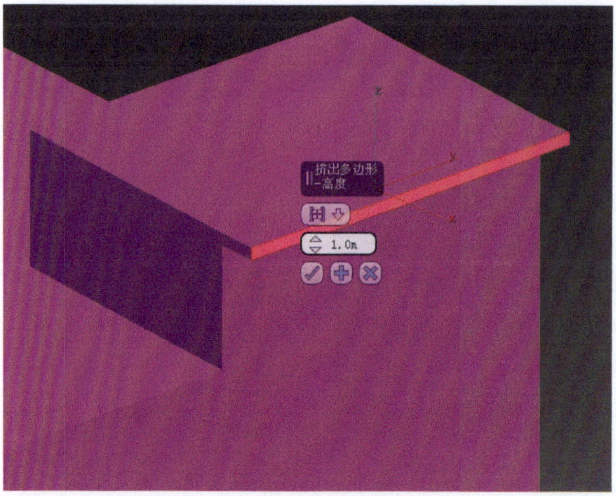

图 2.68　挤出房檐

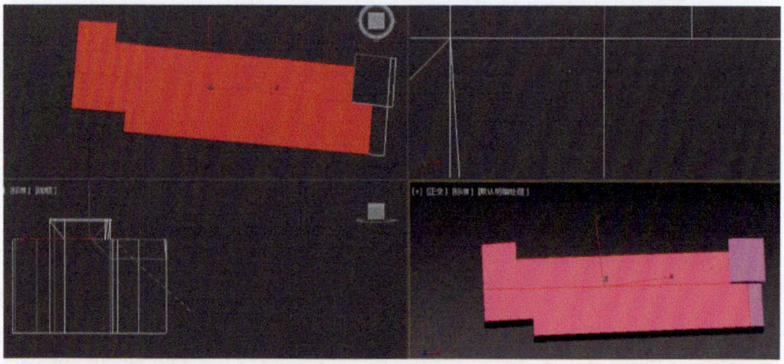

图 2.69　切割面片一

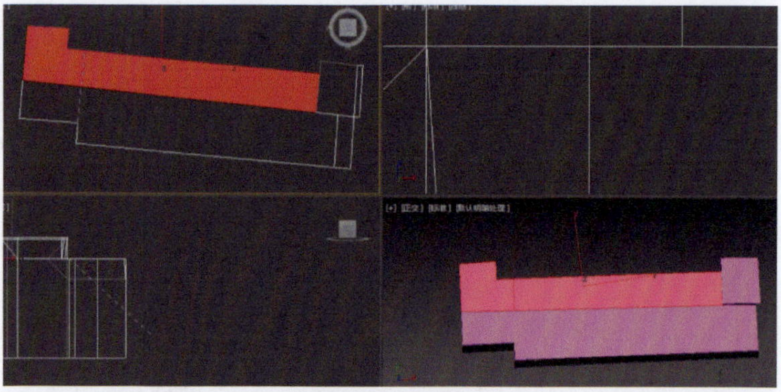

图 2.70　切割面片二

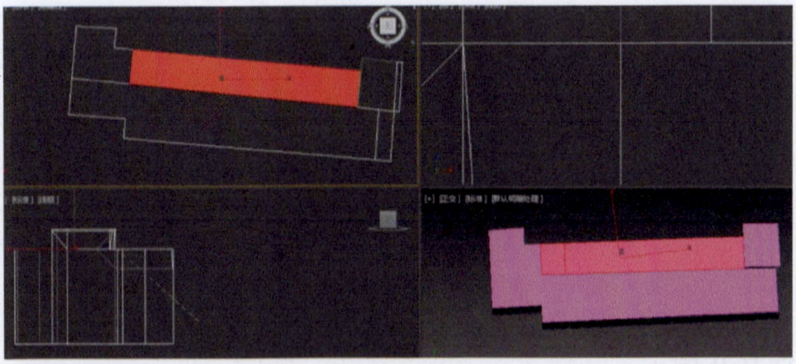

图 2.71　切割面片三

（9）删除多余线。选择“边”工具，选中房顶面中间的线，点鼠标右键，点击删除，如图 2.72 所示，删除该线，使房顶面合并成一个面，如图 2.73 所示。

（10）挤出 B 阁楼高度。点击多边形，选择编辑多边形→挤出，高度设置 3.0m，向上挤出阁楼高度，如图 2.74 所示。

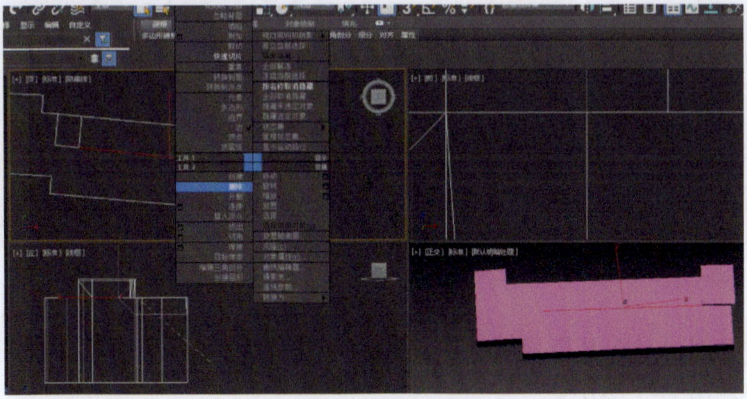

图 2.72　删除多余线

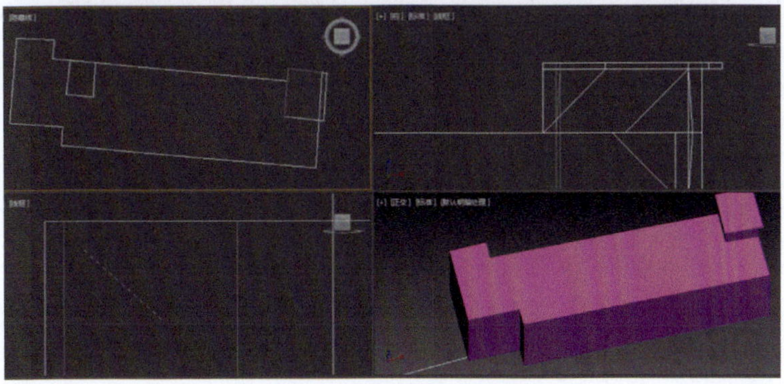

图 2.73　删除后效果

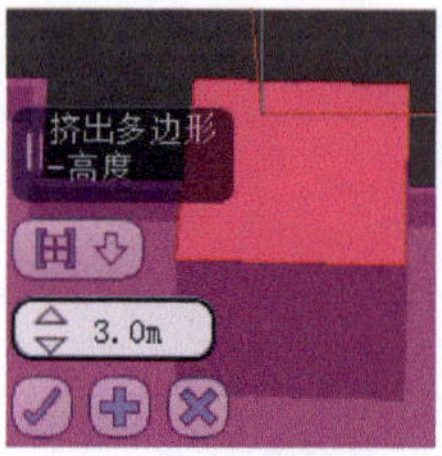

图 2.74　挤出阁楼高度

2. 制作女儿墙

在右侧修改器面板中，点击“多边形”工具，选中房顶的大面片，然后选择编辑多边形→倒角，如图 2.75 所示。点击倒角工具后面的小方框，弹出图 2.76 所示界面，设置参数，上下设置为 0，左右设置为–0.3m，点击√确定，即将房顶边线向内收 0.3m 的宽度。

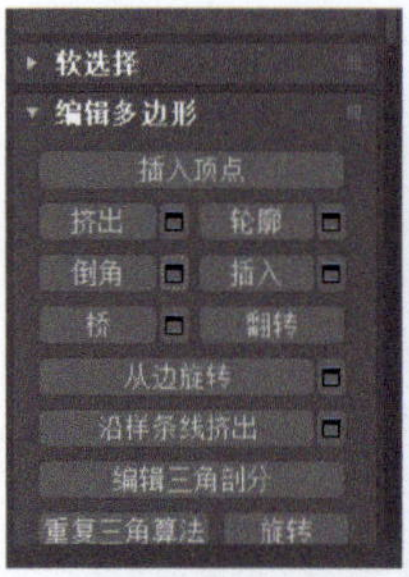

图 2.75　倒角工具

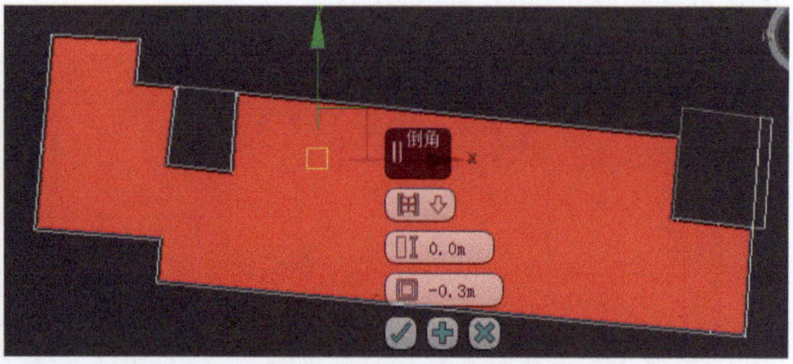

图 2.76　设置倒角参数

由于原建筑上的 B 阁楼边缘没有女儿墙，所以需要将 B 阁楼边的女儿墙边线处理掉，如图 2.77 所示。

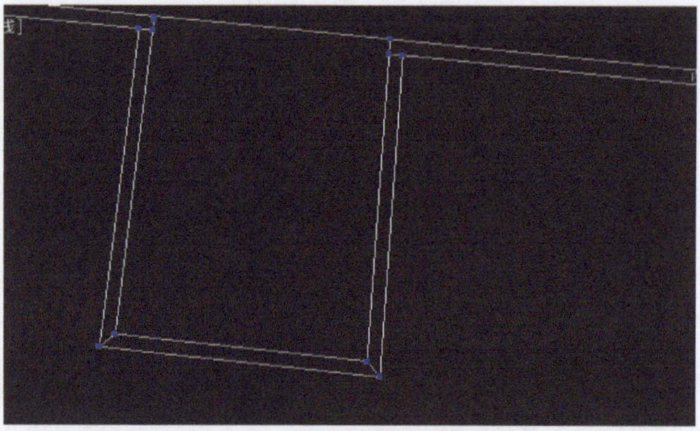

图 2.77　B 阁楼边缘的女儿墙

点击顶点，显示出所有顶点。选中需要修改的顶点，如图 2.78 所示。

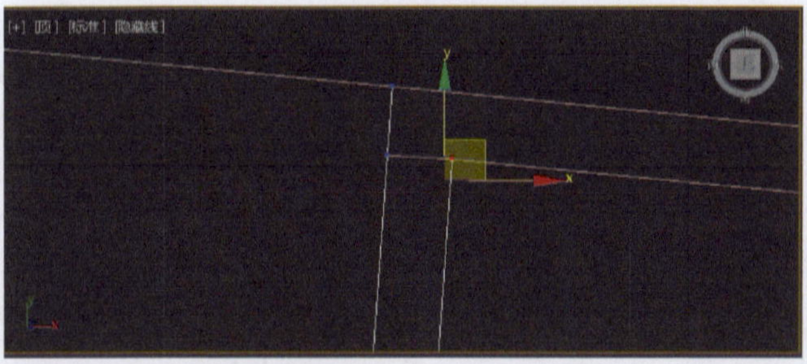

图 2.78　修改顶点

点击鼠标右键，选择移动工具，如图 2.79 所示，同时开启菜单栏中的捕捉工具，将鼠标放到坐标轴中心，显示黄色大框时，拖动鼠标向另一个顶点移动，此时鼠标会自动捕捉住阁楼房角的顶点，完成两个顶点的合并。使用该方法处理四个角点，处理后阁楼边缘效果如图 2.80 所示。

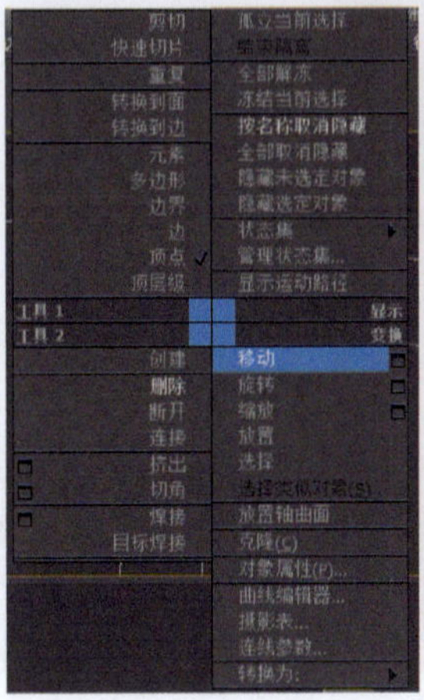

图 2.79　移动工具

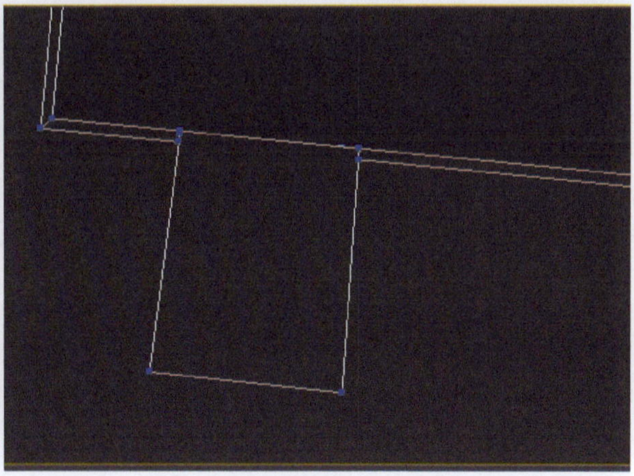

图 2.80　去除阁楼女儿墙线

点击“多边形”工具，选中房顶内面片，如图 2.81 所示，编辑多边形→挤出，参数设置高度为–1.0m，向下挤出女儿墙，如图 2.82 所示。

3. 制作阁楼门

（1）A 阁楼门，实景图如图 2.83 所示。

对照实景图上的纹理判断门的位置。使用“边”工具，选中正面的侧边线。这里介绍一个工具条—石墨工具，位于菜单栏的下方，如图 2.84 所示。该工具条与右侧修改器面板相对应，当选择顶点、边、边界、多边形、元素时，会显示不同的内容。

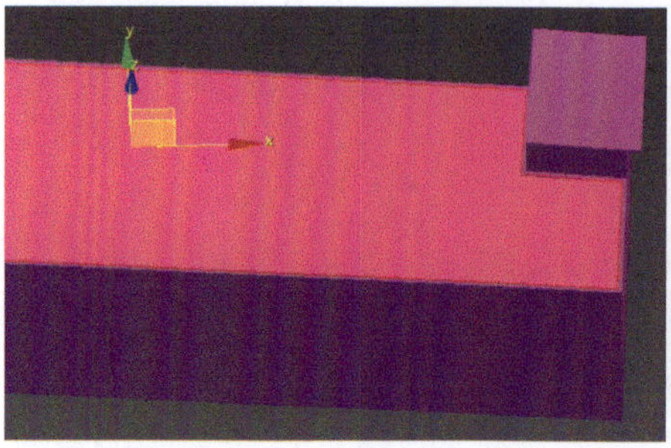

图 2.81　选中房顶面

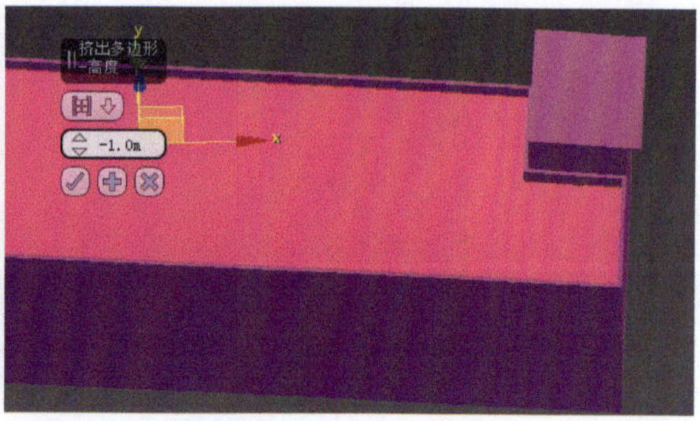

图 2.82　挤出女儿墙

图 2.83　A 楼阁实景图

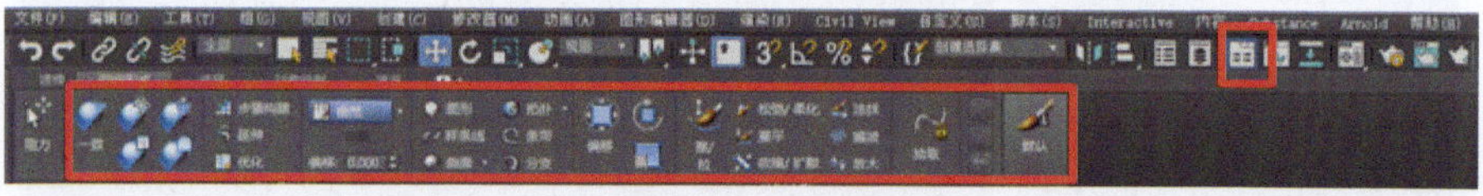

图 2.84　石墨工具

利用石墨工具→边→插入顶点，将线段分成 4 段，如图 2.85 所示。同样方法将该面对应的另一条边线分成 4 段，如图 2.86 所示。

点击“顶点”工具，横向选中两个顶点，在右侧修改器面板中，编辑顶点→连接（图 2.87），连接两个顶点成一条线，如图 2.88 所示。

再次将线段插入顶点，连接相应顶点，制作出门结构线，效果如图 2.89 所示。

使用“多边形”工具，选中女儿墙上的面片，如图 2.90 所示。利用“挤出”工具，向内挤出 0.3m，即在该段部分去除女儿墙。

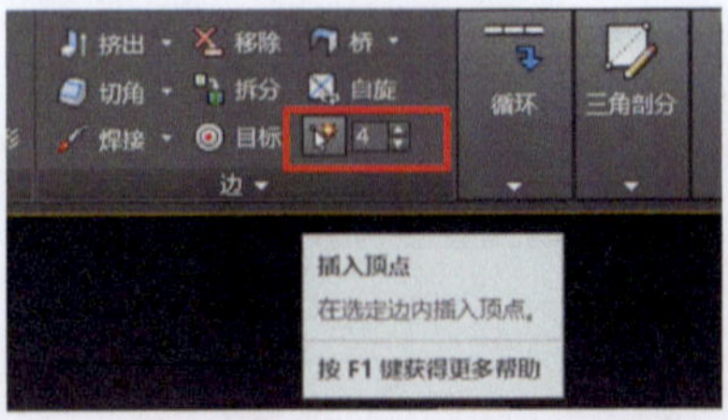

图 2.85 插入顶点工具

图 2.86 房屋侧边线分段

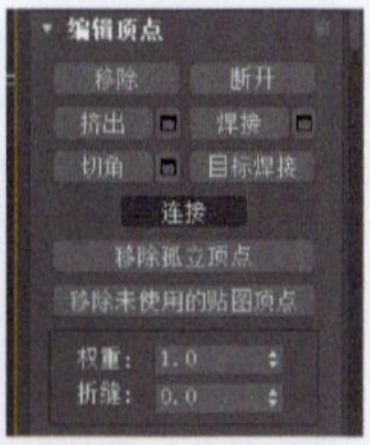

图 2.87 连接工具

图 2.88 连接顶点

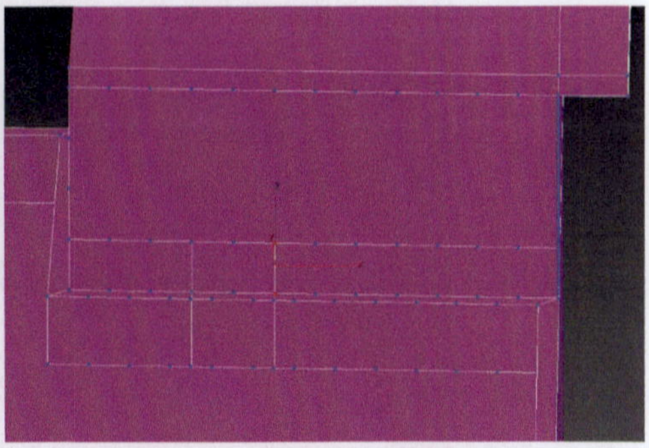

图 2.89 A 楼阁门的结构线

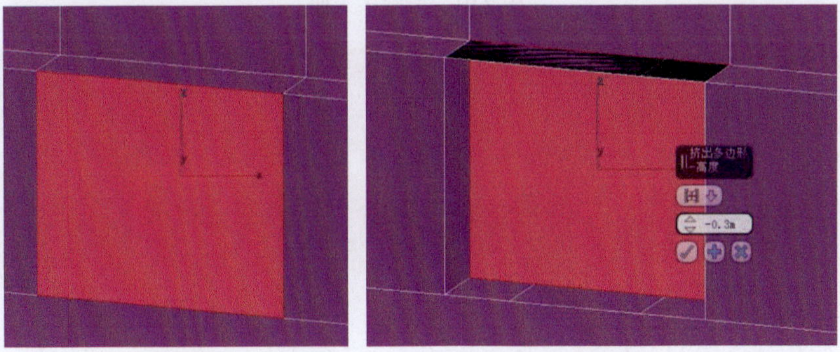

(a) 挤出前　　(b) 挤出后

图 2.90 挤出效果

选中上方的黑色面，鼠标点击右键，选择删除，删除掉该顶面，如图 2.91 所示。

将视图切换成隐藏线模式，调整视图方向，发现图 2.92 中红色框标注的地方少一根结构线，因此需补上该线，否则面结构显示错误。

选择“顶点”工具，鼠标选中上下两个顶点，点击“连接”工具，将两点连接成线，如图 2.93 所示。

最后删除多余的点和线，如图 2.94 所示。

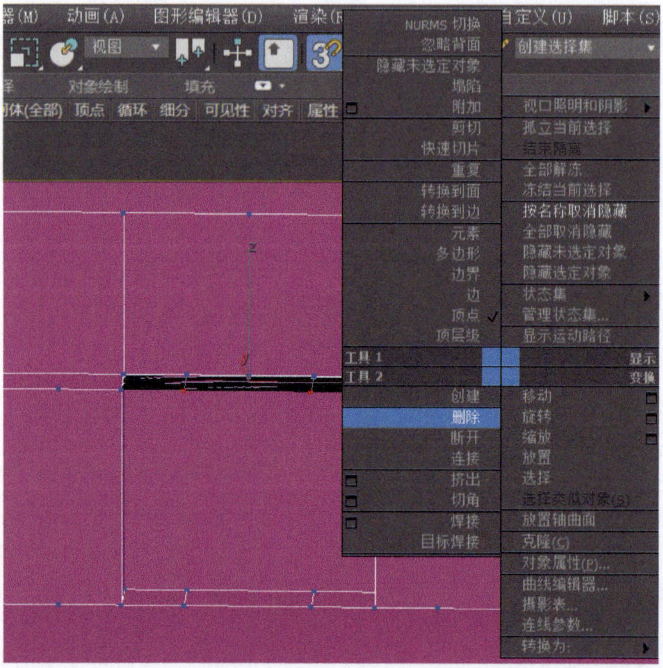

图 2.91　删除多余面

图 2.92　连接前

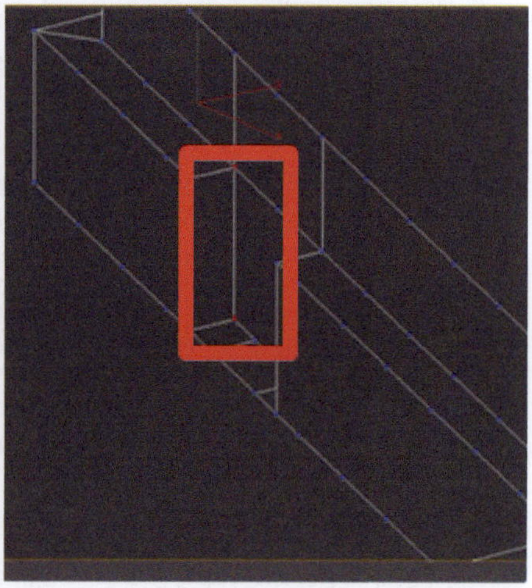

图 2.93　连接后

（2）B 阁楼门。点击正交视图窗口左上角，模型显示方式切换成隐藏线，如图 2.95 所示。

点击“边”工具，选中 B 阁楼正面的侧边线，如图 2.96 所示。

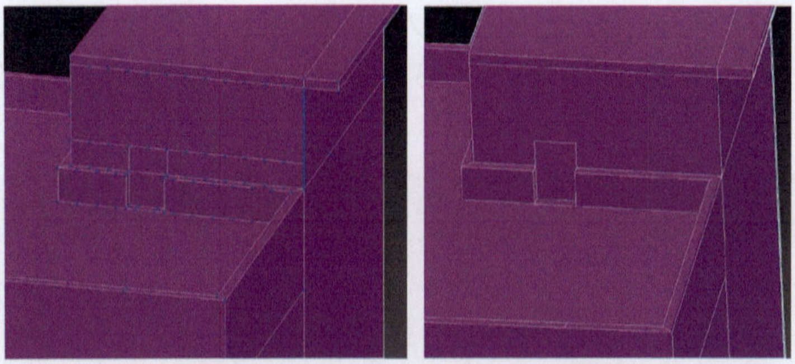

删除前　　删除后

图 2.94　删除多余的点和线

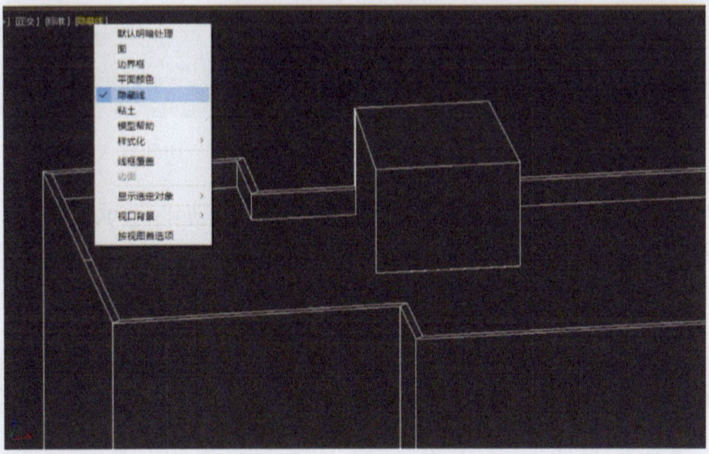

图 2.95　隐藏线显示模式

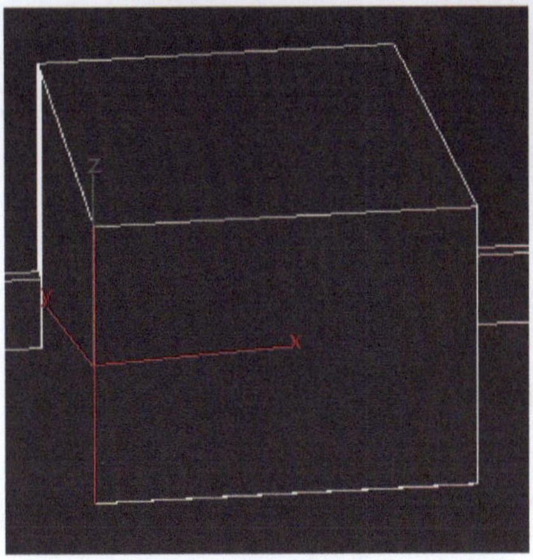

图 2.96　选中侧边线

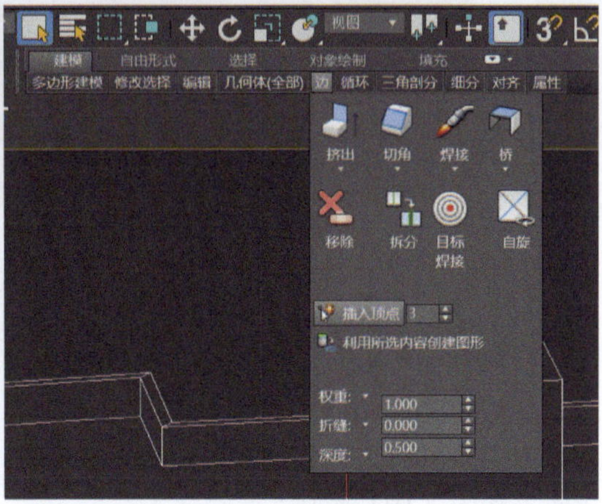

图 2.97　插入顶点

使用石墨工具，选择“边”，在插入顶点中设置 3，再点击“插入顶点”，如图 2.97 所示，即可在选中的线上插入 3 个顶点，将线段均分成 4 段，处理后结果如图 2.98 所示。

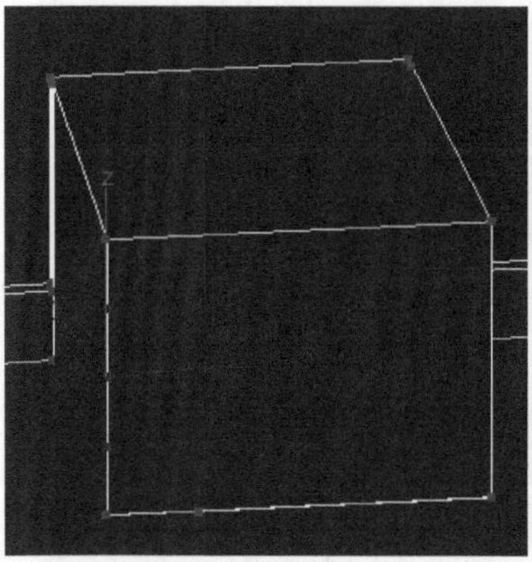

图 2.98　插入 3 个顶点

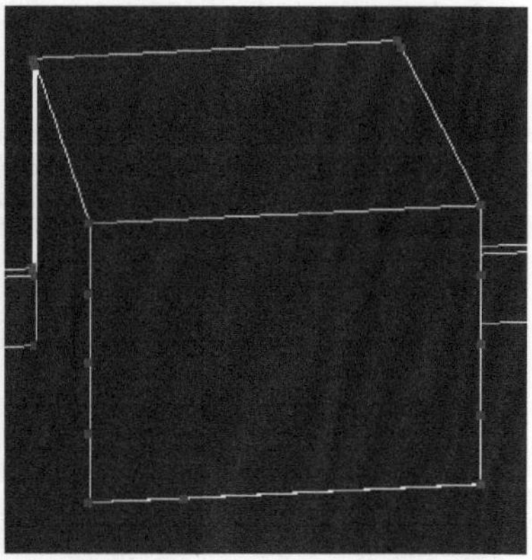

图 2.99　边线插入顶点

同样方法，在对应的另一条边上插入 3 个顶点，如图 2.99 所示。

点击“顶点”工具，横向选中两个顶点，使用“连接”工具，连接两个顶点成一条线，如图 2.100 所示。

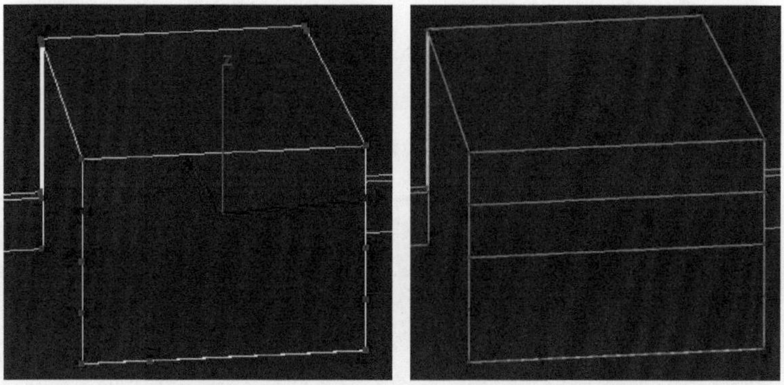

(a) 选择两个顶点　　(b) 连接成线

图 2.100　连接两个顶点

同样方法，将线段插入顶点均分线段，再将相应顶点连接，切割出门顶和门的位置，如图 2.101 所示。

选中多余的顶点和线段，点击鼠标右键“删除”，删除点线，门顶和门的结构线效果如图 2.102 所示。

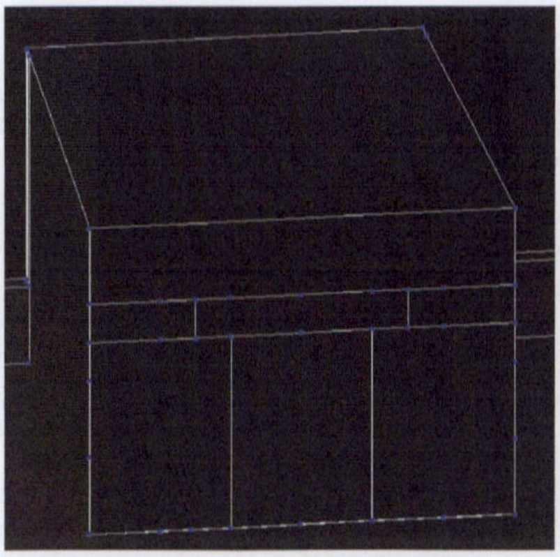

图 2.101　切割门顶和门面片

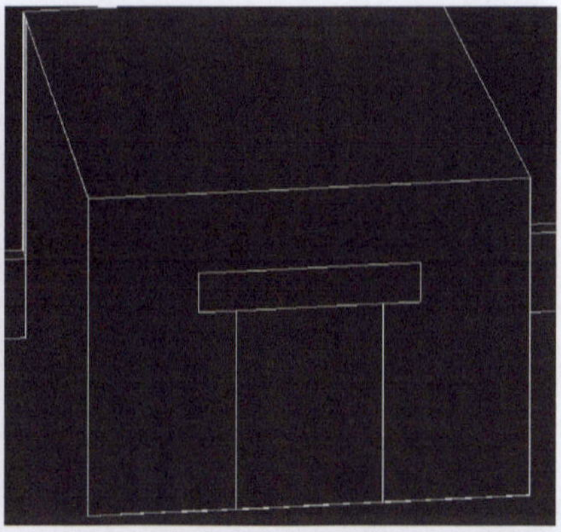

图 2.102　B 阁楼门结构线

在视图左上角，调整显示模式为边面。选中门顶面，编辑多边形→挤出，参数设置为 0.75m，挤出门顶宽度，如图 2.103 所示。

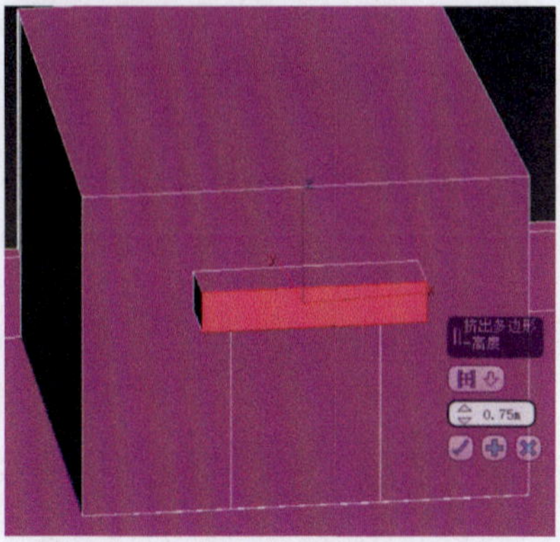

图 2.103　挤出门顶

选中门顶顶面，编辑多边形→倒角，竖向参数设置为 0.0m，横向参数设置为 0.05m，点击确定，边界向内收缩，制作门顶女儿墙宽度，如图 2.104 所示。

选中门顶顶面中间的面，编辑多边形→挤出，参数设置为–0.1m，向下挤出女儿墙高度，如图 2.105 所示。

4. 制作建筑物出入门

实景图如图 2.106、图 2.107 所示，对照实景图，观察分析门的位置。

在右侧修改器面板中，点击“边”，选中该墙面的上下两条边，使用石墨工具→边→插入顶点，参数设置 25，将线段分段，如图 2.108 所示。

图 2.104　倒角制作女儿墙

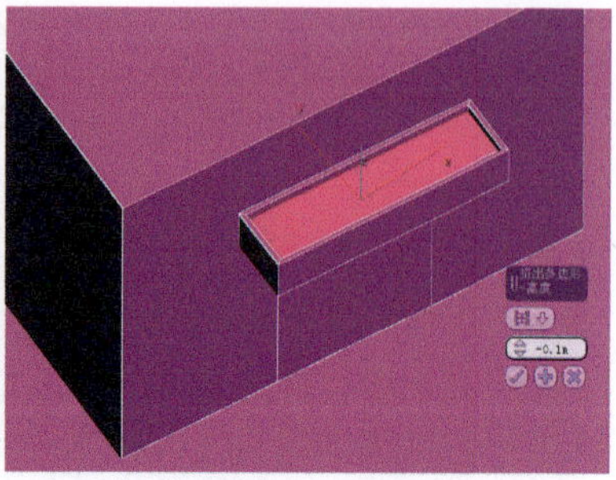

图 2.105　门顶女儿墙

图 2.106　楼体侧门

图 2.107　楼体出入门

图 2.108　上下边线分段

使用“连接”工具，将中间的四个相对应顶点连接起来，位置如图 2.109 所示。

选中分割的面，如图 2.110 所示，用快速切片工具将门顶切割出来，如图 2.111 所示。

图 2.109　连接工具分割面

图 2.110　选中切割面

图 2.111　切割门顶

使用“挤出”工具，向外挤出门顶，如图 2.112 所示。

同样方法，制作出另一个出入门。

图 2.112　挤出门顶

5. 制作台阶

在右侧修改器面板中，点击图标 “几何”，在标准基本体处下拉，如图 2.113 所示，选择“楼梯”，弹出图 2.114 所示界面，点击“L 型楼体”，在下方可以设置楼梯的参数，如图 2.115 所示。

图 2.113　几何体

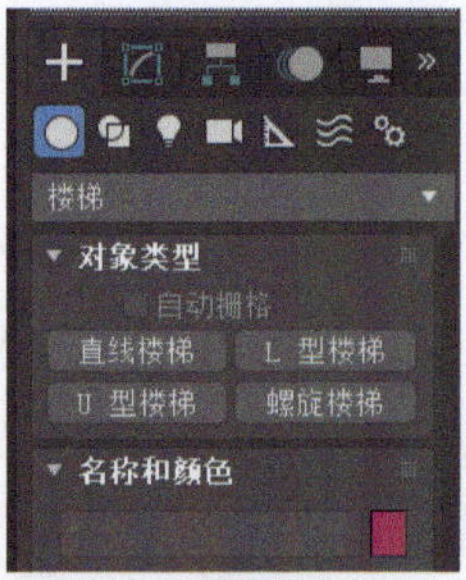

图 2.114　楼梯

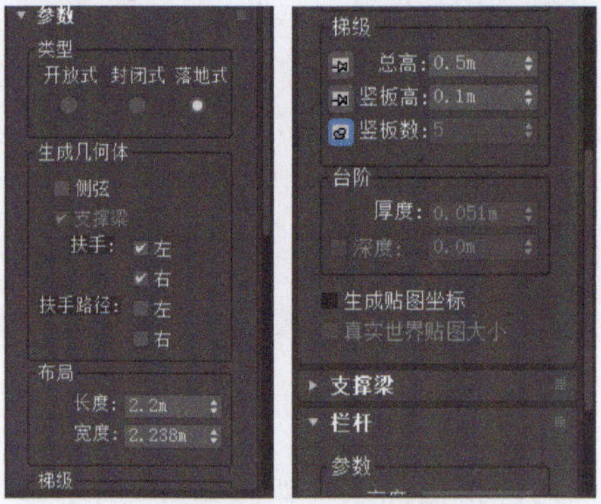

图 2.115　设置楼梯参数

类型：选择落地式（本案例是落地式）。

扶手：根据需要选择是否添加扶手。

布局：设置楼体长度和宽度。

梯级：总高、竖板高、竖板数三者相互关联，变动其中一项参数其他相应改变。点击前面的图标显示蓝色时可锁定该参数，调整其他两项参数值。

栏杆：高度、偏移一般设置为 0，其他参数默认。

下图 2.116 为制作的台阶。

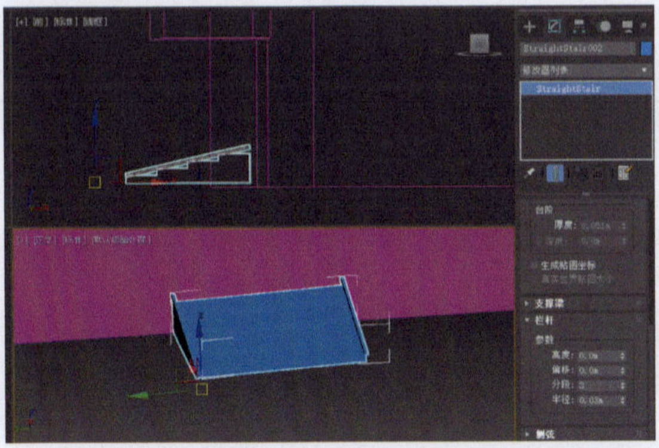

图 2.116　制作的台阶

制作另外一个台阶。选中已做好的台阶，点击右键，选择“克隆”，在弹出的框中，选择实例，点击确定，如图 2.117 所示。

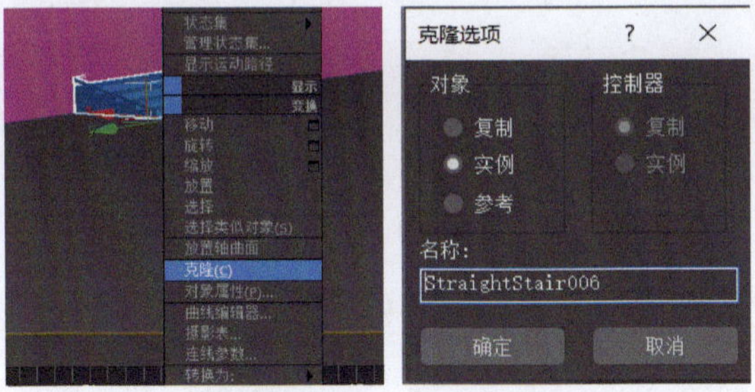

图 2.117　克隆工具

再次点击右键，选择“移动”，将克隆的台阶进行平移，移动到合适的位置，如图 2.118 所示。

选中台阶，右键转换为可编辑多边形，点击右侧“多边形”，选中台阶内侧的面，如图 2.119 所示，用“挤出”工具将该面向外挤出 1.0m，目的是拓宽最上面一层台阶的平面。

点击鼠标右键，选择“移动”工具，平移调整台阶的位置，如图 2.120 所示。

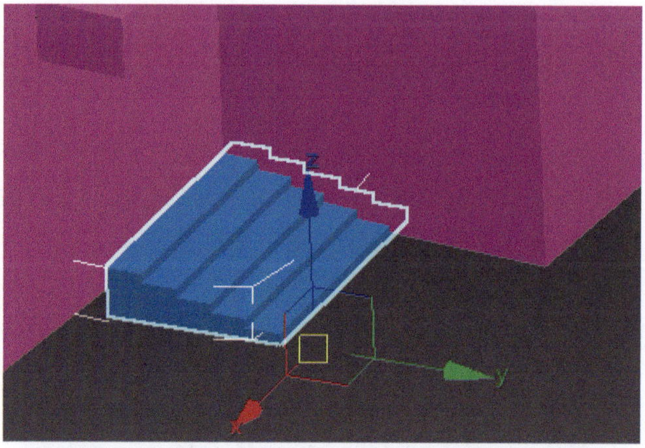

图 2.118　移动工具调整台阶位置

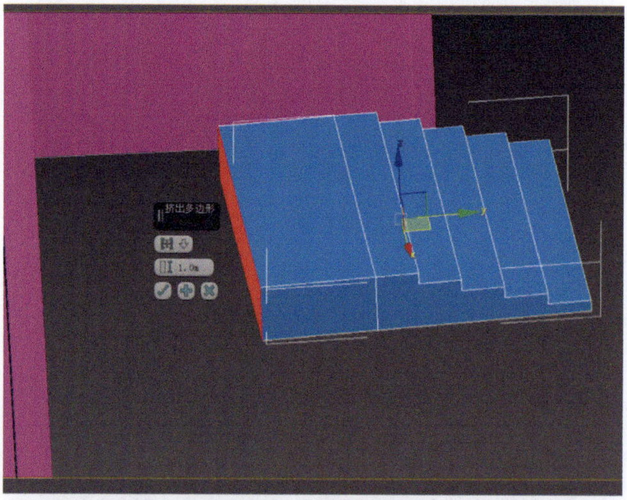

图 2.119　挤出平面

图 2.120　调整位置后的台阶

同样方法再克隆一个台阶，点击鼠标右键，点击移动后面的小方框，弹出旋转变换输入框，如图 2.121 所示，绝对世界坐标下 Z 值输入–90，调整台阶的方向。

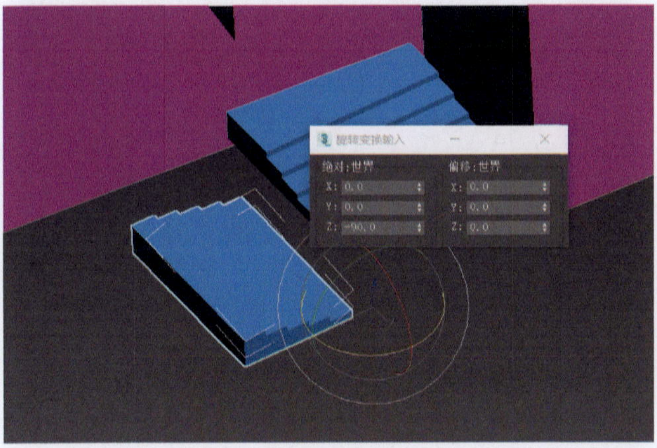

图 2.121　调整台阶方向

修改台阶的参数，包括长度、宽度、台阶数等，移动台阶，放置到合适位置，如图 2.122 所示。

图 2.122　台阶

2.7.5　纹理贴图

先选中需要贴图的面，如图 2.123 所示。

在菜单工具栏中，点击材质编辑器图标，如图 2.124 所示，弹出材质编辑器，如图 2.125 所示。

选中一个无材质覆盖的材质球，在下方点击漫反射，弹出材质/贴图浏览器，下拉点击位图，如图 2.126 所示。弹出选择位图图像对话框，选择需要贴的纹理图片，点击打开，如图 2.127 所示。

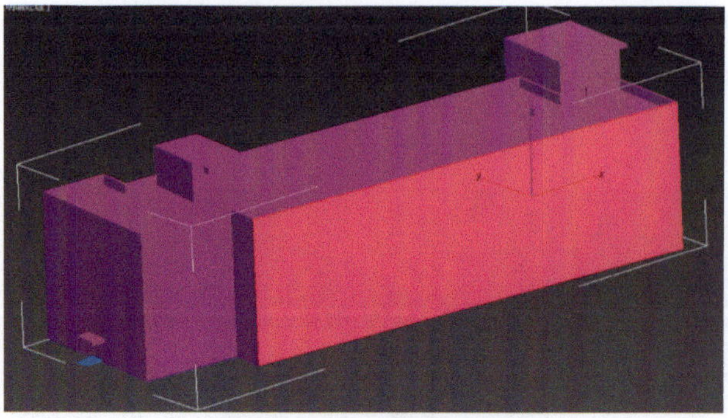

图 2.123　选中模型面

图 2.124　材质编辑器图标

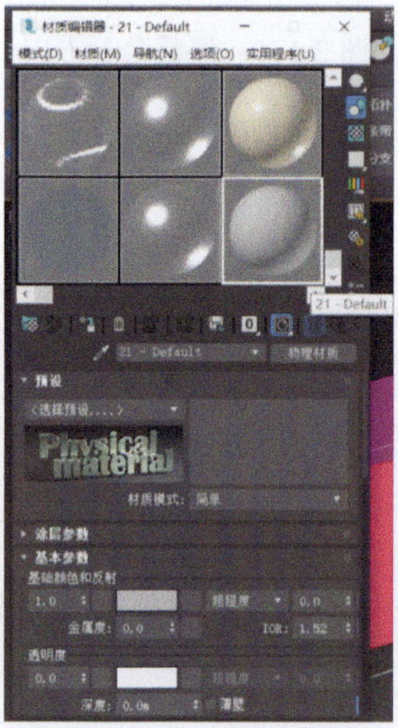

图 2.125　材质编辑器界面

在材质编辑器中，点击材质球下方的“将材质指定给选定对象”，如图 2.128 所示，贴图将附在模型上，但是此时贴图的坐标位置和模型并不匹配，需要进一步进行坐标匹配。

在软件界面右侧，点击修改器列表，选择“UVW 贴图”，如图 2.129 所示。在下列参数中选择长方体，长度、宽度、高度可根据模型进行调整，平铺是在长、宽、高三个方向平铺多个纹理，如图 2.130 所示。

参数设置完成后，继续下拉右侧工具面板，点击适配，如图 2.131 所示，完成贴图，效果如图 2.132 所示。

参照以上贴图方法，完成模型的贴图。该模型的最终贴图效果如图 2.133 和图 2.134 所示。

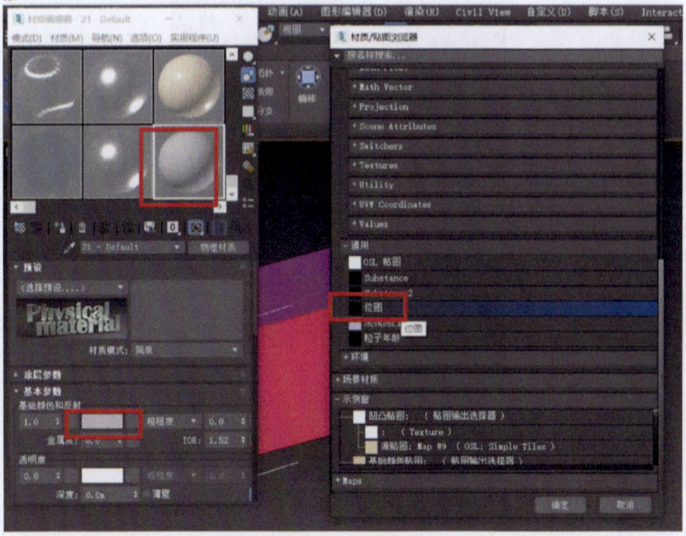

图 2.126　位图对话框

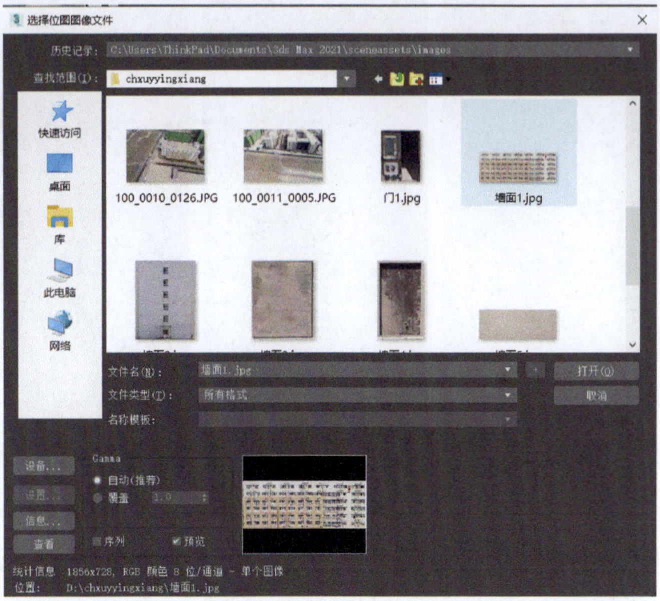

图 2.127　选择位图图片

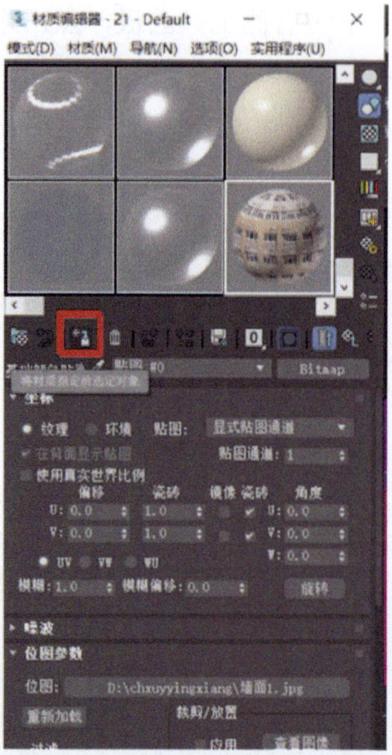

图 2.128　将材质指定给选定对象

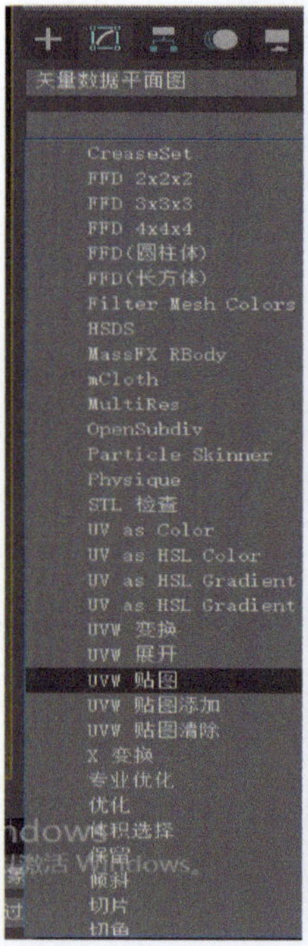

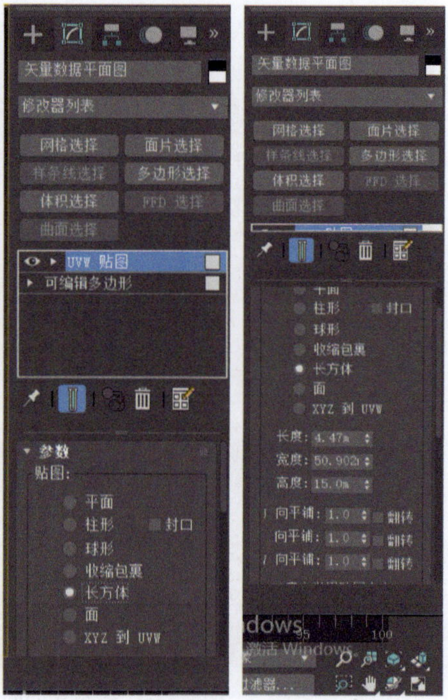

图 2.129　UVW 贴图　　　图 2.130　UVW 贴图参数设置

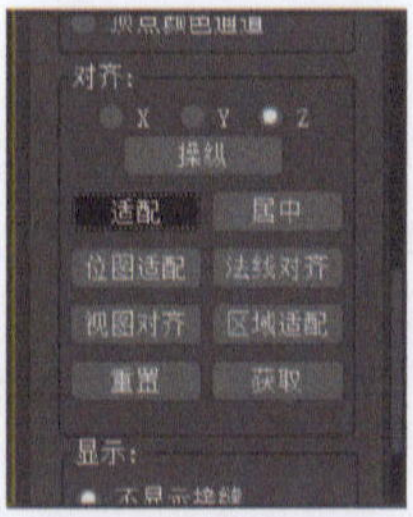

图 2.131　贴图适配

图 2.132　纹理贴图效果

图 2.133　模型纹理贴图 1

图 2.134　模型纹理贴图 2

2.8 本章小结

本章主要介绍基于矢量数据的交互式三维重建技术，首先介绍基于矢量数据的交互式三维重建的基本流程以及交互三维建模规范要求，然后对矢量数据来源也进行介绍，重点介绍如何利用 3ds Max 对模型进行交互编辑的方法。

思考题

1. 简述基于矢量数据的交互式三维重建的流程步骤。
2. 矢量数据的主要来源有哪些?
3. 简述 3ds Max 软件的主要功能特点。
4. 简述矢量式图片和位图式图片的区别。
5. 简述 Photoshop 软件的主要功能特点。

第 3 章

基于 LiDAR 数据的半自动三维重建技术

激光扫描系统（Light Detection and Ranging ，LiDAR）是一种集激光雷达测距、全球定位系统（GPS）和惯性导航系统（INS）三种技术于一体的系统，用于获得点云数据并生成精确的数字化三维模型。本章主要介绍如何利用 LiDAR 点云数据构建三维模型。

3.1 激光雷达测距原理

激光测距仪是利用激光对目标的距离进行准确测定的仪器。激光测距仪在工作时向目标射出一束很细的激光，由光电元件接收目标反射的激光束，计时器测定激光束从发射到接收的时间，计算出从观测者到目标的距离。激光测距系统主要由发射装置、接收装置和数据信号处理三部分，以及使此三部分协调工作的硬件和软件组成。其测距原理主要采用脉冲法测距、相位法测距、激光三角法测距、脉冲-相位式测距四种类型进行测距，目前比较常用的是脉冲法和相位法（梁静等，2020）。

（一）脉冲法测距

脉冲法测距是由激光器对被测目标发射一个光脉冲，然后接收系统接收目标反射回来的光脉冲，通过测量光脉冲往返的时间来算出目标的距离。由于激光脉冲持续时间极短，能量在时间上相对集中，瞬时功率很大。在有合作目标时，可以达到很远的测程；在近距离（几千米内）即使没有合作目标，在精度要求不高的情况下也可以进行测距。脉冲法测距精度在米的量级，其原理示意图如图 3.1 所示。

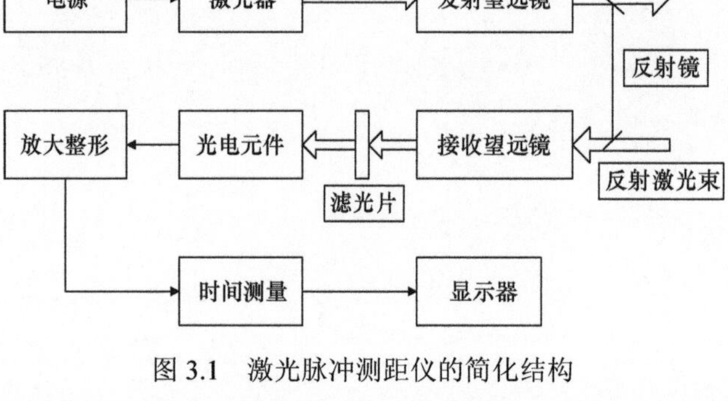

图 3.1　激光脉冲测距仪的简化结构

设光波在某一段距离往返传播的时间为 t，激光发射器到目标的距离为 R，则 R 可表示为式（3.1）：

$$R = \frac{1}{2}ct \tag{3.1}$$

式中，c 为光波在真空中的传播速度，约为 300000 km/s，t 为从脉冲发射经目标反射返回到接收器所经历的时间间隔。可见，只要精确地测出传播时间 t，就能够求出距离。

采用脉冲法测距产生的测距误差主要包括扫描仪脉冲计时的误差（即 t 的误差），以及测距技术中不确定间隔的缺陷引起的误差（可能造成数据的突变），因而表现为所测距离相对真实值增加或减少的量（加常数）。

（二）相位法测距

相位法测距是采用无线电波段的频率，对光束进行幅度调制，测定调制光往返测距仪与目标距离所产生的相位差，根据调制光的波长和频率，换算出激光飞行时间，再一次计算出待测距离。该方法一般需要在待测物处放置反射镜，将激光原路反射回激光测距仪，由接收模块的检波器进行接收处理。相位法测距是一种由合作目标要求的被动式激光测距技术，如图 3.2 所示。

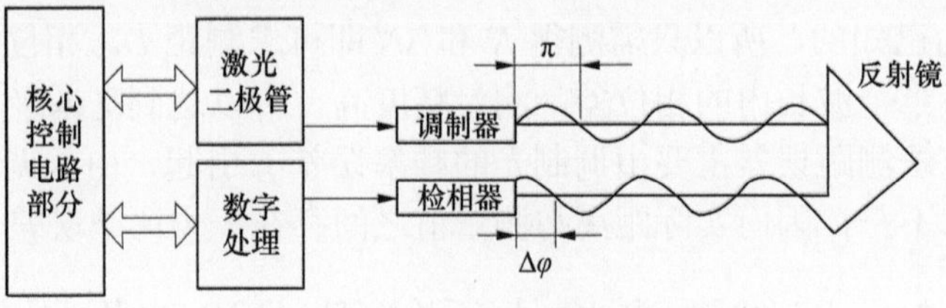

图 3.2　相位法激光测距技术原理

激光经过高频调制后成为高频调制光，设调制频率为 f_v，激光往返一周的时间 t 可以用调制波的整数周期数及不足一个周期的小数周期来表示，如图 3.3，式(3.2) 所示。

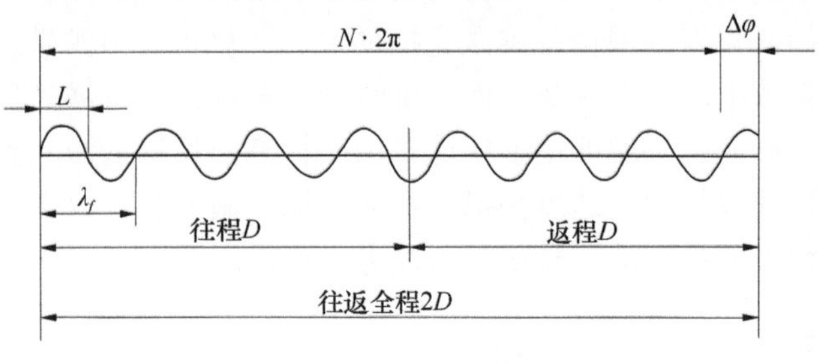

图 3.3　激光往返一周时间

$$t=\left(N+\frac{\Delta\varphi}{2\pi}\right)\cdot\frac{1}{f_v} \tag{3.2}$$

式中：f_v——调制频率（Hz）；

N——光波往返全程中的整周期数；

$\Delta\varphi$——不是一个周期的位相值。

根据公式 $D=\frac{1}{2}ct$ 推出式（3.3）：

$$D=\frac{c}{2}\left(N+\frac{\Delta\varphi}{2\pi}\right)\frac{1}{f_v}=\frac{c}{2f_v}N+\frac{c}{4\pi f_v}\Delta\varphi \tag{3.3}$$

令 $L=\frac{c}{2f_v}=\frac{c}{2}T_v$（等校于 1 个调制频率对应的长度）。

L 定义为测距仪的电尺长度：等于调制波长的二分之一。

则相位测距方程为式（3.4）：

$$D=L\cdot N+\frac{\Delta\varphi}{2\pi}\cdot L=L\cdot N+\Delta N\cdot L \tag{3.4}$$

由于 L 为已知的，所以只需测得 N 和 ΔN 即可求测距 D。相位法激光测距可以准确地测量半个波长内的相位差，测量精度高，可以达到毫米级别。

采用相位法测距误差主要由调制光的频率误差 f_v 引起，由于调制光的频率与实际光的频率不符，因而实际距离与测量值之间存在一个比率误差（乘常数）。

3.2 三维激光扫描系统组成和工作原理

三维激光扫描技术最大的特点是能快速获取目标地物的三维坐标，而传统的地形测量和摄影测量的最终目的也是为了得到地面的三维坐标，那么三维激光扫描技术是如何实现这一功能的呢？这要从三维激光扫描系统的组成说起。不同的三维激光扫描系统搭载平台不同，各自的设备组成也有一定区别。

三维激光扫描系统一般由三维激光扫描仪、计算机、电源供应系统、相机、搭载平台以及系统配套软件构成。而三维激光扫描仪是三维激光扫描系统的主要组成部分，三维激光扫描仪的主要构造是由一台高速精确的激光测距仪，配上一组可以引导激光并以均匀角速度扫描的反射棱镜，激光测距仪主动发射激光，同时接收由自然物表面反射的信号从而可以进行测距。

3.2.1 地面三维激光扫描系统

1. 系统组成

地面三维激光扫描仪系统由多个部分组成，主要包括：三维激光扫描仪、扫描仪工作平台、软件控制平台、数据处理平台、标靶球、三脚架以及电源和其他附件设备。随着技术的发展，有些地面三维激光扫描系统装载的还有相机和 GNSS 设备。不同型号的地面三维激光扫描系统组成有一定的差异，但是主要构件都是相同的，如图 3.4 所示。

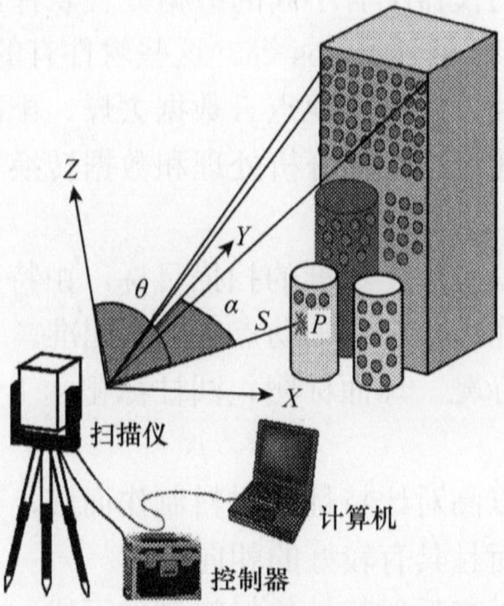

图 3.4　地面激光扫描仪系统组成

1）三维激光扫描仪

三维激光扫描仪主要由激光测距系统、激光扫描系统、控制系统、电源供电系统等组成。其中激光测距系统、激光扫描系统是三维激光扫描仪工作最核心的部分。

激光测距系统主要通过脉冲式测距和相位式测距，目前市场上的三维激光扫描仪主要采用脉冲式测距原理。其原理在 3.1 节已经介绍。

激光扫描系统的主要部件是扫描镜，可以使激光光束在预设范围内在水平方向和垂直方向发生偏转。根据采用的扫描镜不同，可分为平面镜偏转，多边形镜偏转和棱镜偏转；根据扫描镜的运动方式，可以分为震荡偏转和旋转偏转。激光扫描系统可以由两个震荡镜或一个旋转镜（多边形或平面）或一个震荡镜和伺服系统构成，因此光束在水平方向和垂直方向的偏转方式有以下两种：

（1）利用旋转或震荡镜使光束在垂直方向上偏转，通过伺服电动机驱动扫描头绕竖轴旋转而得到光束在水平方向的偏转。采用此原理设计的扫描仪通常称为全景式扫描仪或旋转头扫描仪，它的水平视场角可达到 360°。

（2）扫描镜绕仪器垂直轴和水平轴震荡，获取水平方向和垂直方向的偏转，扫描过程中，扫描头静止不动。采用此原理设计的扫描仪视场范围有限，通常称为相机式扫描仪或固定式扫描仪。

无论哪种偏转方式，扫描镜瞬间的角度位置都由高分辨率的角度位置传感器获取，角度位置传感器可以是一个光学编码器，也可以是电容位置传感器，扫描镜的位置被转化成数字表示方式，从而得到角度测量值。

2）软件控制平台和数据处理平台

控制系统主要由计算机及相应的软件构成，用于控制整个扫描过程并记录点云数据。不同厂家生产的仪器配有不同的数据处理软件，如 Optech 的 Palm OS，Leica 的 Cyclone，Trimble 的 3Dipsos 等。这些软件有的除控制数据获取过程外，还具有点云数据处理功能，能够实现点云数据去燥、配准、合并、数据点三维空间量测、可视化、三维建模、纹理分析处理和数据转换等功能。

3）标靶

标靶是具有几何中心可用于校准的扫描目标，由特殊材料制作成特殊形状，通过提取标靶的中心点作为同名点辅助点云数据配准。

标靶通常分为平面标靶、球面标靶、圆柱标靶。工作中常用球面标靶作为扫描目标。

（1）平面标靶一般以高对比特性的材料制作而成，靶心位置一般需要较高密度点云数据才能确定，而且具有较好的朝向。

（2）球面标靶一般以高反射特性的材料制作而成，由于球形具有各向同性的特性，从任意方向都可以得到球心坐标，所以在靶面点较少的情况下，仍然可以获得较好的拟合结果。

（3）圆柱标靶和球标靶相似，只需要侧面信息就可以获得圆柱中轴线，以中轴线作为几何配准不变量。

4）三脚架

三脚架主要包括外壳、底座和适配器，用于固定三维激光扫描仪器并负责调整其高度。

2. 工作原理

地面三维激光扫描系统工作原理：地面三维激光扫描仪采用的坐标系统是仪器内部的坐标系统，横向扫描面为 X 轴，Y 轴在横向扫描面内与 X 轴垂直，Z 轴也与横向扫描面垂直。三维激光扫描仪通过仪器内部伺服马达系统精密控制多面反射棱镜的快速转动，使脉冲激光束沿 X、Y 两个方向进行线阵列或面阵列的扫描，发射器发出一束激光脉冲信号，经过物体反射后传回到接收器，通过时间差，计算出目标点 P 与扫描仪之间的距离 S。精密时钟控制编码器在扫描的同时记录横向扫描角 α 和纵向扫描角度 β，再利用计算得到的测量距离值 S 一起计算出被测目标点 P 的三维坐标（X_P，Y_P，Z_P），如图 3.5 所示。

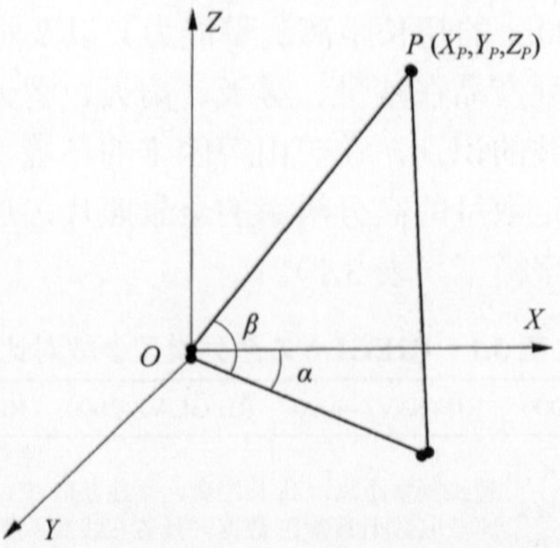

图 3.5 地面激光扫描仪测量的基本原理

根据几何定位原理，推算出目标点 P 坐标为式（3.5）：

$$
\begin{aligned}
X_P &= S\cos\beta\cos\alpha \\
Y_P &= S\cos\beta\sin\alpha \\
Z_P &= S\cos\beta
\end{aligned}
\tag{3.5}
$$

式中：（X_P、Y_P、Z_P）是目标点 P 的三维坐标；

S 是扫描仪到目标点 P 的距离；

α、β是横向扫描角和纵向扫描角；

地面三维激光扫描仪的原始观测数据主要包括激光光束的横向扫描角α和纵向扫描角度β、仪器到扫描点的距离值 S、实体表面点的反射强度，通过内置或外置数码相机获取实体影像信息，得到扫描点的颜色信息（R、G、B）。前三个数据用于计算扫描点的三维坐标值，反射强度、颜色信息可用于点云数据后续处理，提供实体边缘位置信息和彩色纹理信息等。

3. 地面三维激光扫描仪设备简介

1）国外产品

目前，市场上主流的地面三维激光扫描仪国外厂家有：奥地利 Riegl 公司生产的 VZ-Line 系列、加拿大 Optech 公司生产的 Optech ILRIS 系列、美国 Trimble 公司生产的 Trimble TX 系列、瑞士 Leica（徕卡）公司生产的 HDS 系列和 ScanStation 系列、Z+F（德国）等公司。下面对这些主流产品进行介绍。

（1）RIEGL VZ-Line 系列三维激光扫描仪。奥地利的 RIEGL 激光测量系统公司有着四十多年的激光产品研发制造经验，是一家成熟、专业的三维激光产品厂商，技术水平一直处于世界领先地位。其公司推出的 RIEGL VZ- Line 系列三维激光扫描仪基于独一无二的数字化和在线波形分析功能，实现超长测距能力

（VZ-6000 可以达到 6000m 的超长距离测量能力）以及竖直 60°，水平 360°的广阔视场角范围。该系列产品在沙尘、雾天、雨天、雪天等能见度较低的情况下使用并进行多重目标回波的识别，在矿山等困难的环境下也可轻松使用。内置的数码相机，可以获取一定数量的高分辨率的全景照片，这些全景照片可与测量成果相结合，创建三维数字模型（表 3.1）。

表 3.1　RIEGL VZ 系列类型参数对比

型号	RIEGL VZ-6000	RIEGL VZ-4000	RIEGL VZ-2000	RIEGL VZ-1000	RIEGL VZ-400
描述	非比寻常的超长测量距离，高速数据获取，具备在线波形处理能力	超长测量距离，高速获取数据具备在线波形处理能力	长距离，高速获取数据，具备在线波形处理能力	测量距离长，高精度，无线操作，超高数据获取速度，具备在线波形处理能力	高精度，无线操作，超高数据获取速度，具备在线波形处理能力
对人眼安全的激光	Laser Class 3B	Laser Class 1	Laser Class 1	Laser Class 1	Laser Class 1
超大测量范围，目标反射率 90%	6000m	4000m	2050m	1400m	600m
超大测量范围，目标反射率 10%	2800m	1750m	770m	450m	200m
最小测量距离	5m	5m	2.5m	2.5m	1.5m
重复测量精度	15mm	15mm	8mm	8mm	5mm
激光发射率	高达 30 万点/s	高达 30 万点/s	高达 100 万点/s	高达 30 万点/s	高达 30 万点/s
垂直线扫描——最大扫描角度范围	60°（+30°/–30°）	60°（+30°/–30°）	100°（+60°/–40°）	100°（+60°/–40°）	100°（+60°/–40°）
垂直线扫描——最小扫描角度范围	0.002°	0.002°	0.0015°	0.0024°	0.0024°
水平面扫描——最大扫描角度范围	360°	360°	360°	360°	360°
水平面扫描——最小扫描角度范围	0.002°	0.002°	0.0024°	0.0024°	0.0024°

（2）Optech ILRIS-LR 系列。ILRIS-LR 系列具有超长测距能力，最长可达 3000m，激光发射频率为 10000Hz，具有最高点密度的扫描能力，这一特点使得对冰、雪的扫描以及湿的地物表面的扫描成为可能。可以快速获取数据、减少测站设置、雪及冰川的建模、全天候扫描。

（3）美国 Trimble TX8 三维激光扫描仪。Trimble（天宝）TX8 三维激光扫描仪（图 3.6）凭借天宝专利的 LightningTM（闪电）技术，在其整个测程范围内，可以每秒 1 百万个精确激光点的速度获取数据，可以在 3min 时间内完成一次典型的测量任务。最大测程 120m，在可选升级配置中，其测程更可以扩展至 340m。其长远的测程能够减少完成一项测量任务所需的设站次数，节省三维扫描任务所需的时间和精力，快速获取数据的能力能够减少每个测站所需的时间。另外天宝 LightningTM 技术受目标表面类型和大气状况变化影响很小，因此在每一个测站都可以获得具有良好完整性的数据结果。

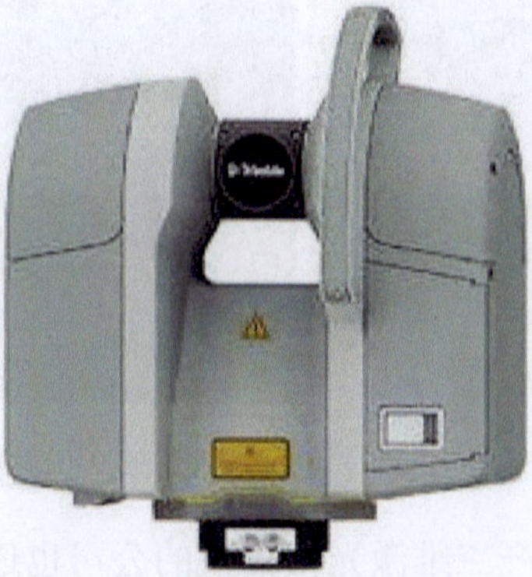

图 3.6　Trimble TX8 三维激光扫描仪

（4）瑞士 Leica ScanStation P50 长测程三维激光扫描仪。ScanStation P50（图 3.7）继承了高精度的测角测距技术、WFD 波形数字化技术、Mixed Pixels 混合像元技术和 HDR 图像技术，扫描距离为 570m，可以提高至 1km 以上，视场角高达 360°×290°（图 3.8），扫描速率高达 100 万点/s，内置同轴相机，这些特点使得徕卡 ScanStation P50 具有更长的测程和更强大的性能，满足长距离及各种扫描任务需求（图 3.9）。

图 3.7　Leica ScanStation P50 长测程三维激光扫描仪

2）国内产品

由于国外品牌起步比较早，技术相对成熟，在市场上处于垄断地位，使得仪器价格昂贵。因此国内一些高校和公司进行了大量研究，目前国内的地面三维激

图 3.8　360°×290°超大视场角

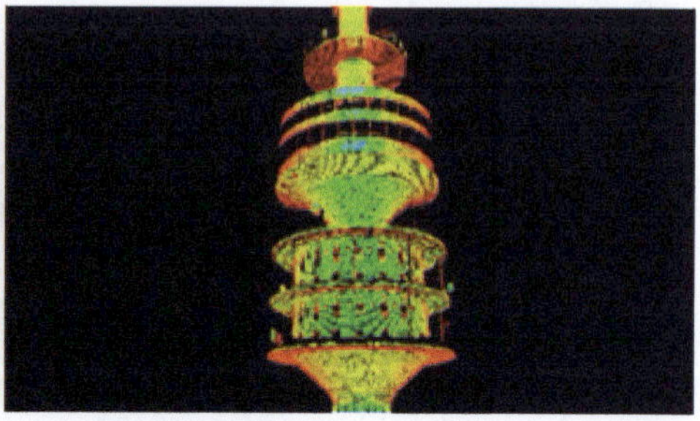

图 3.9　600m 处超精细点云

光扫描仪技术逐渐成熟，生产三维激光扫描仪的公司也逐渐增多，比较有代表性的公司有：中海达公司 HS 系列产品、北京天绘公司的 U-Arm 系列产品、广州思拓力公司的 X 系列产品、武汉迅能光电科技有限公司 VS 系列产品。

（1）中海达公司 HS 系列产品。中海达公司主要以研发生产和销售测量仪器为主，2012 年开始研发三维激光扫描仪。HS1200 高精度三维激光扫描仪是中海达完全自主研发的脉冲式、全波形、高精度、高频率三维激光扫描仪，最大测量频率 50 万点/s，可外接 GPS、相机，无靶标智能面自动拼接，配套中海达自主研发的全业务流程三维激光点云处理系列软件，具备测量精度高、点云处理效率高、成果应用多样化等特点，广泛应用于数字文化遗产、数字城市、地形测绘、形变监测、数字工厂、隧道工程、建筑 BIM 等领域，如图 3.10 所示。

图 3.10　中海达 HS 系列产品

（2）北科天绘公司的 U-Arm 系列产品。U-Arm 是北科天绘自主研发、具有完全自主知识产权的三维激光地形扫描仪系列产品，具有测程远、精度高、扫描速度快、灵活轻便等特点。根据测程，U-Arm 的标准产品分为 UA-0500 、UA-1500 两种型号，分别适用于中小型、中大型场景的地形测量、工程勘测、变形监测和植被调查等任务，更远测距的 U-Arm 可定制。配套北科天绘自主研发的 UIUA 软件，具有设备控制、数据预处理、数据后处理功能，具备点云处理效率高、三维建模精度高、成果输出格式丰富等特点，可与主流专业制图与三维建模等软件相衔接，以实现多样化应用。图 3.11 是利用 U-Arm 产品对建筑物进行扫描，利用获取的点云构建建筑物模型。

图 3.11　利用 U-Arm 产品进行建筑物重建

（3）广州思拓力公司的 X 系列产品。广州思拓力公司研发的地面三维激光扫描仪目前有 X150Plus、X50、X300Plus 三个型号。该公司生产的是基于脉冲式的三维激光扫描仪，用于精密测量和迅速获取复杂环境下海量的几何三维点云数据。在扫描窗口的下方内置专业工业相机，可以搭载 GPS 来快速定位，直接获得精确的测站点坐标。

（4）武汉迅能光电科技有限公司 VS 系列产品。武汉迅能光电科技有限公司是专业研发制造三维激光扫描成像仪的高新技术企业。迅能光电开发了 SC70、SC500 及 VS1000（图 3.12）三种型号三维激光扫描仪。其中 VS1000 采用外置 Canon 5D Mark Ⅱ单反相机，可同时获取被测目标的点云和影像数据。扫描视场角为 360°×100°，角度控制精度 5″。VS1000 有效测量距离 600m，扫描速度 36000 点/s，点位测量精度±1.2mm（50m 距离），距离测量精度±50mm。采用 7 寸触摸屏操作控制，预留了数据通信（网口和 Wi-Fi）及存储接口（32G SD 卡）。

图 3.12　VS1000 三维激光扫描仪

目前国内产品虽然与国外产品还有一定差距，但是这种差距越来越小，在某些应用场景中，国产设备完全能够胜任。

3.2.2 车载三维激光扫描系统

移动测量系统（Mobile Mapping System，简称 MMS），也称为移动测量车，是指在移动载体平台上集成多种传感器，通过多种传感器自动采集各种三维连续地理空间数据，并对采集的数据进行处理与加工，以满足各种系统的需要。

对于车载三维激光扫描系统的定义目前没有相关规范明确定义，在不同学者的文献中有不同的描述，经参考多个文献，归纳车载三维激光扫描系统定义为：车载 LiDAR 系统是以汽车为平台，集成激光扫描仪、导航系统（包括全球导航卫星 GPS 系统、惯性测量单元（IMU）、距离测量指示器（DMI））、CCD 相机、计算机控制系统以及承载平台，在车辆的行进中，快速采集道路及道路两旁地物的高密度点云数据和属性数据及近景影像，经配套数据处理软件进行处理、加工获取所需成果，应用到相关行业。车载激光雷达弥补机载激光雷达在地面地物信息获取方面的局限，能在更多、更广的范围内获取三维空间数据，是完善三维城市模型等高精度、高分辨率应用的最佳手段之一。

1. 系统组成及工作原理

车载三维激光扫描系统主要包括差分 GPS 系统（包括 GPS 基站和动态 GPS 接收机）、惯性导航装置（IMU）、激光扫描仪（LS）、CCD 相机、控制装置、测速仪、移动测量平台等，如图 3.13 所示。三维激光扫描仪的系统传感器部分集成在一个可稳固连接在普通车顶行李架或定制部件的过渡板上。支架可以分别调整激光传感器头、数码相机、IMU 与 GPS 天线的姿态或位置。高强度的结构足以保证传感器头与导航设备间的相对姿态和位置关系稳定不变。

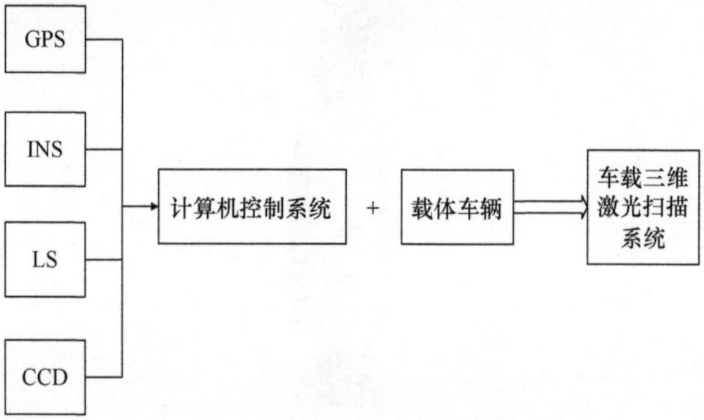

图 3.13 车载三维激光扫描系统组成

数据采集车在行驶过程中，配备的计算机可以同时将传感器获取的数据进行存储，定姿、定位系统可以利用 GPS 动态差值得到，以测定传感器系统中心为测量原点的大地坐标，IMU 提供精确测量的传感器系统的实时姿态，三维激光扫描仪可以对道路路面以及道路两边的建筑物、树木、路灯等地物进行逐点扫描，同时全景相机采集道路两边的全景影像，以上所有的传感器都是通过时间同步控制器触发脉冲实现数据的同步采集，车载上方的平台将所有传感器固定在一起，这样就保证了传感器与平台之间的姿态是同步的，各传感器之间的坐标关系就可以确定。系统中主要设备的工作原理如下：

（1）DGPS。测量车在行进过程中，差分 GPS 系统按照一定的采样频率接收信号，实时获取测量车移动瞬间的 GPS 天线中心的大地坐标，为 LS 和 CCD 提供定位和定向数据。主要是提供载体的高精度位置和速度，但是在高楼林立的城市环境中，GPS 信号容易受建筑物、树木的遮挡，影响测量精度，需要辅之以导航系统，常用的惯性导航系统 INS 不需要任何外来信息，也不向外辐射任何信息，可在任何介质、任何环境下实现，系统频带宽，可跟踪任何机动运动，能输出位置、速度、方位和姿态等多种导航参数，输出数据平稳，短期稳定性好，但导航精度随时间发散，即长期稳定性差。而 GPS 导航精度高不随时间发散，即长期稳定性好，但频带窄，高机动运动时，接收机码环和载波环极易失锁而丢失信号，完全丧失导航能力，且受制他人，易受人为干扰和电子欺骗。惯性导航和 GPS 在性能上正好互补组合使用可取长补短，充分发挥其各自的长处。

（2）IMU。IMU 惯性测量单元会记录测量车移动瞬间的姿态角，包括测量车的航向角、翻滚角及俯仰角。

（3）激光扫描仪。由于大部分的三维激光扫描仪都是固定式的定点扫描，无法装载到该平台上在动态的过程中进行地物三维数据采集，所以该系统应用的一般是三维扫描仪，LS 在垂直于行驶方向作 2 维扫描，以汽车行驶方向作为运动维，与汽车行驶方向构成三维扫描系统，实时动态地采集三维信息。二维激光扫描仪是车载三维激光数据采集系统中的核心模块，系统能实现的测量距离和测量的相对精度主要取决于它。

激光扫描仪在移动瞬间通过线扫描的方式发射并接收返回的激光束，且记录扫描点距离扫描仪中心的扫描角度及距离值。根据激光扫描仪的扫描频率和扫描仪的视场角等信息，结合测量车在行进过程中获取的扫描点、扫描角度及与扫描仪中心的距离值，即可得出扫描点在扫描仪中心坐标下的坐标，然后根据 GPS、IMU、激光扫描仪之间安装的位置关系信息，通过坐标转换就可以得到扫描点在 WGS-84 坐标系下的三维坐标，实现道路及两侧建筑物的三维信息的实时获取。

（4）CCD 相机。CCD 相机或全景相机则以一定的频率直接获取测量车在行进过程中的地物景观纹理信息。目前常见的车载 3 维数据采集系统中，都是使用面阵相机进行纹理信息采集。

2. 车载三维激光扫描系统硬件生产厂家介绍

近年来，车载三维激光扫描系统在智慧城市建设、道路以及带状地形三维场景构建发挥很大作用，也带来了广泛的应用市场。因此国内外车载三维激光扫描系统迅速发展，车载三维激光扫描系统有加拿大 Optech 公司的 Lynx 系统，日本东京大学研制的 VLMS 系统，日本拓普康公司的 TopCon IP-S2，英国 MDL 公司 DynaScan 车载与船载式三维激光扫描仪，美国 Trimble 公司，德国 Breuckmann 等公司也供应相应的设备。我国有中国科学院深圳先进技术研究院研制生产的车载三维激光扫描系统，立得空间信息技术股份有限公司生产的第一代车载 CCD 全景三维采集车系统和第二代激光三维采集车系统，天津市星际空间信息有限公司和东方道迩等引进改良的国外车载三维激光扫描技术及测量车，另外，首都师范大学、山东科技大学、武汉大学、同济大学、南京大学、北京建筑工程学院测绘与城市空间信息学院，中国测绘科学研究院等科研单位也相继研发了车载激光三维数据或全景影像采集系统等。下面介绍一些主流生产厂家。

1）国外生产厂家

比较有代表性的厂家有奥地利 Rigel 公司、加拿大 Optech 公司、美国 Trimble 公司以及瑞士徕卡公司。奥地利 Rigel 公司的产品适合多种平台，移动三维激光扫描系统已经形成多产品系列，如 VMQ-1HA、VMZ、VUX-1HA、VMX-2HA 等。加拿大 Optech 公司车载移动测量系统主要有 V200、Lynx SG1 与 MG1。美国 Trimble 公司车载移动系统主要有 MX1、MX2、MX8。瑞士徕卡的 Pegasus：Two ultimate，Pegasus：Two 移动激光扫描系统。

（1）奥地利 Rigel 公司 VMX-2HA。RIEGL VMX-2HA 是一套高速、高性能的双扫描移动测图系统，在高速公路上行驶依然可提供极高的点密度、精度，以及丰富的属性信息。该系统由两个 REGL VUX-1HA 高精度 LiDAR 传感器和一个高性能 INS/GNSS 单元组成，采用 200 万测量速率和 500 线/s 的扫描速度，最多可选配九台相机，可以获取精确的地理参考影像，适用于各种专业的移动测图应用。

（2）加拿大 Optech 公司的 Lynx SG1 移动测量产品。Lynx SG1 配备了脉冲发射频率最高达 600 kHz 的传感器探头，整套系统的最高数据采集频率可达到的每秒 120 万测点，通过 360°全向扫描形成的均匀分布数据，最大测程可达 250m，最多可选配四台 500 万像素相机和 1 个 Ladybug 相机，可满足大比例尺制图与工程勘测级别的精度需求，如图 3.14 所示。

（3）美国 Trimble 的 MX 系列产品。Trimble 车载移动测绘系统是一套先进的高精度车载三维激光雷达相机系统，集成全球导航卫星系统、惯性导航系统、激光雷达扫描仪、高分辨率数码相机与距离量测装置等多种传感器，可实现快速全

图 3.14　Optech 公司的 Lynx SG1 移动测量产品

面的空间地理信息数据采集。基于直接惯导辅助定位功能，能克服全球导航卫星系统信号失锁问题。Trimble 车载移动测绘系统采用模块化设计，可依据数据采集精度要求或项目需求，配置不同型号的定位定姿系统、激光扫描仪与数字相机。如 Trimble MX2 移动测量系统（图 3.15）集成中测程激光扫描仪，高精度定位定姿系统，用于获取具有地理参考信息的高定位三维点云数据，可以与 360°全景数字成像系统集成，也可以与用于水下地形测量的多波束测深系统集成，适用于在各种类型的陆上或水上交通工具上快速安装与拆卸，是一套集成度高、一机多能的移动测绘系统，图 3.16 是 Trimble MX2 水上扫描作业过程。

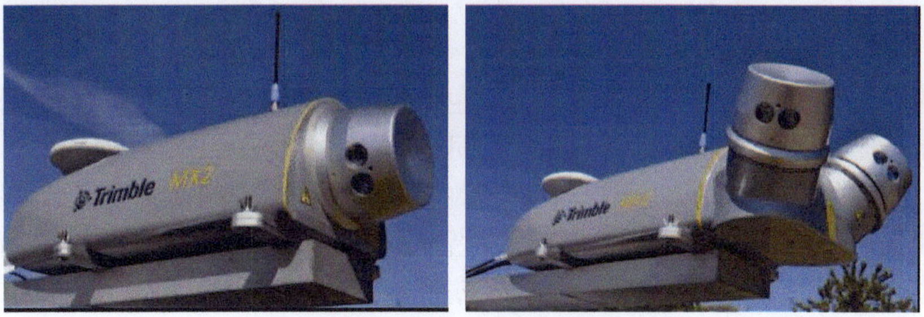

图 3.15　Trimble MX2 移动测量系统

图 3.16　Trimble MX2 水上扫描

（4）徕卡 Two 移动激光扫描系统。徕卡 Two 移动激光扫描系统在高度集成三维激光扫描仪、GNSS 和 IMU 定位定姿系统的基础上，全面升级 360°全景相机系统，可拍摄无缝全景照片，同时基于优化的全景照片给点云着色，支持路面相机或侧边相机，能够用于路面检测等应用，具备扩展接口，支持热成像相机、移动探地雷达，能够用于热量探测、地下管网探测等应用。系统配备任务处理软件、特征提取软件、共享发布软件，可以实现自动处理数据和精度检核，特征地物提取，在网页上发布三维数据等功能，如图 3.17 所示。

图 3.17　徕卡 Two 移动激光扫描系统

2）国内生产厂家

国内研究车载激光扫描系统的公司也比较多，并取得一定的研究成果投入市场使用。比较有代表性的有以下几家公司。

（1）立得空间信息公司的车载移动测量系统。立得空间是中国移动测量系统的发明人，经历了近 20 年迭代研发出的空天地一体化移动测量系统，在载体高速行进过程中，快速采集空间位置数据和属性数据、高密度激光点云和高清连续全景影像数据，并通过系统配备的数据加工处理、海量数据管理和应用服务软件，为用户提供快速、机动、灵活的一体化三维移动测量完整解决方案。系统可完成矢量地图数据建库、三维地理数据制作和街景数据生产等，全方位满足三维数字城市、街景地图服务、城管部件普查、公安应急、安保部署、交通基础设施测量、矿山三维测量、航道堤岸测量、海岛礁岸线三维测量、电力巡线等应用需求。根据应用场景及功能的不同，可以分为 MyFlash“闪电侠”系列移动测量系统（高精度工程测量型）（图 3.18）、车载高清全景采集系统（街景型）、PMMS-单人背负式全景激光移动测量系统、MiniMMS 便携式移动测量系统、IMMS-室内推车式移动测量系统（室内型）。

图 3.18　“闪电侠”系列移动测量系统

（2）北京四维远见公司 SSW 车载激光测量系统。北京四维远见信息有限公司研制的 SSW 车载激光建模测量系统（图 3.19）是以各种工具车为载体，集成国产 360°激光扫描仪、IMU 和 GPS、CCD 相机、转台、里程计（DMI）等多种传感器，由控制单元、数据采集单元和数据处理软件构成的新一代快速数据获取及处理的高科技测量设备（图 3.20 是 SSW-IV 设备）。其自主开发的后处理软件 SWDY 点云工作站具有点云浏览、三维建模、矢量测图、地面滤波、数据交换等功能。图 3.21、图 3.22 是利用 SSW 系统扫描获取的墙栅栏、交通标志点云数据。

图 3.19　SSW 车载激光建模测量系统

图 3.20　SSW-IV 设备

图 3.21　墙栏栅点云数据

图 3.22　交通标志点云数据

（3）中海达公司 HiScan 系列移动测量系统。中海达公司目前有 HiScan-STM 升级型移动测量系统（图 3.23）、HiScan-C 一体化移动测量系统（图 3.24）。HiScan-C 一体化移动测量系统采用中海达自主研发的激光扫描仪，同时集成卫星定位模块、惯性导航装置、里程编码器（车载使用）、360°全景相机、总成控制模块和高性能计算机等传感器，可方便安装于汽车、船舶或其他移动载体上，在移动过程中能快速获取高密度激光点云和高清全景影像。

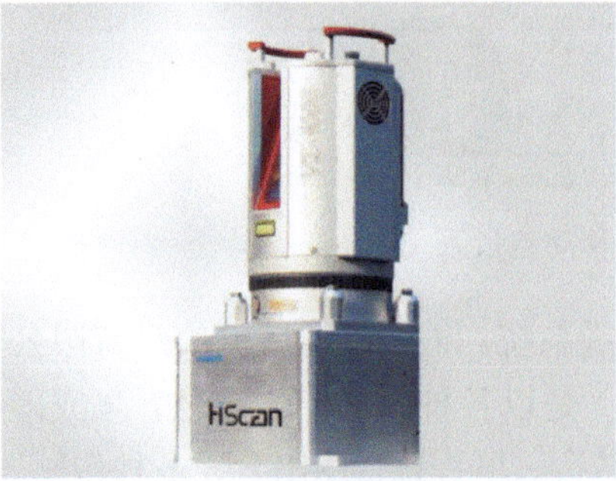

图 3.23　HiScan-STM 升级型移动测量系统

图 3.24　HiScan-C 一体化移动测量系统

3.2.3　机载三维激光扫描系统

1. 系统组成

机载 LiDAR 系统是以飞机作为搭载平台，以激光扫描测距仪为传感器，从空中获取地面三维空间点云信息同时获取强度信息和地面影像信息的一种新型测量手段。其系统组成主要包括：①GPS 接收机，测定激光信号发射点的空间位置；②IMU 惯性导航系统，确定系统姿态参数；③激光扫描仪，测定激光发射参考点到地面激光脚点之间的距离；④成像装置，用于拍摄地面目标的多功能相机；⑤同步控制装置，确保 GPS 接收机、姿态测量单元（IMU）和激光扫描测距系统三者之间时间精度同步，图 3.25 是机载 LiDAR 系统组成图，图 3.26 是设备组成图。

工作原理是利用激光扫描仪对地面进行扫描，通过接收装置接收回波信号，经过信号处理，再对数据进行后续补偿校正处理，就可以得到高精度的地表目标点三维坐标，然后利用这些数据生成所需要的空间地理信息数字产品。

1）激光扫描仪

激光扫描仪主要包括激光测距单元、光电扫描装置以及控制处理系统。其原理是采用功率大以及重复频率高的激光脉冲作为辐射源，利用光学扫描系统改变激光束的输出方向，实现横向扫描；沿预先规划的航线飞行，完成纵向扫描，从而得到每个激光脚点的角度观测值和距离观测值。

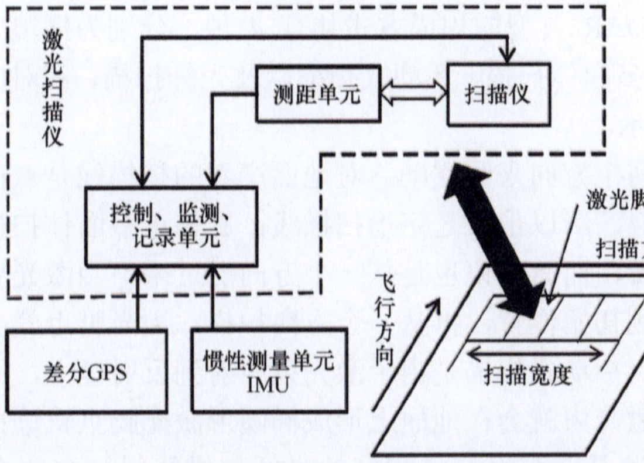

图 3.25 机载 LiDAR 系统组成系统

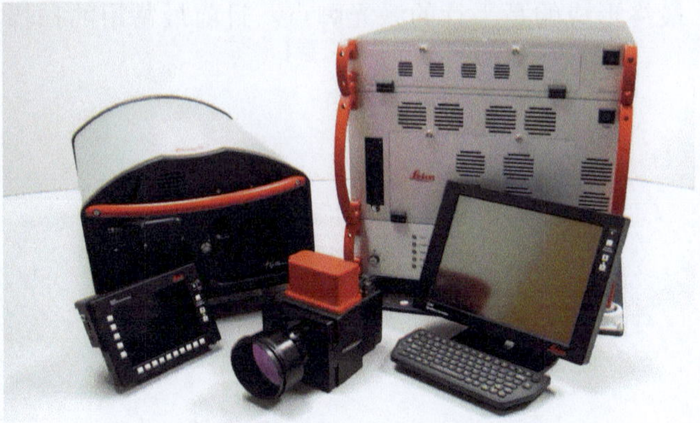

图 3.26 设备组成

（1）激光测距单元。激光测距单元是由激光发射器和激光接收机两部分组成，利用激光作为媒介，测定激光发射器到目标之间的距离。激光测距的主要过程包括：

①发射激光，由发射器发出并同时对该信号进行激光主波脉冲的取样；

②激光探测，激光回波信号从地面反射回来后，被同一扫描镜和望远镜接收，然后转成电信号；

③通过处理不规则的回波信号，估算出其对地物测距的可能时延，计算出其回波脉冲信号，因此该时延就可代表目标地物的回波时延；

④测量延迟时间值，直接利用计数器计算激光发射主脉冲和激光回波脉冲的时间间隔。

（2）光电扫描装置。激光发射器只能向一个固定方向发射激光，为了能够连续获取一定区域内激光脚点的距离信息，可以通过光学机械扫描装置来改变扫描方向。目前机载 LiDAR 典型的扫描方式共有 4 种，分别为摆镜式扫描（也称振荡式扫描）、旋转正多面体扫描、章动式扫描以及光纤扫描，其对应的激光脚点分布形式如图 3.27 所示。

摆镜式扫描在两个方向来回摆动，对地面产生的扫描线是双向的，而且飞行方向与扫描方向垂直，所以形成之字形扫描线；旋转正多面体扫描是由于旋转棱镜只绕一个方向旋转，而激光束也是从一个方向射过来，当激光束到达旋转棱镜的边缘，激光束回到初始位置，再从一个方向扫描，激光脚点就会在地面形成单向扫描线平行轨迹；章动式扫描是由于激光束照射到反射镜上，经过反射指向地面，每旋转一周，激光束就会在地面上形成椭圆形激光脚点轨迹；光纤扫描要求发射光路和接收光路是一套系统，相同的光纤扫描线组被安置在接收和发射镜的焦平面上，借助 2 个旋转镜，在发射和接收路径处的每条光纤都会按照顺序被同步扫描，最终形成的是平行的激光脚点。目前最常用的扫描方式是之字形扫描方式。

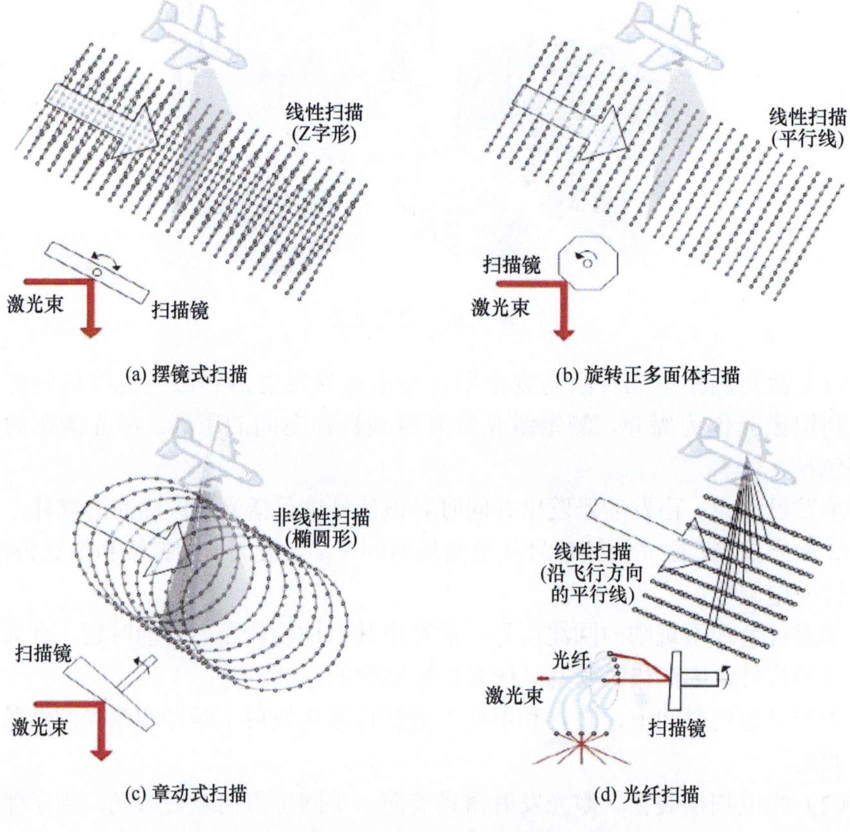

图 3.27　扫描方式以及各自激光角点分布形式

（3）同步控制装置。控制装置即计算机，主要用于协调各测量单元的运行，并记录三个测量系统的相关数据，包括激光扫描数据、激光脉冲信号发射时刻与脉冲传播时间、GPS/IMU 导航数据等，并用来生成激光脚点的三维坐标。这些数据均由各自独立的系统实时获取并记录，必须通过同步信号建立关系，否则无法用于数据后处理，所以要求系统各部件之间必须精确同步。其次，控制装置也可在数据采集的同时提供 GPS/IMU 与传感器的工作状况以及飞行平台的轨迹等有效的实时监控信息，供飞行员实时调整飞机的姿态和飞行方向，确保数据的采集工作按预定轨迹进行。

2）POS 定位定向系统

POS 系统集惯性导航与卫星导航技术于一体，记录飞机飞行时空间位置及姿态信息，并采用多信息融合技术分别对 POS 系统进行实时与事后处理，获得高精度定位定向信息。它是机载 LiDAR 系统的必要元件又是关键部分。

（1）动态差分 GPS。为提高运载平台定位精度，机载 LiDAR 系统一般采用 GPS 卫星载波信号利用相位差分原理进行 GPS 定位。用基准站和飞机上的 GPS 接收机同时接收来自相同导航卫星的 GPS 信号，精确测定飞机的位置。通过比较基准站的已知坐标与接收机测得的坐标，得到 GPS 定位数据的改正值。将这些改正信息实时发送给飞机携带的 GPS 接收机，改正其所测得的实时位置，便可对机载 LiDAR 进行动态定位。GPS，尤其是 DGPS，具有误差不随时间积累、定位精度高等优点，但仍存在以下缺点，主要体现在：①自主性差，易受干扰；②GPS 数据采样频率较低，内插数据精度不能满足部分生产需求；③如果选用多天线方法测量姿态，基线长度影响其精度。

（2）INS 惯性导航系统。INS（Inertial Navigation System），惯性导航系统，简称惯导，其基本原理是以惯性空间的力学定律为基础，通过惯性元件陀螺和加速计等来检测物体运动时的旋转角速度和加速度，并通过伺服系统的地垂跟踪或者坐标系的变换，最后为获取物体的相对位置以及物体运动时速度和姿态等参数，需要在相应的坐标系中进行一定的数据解算。陀螺和加速计等惯性元件总称为惯性测量单元（InertialMeasurement Unit，IMU），它是 INS 的核心部件。

在飞行平台上安装 INS 惯性导航系统可以获取飞行平台瞬间的姿态参数，包括俯仰角（Pitch）、侧滚角（Roll）和航向角（Yaw）。三个姿态角的解算精度直接关系到激光脚点的精度。影响 INS 系统的精度有：①测角精度与测量加速度精度；②测时精度。此外，我们在实际测量中，还有一些因素会使观测值发生偏离，比如：陀螺仪漂移、误差累积等。在机载激光雷达系统中，一般都是采用 GPS/INS 组合系统来克服所积累的误差，从而提高姿态参数的精度。目前，利用高精度 INS 系统解算出的载体姿态的精度能够达到 0.01°甚至更好。

2. 成像装置

激光扫描仪只能获取地面物体的三维坐标信息，没有物体的光谱信息和纹理信息。而基础测绘任务一般会要求生产 4D 产品，所以需要航空影像数据。为了弥补这一不足，通常会为机载 LiDAR 系统配置数码相机等传感器，用来在获取点云数据的同时获取地面影像信息，以达到优势互补。成像装置一般会和机载 LiDAR 测距系统集成一体，二者使用共同的时序同步控制系统，通过采集时间将各传感器的数据归一化。系统安装成像装置主要有四方面功能：①获取的影像作为纹理数据源；②实时记录地面目标实况，以便对后续生成的数字产品质量进行评价；③用于辅助后续的数据分类识别；④作为人工干预的依据。

3. 对地定位测量原理

机载 LiDAR 系统主要通过测定扫描仪的坐标信息、姿态信息以及扫描仪到地面目标的距离来解算地面目标点的精确坐标。其中，装载在飞行器上的扫描仪的位置信息由 GPS 接收机获得，INS 系统用于获取飞行器在飞行过程中的姿态变化信息，高精度的激光扫描仪用于获取扫描仪与地面点的距离，进而解算出地面点的三维坐标，如图 3.28 所示是对地定位原理示意图，图 3.29 是机载 LiDAR 系统各部件协同定位流程图。

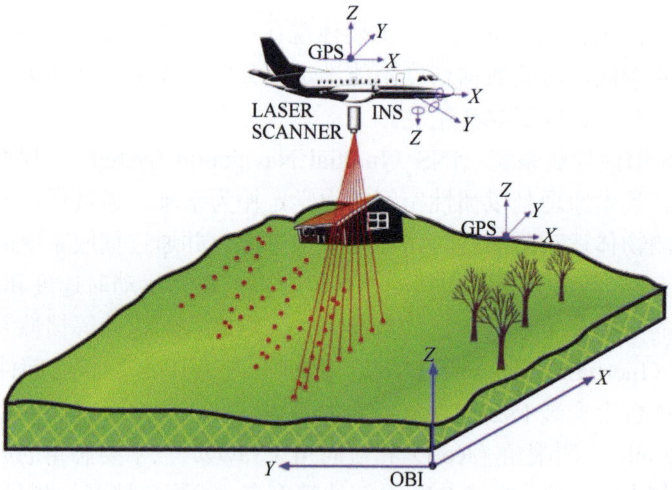

图 3.28　对地定位原理示意图

设定空间中一已知点的坐标为 P_o（X_o，Y_o，Z_o），$\vec{S}$（ΔX_s，ΔY_s，ΔZ_s）为已知点 P_o 到地面目标点 P_i（X_i、Y_i、Z_i）的向量，P_o 为飞行器上测量传感器的投影中心，其坐标由差分定位系统 DGPS 解算提供；容易得知，目标点到投影中

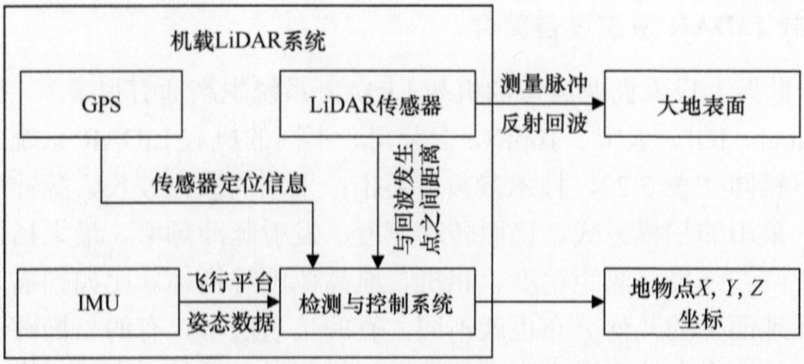

图 3.29　机载 LiDAR 系统定位原理

心的距离为向量 $\vec{S}$ 的模 S，由激光测距仪获得；惯性导航系统实时记录了投影中心的姿态参数（ϕ，ω，κ），飞行器在飞行作业过程中，激光测距仪与中心像元之间构成一固定的角度，该角度的方向余弦可以通过投影中心的姿态参数（ϕ，ω，κ）以及激光测距仪与像元间的方向夹角 θ，姿态参数（ϕ，ω，κ）和 θ 共同解算构成了方向向量 $\vec{S}$ 的方向余弦；这样，已知点坐标 P_o（X_o，Y_o，Z_o）、姿态参数（ϕ，ω，κ）以及方向夹角 θ 组成了八参数（X_o，Y_o，Z_o，ϕ，ω，κ，θ）条件数据，地面目标点 P_i（X_i、Y_i、Z_i）的坐标解算精度与该八参数的测量精度有着非常重要的关系，其解算的数学模型为式（3.6）和式（3.7）：

$$\begin{cases} X_i = X_o + \Delta X_s \\ Y_i = Y_o + \Delta Y_s \\ Z_i = Z_o + \Delta Z_s \end{cases} \tag{3.6}$$

其中

$$\begin{cases} \Delta X_s = f_x(\varphi,\ \omega,\ \kappa,\ \theta,\ S) \\ \Delta Y_s = f_y(\varphi,\ \omega,\ \kappa,\ \theta,\ S) \\ \Delta Z_s = f_z(\varphi,\ \omega,\ \kappa,\ \theta,\ S) \end{cases} \tag{3.7}$$

我们还必须考虑在实际测量过程中出现的一些测量系统的安置偏差参数，比如：GPS 天线的相位中心与激光测距仪的光学中心之间存在的偏差；激光扫描器的倾斜角、仰俯角和航偏角偏差等。为避免这些参数的影响，首先测定这些参数的大小，然后经过一定的检校方法加以测定并改正。

4. 机载 LiDAR 系统设备简介

目前，世界上投入商业运营的机载 LiDAR 系统生产商有很多家，比如 Leica、Optech、Riegl、IGI、天宝、TopEye 等公司。不同的机载 LiDAR 系统之间技术参数指标也不相同（表 3.2），技术参数主要指：采用的激光波长、脉冲持续时间、激光等级、采用的扫描方式、镜面转动速度、发射脉冲频率、最大扫描角、最大回波次数、回波强度、测距精度、相机、航高范围等指标。比如扫描方式不同，激光脚点在地面上的几何分布也就不同，有的呈之字形，有的呈椭圆形、有的呈扫描线平行等分布；地面激光脚点的疏密程度与激光发射频率、扫描角、扫描频率、飞行速度、飞行高度等参数指标的综合作用有关；回波次数决定发射一次激光脉冲获取的信息量，回波次数越多，越能为地物精细分类和建模提供丰富的信息。

表 3.2　典型商用机载 LiDAR 系统的主要指标

指标	厂商			
	ALS70（Leica）	ALTM Orion（Optech）	LMS-Q780（Riegl）	6800-400（IGILiteMapper）
波长	1064nm	1064nm	近红外	1550nm
扫描视场角	0°～75°	0°～50°	0°～60°	0°～60°
扫描频率	最大 200Hz	最大 90Hz	14～200Hz	最大 160Hz
脉冲发射频率	最大 500Hz	50～300Hz	最大 400Hz	最大 400Hz
航高范围	200～5000m	150～4000m	50～5000m	3000m
扫描方式	Z 字形扫描	Z 字形扫描	平行线扫描	平行线扫描
激光点大小	0.15mrd（1/e）	0.25mrd（1/e）	0.25mrd（1/e）	0.3mrd（1/e）
回波数量	4 次回波	4 次回波	数字化波形	数字化波形
回波强度	3 次回波强度信号 8-bit 记录	4 次回波强度信号 12-bit 记录	每次回波 16-bit	每次回波 16-bit
空中多次脉冲	是	否	否	是
平面精度	5～38cm	飞行高度的 1/5500（m），1σ	无	0.08m，1σ
高程精度	7～16cm	3.15cm，1σ	测距精度 20mm	0.04m，1σ，800m AGI
成像装置	1280×1024XGA DigiCAM	NTSC 或 PAL 录像机	DigiCAM	DigiCAM

另外，每种机载 LiDAR 系统都对航高有一定的限制，如果实际飞行高度超过系统标定的最大航高很多，就会由于激光脉冲回波强度太弱，使激光接收器检测不到回波信号；反过来，如果实际飞行高度小于系统标定的最小航高很多，就可能由于激光脉冲信号太强，对地面人眼造成伤害，也会由于激光脉冲回波信号能力太强，烧毁激光接收器元件。因此，为更好地应用机载 LiDAR 系统所采集的数据并进行有效的分析和处理，有必要对目前的商用机载 LiDAR 系统的相关特征有所了解。

（1）徕卡公司的机载 LiDAR 系统。徕卡机载激光扫描系统从 2001 年到 2014 年，经历了 ALS40、ALS50-1、ALS50-11、ALS60、ALS70、ALS80 的更新换代过程。目前徕卡的大多数用户用的是 ALS70 和 ALS80 系统（图 3.30），其中 ALS80 在 ALS70 的基础上扩展应用空间，增强了其他方面的表现，比如点云分布、测距分辨率、最小脉冲偏差和系统整合等。ALS80 整体机型变轻，将激光组件全部集成到扫描器内部。改良激光设计获得超高脉冲频率，同时提升测距分辨率，确保获取高质量的数据，另外改良的扫描方式也提高了航线方向的点云分布一致性，可以节省大量飞行时间。ALS80 搭载的 NovAtelGNSS/IMU 组件，具有可以接收到目前和未来所有卫星数据的功能，包括 GPS、GLONASS、Galileo 和北斗系统，同时兼容 L-band，SBAS 和 QZAA。

图 3.30　ALS80 系统

（2）Optech 公司的机载激光雷达系统。目前 Optech 公司有 Optech ALTM Galaxy（银河）、Optech Pegasus（天马）、Optech ALTM Titan（泰坦）和 Optech Orion HMC（猎户座）（图 3.31）几种机型，其中 Orion HMC 是超小型机载激光雷达系统，具有较紧凑的全系统设计，具有无限灵活性和安装选择，可在 4000m 高度保持高测量密度，对超小目标具有很好的探测能力，比如电力线检测，区分垂直目标精度高达 70cm，测量人员通过后处理软可以清楚看到每一根电力线。

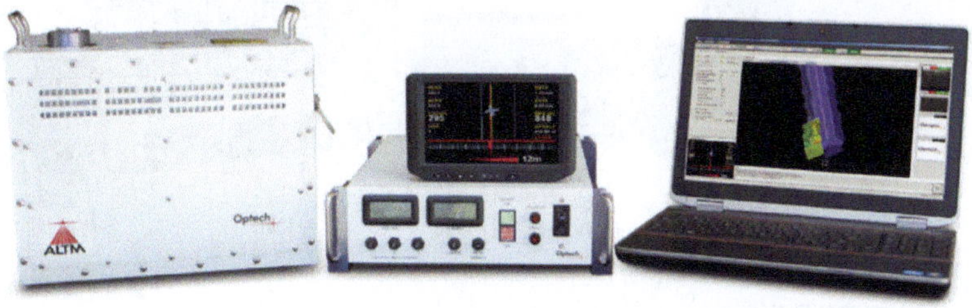

图 3.31　Orion HMC 系统

（3）Riegl 公司的机载激光雷达系统。Riegl 公司研制机载激光雷达系统起步比较早，该公司有多种适用不同搭载平台的机载激光雷达系统，如机载激光雷达系统、无人机载激光雷达系统、扫描鹰低空激光扫描测图系统。用户可以根据不同的项目需要，选择合适的机型进行作业。Riegl VQ-780i 是一款高性能、轻巧、紧凑的机载激光传感器，用于低、中、高海拔的数据采集，涵盖从高密度到大范围测图的各种不同的机载激光扫描应用。最新型的 VQ-880-GH 是一款集成机载水深激光扫描系统，如图 3.32 所示，该系统通过强大的脉冲激光源，发射极细的绿色可见激光束，实现高分辨率的水下地形测量，根据水的透光度，使用特定波长的激光能够穿透水面进行水下测量。

图 3.32　VQ-880-GH 系统

（4）德国 IGI 公司机载激光雷达测图系统。德国 IGI 公司成立于 1978 年，主要从事航空摄影飞行实时导航、定位、姿态角测定以及传感器运行管理系统的研发。LiteMapper 是 IGI 公司推出的一套高频率、高精度机载全波形激光雷达系统。激光脉冲频率可达 400kHz 并具备全波形分析功能，测程可达 3000m，联合 AEROcontrol 系统测点精度可达亚厘米级。与 DigiCAM 和/或 DigiTHERM 系统组合，可构成一套多通道、全方位空间信息。LiteMapper 的主要硬件组成如图 3.33 所示。

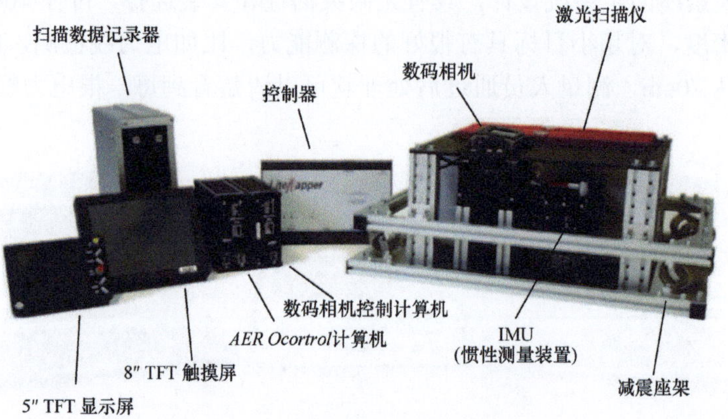

图 3.33　LiteMapper 的主要硬件组成

由于机载 LiDAR 系统硬件性能要求较高，目前国内还没有研制出比较成熟的设备，但是很多科研机构一直在努力研究相关硬件和数据处理软件，相信在不久的将来我们也会有自主研发的机载 LiDAR 系统设备。

3.3　三维激光扫描数据

点云是以离散、不规则方式分布在三维空间中的点的集合。激光雷达点云是通过激光雷达扫描获得的点云，是对被测物体表面的描述，它是由目标物体表面一系列空间采样点构成的三维空间中数据点的集合。最小的"点云"只包括一个点，称为孤点或者奇点，高密度的"点云"可以多达几百万个数据点。

三维激光扫描系统可以快速获取地物的海量点云数据，不论是什么形式的三维扫描系统，点云数据的类型可以分为地面点云和非地面点云。地面点云主要是指地形表面的空间三维信息。非地面点包括地表裸露点、植被点、桥面点、水域点、建筑物点、噪声点（即粗差点）及其他未分类点等。

点云数据的结构组成主要包括激光脚点三维坐标、回波强度信息、回波次数信息、扫描角度等。不同类型的激光雷达系统所记录的数据是不同的，但常用的信息主要是点云几何数据、激光强度信息和激光回波数据。

（1）几何数据。即激光点云的空间坐标（X，Y，Z），它们是依据激光测距仪、GPS 和 INS 获得的数据解算出来的。

（2）强度数据。激光强度信号反映的是地表物体对激光信号的响应程度，不同材质、不同介质表面的物体其强度信号不同，因此可以利用激光强度数据来辅助地物目标的识别分类。

（3）回波数据。不同的地物其回波次数和回波强度是不同的，当激光脉冲扫描到植被时，激光束可以穿透植被形成多次回波，而当脉冲扫描到光滑的地面或平整裸露的建筑物顶面时则只产生一次回波。多重回波信号在数据分类和数据建模中是十分重要的，此外，它可用于数据识别和数据分析，如区分土地和植被，计算森林的蓄积率等。图 3.34 和图 3.35 为激光雷达多次回波的示意图。

3.3.1　数据存储格式

激光扫描系统数据的存储方式通常和仪器相关，不同的厂商会给出自己定义的文件格式，如 IMP 数据格式是 Leica Cyclone 软件的专用点云数据格式，RWP 数据格式是 Trimble RealWorks Survey 软件的专用点云数据格式，但是这种厂商自定义的数据存储方式不便于数据交换和共享，为此业界常使用 LAS 格式、栅格格式、自定义文本文件格式等几种方式进行激光点云数据的存储。下面分别对三种

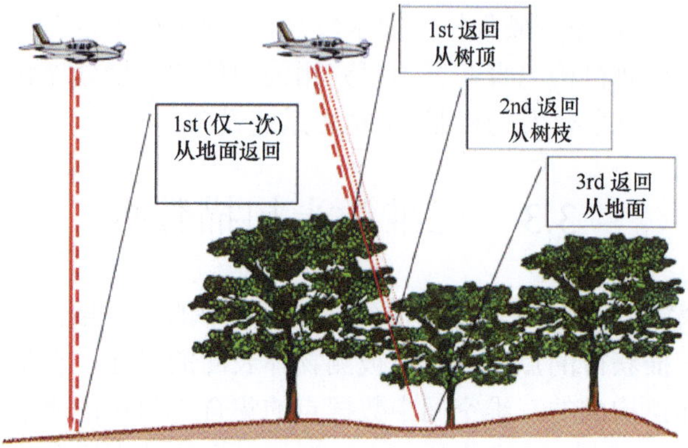

图 3.34　树木多次回波

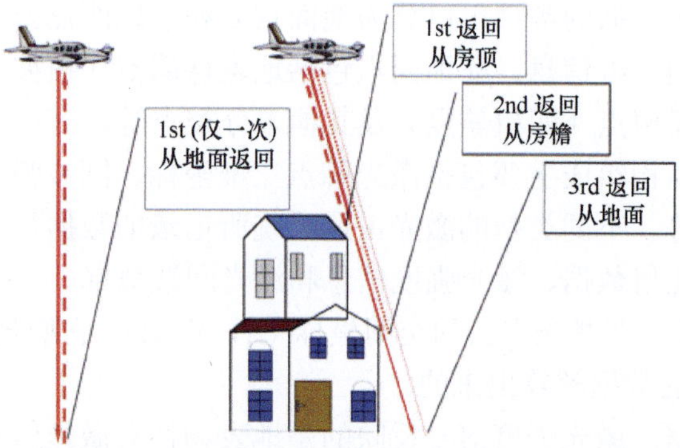

图 3.35　房屋多次回波

数据存储格式进行介绍。

1. LAS 格式

为了方便不同的硬件厂商、软件厂商和用户之间进行数据交换和共享，美国摄影测量与遥感学会（American Society for Photogrammetry and Remote Sensing，ASPRS）下属的 LiDAR 委员会制定了 LiDAR 数据的标准交换格式-LAS 格式。在 2003 年 5 月 9 日，ASPRS 提出了《激光雷达数据交换格式标准》（*Lidar Data Exchange Format Standard*，LDEFS）的 1.0 版，制定了一种开发的二进制数据格式，用于存储由 INS、DGPS、激光测距数据生成的目标点的三维坐标数据。LAS 数据是按照 ASPRS 的 LiDAR 数据标准生成并以“las”为后缀的数据文件，这些数据可以被多种三维 GIS 软件所支持。

LAS 发展到现在，已经有了四个版本，分别是 LAS1.0、LAS1.1、LAS1.2、LAS2.0。2005 年 ASPRS 发布了 LAS1.1 版本；2008 年，发布的 LAS1.2 版本，继

续使用 LAS1.0 的结构，只对局部字段作了调整。以前能读写 LAS1.0 的系统只需根据 LAS1.2 标准稍作调整便能适用 LAS1.2 的数据。

一个完整的 LAS 文件格式由三部分组成，分别是公共数据块即头文件（Public Header Block）、可变长数据记录（Variable Length Records）、激光脚点数据（Point Data）。头文件记录文件的类型、版本号、数据采集时间、公共数据块大小、点的数量等，可变长数据存储投影信息、元数据信息及用户自定义信息等，点集数据记录主要记录激光脚点数据的量测值。LAS2.0 在 LAS1.1 的基础上拓展数据规范，这种拓展向用户提供一种更开放的格式，它增加激光脚点记录元数据块，事先定义真实 LiDAR 点数据存储格式，并规范点数据的属性信息，用户可以从这部分中知道整个文件的存储结构。同时，用户可以在这个文件中自己扩展需要的点数据的存储方式，解决用户的需求。而 1.0 版本是在所有的头文件结束后，在真实点数据直接添加点的属性信息，没有事先单独记录点集的文件格式，文件的拓展空间也主要集中在可变长数据记录中，相较于改进的 2.0 版本，有一些缺陷。总而言之，规范而灵活的 LAS 文件可以适应成熟的商业 LIDAR 软硬件，在通用性和实用性上有很大的优势，是 LIDAR 发展的必然选择。

2. 栅格格式

有很多公司采用栅格格式作为 LIDAR 的数据格式，如采用 ArcInfo Grid 格式作为通用格式。其具体格式分为两部分。

头部信息

Ncols：行数

Nrows：列数

Xcenter：中心点 X 坐标

Ycenter：中心点 Y 坐标

Cellsize：采样间距

NODATA_value：9999.000000（无效数据）

数据信息

数据信息用于记录具体的信息数据，是规则化后的 LiDAR 数据，即将离散化后的数据先进行重采样，再按照 Arclinfo 的标准格式进行组织。很明显，栅格格式经过重采样，尽管减少数据量，提高读取速度，减少处理时间，但是却影响原始数据的精度。

3. 自定义文本格式

这种格式直接以文本的方式记录 LiDAR 数据，每一行记录一束激光的回波数据，以不同的列记录不同属性的数据，一般会在数据中间加以说明。文本点云文件中必定包含扫描点的三维空间坐标（*XYZ*）和反射强度信息（Intensity），部分数据文件中还包含激光回波次数，GPS 时间以及与 CCD 相机获取的影像数据配准后得到的 RGB 颜色值等。例如，ISPRS 提供一种文本格式的数据，其格式为首次回波的 *X*、*Y*、*Z*，首次回波的回波强度 D，末次回波的 *X*、*Y*、*Z*，末次回波的回波强度 D，共计 8 列。文本格式空间占用较多，难以建立空间索引，不能高效地组织数据和管理数据，文本文件对数据量较少的 LiDAR 文件比较合适，但是其以 ASCⅡ文本的方式记录的数据，便于进行交互。

3.3.2 激光点云数据的特点

三维激光点云数据是地物三维空间数据点的集合。由于不同类型的扫描系统扫描方式不同，扫描对象不同，三维激光扫描系统获取的点云数据形态也不同，下面分别介绍地面、车载、机载三维激光扫描系统获取的点云数据。

1. 共同点

（1）离散性。由于每个激光脚点是随机采集的，相邻点之间没有任何关系，所以激光点是一个个孤立的、离散的点，三维激光点云呈现不规则离散分布。

（2）海量性。三维激光扫描系统采集的数据主要是通过大量的点来表达物体的空间结构特征，点云数据量非常大，每平方米可以达到十几个点，采集的数据量达到 T 级，这对计算机的处理运算能力也是一个很大的考验。

（3）分布不均匀性。不同扫描方式的光斑密度分布规律各不相同，且都不是均匀分布的，造成不同位置的光斑密度有所不同。车载激光扫描系统一般采用线性扫描方式，数据靠近车辆的数据密度较高，而离车辆较远的数据密度较低。地面激光扫描主要是对某一物体或某一区域进行扫描，点云大部分集中于目标区表面，而其他地方比较稀疏或是空白，所以呈现整体分布不均匀，局部分布集中的形态。对机载 LiDAR 系统来说，点云分布相对比较均匀，但是对于高差比较大的地形，点云密度分布会有一定差异。

（4）不含光谱信息。三维激光脚点在高程信息方面具有明显的优势，对地物点坐标的可以直接精确反映，但是受激光特性的限制，激光点云本身不能获取反映目标特征的光谱信息。为弥补这一缺陷，通常配备数码相机等成像设备，通过影像融合技术，将激光点云与地表影像进行融合获取每个激光脚点的光谱信息。

2. 不同点

由于不同激光扫描系统数据采集方式和采集目标侧重点不同，系统采集的激光点云形态也不同。主要表现在以下几个方面：

机载 LiDAR 系统是从高空采集地面信息，点云数据主要表现在 *XY* 平面上，侧面信息比较少，而车载激光扫描系统沿道路采集，数据总体呈现以行驶路线为中心线的线状空间，数据集中反映在 *Z* 平面上，可以获取建筑物的侧面点云数据。

机载 LiDAR 系统大多具有接收多次回波的能力，可以根据不同回波时间差异来判断地物类别和地物起伏，尤其在林业普查中发挥重要作用。而车载、地面激光点云数据很少会利用多次回波进行后处理应用。

地面激光扫描系统主要针对小范围地形或某个目标物体进行采集测量，点云分布比较集中，而周围的其他地物信息被忽略掉。而车载、机载激光扫描系统是对大场景进行采集数据，点云数据包括类别比较多，比如地面点、非地面点（植被、建筑物、河流、道路等），点云数据后处理主要集中在地物滤波和分类上。

对于车载、机载 LiDAR 系统来说，采集的数据存在空洞（缝隙）现象主要受地形起伏或地物上下遮挡、镜面反射（如平静水面）等影响，在数据后处理时，需要根据缝隙周围的数据采取有效的算法进行数据内插，完善测区数据。

3.4　基于 LiDAR 数据的三维建模方法

近几年，激光扫描仪在多层次三维空间数据的实时获取方面取得广泛的应用，基于 LiDAR 数据的三维建模方法越来越受到重视。目前市场上采用的建模方式有以下三种：①基于地面激光扫描系统（包括基于 SLAM 技术的手推式激光扫描系统）的三维建模；②基于车载的激光扫描系统，国产车载激光扫描系统方面比较有代表的是由刘先林院士主导的车载激光扫系统；③基于机载的激光扫描系统。前两种激光扫描系统的优点是激光点云密度大，点云精度可以达到 1～2cm，地物细节表现精细，比较适合精细建模的需求，但作业效率比较低，适合小场景的精细三维建模，机载 LiDAR 扫描系统，由于其载体的优势具有数据采集效率高、速度快的特点，非常适合城市级的数字城市三维建模。

在实际建模应用中往往利用地面激光扫描系统进行近景三维建模、文物和室内精细三维建模及小场景的精细三维建模，车载激光扫描系统应用于城市道路三维空间目标的实时监测。机载 LiDAR 扫描系统应用于大场景城市三维建模（阚晓云和孙景振，2014；谢宏全等，2014）。

3.4.1　基于地面与车载激光扫描系统的三维重建

激光扫描系统作为一种主动的非接触的测量手段，在生成真实世界物体的计算机三维模型中得到了越来越广泛的应用，将地面与车载激光扫描系统用于三维城市重建，已经成为激光扫描技术发展的一个重要方向。车载激光扫描系统通常用于走廊地带（街区）的三维重建，利用车载激光扫描系统获取街道两侧几何特征（如道路、建筑物等）和纹理，通过计算机的超级计算能力，自动完成精确且较真实的道路带状三维模型。通常情况下，为给后期建立模型及编辑纹理工作提供基础，往往会在车载系统上同时搭载 CCD 相机与激光扫描仪，以同时获得纹理数据和三维坐标数据。为记录车辆行驶轨迹，一般还需要搭载 GPS/INS 等定位系统。近年来，国际上车载激光扫描技术进步很快，多种型号的国产车载激光扫描测量系统也已经商品化，并在三维导航地图、城市快速建模、连续彩色真三维精细街景重建等领域发挥日益重要的作用。

从散乱分布的激光扫描点云数据中重建三维建筑物，需要解决的主要问题是如何准确提取目标对象的特征点，如边界点、转角点等，由特征点构建特征线和特征面，从而重建三维目标。一般重建的步骤是：首先根据已知信息对原始观测值进行概算，将地形数据与地物数据分离；其次对地物数据进行滤波，去除测量噪声、遮挡物（如树木）等影响，得到建筑物数据；其次，根据建筑物自身特征，提取建筑物特征点和二维平面轮廓；最后根据提取的特征点线进行表面重建。

基于点云进行三维重建一般都采用模型驱动和数据驱动相结合的方法：针对形状较为规则或者可以分解规则形状的物体进行建模时，可以人工指定模型与三维点云数据相匹配，这种将一系列三维坐标点云转化为有限的形态集合中某一种结构（如桥梁、建筑物等）的建筑处理，需要大量的人工干预，操作人员通过指定的点云区域并定义物体类型（如建筑）来进行编辑工作，而选定的模型与点云匹配是自动的；对于难以分解为规则几何形状物体的建模，则用不规则（TIN）来组织点云数据，建立被扫描物体的表面模型。

3.4.2 基于机载激光扫描系统的三维重建

机载激光扫描系统已经广泛用于城市区域建筑物和市政设施的三维重建，尤其是精细地表和复杂建筑物顶部的快速三维重建。激光点云数据处理的主要内容是剔除不需要的数据，并对指定目标进行建模（秦川，2015）。基于机载激光扫描数据的建筑物三维重建的首要问题是：滤波、建筑物与地表、植被的分类，以及在此基础上的建筑物特征提取（向云飞，2016；张宏伟，2017），具体的建筑物目标提取的基本流程如图 3.36 所示。

在用自动化方法或手工方法实现建筑物分割的基础上进行建筑物的三维重建，基本方法分为数据驱动和模型驱动两种。模型驱动的重建方法一般需要人工指定模型类别来与点云数据匹配，从而解析出模型参数。对较为复杂的建筑物，往往还需要根据其平面进行分割并单独重建，然后再进行组合。这种方法的优点是能得到建筑物的语义信息，缺点是人工干预多，并且需要丰富的模型种类支持。

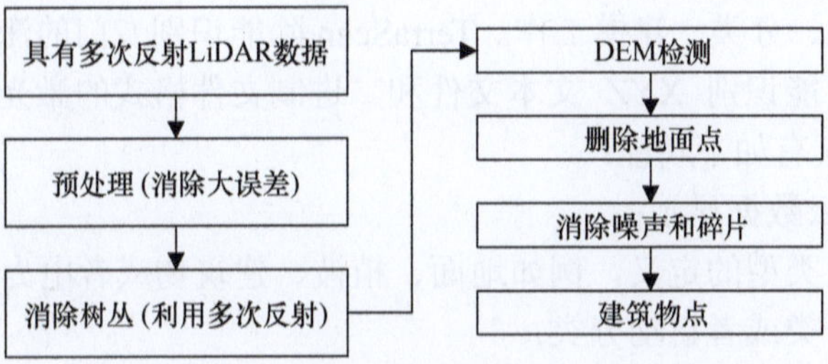

图 3.36　机载点云数据提取建筑物目标的基本流程

数据驱动的重建方法的优点是自动化程度高，能够对复杂的建筑物进行重建，缺点是无法得到建筑物的语义信息。

3.4.3　基于 LiDAR 数据的三维重建实例

下面介绍如何基于 Terrascan、3ds Max 软件，利用机载激光点云数据和建筑物纹理图像构建城市三维模型。

1. TerraSolid 软件简介

TerraSolid 系列软件是芬兰 Terrasolid 公司开发的针对激光雷达数据领域采集、处理和分析扫描点云的后处理软件，其基于 Microstation 开发，运行于 Micorstation 系统之上。TerraSolid 系列软件能够快速地载入 LiDAR 点云数据，在足够内存支持下（2G），载入 3900 万个点只需要 40 多秒。该软件包括：TerraScan、TerraModeler、TerraPhoto、TerraMatch、TerraSurvey、TerraPhoto Viewer、TerraScan Viewer、TerraPipe、TerraSlave、TerraPipeNet 等模块。图 3.37 是 TerraSolid 软件。

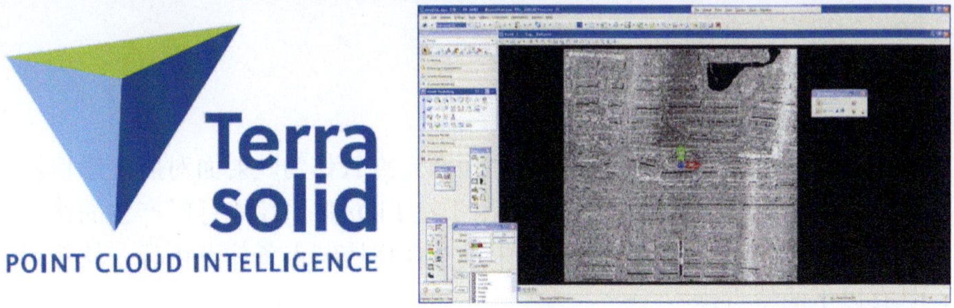

(a) TerraSolid的软件封面　　(b) TerraSolid的软件主界面

图 3.37　TerraSolid 软件

1）TerraScan 软件模块

TerraScan 主要用来处理 LiDAR 点云数据，能根据用户不同的数据类型完成数据读取、滤波、分类、建模工作。TerraScan 除能识别专门的激光雷达点云数据格式文件外，还能识别 XYZ 文本文件和二进制文件格式的激光雷达点云数据文件。TerraScan 具有如下功能：

（1）3D 点云数据显示；

（2）数据点类型的定义，例如地面、植被、建筑物或者电力线；

（3）手动分类或者自动分类；

（4）抽稀激光点、保留关键点；

（5）在激光点上数字化特征地物；

（6）输电线路、铁路探测；

（7）分类数据输出以及高程模型输出；

（8）融合传统的摄影测量数据，帮助判别激光点类型。

2）TerraModeler 软件模块

TerraModeler 是地形模型生成模块，它是 TerraSolid 公司建立地表模型软件，可以通过该模块建立地表、土层或者设计的三角面模型，模型的产生可以是基于测量数据，或者是图形元素和 XYZ 文本文件。TerraModeler 可以在同一个设计文件处理无数量限制的不同表面，并且可以交互编辑这些表面。功能如下：

（1）编辑任意独立点；

（2）在围栏里移动、升降、推平所有点；

（3）构建断裂线，在模型中添加元素；

（4）把模型作为辅助设计的数据参照；

（5）把元素降到模型表面，使元素贴近地表面；

（6）建立三维的剖面图；

（7）创建等高线图、规则方格网图、坡向图；

（8）创建彩色渲染图；

（9）计算两个面之间的体积。

3）TerraPhoto 软件模块

TerraPhoto 是 TerraSolid 公司利用地面激光点云作为映射面对航空影像进行正射纠正，产生正射影像的软件，是专门用于在 LiDAR 系统飞行时产生的影像做正射纠正的。整个纠正过程可以在测区中没有任何控制点条件下执行。软件纠正简单，具有以下的特点：

（1）纠正影像不需要控制点；

（2）根据地表面精确构造激光点三角面模型；

（3）根据高程值逐像素纠正影像；

（4）自动平滑过渡两个影像间的色差。

4）TerraMatch 软件模块

TerraMatch 模块可以自动匹配来自不同航线的航带，它是 Terrasoild 公司用于调整激光点数据里的系统定向差，测激光面间或者激光面和已知点间的差别并改正激光点数据的软件。这些差别被转化成系统方向，东向，北向，高程，方向角（heading），横滚角（roll）和俯仰角（pitch）的改正值。

TerraMatch 能当作激光扫描仪校正工具来用或者当作一个数据质量改正工具。当把它作为激光扫描仪校正工具用时，它将解决在激光扫描仪和惯性测量装置间未对准问题。最终将偏角、滚角和倾角的改正值应用到全部的数据中。

实际的工程数据中可能数据源存在错误，TerraMatch 可以解决整个数据的改正或对每条航线单独作改正。主要特征有：

（1）全自动处理激光扫描表面数据的纠正；

（2）方位纠正的严格轨道模型；

（3）最小二乘的定向误差评估调整；

（4）在高程和亮度上的观测是不同的；

（5）采用区域匹配调整激光扫描的几何结构；

（6）采用“Data-snooping”技术检测严重的错误。

上述是 LiDAR 点云数据处理中常用的四个模块，主要是对点云进行滤波分类、地形模型生成、正射影像图生成、点云误差校正等处理。本章主要利用该软件来实现基于 LiDAR 数据的三维重建。

2. 三维模型制作步骤

首先对点云利用 TerraScan 模块对激光点云分类出建筑物点即 Building，然后利用建模工具根据 Building 点层进行三维模型制作。具体过程如下：

（1）对激光点云数据进行分类，分离出建筑物激光点云。

在 TerraScan 模块中读入点云后，点击 Classify->Routine→Buildings，如图 3.38 所示，自动分离建筑点云。

参数设置（见图 3.39）：Ground class 选择地面点层 2-Ground，From class 选择 1-Default（未分类出 Building 点前建筑物所在的点层为 Default），To class 设置为 9-Building，设置分类规则，默认为 Normal rules，根据分类情况设置建筑物最小尺寸以及高度限差，分类前后点云效果如图 3.40 所示。

（2）地面点云和建筑物点云联合构建 TIN 模型，晕渲效果如图 3.41 所示。

（3）激光点云构建三维模型。

点击 TerraScan 浮动工具栏中的 Vectorize Buildings 工具，如图 3.42 所示，利用激光点云数据自动构建三维模型。

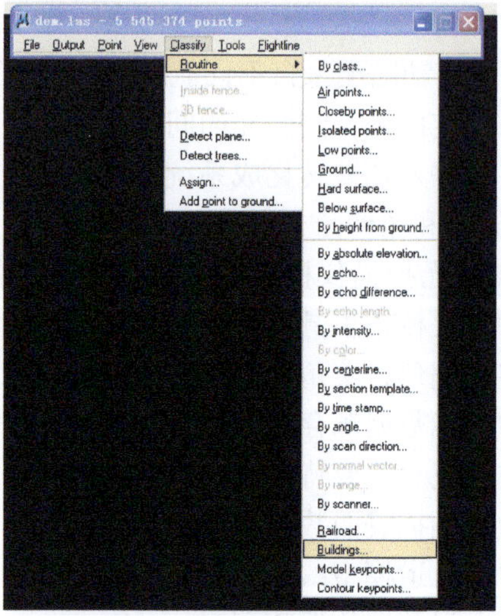

图 3.38　建筑物分类菜单工具

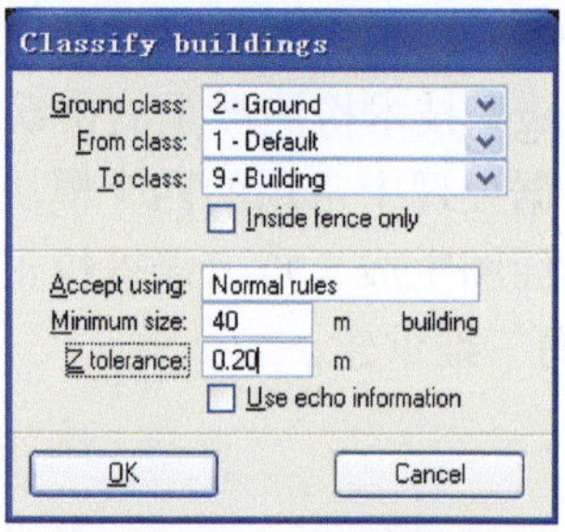

图 3.39　参数设置

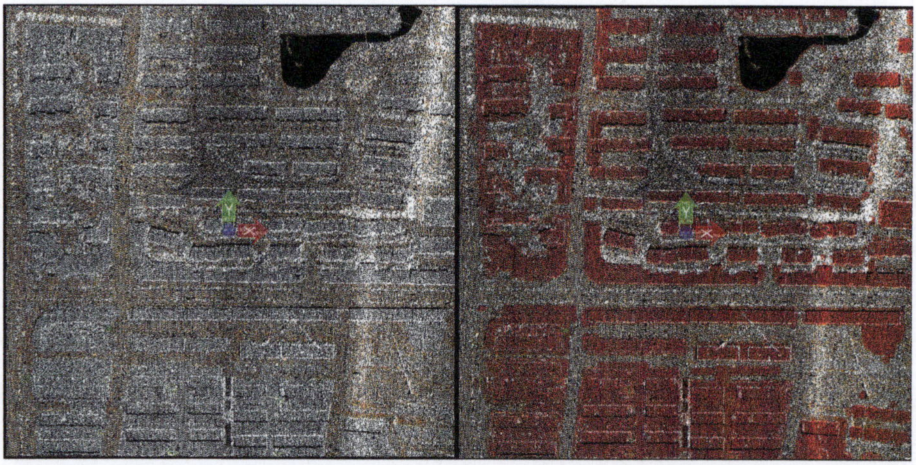

图 3.40　建筑物点云分类前后对比效果

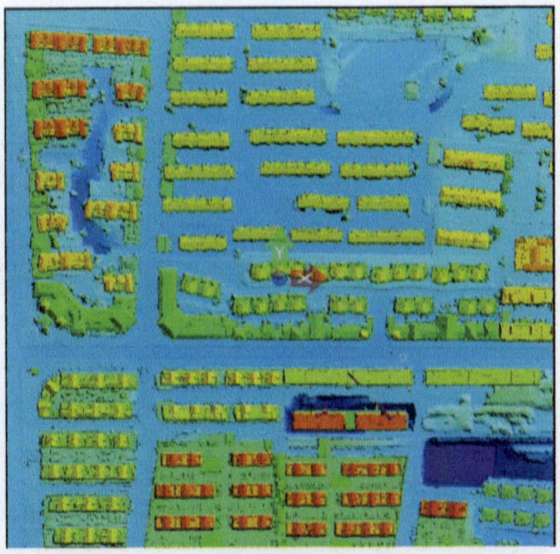

图 3.41　建筑物 TIN 模型晕渲图

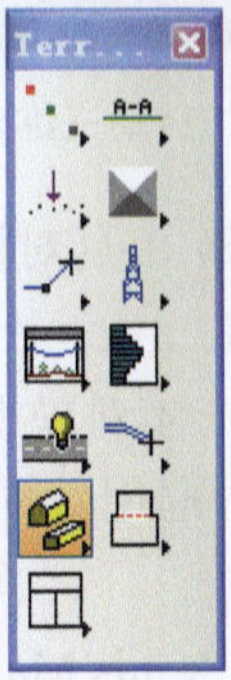

图 3.42　Vectorize Buildings 工具图标

弹出如图 3.43 对话框，并进行参数设置。Roof class 选择 9-Building，User roof class 选择 9-Building，Lower class 选择 2-Ground，Process 选择所有点参与 All points。以下参数通常按默认值，也可以根据测区数据情况进行合理设置。

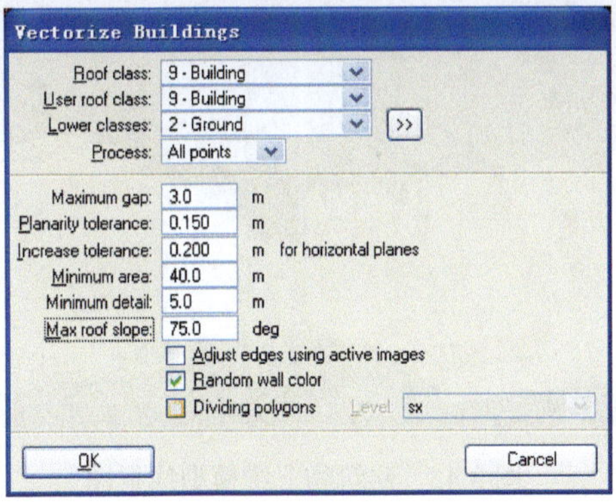

图 3.43　参数设置

建模结果如图 3.44 所示。

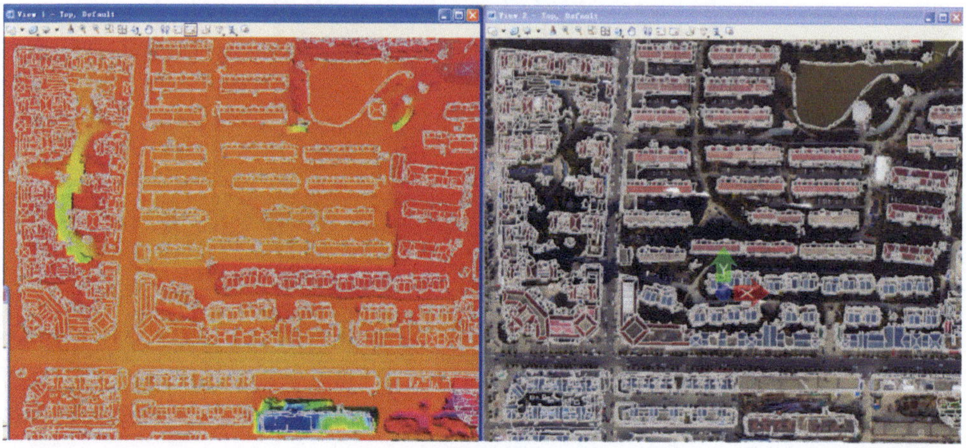

图 3.44　自动三维建模结果

通过 View Rotation：Rotate View 工具对模型进行三维展示，如图 3.45 所示。

（4）导出生成的三维模型数据。

生成的建筑物三维模型需要进一步对模型细节进行修改，所以一般是将模型以 DXF 格式导出（DXF 格式是一种通用数据格式，在其他软件中可以兼容）。

（5）模型修改，贴纹理。

将导出的DXF格式模型数据导入3ds Max软件中，对模型细节进行编辑修改，贴上纹理图片。本节对 3ds Max 软件的建模方法不再介绍，可以参考第 2 章 2.7 节内容。

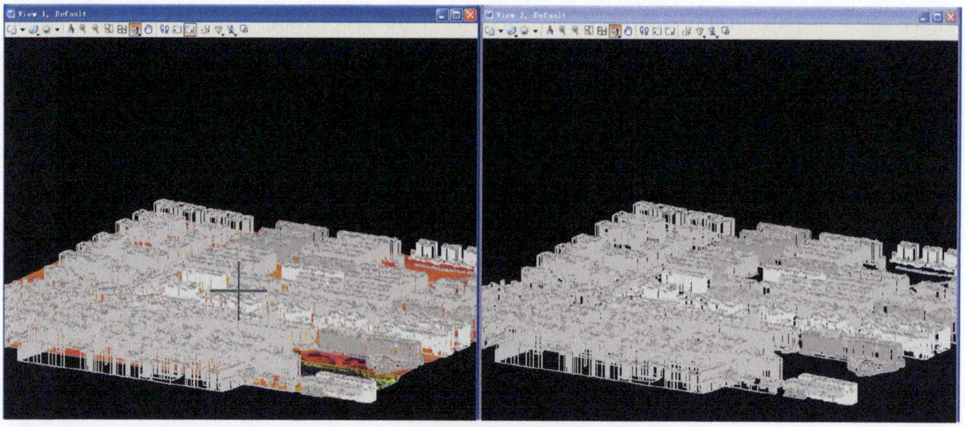

图 3.45　建筑物三维模型线框图

建筑物模型渲染效果如图 3.46 所示。

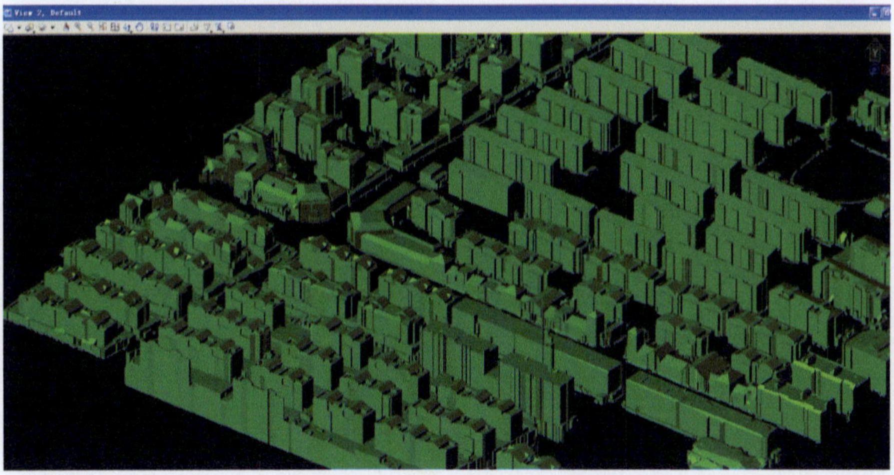

图 3.46　建筑物三维渲染效果

3.5　本 章 小 结

本章主要介绍基于 LiDAR 数据的半自动三维建模方法，首先介绍三维激光扫描系统的组成和工作原理，常用的数据格式。然后重点介绍如何利用 TerraSolid 软件进行建筑的三维重建，详细描述操作步骤。

思　考　题

1. 激光雷达测距利用的基本原理是什么？
2. 简述地面三维激光扫描系统的组成和工作原理。
3. 简述车载三维激光扫描系统的组成和工作原理。
4. 简述机载三维激光扫描系统的组成和工作原理。
5. 点云数据中主要包含哪些信息？
6. 简述激光点云数据的基本特点。
7. 简述机载点云数据提取建筑物目标的基本流程。

第 4 章

倾斜摄影自动三维重建技术基础

倾斜摄影测量技术突破传统航空摄影只能从垂直角度拍摄获取正射影像的局限，通过在同一个飞行平台上搭载多台传感器，同时从一个垂直、多个倾斜等多个角度采集到正射影像和倾斜影像，其中的倾斜影像能够很好地包含建筑物侧面的纹理信息，解决传统航空摄影测量只能采集建筑物的顶部纹理信息而侧面纹理差或不可见的缺陷。航空倾斜影像不仅能够真实地反映地物情况，而且能通过采用先进的定位技术，嵌入精确的地理信息、更丰富的影像信息，可以给人们带来更高级的视觉体验，极大地扩展遥感影像的应用领域，并使遥感影像的行业应用更加地深入。不仅如此，倾斜摄影测量技术的应用还大幅度地降低三维重建的成本，为城市大规模进行三维建模提供可能，是城市景观三维建模的主流趋势。本章将重点介绍倾斜摄影自动三维重建的基本原理及涉及到的关键技术。

4.1 系统的组成与工作原理

4.1.1 倾斜摄影系统的组成

倾斜摄影测量技术是国际测绘遥感领域新发展起来的一项技术，通过在同一飞行平台上搭载多台传感器，如图 4.1（a）所示，同时从垂直、倾斜等多个角度采集影像，能够获取地面物体更为完整准确的信息（谭金石和黄正忠，2015；杨争艳，2017；陈杭，2018），如图 4.1（b）所示。航拍时，镜头朝向与地面垂直拍摄所获取的影像称为正片（一组影像），镜头朝向与地面成一定锐角拍摄所获取的影像称为斜片（四组影像），目前常用的是五镜头相机，正摄影像与倾斜影像对比示意图如图 4.2 所示。

倾斜摄影系统由三大部分构成（曹琳，2016）：

第一部分为飞行系统，一般为小型飞机或无人飞机，用来搭载倾斜摄影载荷；

第二部分为地面保障部分，包括地面站、机组成员和专业航飞人员或者地面指挥员等；

第三部分为载荷系统，载荷包括：倾斜相机、定位定姿装置（获取相机曝光瞬间的位置，三个线元素 X，Y，Z 和曝光瞬间的姿态，三个角元素 ϕ、ω、κ）等。五相机组成及系统获取影像示意图如图 4.1 所示。

4.1.2 航线布设与相机工作原理

倾斜摄影的航线可用专用航线设计软件进行设计，生成一个飞行计划文件，该文件包含飞机的航线坐标及各个相机的曝光点坐标位置，在飞行时，各个相机会根据设计的对应曝光点坐标自动进行曝光拍摄。为使倾斜相机与下视相机获取

(a) 倾斜相机　　(b) 成像示意图

图 4.1　正相机组成及影像获取示意图

(a) 正摄影像　　(b) 倾斜影像

图 4.2　正摄影像与倾斜影像对比示意图

影像的地面分辨趋于一致，一般倾斜相机的镜头焦距会小于下视相机。拍摄影像时，要记录航高、航向重叠度、旁向重叠度等参数，为后续的倾斜影像分析和处理提供参考（李镇洲和张学之，2012）。倾斜摄影不仅可以获得地物顶部的信息，同时获得地物侧面和轮廓信息。可以选择最为清晰的一张照片来制作细部纹理，能够实现对场景的全方位感知。五台相机获取的影像如图 4.3 所示。

4.1.3　飞行平台及工作流程

根据拍摄面积的大小，倾斜摄影需要选用不同的飞行平台：①面积较小的（小于 10km^2）乡镇、县城，可以采用无人机搭载轻小型倾斜相机实施倾斜摄影。②面积在 10～50km^2 之间的中小型城市，可采用动力三角翼搭载倾斜相机实施航测。③面积较大的城市，可以采用有人飞机搭载倾斜相机实施航测。无人机结构简单、重量轻、使用成本低、数字化和智能化程度高，具有机动快速、经济的优势。采用无人机倾斜摄影测量的基本工作流程如图 4.4 所示。

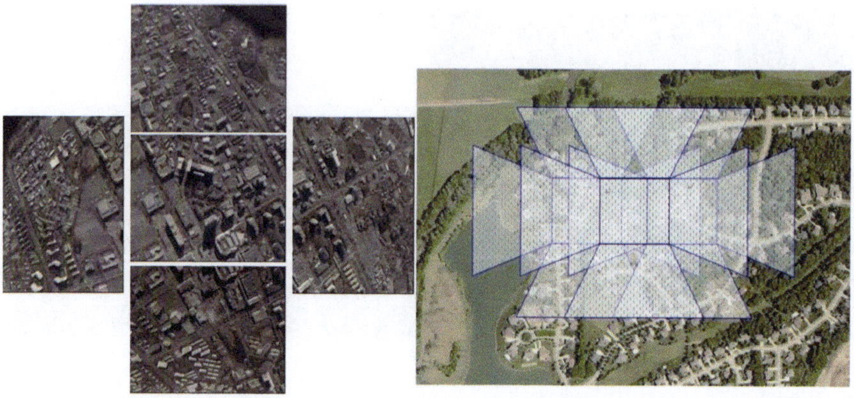

(a) 一组相机的影像　　(b) 连续几组影像获取示意图

图 4.3　同一瞬间五台相机获取的影像

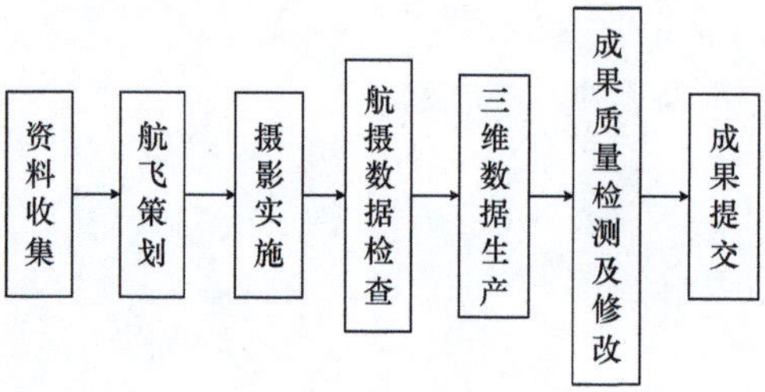

图 4.4　无人机倾斜摄影测量的基本工作流程图

（1）资料收集：收集选定区域内的行政数据、高程数据、遥感影像数据等，以选择合适的无人机系统。

（2）航飞策划：根据测区气象条件安排航摄时间，并根据测区大小及现场风向设置、调整飞行高度及航向。

（3）摄影实施：根据预先设置好的航摄时间和路线，进行现场踏勘，确定起降点，执行飞行并进行飞行控制。

（4）航摄数据检查：检查飞行姿态的稳定性、相片的数量及质量、飞行轨迹是否满足规范要求。

（5）三维数据生产：将符合要求的数据导入到倾斜三维平台中进行生产。

（6）成果质量检测及修改：对成果质量进行检查，不完善的地方进行修改。

（7）成果提交：按照要求提交成果。

4.1.4　倾斜摄影测量特点

倾斜摄影测量利用倾斜相机对目标四周及顶部呈一定角度进行拍摄。倾斜摄影拍摄出的影像具有色彩和形状全要素还原性，利用倾斜摄影的原理及方法可以从影片上获取地面上真实的长宽高等，比传统影像拥有更高的真实性（曹帅帅，2017）。图 4.5 所示的是同一地物不同角度的影像。

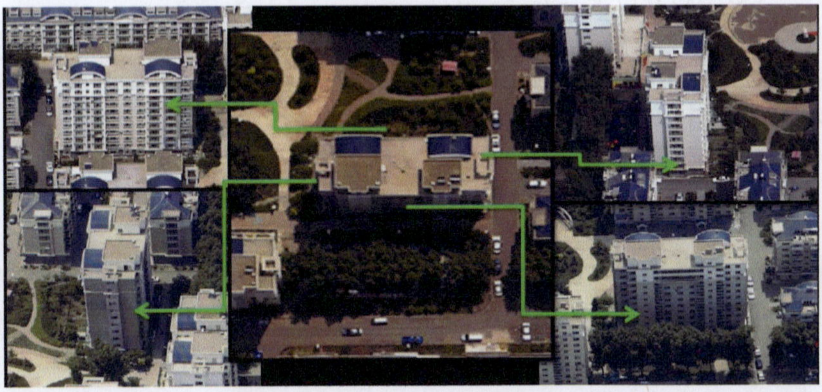

图 4.5　同一地物不同角度的影像

从该组影像可以总结出无人机倾斜摄影测量实景三维建模具有以下几点优势（杜靖，2017；段文华和许庆领，2017；黄炯荣， 2018）：

（1）具有高度的还原性。倾斜摄影具有较高的分辨率和较大的视场角，能够真实地反映地物周围的情况，不仅还原了地物的形状，还还原了地物的色彩。让用户有了更加直观的感受，弥补传统摄影测量的不足。

（2）倾斜影像地物遮挡现象较突出。这就要求在采集数据时，采用更高的影像重叠率，以减少视觉盲区。

（3）建筑物侧面纹理可采集性。可以获取多个视点和视角的影像，从而得到更为全面的纹理信息，而且利用相关的软件可以快速批量地提取目标的纹理信息，然后自动进行贴图，实现快速实景三维建模。

（4）成果具有共享性。倾斜摄影测量技术获取的成果数据，可以通过如 osgb，3D Tiles 等多种格式进行共享，并且瓦片化处理后的数据，易于实现网络共享。

（5）建模经济高效性。通过无人机等载体可以快速获取大面积的城市倾斜影像，节省了大量的人力物力，有效地降低三维重建的成本。倾斜摄影测量能全自动构建各类地形及建筑物三维结构，生成高精度的全视野三维实景，形成符合人眼视觉的真实直观世界，成本低、自动化程度和精度高，在三维实景快速重建上具有突出优势。

4.2　倾斜摄影相机硬件系统

倾斜摄影硬件系统主要由飞行系统、荷载系统和地面保障系统组成，其中倾斜相机是倾斜摄影中最为核心的载荷，也是区别于其他测绘手段的主要特征。倾斜相机主要用来获取地物的多视影像。目前常用的倾斜相机按镜头类型主要分为二镜头、三镜头和五镜头三类。

当前，国内外有许多公司拥有倾斜航摄装备，如天宝公司、IGC 公司、VisionMap 公司、徕卡公司、微软公司、中测新图、北京四维远见、上海航遥等，并且各有不同相机参数。

4.2.1 五镜头倾斜相机

五镜头倾斜相机是目前最常用的倾斜摄影测量获取影像的手段，五个相机同时曝光，一次采集 5 张图像，具有下视、左视、右视、前视、后视 5 个倾斜镜头，便于空三和正射影像图生成，结构如图 4.6(a)所示，该设备为中测新图的 TOPDC-5 倾斜相机，成像方式如图 4.6（b）所示。五镜头倾斜相机中倾斜相机是固定的，而且倾角一般在 40°～60°之间。

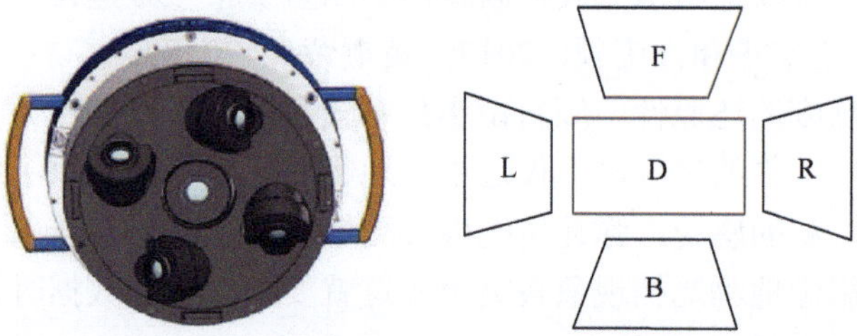

(a) 中测新图的TOPDC-5倾斜相机　　(b) 五镜头成像方式

图 4.6　五镜头倾斜相机

4.2.2 三镜头倾斜相机

三镜头倾斜相机由如图 4.7（a）所示，由三个相机组成，成像方式如图 4.7（b）所示，一个相机用于拍摄垂直影像，另外两个相机拍摄前后或者左右影像。但是这样获取的影像并不全面，所以为获取四个侧面的影像，需要进行进一步处理。

如果相机是固定的，那么就需要设计好航线，如果相机不是固定的，这样的倾斜相机一般带有旋转装置，在进行一次拍摄后，会紧接着旋转 90°再进行一次拍摄，以获取完整的侧面纹理。

4.2.3 双镜头倾斜相机

双镜头倾斜相机是两个相机对置，一般可以前后摇摆，重量较轻，便于微型

(a) 天宝AOS倾斜相机

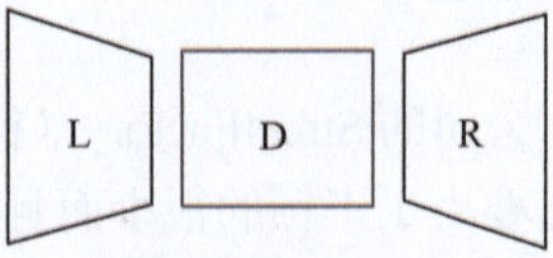

(b) 三镜头成像方式

图 4.7　三镜头倾斜相机

旋翼飞机搭载，如图 4.8 所示。双镜头倾斜摄影相机有两种曝光作业办法：一是持续飞行曝光，即在航线中，无人机保持匀速飞行，相机在曝光点进行曝光一次，然后紧接着曝光第二次，来获取一组数据。这种连续飞行的作业办法，一组照片，两次曝光间隔，实际的曝光地点因为飞行速率的存在，是存在定位误差的；二是停止飞行曝光，即在航线中，无人机在曝光点悬停在空中，相机进行一组曝光后，再飞往下一个曝光点，这种做法作业效率低。双镜头飞行作业过程中，易造成照片曝光的波动性，产生畸变，不利于后期的数据处理和纠正。但是由于其只有两台相机，极大地减轻重量，增加无人机的续航时间。

(a) 双镜头相机

(b) 旋翼无人机搭载双镜头相机

图 4.8　双镜头倾斜相机

4.3　倾斜摄影处理软件系统

目前国内外有多款倾斜摄影处理软件系统可以实现自动化的三维实景建模，国外的有 StreetFactory（邹晓亮等，2012）、Metashape、ContextCapture、Pix4Dmapper、PhotoMesh 等，国内的则有 Wit3D、Mirauge3D、DP-Smart、重建大师（GET3D）、大疆智图（DJI Terra）等软件，这些软件虽然性能和特点不同，但是基本上都可以实现自动化实景三维重建（周晓波等，2017）。下面简要介绍市场上使用较多的 StreetFactory、Metashape、ContextCapture、Pix4D Mapper、Wit3D、重建大师等几款三维重建软件的主要功能特点。

4.3.1 StreetFactory

法国 Air Bus 公司的 StreetFactory（街景工厂）能实现对倾斜影像进行全自动地构建三维模型，需要人工干预的很少而且效率高。StreetFactory 系统可以支持所有的倾斜相机数据，还可以进行所有数据一体化处理，如相机加 LiDAR 模式数据处理、航空资料与地面资料的完美融合处理。而且全面支持各类框幅式相机。StreetFactory 系统实现高度自动化，可以根据需求进行人工干预，建模主要通过选择立体像对、密集点云生成、基于点云构建三角网 TIN ，在三维尺度下对 TIN 进行整饰、优化/简化三维 TIN 模型、纹理信息生成六个环节即可完成。StreetFactory 系统不需要其他辅助设备，仅依靠倾斜相片就能实现实景三维建模，形象生动地还原真实世界。支持导出 OBJ 格式，可以导出区域或单体模型，支持第三方软件打开。

StreetFactory 的主要功能特点包括：

（1）多视几何重构：运用计算机视觉中多视图几何重构理论和方法，实现全区域多视影像整体匹配和整体建模。

（2）影像特征点检测与匹配：利用特征点检测技术、特征描述符提取技术、特征点快速匹配技术、GPU/CPU 并行优化技术，实现倾斜摄影多角度遥感影像检测与匹配。

（3）稀疏重建及空中三角测量：能获得整个测区的稀疏重建点及相机参数，对重建结构及相机参数进行精细优化。

（4）多视稠密点云重建：基于多深度图像融合针对每个视角重建出深度图，然后对不同视角之间加以一致性约束，得到完整的深度表面。

（5）大数据无缝纹理映射：利用点云的三角网，建立投影变换成像原理的自动纹理映射方法，完成大数据无缝纹理映射与可视化。

（6）三维实景数据瓦片化和数据格式的标准化处理：利用金字塔模型对三维实景数据实现数据的分层分级，并在不同层次上利用四叉树或八叉树的方式进行瓦片化处理，并完成三维实景数据的标准化格式输出。StreetFactory 系统三维重建的效果如图 4.9 所示。

4.3.2 Metashape

Metashape（原名为 PhotoScan）是俄罗斯 Agisoft 公司研发生产的一款基于影像自动生成高质量三维模型的优秀实景建模软件。Metashape 无须设置初始值，无须相机检校，它根据最新的多视图三维重建技术，可对任意照片进行处理，无须

图 4.9　StreetFactory 系统三维重建的效果图

控制点，而通过控制点则可以生成真实坐标的三维模型。照片的拍摄位置是任意的，无论是航摄照片还是高分辨率数码相机拍摄的影像都可以使用。整个工作流程无论是影像定向还是三维模型重建过程都是完全自动化。Metashape 可生成高分辨率真正射影像及带精细色彩纹理的 DEM 模型。完全自动化的工作流程，即使非专业人员也可以在一台电脑上处理成百上千张航空影像，生成专业级别的摄影测量数据。

Metashape 主要功能特点包括：

（1）空中三角测量。能处理各类型的图像：包括航空影像、地面近距离拍摄的影像等；能实现自动校准，包括对鱼眼相机、球形相机的校正；能支持多个不同相机的影像进行同时处理。

（2）点云编辑和分类。可以对点云进行进一步的编辑处理，可以进行点云分类，支持经典的点数据处理工作流程，支持输出 LAS 格式的点云文件。

（3）DSM / DTM 生成。支持生成数字表面和/或数字地形模型，地理参考基于 EXIF 的元数据或飞行记录的 GPS /控制点数据。支持 WGS84、UTM、CGCS2000 等多种坐标系。

（4）三维测量。系统内置三维工具，可以用于测距、测量面积、体积等，对于更复杂的测量分析，由于它支持各种输出格式，因此可以将相关建模结果导出到外部工具进行测量分析。

（5）GCP 控制点支持。支持高精度测量地面控制点（GCP）数据的快速导入，还可以使用比例工具设置参考距离。

（6）建模效果质地细腻。系统可用于各种场景的建模，包括：考古遗址，文物，建筑物，室内设计，人物等。支持 HDR 和多文件纹理，可以用于精细模型的可视化。

（7）分布式和 GPU 计算。支持分布式和 GPU 处理，对于大数据量的处理，可以使用计算机网络中的分布式计算，并使用多个节点的组合功率来处理。

（8）二次开发。除了批处理，系统还支持 Python 脚本自定义的方式进行二次开发，减少人工干预。图 4.10 是 Metashape 三维重建的效果。

图 4.10　Metashape 三维重建效果

4.3.3　ContextCapture

Bently 公司的 ContextCapture 实景建模大师是一套集合全球最高端数字影像、计算机虚拟现实以及计算机几何图形算法的全自动高清三维建模软件解决方案，它从易用性、数据兼容性、运算性能、友好的人机交互及自由的硬件配置兼容性等方面代表目前全球相关技术的顶级水准。

ContextCapture 软件主要功能特点包括：

（1）集成地理参考数据。ContextCapture 可为包括 GPS 标记和控制点在内的多种类型的定位数据提供本地支持。它还可以通过定位/旋转导入或完整块导入来导入任何其他定位数据，能够精确测量坐标、距离、面积和体积。通过 QR Codes 创建地面控制点。

（2）自动空中三角测量和三维重建。一旦自动识别每张相片的相对位置和方向，系统就可以通过添加控制点（图 4.11）和编辑连接点来对空中三角测量结果进行微调，以最大限度提升几何和地理空间精度。优化的三维重建算法以无可匹敌的精度生成精准的三维模型以及每个格网面片的影像纹理。ContextCapture 可确保各个三维格网模型顶点放置在最佳位置，因此可以更少的瑕疵表现重现更精细的细节和更锐利的边缘，从而大幅提高几何精度。

图 4.11　控制点

（3）生成二维和三维 GIS 模型。借助 ContextCapture，可以生成各种 GIS 格式的精确地理参考三维模型，包括真正射影像和新的 Cesium 3D Tiles，并将瓦片范围和空三成果导出为 KML 和 XML。ContextCapture 提供的坐标系数据库接口可确保与 GIS 解决方案的数据互用性。可以从 4000 多个空间参考系统中进行选择，并可添加用户自定义的坐标系。而且 ContextCapture 会根据输入照片的分辨率和空间分布情况，自动调整模型的分辨率和精度。这意味着，ContextCapture 可以处理分辨率不均匀的场景，而不必为保留一些更高分辨率的场景区域而牺牲整体效率。

（4）处理实景模型。ContextCapture 可以快速轻松地处理任何比例的格网模型，以及横断面的生成、地形和断裂线的提取，以及正射影像、三维 PDF 和 iModel 的生成。它可以将格网模型与 GIS 和工程数据集成，以在格网模型的视觉环境中实现该信息的直观搜索、导航、可视化和动画。

（5）处理点云。可以对点云进行增强、分割、分类，并与工程模型相结合。然后，利用 ContextCapture 的高级三维建模、横截面切割、断裂线和地形提取功能，快速高效地对竣工条件进行建模并支持设计流程。因此，ContextCapture 可以更好地评估点云并生成更精确的工程模型。还可以生成用于展示的动画和渲染。

（6）生成和处理大型可缩放地形模型。ContextCapture 可以从多种来源中生成非常庞大的可缩放地形模型，包括点云、断裂线、光栅数字高程模型和现有三角形不规则网络。通过与原始数据源同步，可缩放地形模型可实时更新到最新。这样将实现所有数据的全局、最新和综合表示，并用于使用各种显示模式执行分析，以及生成动画和可视化效果。

（7）生成三维 CAD 模型。基于各种 CAD 格式、三维通用格式、DSM 和密集三维点云生成三维模型，确保模型在建模环境中是可访问的。此外，还可以生成由数十亿个三角面片组成的多分辨率格网模型，Bentley 系列平台软件原生支持格网模型数据。包括 MicroStation、Descartes、AECOsim Building Designer、OpenRoads、OpenPlant、Bentley Map®、Bentley Substation 等。

（8）发布和查看支持 Web 的模型。借助 ContextCapture，用户可生成任意大小的针对网络发布进行优化的实景模型，并在浏览器中查看。如 ContextCapture 的原生格式 3MX，或 Cesium 3D Tiles。这样，就可以随时共享三维模型，并以可视化方式展示。ContextCapture 的三维重建效果如图 4.12 所示。

图 4.12　ContextCapture 三维重建效果

4.3.4　Pix4Dmapper

Pix4Dmapper 是瑞士 Pix4D 公司出品的一款专业的航空摄影测量软件，能够进行专业无人机测绘，提供一套完整的制图和建模解决方案，可将图像转换为高度精确的地理参考的 2D 镶嵌图和三维模型，广泛应用于航测图，灾害应急，安全执法，农林监测，水利，防洪，电力线路检测，海洋环境和大学科研等领域。该软件拥有友好的界面、快速的运行、精确的运算等特点，可以从摄像机拍摄的图像中提取有关地球和周围环境的信息，无须专业知识，无须人工干预，支持通过手动或者无人机捕获区域的不同图像，并通过在软件中使用图像来获得精准的输出地图，输出结果非常的客观，并能够自动以不同的颜色显示地球不同部分的区域和效果。同时，PIX4Dmapper 具备友好的界面、快速的运行、精确的运算等特点，支持多达 10000 张影像同时处理，能够在同一工程中处理来自不同相机的数据，且无须专业知识，无须人工干预，使用起来非常便捷。不过三维重建效果相对于 ContextCapture 来说还是有些差距，但 DOM 正射影像生成更胜一筹。Pix4Dmapper 生成的 DOM 导出时是已经做好镶嵌的，因此省去在 GIS 软件中做镶嵌的步骤，ContextCapture 生成的 DOM 需要在 GIS 软件中再作处理。

Pix4Dmapper 主要功能特点包括：

（1）自动空三和光束法区域网平差。无论是否有相机位置和外方位元素都可自动处理。

（2）自动点云加密，半全局匹配。生产高密度和精细的三维点云，可以作生成 DSM 和正射影像镶嵌图。

（3）点云滤波和平滑。使用预设或编辑点云滤波和平滑选项。

（4）自动点云分类和 DTM 抽取。自动去除点云中的建筑和植被，生成贴近地面的 DTM 和等高线。额外的控制，可以在 rayCloud 中选择和删除点来改善 DTM 生成。

（5）自动亮度和颜色校正。支持光照度变化自动补偿，影像颜色自动平衡。

（6）可视化验证结果。将原始图像连接到 3D 重建的每个点的独特环境，以可视方式验证并提高项目的准确性。

（7）项目区域定义。导入 shp 文件，或者在正射影像镶嵌图和点云加密/滤波绘制区域来选定生成成果的边界。

（8）项目分割。自动分割大项目为较小的项目，以便更高效地处理大规模数据。

（9）支持 GPU。利用 Nvidia 显卡的 GPU，初始化处理的速度可提高 10%～75%，GPU 还可用于点云加密和半全局匹配。

（10）测量工具。支持测量距离，面积和体积。

（11）支持处理模板。使用默认模板自动处理项目，或使用自定义设置创建自己的模板，以完全控制数据和质量。Pix4Dmapper 三维建模结果如图 4.13 所示。

4.3.5 Wit3D

Wit3D 全自动实景三维建模系统（简称 Wit3D），由中科北纬（北京）科技有限公司研发，是具有完全自主知识产权的国产全自动实景三维建模系统，以自己独创的专利技术填补我国在大区域倾斜影像实景三维建模软件领域的市场空白。

图 4.13　Pix4Dmapper 三维建模效果

Wit3D 产品优势主要功能特点包括：

（1）超高的处理效率。

- 采用多核并行的架构设计；
- 具备大区域倾斜影像处理能力单节点处理能力；
- 优于 1000 亿像素（100GP 像素）/天的处理速度；
- 原始影像分辨率 0.05 m，可处理 1.5～2 km^2。

（2）先进的处理算法。

- 支持超大场景影像一体化空三建模处理；
- 空三可实现百万级的影像数据自动化处理；
- 空三稳定可靠、适应性强，空三平差精度高。

（3）完备的处理能力。

- 具备从空三加密、稠密匹配、曲面重建与优化等完备的功能；
- 具备三维多层次细节（LOD）创建、纹理映射功能；
- 真正射影像生成等全流程自动化处理功能。

（4）人性化的细节设计。

- 支持一键式三维重建；
- 无须过多人工干预，方便用户作业处理。

Wit3D 系统三维建模的效果如图 4.14 所示。

图 4.14　Wit3D 三维建模效果图

4.3.6　重建大师

重建大师是由武汉大势智慧科技有限公司自主研发的实景三维建模软件，重建大师的功能特点主要包括：

（1）规模大。基于 G-Engine 的智能任务分解与调度系统，使用多机并行处理，重建大师单次可完成 15 万张航片数据（4240 万像素）的空三与重建任务。

（2）高品质。结合人工智能技术，自动几何优化和纹理优化技术，使模型精度不仅能满足智慧城市、地籍测量等要求，还能达到精度要求极高的文物数字化标准。

（3）高效率。空三与重建模块均采用并行处理架构设计和 GPU 加速处理技术，大幅提高处理效率。

（4）稳健的空三。重建大师成熟稳健的空三自由网平差算法，对倾斜影像和姿态有着极高的容错率。长条状及网格状飞行数据均可自适应处理，并可自动选择普通、增强、大数据等模式进行空三计算。

（5）数据形态自适应处理。长条状、网格状飞行，以及不同高差数据均可自适应处理并可根据数据复杂度自动选择增强型或普通型模式进行空三计算。

（6）作业柔性调度。实时监控服务器的运行情况，并对超大型建模任务进行自动拆分与统一调度。充分利用集群计算的优势，实现多任务同时运行，极大提升数据生产效率。

（7）图像智能增强技术。针对部分数据存在雾霾、过暗、过亮、模糊情形，提供基于 AI 的智能纹理选择与色彩增强处理，提升模型整体质感。

（8）满足 1∶500 地籍测量。重建大师生成的模型均可满足 1∶500 地籍测量成图要求。重建大师三维建模效果如图 4.15 所示。

图 4.15　重建大师三维建模效果图

4.4　倾斜摄影处理关键技术

4.4.1　倾斜摄影三维重建处理流程

倾斜摄影三维重建处理流程如图 4.16 所示，可以分为三个大的步骤，分别是数据准备、数据处理和数据显示，其中数据准备主要负责相机参数输入、POS 数据及控制点数据的输入，以及影像输入与预处理，以便进行图像系统误差改正，建立倾斜影像之间的拓扑关系等；数据处理步骤是核心，其中涉及的关键技术有特征点检测与匹配、空中三角测量、影像密集匹配、表面模型格网构建、纹理映射以及细节层次模型构建（Toldo et al.，2013；包丹丹，2017；李明等，2017；孙钰珊等，2018；严孝云，2019），以获得实景三维模型；在此基础上，进行实景数据单体化处理（陈良超等，2018），然后导入到相应的三维 GIS 系统中，进行实时海量数据的三维浏览与三维数据分析。

遥感影像三维重建数据处理中涉及的主要关键技术的作用如下：

（1）特征点检测与匹配：主要目的是提取影像上的特征点，进行匹配，为后续的空中三角测量提供同名像点，作为连接点等。

（2）空中三角测量：主要是获得整个测区相机的参数，包括相机自检校获取的畸变差，相机的位置和姿态，以及通过连接点计算获得稀疏点云。

（3）影像密集匹配：在稀疏点云的基础上，进一步通过密集匹配技术，获得足够表示物体形貌的密集点云，为后续模型格网构建奠定基础。

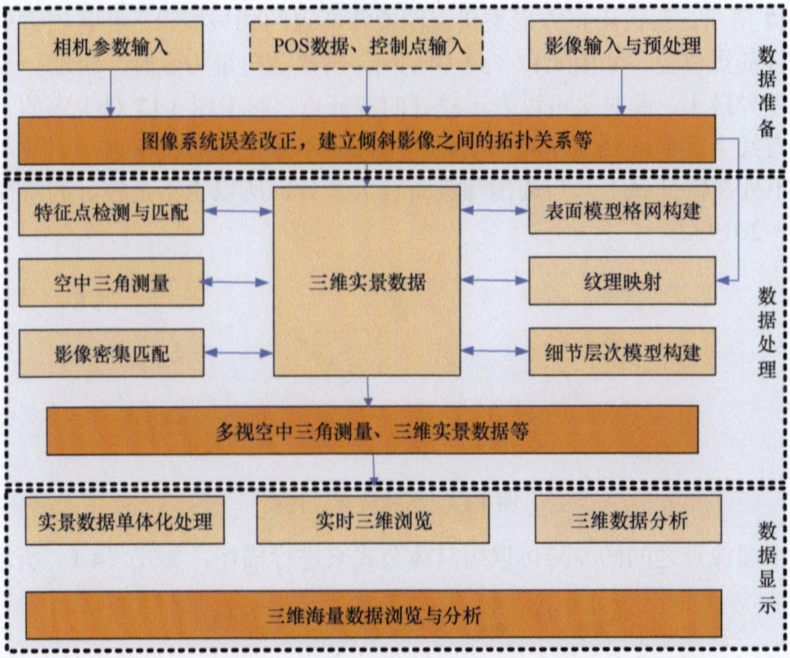

图 4.16　倾斜摄影三维重建处理流程

（4）表面模型格网构建：将计算生成的密集点云，通过格网构建技术，将点云连接起来构成三角网，形成能够恢复物体模型的连线面片（吴熠文，2019）。

（5）纹理映射：在构建的模型表面格网基础上，利用投影变换理论，建立纹理映射方法，从倾斜图片中获取对应面片的纹理，完成三维模型重建。

（6）细节层次模型构建：自动重建的范围较大时，为便于后续的显示与应用，需要进行构建细节层次模型，建立数据金字塔，为海量数据的浏览与分析奠定基础。

4.4.2　特征点检测与匹配

为后续的空中三角测量，需要利用特定点检测域匹配算法提取出足够的同名像点，以便作为连接点，用于空中三角测量中构建自由网。

1. 特征点检测

图像特征点是图像的局部特征表示，是进行图像匹配的最小单位，因为点特征具有在不同的变换下均能保持较好的几何稳定性，所以可用来求解相机的内外参数，确定图像之间的相对几何关系。并且点特征在图像中属于较小底层特性，其邻域窗口满足图像处理计算要求，因此比较适合用来作为图像匹配的基元。在数学定义上可理解特征点是图像内亮度值沿着在某一方向上变化较大的极值点，如图 4.17 所示，假设用正方形来代表图像特征点的邻域窗口，并且正方形中心位置表示特征点位置，如图 4.17（a）中的 s_i，当移动向量为 u 时，向量 s_i+u 才与目标区域差异最小，此时 s_i 可以表示较好的特征点；对于图 4.17（b）中的 s_i 的邻域窗口与直线上其他区域点差异不明显，所以 s_i 不是较好的特征点；如图 4.17（c）s_i 本身不处在特征线上，与周围都没有较大差异，所以也不是较好的特征点（单文龙等，2019）。

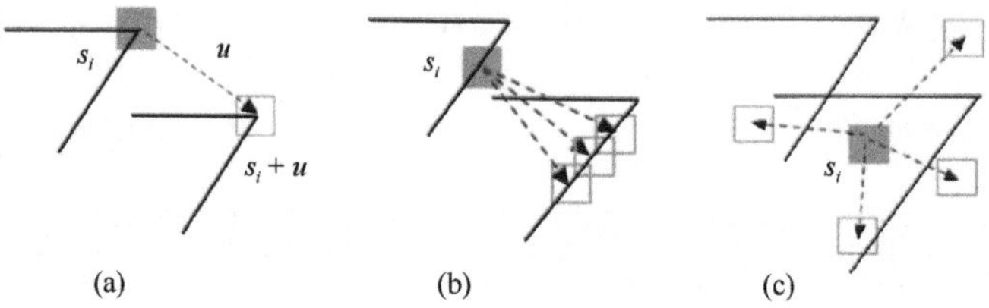

图 4.17　图像特征点检测

两个图像点之间的差异可以用具体公式来进行描述，如式（4.1）所示：

$$E_{wssd}(u)=\sum_i w(s_i)\left[I_1(s_i+u)-I_0(s_i)\right]^2 \tag{4.1}$$

式（4.1）中，$I_0(s)$ 和 $I_1(s)$ 表示图像的亮度，u 表示图像的平移向量，w（s）表示权重函数，i 表示图像中的每个像素。

下面以 SIFT 特征点特征检测为例来介绍图像特征点检测的基本思想（董友强，2014；侯晓芬，2015）。SIFT（scale-invariant feature transform，SIFT）具有良好的仿射不变性，所以通常用来处理光照、尺度和旋转变化中的不变点，其本质是在图像中求解极值点来判断是否是稳定的图像特征点，下面介绍 SIFT 特征点检测的关键步骤。

SIFT 检测的核心思想是首先通过改变尺度参数来获取多尺度下的图像空间表示结果，然后分别计算不同分辨率上的图像特征点。定义二维图像的空间尺度为式（4.2）所示：

$$L(X,Y,\sigma)=G(x,y,\sigma)*I(x,y) \tag{4.2}$$

式（4.2）中，$G(x,y,\sigma)$ 为尺度可变高斯函数，式（4.3）为

$$G(x,y,\sigma)=\frac{1}{2\pi\sigma^2\mathrm{e}-\left(x^2+y^2\right)/2\sigma^2} \tag{4.3}$$

在空间尺度定义的基础上，通过不断改变分辨率进行数据采样，得到一系列不同分辨率图像，逐层构建图像金字塔模型。为提高不同分辨率图像之间的空间尺度连续性，除使用降低采样算法外，还需要进行高斯滤波处理。其中降低分辨率效果通过高斯差分实现，定义为式（4.4）所示：

$$D(x,y,\sigma)=\left(G(x,y,k\sigma)-G(x,y,\sigma)\right)*I(x,y)=L(x,y,k\sigma)-L(x,y,\sigma) \quad (4.4)$$

式（4.4）中，k 为尺度伸缩因子。SIFT 点特征通过将金字塔中相邻两个图层相减计算，得到高斯差分图像完成初步检测。为寻找初步检测结果中的图像极值点，将逐像素点和其相邻点进行比较，判断其是否比相邻点大或者小。为在每组数据中检测出该尺度下 S 个极值点，需要在每组金字塔中提供 S+2 层图像，差分金字塔由高斯金字塔相邻两层相减得到，因此每组需要高斯金字塔 S+3 层图像（S 取 3 到 5 的整数）。通过以上方法检测到的极值点通常是图像空间离散的极值点，并不是真正的极值点，为得到特征点精确位置，SIFT 通过拟合三维空间内的二次函数来求解亚像素位置，并删除对应低对比度的点特征以及处在边缘的特征点，增强算法稳定性和抗噪声能力。

2. 特征点匹配

给定两组或两组以上特征点及其描述向量，为确定各组特征点之间的对应关系，需要进行特征匹配。最简单的匹配方式是通过计算给定特征向量之间的欧式距离来实现，若两个特征点对应特征向量的欧式距离小于阈值，则判断两点属于同一场景点。该判断方法较为简单容易实现，但是阈值的确定并不容易，若距离阈值取得过大，则容易产生大量误报匹配；若距离阈值取得过小，则容易漏报匹配。因此基于欧氏距离阈值的匹配方法不满足要求，定义 m 个视图 $V=\{V_i \mid i=1,\cdots,m\}$，记录视图中检测到的图像特征描述子集合为 $F(V_i)=\left\{\text{desc}_i^{V_i},\cdots,\text{desc}_{N_i}^{V_i}\right\}$，其中 N_i 表示第 i 个视图中的特征数量。对于视图 V_i 和 V_j，对每个 $\text{desc}_k^{V_i}\in F(V_i)$，在 F（V_i）中计算其最近邻及次近邻如式（4.5）、式（4.6）所示：

$$l^{*(1)}=\underset{1\leqslant l\leqslant N_j}{\text{argmin}}\left\|\text{desc}_k^{V_i}-\text{desc}_l^{V_j}\right\|_2 \quad (4.5)$$

$$l^{*(2)}=\underset{\substack{1\leqslant l\leqslant N_j\\ l\neq l^{*(1)}}}{\text{argmin}}\left\|\text{desc}_k^{V_i}-\text{desc}_l^{V_j}\right\|_2 \quad (4.6)$$

对于距离度量依然采用欧氏距离计算，由于图像点特征数量较大，并且向量维度较大，所以该问题是一个在高维空间中进行最邻近计算问题。由于在计算过程中最近邻会出现错误匹配的情况，所以通过距离比来选出待匹配特征点，然后 $\text{desc}_k^{V_i}$ 通过最近搜索计算求得最近邻 $l^{*(1)}$ 和 $l^{*(2)}$，距离比计算公式如式（4.7）：

$$\text{DR}=\frac{\left\|\text{desc}_k^{V_i}-\text{desc}_{l^{*(1)}}^{V_j}\right\|_2}{\left\|\text{desc}_k^{V_i}-\text{desc}_{l^{*(2)}}^{V_j}\right\|_2} \quad (4.7)$$

还是以 SIFT 算法为例，来介绍特征点匹配的步骤，如图 4.18 所示。

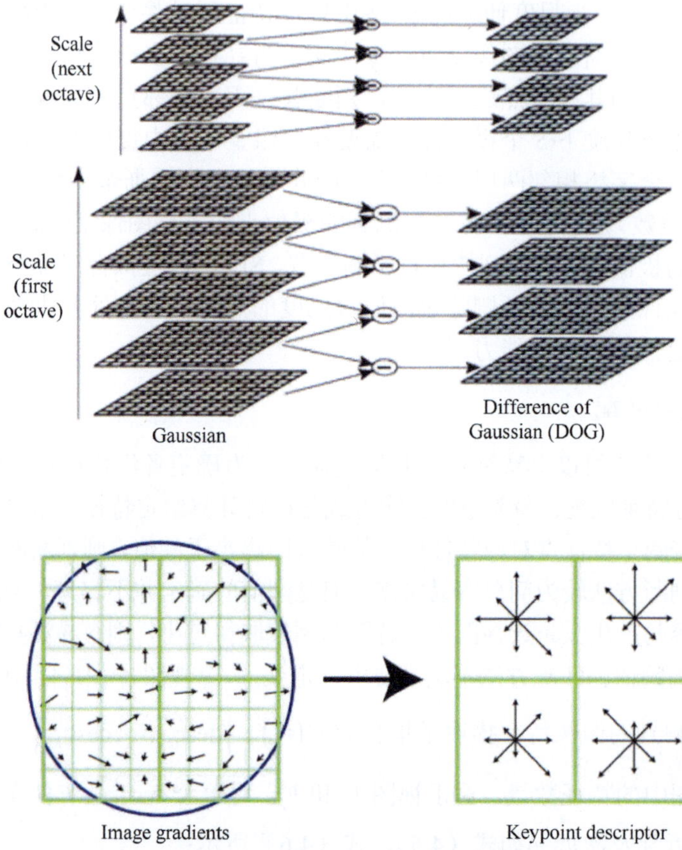

图 4.18　SIFT 匹配算法示意图

（1）构建尺度空间：利用高斯卷积核，建立图像金字塔；

（2）检测尺度空间极值点：在 DOG 尺度空间本层以及上下两层的 26 个邻域中检测最大或最小值，并去除低对比度的关键点和不稳定的边缘响应点；

（3）计算关键点主方向；

（4）生成 128 维的关键点描述子；

（5）SIFT 匹配：计算待匹配的两特征点间的欧式距离作为匹配测度。

以上是特征点检测与匹配的基本思想，对于倾斜摄影三维重建中，分布均匀、误匹配少、精度高的稀疏影像匹配是影像高精度自动定向的重要保障。由于倾斜相片的视角差异大，同一地物在不同相片上的表现有很大不同。因此，倾斜影像的匹配需充分考虑影像间的几何变形和遮挡关系。Weith-Glushko、Zhang、 Nister、Pollefeys 等都提出一些对应的方法，其中 Labe 和 Forstner 提出的方法较为通用，该方法使用 Lowe 提出的 SIFT 算法获取尺度、旋转不变的特征点，并进行影像间的两两匹配，然后使用 Nister 提出的基于 RANSAC 的 5 点法进行相对定向剔除误匹配点，该方法不需要知道影像任何信息，且对各种情况下获取的影像都能处理，对普通的家用相机获取的影像也能得到理想的结果。在影像同名点的获取研究上现有研究大多使用的是现成的特征匹配算法如 Sift 算法，然而现有的特征匹配算法的设计上没有考虑大倾斜视角变化造成的倾斜影像内部影像尺度不一造成的匹配问题，即其获取的描述特征以固定的窗口获得不能真实反映区域地物的信息，因而匹配的成功与否与场景内容有很大相关，容易造成误匹配；另外现有的同名点匹配算法没有顾及点位的分布问题，算法结果缺乏定量的精度分析，运用在实际工程中的精度实验还不足。

4.4.3　空中三角测量

使用航空影像进行高精度测绘、三维信息提取和三维城市模型构建等应用首先是如何解决精确计算倾斜航空影像的外方位元素即定向参数的问题（Rupnik E et al.，2013；董杨，2017）。空中三角测量是实现稀少或无地面控制点条件下区域网影像高精度定向的基本方法。倾斜影像空中三角测量的流程如图 4.19 所示，首先通过特征点检测与匹配方法完成倾斜影像连接点的自动匹配，接着进行匹配点的粗差检测与剔除，然后构建自由网，最后一步是输入地面控制数据后进行区域网平差。

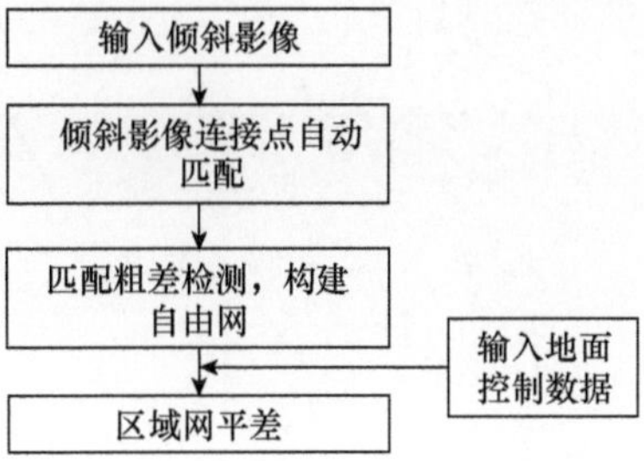

图 4.19　倾斜影像空中三角测量的流程

1. 连接点匹配

在空中三角测量的连接点匹配、构建自由网及区域网平差的三个关键步骤中，连接点匹配可以采用前面介绍的 SIFT 算法进行匹配。

2. 构建自由网

对于匹配点粗差剔除与自由网构建可以按照图 4.20 所示的步骤完成。

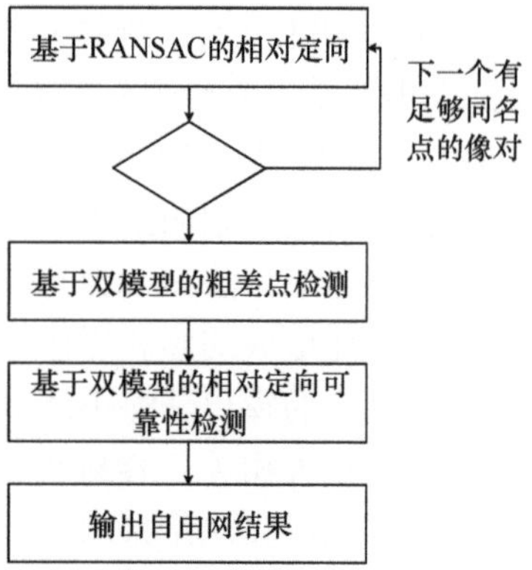

图 4.20　匹配点粗差剔除与自由网构建流程

匹配点粗差剔除与自由网构建具体流程如下：

（1）影像完成初始匹配后，采用 RANSAC（随机采样一致性）方法，基于 5 点法相对定向模型（共面条件），进行粗差检测；

（2）基于双模型的粗差点检测：对于双模型间的三度重叠点，采用空间前方交会计算像点残差，剔除残差大的粗差点，如图 4.21 所示；

（3）基于双模型的相对定向可靠性检测。不断选择相互间具有足够连接点的三张影像，依次在影像间两两进行相对定向，计算相对定向的线元素和旋转矩阵。如果相对定向正确，三个线元素向量应共面，三个旋转矩阵依次相乘应为单位阵，最后输出自由网结果。

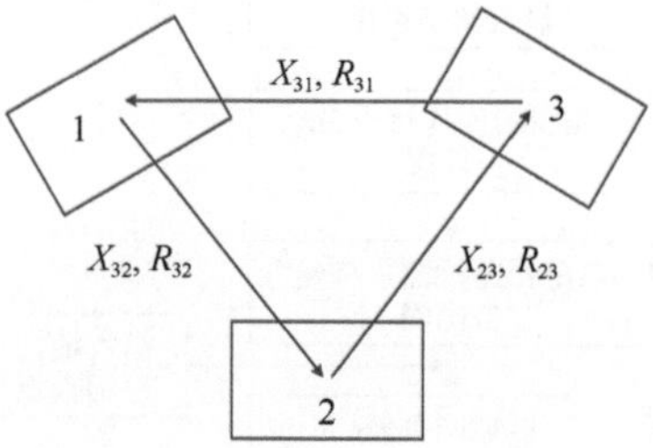

图 4.21　空间前方交会示意图

3. 区域网平差

对于空中三角测量中的最后一步区域网平差，已有学者提出多种解决方案，具体可以分为以下几类：

（1）无约束区域网平差。所有倾斜影像具有独立的外方位元素，同一个相机获取的影像具有相同的相机参数。多个相机之间的安置参数未作为约束条件纳入平差模型。平差模型为经典的多相机共线方程模型，如式（4.8）所示：

$$
\begin{aligned}
x-x_{on}&=-f_n\frac{\left(X-X_{on}^i\right)R_{11}+\left(Y-Y_{on}^i\right)R_{21}+\left(Z-Z_{on}^i\right)R_{31}}{\left(X-X_{on}^i\right)R_{13}+\left(Y-Y_{on}^i\right)R_{23}+\left(Z-Z_{on}^i\right)R_{33}}=-f_n\frac{Z_x}{N}\\
y-y_{on}&=-f_n\frac{\left(X-X_{on}^i\right)R_{12}+\left(Y-Y_{on}^i\right)R_{22}+\left(Z-Z_{on}^i\right)R_{32}}{\left(X-X_{on}^i\right)R_{13}+\left(Y-Y_{on}^i\right)R_{23}+\left(Z-Z_{on}^i\right)R_{33}}=-f_n\frac{Z_y}{N}
\end{aligned}
\tag{4.8}
$$

优点是可以处理任意拍摄的倾斜影像，无须倾斜影像与下视影像同时曝光。缺点是随着相机数目的增加，未知数个数快速增多。

（2）附加约束的区域网平差。

①将多个相机之间的安置参数作为约束条件纳入平差模型。以下视影像的外方位元素以及倾斜相机与下视相机的安置参数作为区域网平差未知数，如式(4.9)所示：

$$
\begin{aligned}
x-x_{on}&=-f_n\frac{Z_x-\left[M_{11}\Delta x_n+M_{21}\Delta y_n+M_{31}\Delta z_n\right]}{N-\left[M_{13}\Delta x_n+M_{23}\Delta y_n+M_{33}\Delta z_n\right]}\\
y-y_{on}&=-f_n\frac{Z_y-\left[M_{12}\Delta x_n+M_{22}\Delta y_n+M_{32}\Delta z_n\right]}{N-\left[M_{13}\Delta x_n+M_{23}\Delta y_n+M_{33}\Delta z_n\right]}
\end{aligned}
\tag{4.9}
$$

优点是可以极大地减少区域网平差的未知数个数，使平差结果更为稳健。但是需要同一摄站的下视影像和倾斜影像同时曝光。

②将地面场景约束条件带入区域网平差，如铅垂线、水平线及直角条件等（图 4.22），可以增强平差的稳健性，减少控制点的使用。

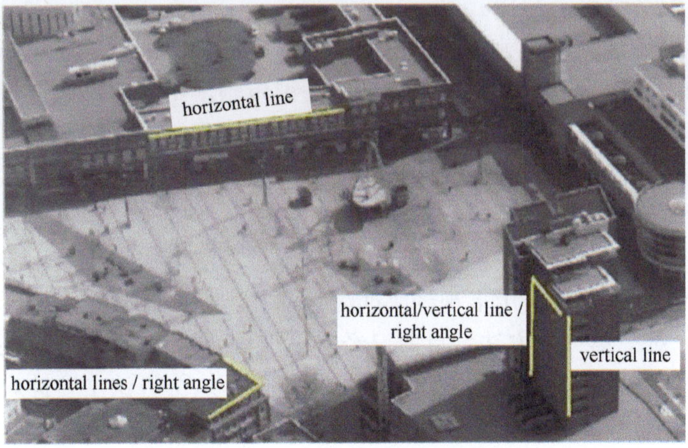

图 4.22　地面约束条件

地面场景约束条件数据描述如式（4.10）～式（4.13）所示：

水平线：

$$\hat{P}_1(z)-\hat{P}_2(z)=0 \tag{4.10}$$

铅垂线：

$$\sqrt{\left(\hat{P}_1(x)-\hat{P}_2(x)\right)^2+\left(\hat{P}_1(y)-\hat{P}_2(y)\right)^2}=0 \tag{4.11}$$

直角条件：

$$\operatorname{dist}\left(\hat{P}_1;\hat{P}_2\right)^2+\operatorname{dist}\left(\hat{P}_2;\hat{P}_3\right)^2-\operatorname{dist}\left(\hat{P}_1;\hat{P}_3\right)^2=0 \tag{4.12}$$

等距离条件：

$$\operatorname{dist}\left(\hat{P}_1;\hat{P}_2\right)-\operatorname{dist}\left(P_1;P_2\right)=0 \tag{4.13}$$

（3）倾斜影像直接定向。首先采用传统的区域网平差方法对下视影像单独进行处理，获得每张下视影像的外方位元素；然后利用倾斜相机与下视相机之间的安置参数检校值，根据同一摄站的下视影像外方位元素计算相应倾斜影像的外方位元素。

优点：可以直接利用传统的空三软件。

缺点：未利用多传感器的优势，精度较差。事先检校获得的安置参数不一定可靠，且会随着使用时间的增长发生变化。也需要倾斜影像与对应的下视影像同时曝光。

4.4.4 影像密集匹配

由于特征点的匹配算法只能给出少量稀疏特征点的匹配，不能满足三维重建的需要的，因此，为更加真实地恢复三维场景（或物体）的几何结构，需要进行影像密集匹配（张晨，2018）。

密集匹配就是利用相关方法尽可能多地匹配场景中的点。通过影像的密集匹配得到场景的密集点云是倾斜影像处理的关键步骤，用倾斜影像进行密集匹配生成稠密点云有 3 个难点：①巨大的影像间的透视差异；②倾斜影像内部的地面采样元不一致；③高度的冗余性造成大量噪声。如何充分考虑冗余信息，准确获得多视影像上的同名点是多视倾斜影像匹配的关键所在。

目前利用倾斜影像生成密集点云主要有两种方法，第一种采用多层次的双向密集匹配方法，第二种采用多视密集匹配算法（纪松，2012；卢俊，2015；纪松等，2016）。对于第一种方法，目前已经有不少学者进行实验。Besnerais 等提出了一种逐像素的方法取得了非常不错的结果，但是这个方法主要针对的是低分辨率的影像，其影像的 GSD 都大于 1.4 m，最大的甚至达到了 20m；Gerke 使用 Hirschmuller 提出的半全局匹配（SGM）算法对高分辨率的倾斜影像进行密集匹配，并对结果进行评估。其方法 70%的匹配点能够达到 3 个像素以内。Fritsch D 利用德国斯图加特大学提供的开源 SURE 软件（该软件使用了经过修改的 SGM 算法），对 IGI Quattro 的倾斜影像进行处理，得到了非常完善的结果。对于多视匹配算法，大量学者进行过许多研究（纪松，2008；纪松等，2009；Hermann et al.，2013；何豫航和岳俊，2013；邱明劼，2015），Middlebury 的网站评估现今已提出的绝大多数多视匹配算法，其中 Yasutaka 等（2010）提出的 PMVS（Patch-based MVS）算法以及他的拓展算法 CMVS 算法得到了计算机视觉领域的普遍认可。该算法首先进行特征点匹配获得稀疏的点云，再对稀疏点云进行扩展滤波形成一个个定向的面片，最后利用泊松表面重建法将此一系列的面片重建成完整的表面。两种方法都是目前被普遍接受和认可的算法，在很多实际的应用中也有很好的表现（Yasutaka et al.，2010；Vu et al.，2012；侯晓芬等，2016；黄炯荣，2018）。然而，以 SGM 为代表的逐像素匹配虽然能够得到高质量的三维点云，但是由于每个像素都获得一个三维点，加上倾斜相机为减少遮挡问题航向和旁向重叠率往往都到达 70%甚至更高，因而采用这种方法获取的点云数量巨大、冗余度高，增加后续构网处理难度。对于方法二，在计算机视觉界的各种应用中获得较大的成功，由于其从多视影像获得物种子点出发再进行扩展，因而冗余数据的产生主要是场景的重叠。但是该算法对于地物边缘的恢复效果不佳，且由于较为苛刻的去噪设置，极容易获得大量的空洞。

下面重点介绍 PMVS 影像密集匹配算法实现原理（Yasutaka et al.，2010）。

1. PMVS 算法基本概念

1）面片（Patch）

所谓面片，是指三维物体表面的局部切平面，可以近似地表示某一局部范围内的三维物体表面，与数学中在某一范围内用切线研究曲线的做法一致，都是“将非线性函数线性化来近似处理”的思想。本质上看，一个面片是三维空间中的一个矩形，由其中心点、单位法向和参考图像三者共同确定，如图 4.23 所示，中心点 $c(p)$ 是其对角线交点的坐标，单位法向 $n(p)$ 是从中心点指向参考图像 $R(p)$

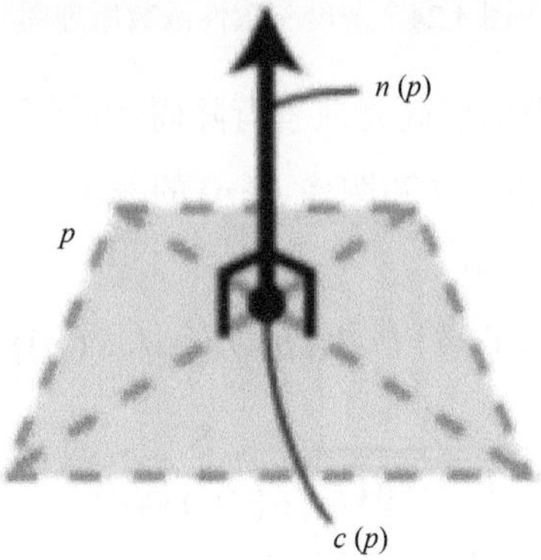

图 4.23　面片模型

对应的摄影中心的单位向量，这里之所以要引入参考图像的概念，是因为一个面片会在多幅图像中出现，选定其中的某一图像作为该面片的参考图像，将包含该面片所有图像组成的集合 $V(p)$ 称为该面片的可视集。

2）灰度一致性函数（Photometric Discrepancy Function）

我们令图像集合是所有在自身图像中可见面片的图像集合，那么，灰度一致性函数定义如式（4.14）所示：

$$g(p)=\frac{1}{\left|V(p)-R(p)\right|}\sum_{I\in(V(p)-R(p))}h\big(p,I,R(p)\big) \tag{4.14}$$

在这里，$V(p)-R(p)$ 是指出去 $R(p)$ 的 $V(p)$ 的其他元素；$h\big(p,I,R(p)\big)$ 是指 I 和 $R(p)$ 的灰度一致性函数，计算过程如下：

（1）把面片 p 划分为 $\mu\times\mu$ 的小格；

（2）通过双线性差值的方法，对 p 在 I_i 的图像上的投影进行差值，得到像素灰度 $q(p,I_i)$；

（3）用 1 减去 $q(p,I_1)$ 和 $q(p,I_2)$ 的 NCC（Normalized Cross Correlation）值。过程如图 4.24 所示。

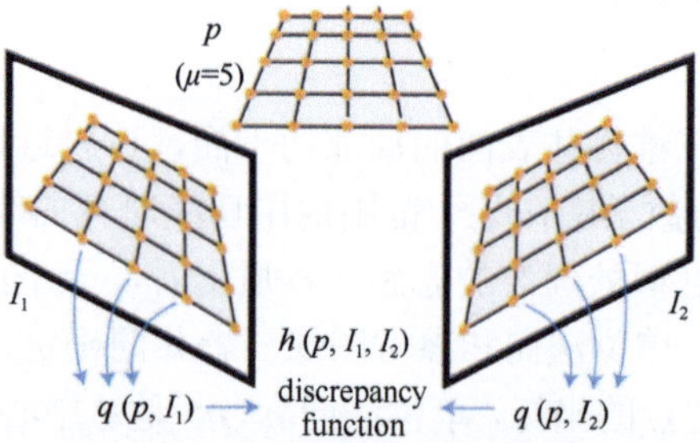

图 4.24　灰度一致性函数原理图

由于 $g(p)$ 对于图像中出现高光或者有障碍物的情况下的效果不好，因此在实际情况下，我们需要保证图像 I 和图像 $R(p)$ 的灰度一致性函数大于一定的值 α。因此有式（4.15）、式（4.16）：

$$V^*(p)=I\mid I\in V(p),h\big(p,I,R(p)\big)\leqslant\alpha \tag{4.15}$$

$$g^*(p)=\frac{1}{\left|V^*(p)-R(p)\right|}\sum_{I\in(V^*(p)-R(p))}h\big(p,I,R(p)\big) \tag{4.16}$$

3）面片的优化

面片优化的目的就是恢复那些较小的面片，每个面片的重建过程分为以下两步：一是初始化面片的相关参数；二是优化。

这里的第一步初始化的过程在后面用到，这里主要介绍优化。几何参数的优化是通过最小化而得到的。为简化计算，将约束在某一条光线上，这样在其对应的可视图集中某个图像的投影位置就不会变，因此降低自由度。面片的参数是由欧拉角（Yaw and Pitch）决定的，可以用共轭梯度法求解这个优化问题。

4）图像模型

基于面片的表面表示方式最大的优势是其灵活性，但缺少面片与面片之间的连接信息，这使得寻找邻近面片，面片规整等操作实现起来较复杂，为此引入图像模型（Image Model），如图 4.25 所示。建立起重建出的面片和其可视图像上投影间的联系。具体地讲，将每张图像分割为 $\beta \times \beta$ 的网格单元 $C_i(x,y)$，在第 i 张图像的 (x,y) 处存储一个数组 $Q_i(x,y)$，其中包含投影在该网格单元上的所有面片信息。

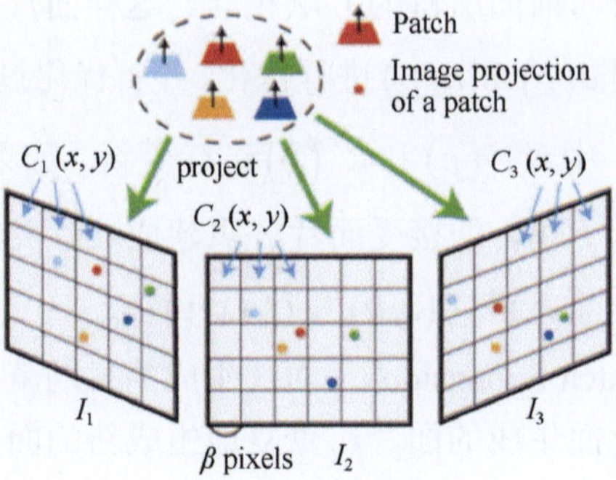

图 4.25　图像模型

2. 面片的重构

基于面片的多视角三维立体视觉算法的目的就是保证在每个图像块上至少有一个面片的投影。主要分为以下三步：一是初始化特征匹配（Initial Feature Matching）；二是面片生成（Patch Expansion）；三是面片筛选（Patch Filtering）。

初始化特征匹配的目的就是生成一系列稀疏的面片，面片的生成和筛选都要执行 n 次使得面片足够稠密，同时去除不好的面片，下面依次进行介绍。

（1）初始化特征匹配。首先用 DOG 和 Harris 来提取图像的角点特征，即为每幅图像的特征点。对于图像，以及其对应的光心，该图像中的特征点，通过允许有两个像素误差的极线约束找到它在其他图像中的同种类型的特征点，构成匹配点对。然后用这些匹配点对使用三角化的方法生成一系列三维空间点，再将这些点按照距离从小到大顺序进行排列，依次尝试生成面片，直到成功。

尝试生成面片的方法是：初始化候选面片［式（4.17）］。

$$c(p) \leftarrow \{\text{Triangulation from } f \text{ and } f'\},$$
$$n(p) \leftarrow \frac{\overrightarrow{c(p)O(I_i)}}{\left|\overrightarrow{c(p)O(I_i)}\right|}, \tag{4.17}$$
$$R(p) \leftarrow I_i$$

由于生成的面片可能有很多错误的情况，因此我们认为在图像 I_i 中可见的面片是面片的法向量与面片中心到相机光心的连线夹角小于一定角度 α 的图像，即满足式（4.18）。

$$V(p)=\left\{I_i \middle| I_i \in I_m, n(p)\cdot\frac{c(p)O(I_i)}{\left|c(p)O(I_i)\right|}>\cos\tau\right\} \tag{4.18}$$

同样 $V^*(p)$ 的获得与前面所讲的方法相同。这样面片的信息都已经初始化，然后根据前面所讲的对 $c(p)$ 和 $n(p)$ 进行优化，并将优化过后的 $c(p)$ 和 $n(p)$ 代入式（4.15）和式（4.18）中对 $V(p)$ 和 $V^*(p)$ 进行更新。如果 $|V(p)| \geqslant r$，则认为面片 p 的可视图像至少为 r 幅，即接受面片 p 重建成功。并将面片 p 存储到对应的可视图像的图像块中［即更新 $Q_i(x,y)$ 和 $Q_i^*(x,y)$］。

（2）面片生成（Patch Expansion）。面片生成的目的就是保证每个图像块至少对应一个面片。通过上面生成的面片，重复地生成新的面片，具体来说就是给定一个面片，首先获得一个满足一定条件的邻域图像块集合，然后进行面片生成的过程。

下面是面片 p 的两个相关概念如式（4.19）、式（4.20）所示。

图像块邻域：

$$C(p)=\{C_i(x',y') \mid p\in Q_i(x,y), |x-x'|+|y-y'|=1\} \tag{4.19}$$

面片 p 和 p' 的邻近关系：

$$\left|(c(p)-c(p')\cdot n(p))\right|+\left|(c(p)-c(p')\cdot n(p'))\right|<2\rho_1 \tag{4.20}$$

即当面片 p 和 p' 满足上式时，即判定两者为邻近关系，上式中的 ρ_1 由 $R(p)$ 在 $c(p)$ 和 $c(p')$ 中的深度决定。

当存在一个面片 p'，其所属的图像块 $C_i(x',y')$ 满足 $C_i(x',y')\in C(p)$，同时 p 和 p' 属于近邻关系时，此时将 $C_i(x',y')$ 从 $C(p)$ 中删除，不对他进行面片生成。同时，即使这个条件没有满足，只要 $Q_i(x',y')$ 不为空，也不需要在此图像块上执行生成操作。

对于$C(p)$中其余的图像块，将会执行面片生成的操作流程以生成新的面片p'。首先用p的相应变量初始化p'的$n(p')$、$R(p')$和$V(p')$，对于$c(p')$的初始值为穿过$C_i(x,y)$的可视光线与面片p所在平面的交点。使用式（4.15）由$V(p)$得到$V^*(p')$，再由上面提到的方法对$c(p')$和$n(p')$进行优化。在优化的过程中，将$c(p')$约束在一条直线上，使得p'在图像I_i上的位置不会改变，始终对应的是$C_i(x,y)$。优化完成后，给$V(p')$加上一组图像，这些图像块根据深度测试判断为p'对其应该是可见的，并根据此更新$V^*(p')$。

最终如果$\left|V^*(p')\right| \geqslant r$，则判定$p'$是可接受的，即生成成功，同时更新$Q_i(x,y)$和$Q_i^*(x,y)$。

（3）面片过滤（Patch Filtering）。在面片的重建过程中，可能会生成一些误差较大的面片，因此需要过滤来确保面片的准确性。

第一个过滤器是通过可视一致性进行过滤，另表示与当前可视信息不连续的面片集合，所谓的不连续就是和两个面片不属于近邻关系，但是却存在于同一个中。对于中的面片，如果满足公式（4.21）的条件，则将其过滤掉。

$$\left|V^*(p')\right|\left(1-g^*(p)\right) < \sum_{p_i \in U(p)} 1-g^*(p) \tag{4.21}$$

直观上来讲，如果p是一个异常值，那么$1-g^*(p)$和$\left|V^*(p')\right|$都会比较小，这样p一般都会被过滤掉。

第二个过滤器同样也是考虑可视一致性，不过会更加严格，对于每个面片p，计算它通过深度测试得到的可视图像的总数，如果数目小于r，那么则认为p是异常值，从而过滤掉。

第三个过滤器，对于每个面片p，在$V(p)$中，收集这样的一组面片，它们映射到面片p自己所在的图像块以及所有相邻的图像块，如果p的八邻域内的面片数量占收集所得面片数量的比例小于 0.25，则是异常值，将其过滤掉。

图 4.26 和图 4.27 分别是使用 PMVS 对物体和场景进行密集匹配的效果图。从匹配结果中国可以看出，除了重复纹理区域（如人的头发）、凹陷部分、深度突变区域外，重建的整体效果还是不错的。灰度一致性函数的提出是立体匹配从双目走向多视图的关键，可视集$V(p)$在极线约束下利用几何信息，更新可视集$V^*(p)$进一步考虑灰度信息，在深度学习出现后，已有学者实现通过学习的方式来评估多个面片间的相似性。

图 4.26　最终重建出的面片（物体）

图 4.27　最终重建出的面片（场景）

4.4.5　表面模型格网构建

在获得密集的三维点云的基础上重建出物体的表面是影像建模的另一重要问题。此问题可表述为从一系列三维点 $P \in R3$ 中计算出一个表面 S。此表面 S 的几何模型和拓扑关系都必须与原始模型相匹配。由于输入点的密度不均匀，以及噪声的影响等问题，完成这一步骤往往是一个极具挑战的工作。到目前为止，已有大量的解决方案被提出。例如最早由 Boissonnat 提出的基于 Delaunay 三角网的方法、Bernardini 提出的无须构建三角网的 Ball-Pivoting 算法、Hoppe 提出的基于水平集的算法，另外还有著名的由 Kazhdan 提出的泊松曲面重建算法。由于泊松曲面重建算法对点云的密度和噪声具有较好鲁棒性，故广泛用于多视的匹配算法之中。下面重点介绍泊松曲面重建算法的基本原理（肖雄武，2018）。

1. 泊松曲面重建简介

三维点云数据的重构方法可以分为基于组合结构和基于隐函数两类方法。基于组合结构的方法，如基于 Delaunay 三角网的方法，主要通过建立三角形网格插值所有或大多数点。当存在噪声点时，所产生的表面往往是锯齿状，因此需要平滑或对数据进行处理。

隐函数方法则通过定义分段函数，定义模型内部的值大于零，模型外部的值小于零，然后提取值为零的等值面，这类方法可以直接地重构逼近表面，如基于快速傅立叶转换和径向基函数的重构方法都属于隐函数重构方法。隐函数方法分为全局方法和局部方法。

泊松曲面重建属于隐函数方法实现。泊松表面重建的算法融合全局和局部方法的优点，采取隐性拟合的方式，通过求解泊松方程来取得点云模型所描述的表面信息代表的隐性方程，通过对该方程进行等值面提取，从而得到具有几何实体信息的表面模型。优点在于，重建出的模型具有水密性的封闭特征，具有良好的几何表面特性和细节特性。

2. 泊松曲面重建的数学基础

泊松曲面重建基于泊松方程。泊松方程是一个比较常见的偏微分方程，在很多领域被应用，如高动态范围图像的调和映射、图像区域的无缝编辑、流体力学、网格编辑等，多重网格泊松方法已应用于高效 GPU 计算。泊松方程的数据公式如式（4.22）所示：

$$\Delta\varphi = f \tag{4.22}$$

在这里 Δ 代表的是拉普拉斯算子，而 f 和 φ 可以是在流形上的实数或复数值的方程。当流形属于欧几里得空间，而拉普拉斯算子通常表示为 ∇^2，因此泊松方程通常写成式（4.23）：

$$\nabla^2\varphi = f \tag{4.23}$$

在三维直角坐标系，可以写成式（4.24）：

$$\left(\frac{\partial^2}{\partial x^2}+\frac{\partial^2}{\partial y^2}+\frac{\partial^2}{\partial z^2}\right)\varphi(x,y,z) = f(x,y,z) \tag{4.24}$$

如果有 $f(x,y,z)$ 恒等于 0，这个方程就会变成一个齐次方程，如式（4.25），这个方程称作“拉普拉斯方程”。

$$\Delta\varphi = 0 \tag{4.25}$$

泊松曲面重建核心思想是点云代表物体表面的位置，其法向量代表内外的方向。通过隐式地拟合一个由物体派生的指示函数，可以给出一个平滑物体表面的估计。给定一个区域 M 及其边界 ∂M，指示函数 χ_M 定义为式（4.26）：

$$\chi_M(x) = \begin{cases} 1, x \in M \\ 0, x \notin M \end{cases} \tag{4.26}$$

这样，把重构 $S = \partial M$ 的问题转换为重构 χ_M 的问题。图 4.28 描述点云及其法向量和 χ_M 之间的联系。

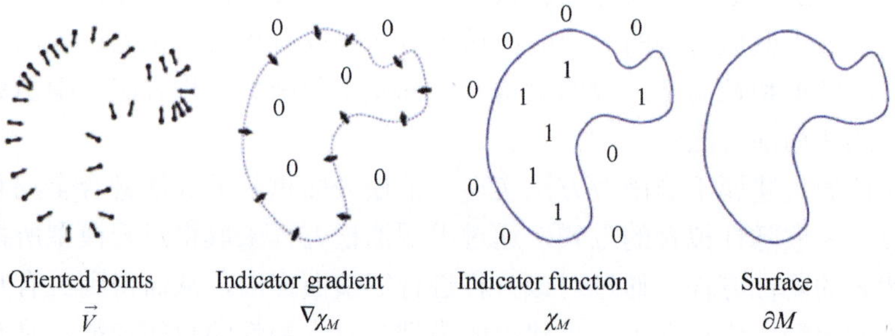

图 4.28　泊松曲面重建示意图

在泊松曲面重建中，由梯度关系得到三维点和指示函数的积分关系，根据积分关系利用划分块的方法获得点集的向量场，计算指示函数梯度场的逼近，构成泊松方程。根据泊松方程使用矩阵迭代求出近似解，采用移动立方体算法提取等值面，对所匹配的三维点集重构出被测物体的模型，泊松方程在边界处的误差为零，因此得到的模型不存在假的表面框。采用隐函数的泊松方程进行表面重构是利用泊松方程在边界处没有误差的特点。

在重建中，直接计算梯度场会引起向量场在表面边缘的无穷大值。因此首先用平滑滤波卷积指示函数，然后求平滑函数的梯度场。重建中使用高斯散度理论，即平滑指示函数的梯度等于平滑表面法向场得到的向量场。

由于曲面未知，无法直接计算表面积分，把三维点集划分为小的区域块，通过对所有块的积分求和近似计算。知道向量场 V 后，可求指示函数。但向量场 V 不可积，使用最小平方逼近理论求解，应用散度算子得到泊松方程。

泊松表面重建一次性把所有的点都考虑在内，因此对噪声点有很好的弹性。泊松方程允许的层次结构支持局部的基函数，因此对稀疏线性系统的情况有很好的支持。在此基础上描述多尺度的空间自适应算法，其时间和空间复杂度同重建模型的大小成正比。

整个算法的步骤包括对具有法向量信息的输入点云信息的预处理，对全局问题离散化，对离散化后的子数据求解，求解泊松问题后的等值面提取，以及后期优化处理等。

3. 表面重建过程

泊松曲面重建的详细过程如下：

（1）定义八叉树。使用八叉树结构存储点集，根据三维点集的位置定义八叉树，然后细分八叉树使每个三维点都落在深度为 D 的叶节点，如图 4.29 所示。

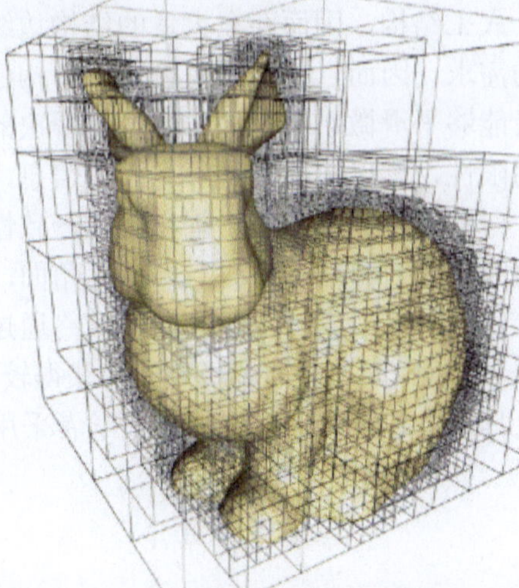

图 4.29　八叉树示意图

（2）设置函数空间。对八叉树的每个节点设置空间函数 F，所有节点函数 F 的线性和可以表示向量场 V，基函数 F 采用了盒滤波的 n 维卷积。

（3）创建向量场。均匀采样的情况下，假设划分的块是常量，通过向量场 V 逼近指示函数的梯度。采用三次条样插值（三线插值）。

（4）求解泊松方程。方程的解采用拉普拉斯矩阵迭代求出。

（5）提取等值面。为得到重构表面，需要选择阈值获得等值面；先估计三维点的位置，然后用其平均值进行等值面提取，然后用移动立方体算法得到等值面。

（6）三角网格。用移动立方体算法得到三角网格。

图 4.30 是使用泊松曲面重建算法的表面模型格网构建效果。

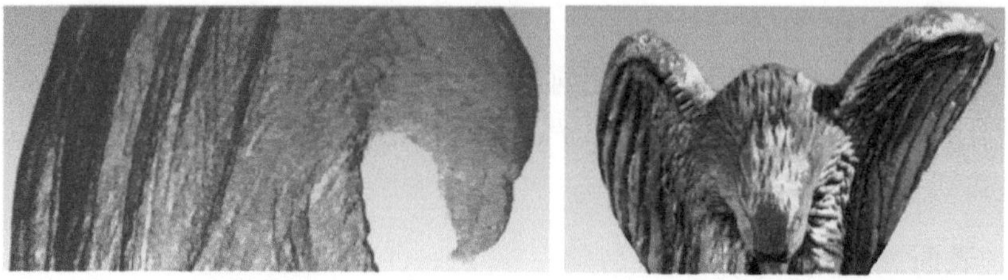

(a) 待构网的三维点云　　(b) 构网后的模型

图 4.30　泊松曲面重建算法格网构建效果

泊松曲面重建算法现在应用广泛，但是由于该方法获得的三角网有过强的平滑性，因此也存在无法保留地物的结构边缘问题（陈启晟，2016）。然而在城市场景中存在大量的建筑物、人工结构，因而存在大量的结构边缘，平滑后的三维网无法满足现有的三维网的需求。因而，如何从海量点云中构建能够完整表达地物且既能保留住结构边缘又能够平滑微小噪声的三维网是解决的另一个问题。由于泊松曲面重建算法存在局限性，难以引入物体形态相关信息，在重建中会发生个别区域粘连现象，为此，一些学者提出基于图割和光线一致性的表面构网算法。该算法将初始获取的三角网格分为内部三角面与外部三角面，并通过三角面被不同光线穿过的一致性计算相应权值用以构建图模型，最终通过图割法获取最优表面模型。该方法引入光线一致性信息，在很多研究中都获得较为满意的重构结果，并且该算法在计算速度上具有较好优势，被越来越多学者采用。

4.4.6　纹理映射

纹理映射（Texture Mapping）的概念最早由 Camull 于 1974 年提出（阚酉浔，2017），是将预先定义的纹理或图像根据某种映射算法将其贴到三维空间物体的表面，建立纹理与空间物体的一一对应关系，是绘制复杂场景的真实感图像最为常用的技术（钱朔，2014），通过纹理可以表达丰富的几何细节和光照细节，甚至可以通过映射后纹理的变形来表达物体的几何形状，其是倾斜摄影三维重建中一个重要的技术环节（姜翰青等，2015；李媛等，2016；杨争艳，2017）。

1. 纹理映射的原理

通常认为纹理是无限的二维平面上可视的图案，在一定范围上遵循一定规律的分布，具有相同的规则性、随机性和方向性。纹理也可定义为含颜色、alpha 值、亮度等数据的矩形数组，数组中的元素称为纹素。纹理映射可以把纹理图像粘贴到模型表面上，并使纹理在变换时与所附着的平面保持适当的关系。纹理映射可用于所有几何要素，如点、线、多边形、位图、图像等（杨争艳，2017）。

纹理映射的本质是建立二维纹理空间点到三维物空间物体表面点的对应关系，将二维空间点对应的颜色值或灰度值映射到三维物体表面，得到符合真实色彩视觉的三维模型（王卿，2014）。在已知像片内方位元素和物方点坐标时可通过共线方程来解算像点坐标，即纹理坐标的生成。可以依据共线条件方程建立物方坐标系到影像坐标系的转换，由物像空间三维点坐标来反向纹理映射求出对应点的纹理坐标。

（1）纹理坐标。纹理空间一般定义为一个单位正方形域（$0 \leqslant u \leqslant 1$，$0 \leqslant v \leqslant 1$），它可以用各种数字化图像离散地表达，或也可以用数学函数连续地表达，该平面区域上的每一点的纹理像素代表的是灰度值或颜色值，纹理坐标表示为（u_i，v_i），如图 4.31 所示。

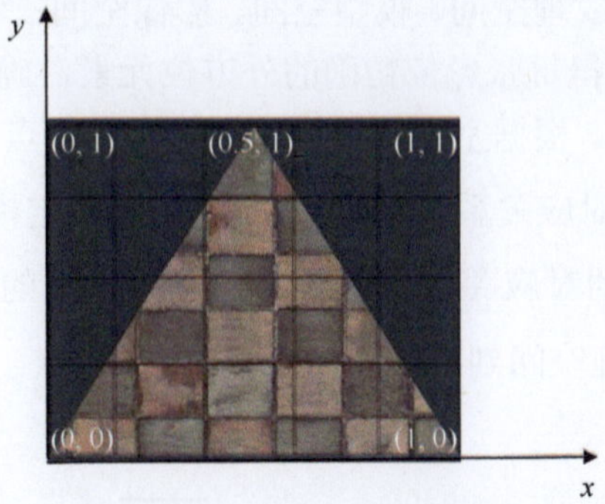

图 4.31　纹理坐标表示

（2）共线方程。纹理映射是将纹理空间中的纹理像素映射到屏幕空间中的像素的过程，即根据目标点的空间坐标获取表示该点的纹理信息单元（颜色、亮度等）分配给目标点。根据相机中心投影原理，相机在拍摄过程中，像点、投影中心和地面点满足三点共线，用共线方程表示其关系为式（4.27）：

$$\begin{cases} x - x_0 = -f\dfrac{a_1(X - X_S) + b_1(Y - Y_S) + c_1(Z - Z_S)}{a_3(X - X_S) + b_3(Y - Y_S) + c_3(Z - Z_S)} \\ y - y_0 = -f\dfrac{a_2(X - X_S) + b_2(Y - Y_S) + c_2(Z - Z_S)}{a_3(X - X_S) + b_3(Y - Y_S) + c_3(Z - Z_S)} \end{cases} \tag{4.27}$$

式中，x, y 为像点的像平面坐标；x_0, y_0, f 为影像的内方位元素；X_S, Y_S, Z_S 为摄站点的物方空间坐标系；X, Y, Z 物方点的物方空间坐标。

a_i, b_i, c_i（i=1，2，3）为影像的 3 个外方位角元素 φ, ω, κ 组成的 9 个方向余弦。若选择以 Y 轴为主轴的 $\varphi - \omega - \kappa$ 系统，φ 表示航向倾角，ω 表示旁向倾角，κ 表示相片倾角，方向余弦可以进一步表达为式（4.28）：

$$
\begin{aligned}
a_1 &= \cos\varphi\cos\kappa - \sin\varphi\sin\omega\sin\kappa \\
a_2 &= -\cos\varphi\sin\kappa - \sin\varphi\sin\omega\sin\kappa \\
a_3 &= -\sin\varphi\cos\omega \\
b_1 &= \cos\omega\sin\kappa \\
b_2 &= \cos\omega\cos\kappa \\
b_3 &= -\sin\omega \\
c_1 &= \sin\omega\cos\kappa + \sin\varphi\sin\omega\sin\kappa \\
c_2 &= -\sin\varphi\sin\kappa + \sin\varphi\sin\omega\cos\kappa \\
c_3 &= \cos\varphi\cos\omega
\end{aligned} \tag{4.28}
$$

（3）映射过程。纹理映射的本质是建立二维纹理空间与三维物体空间一一对应的关系，就是要建立纹理空间、模型空间、影像空间三者的关系，如图 4.32 所示。经过空三处理可求得每张影像精确的外方位元素，确定影像在空间坐标系中的空间位置和影像姿态。根据空三结果可建立影像空间点 $a(x,y)$ 与对应的模型空间点 $A(X,Y,Z)$ 之间的对应关系。由模型文件，可以确定模型空间点 $A(X,Y,Z)$ 与纹理空间点 (u,v) 之间的对应关系。将影像空间 $a(x,y)$ 的像素值赋给纹理空间点 (u,v)，就实现二维纹理空间到三维物体空间的映射。

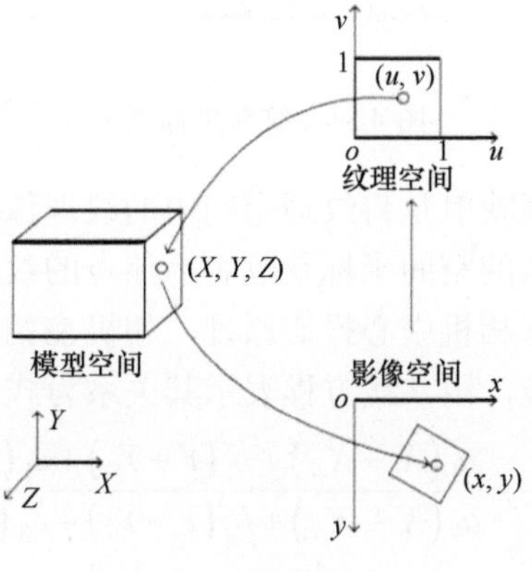

图 4.32　纹理映射过程

2. 纹理映射的方法

纹理映射根据不同的条件及原理可以分为多种不同的方法（Gal et al.，2010；王蒙，2014；闫利和程君，2015；翁其强，2018）。每种方法有其对应的算法步骤，实际应用时可以根据需求来选择不同的纹理映射方法（张剑清等，2005；Michael et al.，2006；张春森等，2015；朱庆等，2018）。本节将主要介绍纹理映射的分类方法情况。

1）根据映射关系分类

根据纹理空间和屏幕空间的映射关系，纹理映射分为正向映射法、逆向映射法和两步纹理映射（范冲和王学，2014；薛军涛等，2015）。

（1）正向映射法。从纹理空间向屏幕空间的映射，正向映射的过程可用图 4.33 来表示。

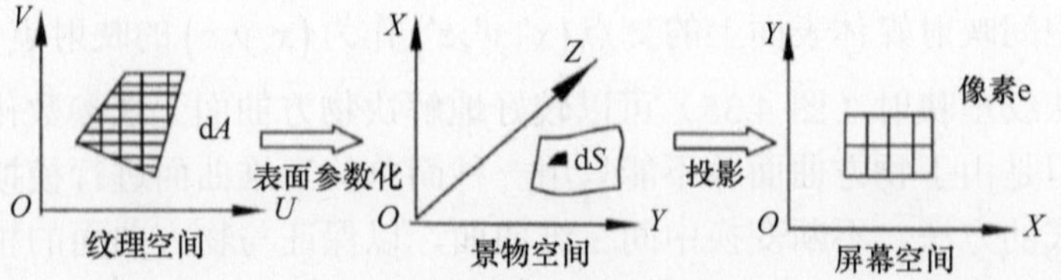

图 4.33　正向映射过程

由以上映射过程可知，在正向映射过程中，不能保证纹理像素与屏幕像素间的一一对应，因此可能造成纹理漏洞或者纹理重叠，使图像呈现严重扭曲，但由于正向纹理映射算法是按顺序对纹理元素处理的，因此可以将纹理图像存储在外部设备上，可节省存储空间，访问纹理缓存的速度较快。

（2）逆向映射法。将屏幕空间到纹理空间对应区域的映射关系以仿射变换的形式近似表示。可以简单理解为依照某种先后顺序去访问屏幕空间的每一个像素并获取坐标信息，然后将颜色等属性信息赋予像素上。逆向映射的过程可用图 4.34 来表示。

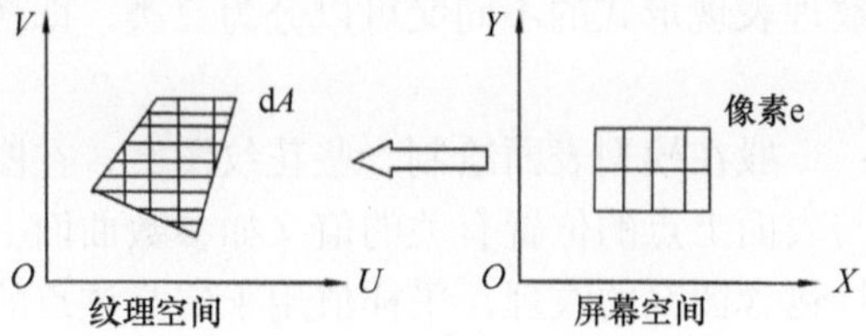

图 4.34　逆向映射过程

逆向纹理映射是正向纹理映射的反过程。由于逆向纹理映射是按屏幕扫描线顺序来处理的，因而能改善图像的不连续问题，在三维模型重建中使用较为广泛。

（3）两步纹理映射法。先将图案映射到中间曲面上，然后通过一定的映射方式找到中间曲面和物体表面上点的对应关系，将纹理图案由中间曲面映射到物体表面，避免对景物表面重新参数化。

首先，建立如下映射，将二维纹理映射到一个简单的三维物体表面，如平面、球面、立方体表面，由于采用不同的中间映射面生成的纹理效果是不同的，要根据目标物体表面来选择，这个过程叫 S-映射。

$$S:(u,v)\rightarrow(x',y',z')$$

然后，将上一步三维物体表面上的纹理映射到目标物体表面，这个过程叫作O-映射。

$$O:(x',y',z')\rightarrow(x,y,z)$$

O-映射有 4 种，其中应用最广的就是，取视线在物体表面可见点(x,y,z)处的反射与中间映射媒体表面上的交点(x',y',z')作为(x,y,z)的映射点。

两步法纹理映射（图 4.35）可以较好地解决物方曲面无法参数化时进行映射的问题，但是由于物方曲面并不能只用一种简单的三维曲面进行模拟，所以必须采用交互式的方法，不断变换中间三维曲面，以保证与物方曲面的相似度，才可以保证最终的纹理映射效果。这样就能建立从纹理空间到物体空间的映射关系。

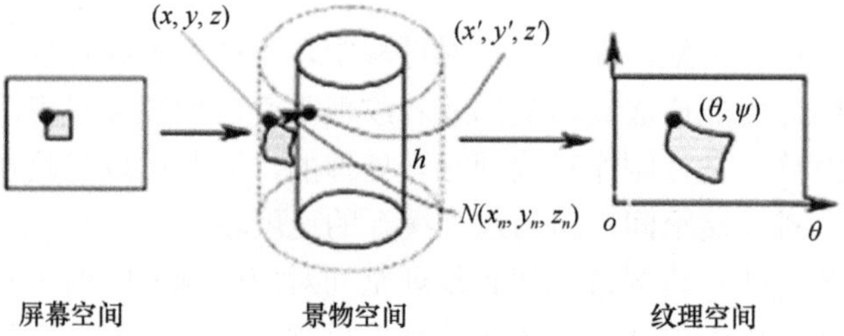

图 4.35　两步法映射过程

2）根据表现形式分类

纹理映射根据纹理表现形式的不同又可以分为三类，即颜色纹理、几何纹理和过程纹理。

（1）颜色纹理：一般在模型表面绘制一些花纹图案，在图案和表面点之间建立一定的关系采用与表面上点的位置有关的值（如参数曲面上一点的参数值）来确定纹理坐标并采样包含图案的纹理，采样值用于定义该点的颜色，这种映射过程不受视线变化的影响，而是通过颜色、色彩或明暗度的变化来体现物体表面的细节，这种纹理称为颜色纹理。

（2）几何纹理：根据粗糙表面的光反射原理，通过一个扰动函数扰动物体表面法向量，使光滑表面得到调制，并在光线下呈现出凸凹不平的形状，这种纹理称为粗糙纹理(或凹凸纹理)。目前常用的几何纹理算法主要有 Blinn 算法和Cook算法。

（3）过程纹理：过程纹理映射属于三维纹理，它是将三维的纹理函数映射到三维物体上。也就是说在物体的内部也会受到纹理的影响。例如，木材和大理石的纹理，需要考虑每一个相邻面的纹理映射，通常每个面分别进行颜色纹理映射时，由于面的边界处纹理不连续，往往难以表现出自然的纹理，这种场合定义三维的纹理函数进行立体纹理映射是非常有效的。用过程纹理模拟物体表面细节，能够在非常复杂的曲面上表现连续的纹理，且纹理效果不受物体表面形状的影响，可以很大程度地解决纹理走样问题。

3. 纹理映射的步骤

为真实地再现城市的三维景观，“纹理映射”的理论广泛应用于建筑物实景三维模型。实现纹理映射的过程中，有三个关键的环节。首先，获取纹理数据。纹理数据的获取主要有两个途径，一是通过一段程序定义一个纹理函数，即过程纹理；另一个是采用程序编制的数据文件或者用数字扫描仪扫描的或者直接拍摄的纹理照片。其次，定义纹理映射函数，这是纹理映射最为关键的一步。通过映射函数实现二维纹理空间到三维实体空间的转换。最后反走样处理，对于映射中各种因素的影响使图形存在严重变形，需进行纹理重采样，进行反走样处理，在众多的反走样处理技术中，最为常用的是 Mipmap 技术。纹理映射的步骤如图 4.36 所示。

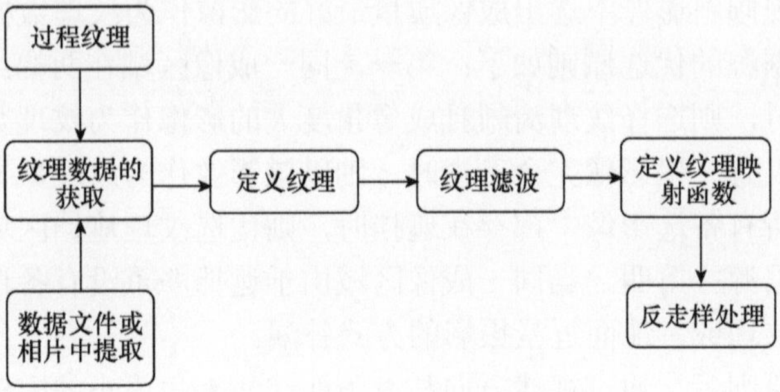

图 4.36　纹理映射的步骤

1）纹理影像的获取

根据纹理数据获取的两个主要的途径，利用纹理照片进行纹理贴图的方法简单直接，只需直接读取纹理图像即可。倾斜三维建模中主要对象数字城市的三维重建，主要的对象是建筑物，因此这里重点介绍对建筑物纹理影像的获取。建筑物的纹理数据包括屋顶面纹理和立面纹理两部分。为获取目标地物的完整的纹理信息，对建筑物纹理影像的来源进行分类以及总结。

建筑物纹理图像的获取主要有五个途径。第一，从纹理库中获取，其缺点是纹理映射后建筑物模型缺乏真实感，并不能真正体现模型的特性。第二，从卫星航空影像中获取，受卫星影像视角和分辨率的限制，仅能获取建筑物屋顶面纹理和部分侧面的纹理，纹理覆盖范围较小且分辨率不高。第三，从地面近景影像中获取，获取过程耗费时间和人力较大、难以获取屋顶影像，由于纹理获取时间跨度大、易造成纹理间的较大辐射差异等缺点，不能满足大范围真实感城市模型的快速构建的需求。第四，从航空影像、无人机影像中获取，若采用传统的单一的垂直摄影，能获得较好的屋顶纹理信息，但建筑物侧面纹理效果不理想，若利用现今摄影测量技术中的倾斜摄影技术，可得到建筑物的立面倾斜影像和垂直影像获取目标物的多个方位的最佳纹理信息，映射后能获得较好的屋顶和侧面纹理效果，目前大多采用这种纹理获取方式。第五，结合地面摄影与航空摄影的方式来获取影像，采集方式更为灵活，可以为航空摄影的遮挡区域提供补充纹理，但不同成像系统纹理分辨率及光照条件的不同易造成纹理较大差异。

2）纹理影像的选择

通过倾斜摄影测量技术能够获得大量具有一定重叠度的正射影像和倾斜影像，通过对倾斜影像进行几何纠正，然后贴附到立体模型表面，便可获得具有真实纹理信息的实景三维模型。因为倾斜影像获取时的成像角度各异，对同一区域的成像对应着多幅影像且成像质量有好有坏，所以在采用倾斜影像进行纹理贴图之前需要从多视倾斜影像中选出成像质量最好的影像作为纹理数据源。

对纹理数据源的优选原则如下：第一，同一成像区域在两幅或两幅以上影像中均完全可视时，则选择纹理清晰且成像角度大的影像作为纹理数据源；第二，同一成像区域仅有一幅影像完全可视时，则以该影像作为纹理数据源；第三，同一成像区域在所有备选影像中都存在遮挡时，则优选纹理遮挡区域面积最小的影像作为纹理数据源；第四，当同一成像区域由于遮挡严重没有备选影像时，可通过相似区域的纹理或者地面近景摄影的方式补漏。

确定选取原则后，通过视线方向与三角面法线夹角最小的方法选出成像角度好的影像，并用深度缓存算法判断该影像中建筑物是否被遮挡，如被遮挡，则选择成像角度次之的影像，然后再次判断该影像中建筑物是否存在遮挡，最终根据成像角度好、遮挡面积最小或无遮挡选出最佳影像形成纹理库以备建筑物模型的渲染。

3）映射关系的确定

映射关系的确定即是建立物方点到像方点的投影关系，可采用摄影测量计算机视觉的方法，设物方点坐标为 $Q=[X,Y,Z,1]^{\mathrm{T}}$，像点坐标为 $q=[x,y,1]^{\mathrm{T}}$，即物方坐标及像点坐标都是齐次坐标表达式，投影矩阵为 P，由于摄影时相机的姿态不同，因此每一张影像都对应一个不同的 P 矩阵，即如式（4.29）所示：

$$\begin{bmatrix} x \\ y \\ z \end{bmatrix} = P_{3\times4} \begin{bmatrix} X \\ Y \\ Z \\ 1 \end{bmatrix}_{4\times1} \tag{4.29}$$

对投影矩阵 P 的求解是根据相机检校参数和影像的外方位元素得到

$$P_{3\times4} = M_{3\times3}V_{3\times4} \tag{4.30}$$

式中，M 为相机检校参数矩阵，$M=\begin{bmatrix} f_x & s & c_x \\ & f_y & c_y \\ & & 1 \end{bmatrix}$，$f_x$ 和 f_y 分别表示水平与垂直方向以像素为单位的相机焦距，c_x 和 c_y 分别表示水平与垂直方向像主点位移量；s 为扭曲因子；V 为外方位元素矩阵，$V=\left[R^{-1} - R^{-1}T_S\right]_{3\times4}$ 是由 $[R^{-1}]_{3\times3}$ 和 $[-R^{-1}T_S]_{3\times1}$ 两个分块矩阵组成的增广矩阵，R 为影像外方位角元素矩阵，$T_S=\left[X_T,Y_T,Z_T\right]^{\mathrm{T}}$ 为影像外方位线元素矩阵，具体的实现过程如图 4.37 所示。

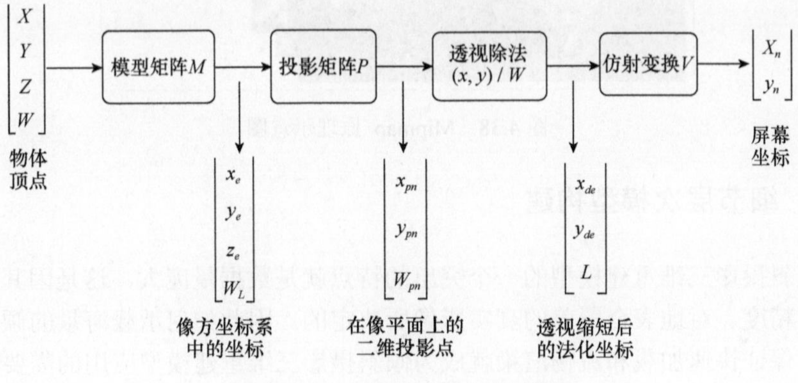

图 4.37　映射关系的实现过程

4）Mipmap 技术

Mipmap 技术是一个功能强大的纹理映射上的层次细节技术，能有效提高图像渲染的性能和提升场景的视觉质量，实现多分辨率纹理，减少纹理缓冲区的占用空间（唐丽玉等，2004）。Mipmap 技术的基本思想是：首先将纹理图像表达为具有不同分辨率的纹理数组，然后以大小为 $2n$ 的正方形来近似表示每一像素在纹理平面上的映射区域，制作表示同一纹理区域在不同分辨率下的纹理颜色值的纹理查找表，同一级分辨率的纹理数组则由红、绿、蓝三个分量的纹理数组组成，其中低分辨率的图像由比它高一级分辨率图像取平均值得到，可简单地理解为把图像缩小到原来的 1/2，然后依次缩小，直到图像只有 1×1 大小（应该是图像所有纹素的平均值）。把缩小的图都存储起来，在渲染时，根据一个像素到眼睛位置的距离，来判断从一个合适的图层中取出纹理查找表中的颜色赋值给像素，如图 4.38 所示。由 Mipmap 查找表中图像序列的生成方法可知，对每一个颜色分量图像分辨率的压缩过程可用金字塔结构来描述，假设 M 为初始纹理图像每一边的分辨率，则金字塔的总层数为 $\log 2(M+1)$。采用金字塔由精到粗的多层数据结构来管理多分辨率纹理数据，可以减少匹配的不确定性，减少匹配的搜索范围，降低计算的复杂度。

图 4.38　Mipmap 原理示意图

4.4.7　细节层次模型构建

倾斜摄影三维重建模型的一个突出的特点就是数据量庞大，这是因其技术机制、高精度、对地表全覆盖的真实影像所决定的。因此如何承载海量的倾斜模型数据、保证快速加载和流畅渲染就成为倾斜摄影三维重建模型应用的需要解决的一个关键问题。

针对该问题，目前主要方法就是采用细节层次（Level of Detail，LOD）技术来构建倾斜模型的细节层次模型来解决。LOD 是 GIS 平台提高性能的一个重要法宝，即对同一个数据从清晰到模糊有多份。当屏幕视角距离某个地物近时，软件自动调用最清晰层的数据；当屏幕视角远离该地物时，则自动切换为模糊层的数据。由于人眼本来就无法看清远处的数据，因此这样做并不影响视觉效果，例如影像金字塔（图 4.39）就是采用此方式。

对于手工建模的模型，一般是通过三维 GIS 平台自行计算出多层 LOD，并处理其远近距离的切换关系。而对于倾斜模型，由于其技术原理是先计算稠密点云，经过简化后再构建格网模型，因此在数据生产的过程中，就能通过不同的简化比例来得到数据 LOD，而不再需要 GIS 平台来进行计算，并且数据生产过程中计算出来的 LOD 效果也是最佳的。也正因为如此，无论是街景工厂还是 ContextCapture 等其他软件，其生产出来的倾斜模型都是自带多级 LOD，一般至少带有 5～6 层，多则 10 层以上。

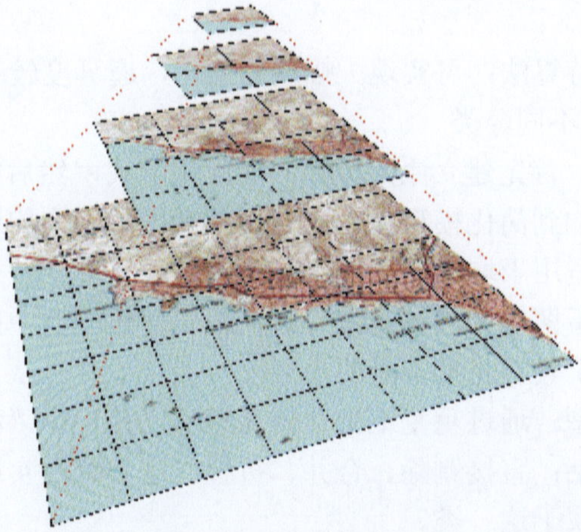

图 4.39　影像瓦片示意

LOD 技术在不影响画面视觉效果的条件下，通过逐次简化景物的表面细节来减少场景的几何复杂性，从而提高绘制算法的效率。该技术通常对每一原始多面体模型建立几个不同逼近精度的几何模型。与原模型相比，每个模型均保留一定层次的细节。在绘制时，根据不同的标准选择适当的层次模型来表示物体。

1. LOD 细模型的实现方式

1）静态 LOD

在预处理过程中产生一个物体的几个离散的不同细节层次模型。实时绘制时根据特定的标准选择合适的细节层次模型来表示物体。这是目前倾斜摄影测量建模软件 LOD 模型构建的主要方法。

2）动态 LOD

在动态 LOD 算法中生成一个数据结构，在实时绘制时可以从这个数据结构中抽取出所需的细节层次模型。从这个数据结构中可以得到大量不同分辨率的细节层次模型，分辨率甚至可以是连续变化的。

2. LOD 模型生成算法的分类

由于人们通常用多边形网格（特例为三角形网格）来描述场景中的图形物体，因而 LOD 模型的生成就转化为三维多边形网格简化问题。网格简化的目的是把一个用多边形网格表示的模型用一个近似的模型表示，近似模型基本保持原模型的可视特征，但顶点数目少于原始网格的顶点数目。多边形网格简化算法进行分类的方法有多种：

1）按是否保持拓扑结构分类

拓扑结构保持算法：较好的视觉逼真度，但是限制简化的程度，并且要求初始模型是流形。

拓扑结构非保持算法：可实现大幅度的简化，逼真度较差。

2）按简化机制不同分类

自适应细分型：首先建立原始模型的最简化形式，然后根据一定的规则通过细分把细节信息增加到简化模型中。此类型不常用，因为构造最初网格的最简模型相当困难，主要适用于均匀网格。

采样型：类似于图像处理的滤波方式，把几何包围盒中的一组顶点用一个代表顶点代替。适用于具有光滑表面的模型。

几何元素删除型：通过重复地把几何元素从三角形中“移去”来得到简化模型。这里的移去包括：直接删除、合并、折叠。这类算法实现简单，速度快。大多数的简化算法都属于这一类。

3）局部算法/全局算法

全局算法：指对整个物体模型或场景模型的简化过程进行优化，而不仅仅根据局部的特征来确定删除是否不重要的元素。

局部算法：指应用一组局部规则，仅考虑物体的某个局部区域的特征对物体进行简化。

3. 典型 LOD 模型生成算法

1）近平面合并法

近平面合并法首先检测出共面或近似共面的三角面片，将这些三角面片合并为大的多边形，然后用较少数目的三角形将这个多边形重新三角化。这个方法的步骤是：①迅速地将面片分类为近似共面的集合；②快速合并这些集合中的面片；③简单而且鲁棒的三角化。面片分类依据的是他们的各自的法线之间的夹角。该算法的误差衡量标准可以归为全局误差，但是由于它仅仅依据法线之间的夹角，它的误差评估准确性较差，不能保证一定误差限制。

2）几何元素（顶点/边/面）删除法

几何元素删除法由局部几何优化机制驱动，要计算每次删除产生的近似误差。

Schroeder 的顶点删除算法通过删除满足距离或者角度标准的顶点来减小三角网格的复杂度。删除顶点留下的空洞要重新三角化填补。该算法速度快，但不能保证近似误差。它估算局部误差，未考虑新面片同原始网格的联系和误差积累。

Hoppe 渐进网格算法包含基于边折叠的网格简化方法、能量函数优化和新的多分辨率表示。算法采用单步和可逆的边折叠操作，可以将整个简化过程存入一个多分辨率数据结构，称为渐进网格表示（PM）。PM 方案由一个简化网格 M_k 和一系列细化记录（通过与从原始网格 M_0 得到简化网格 M_k 的简化步骤的相反的步骤得到)，这些细化记录可以使网格 M_k 通过逐步求精得到任意精确度的网格 M_i。在简化过程中，将每条边按照其折叠的能量代价排序得到一个优先级队列，通过这个队列实现边折叠操作。该算法也是采用全局误差度量。

3）重新划分算法

Turk 的重新划分算法先将一定数量的点分布到原有网格上，然后新点与老顶点生成一个中间网格，最后删除中间网格中的老顶点，并对产生的多边形区域进行局部三角化，形成以新点为顶点的三角形网格。其中分布新点采用排斥力算法，即先随机分布新点，然后计算新点之间的排斥力，根据排斥力在网格上移动这些新点，使它们重新分布。排斥力的大小与新点之间的距离、新点所在三角形的曲率和面积有关。这种方法对那些较光滑的模型是很有效的，但对于那些不光滑的模型，效果较差；由于根据排斥力重新分布新点，涉及到平面旋转或投影，计算量和误差都较大。

4）聚类算法

Rossignac 等的顶点聚类算法通过检测并合并相邻顶点的聚类来简化网格。每个聚类被一个代表顶点取代，这个代表顶点可能是顶点聚类的中心或者是聚类中具有最大权值的顶点（定义顶点的权值是为了强调相对视觉的重要性）。然后，去除那些由于聚类操作引起的重叠或者退化的边或者三角形。算法简化引入的误差由用户定义的准确度控制，这个标准用来驱动聚类尺寸的选择。该算法实现简单、速度快，但是没有考虑到保持原始网格的拓扑和几何结构，有可能生成非常粗糙的近似网格。

5）小波分解算法

Eck 等的基于小波变换的多分辨率模型使用带有修正项的基本网格，修正项称为小波系数，用来表示模型在不同分辨率情况下的细节特征。算法的三个主要步骤：①分割：输入网格 M 被分成一些（数目较少）三角形的区域 T_1，…，T_n，由此构成的低分辨率三角网格称为基本网格 K_0；②参数化：对于每个三角区域 T_i，根据它在基本网格 K_0 上相应的表面进行局部参数化；③重新采样：对基本网格进行 j 次递归细分就得到网格 K_j，并且通过使用参数化过程中建立的参数将 K_j 的顶点映射到 3 维空间中得到网格 K_j 的坐标。此算法可以处理任意拓扑结构的网格，而且可以提供有界误差、紧凑的多分辨率表示和多分辨率尺度下的网格编辑。

4.5　本 章 小 结

本章主要介绍倾斜摄影自动三维重建的技术原理，首先介绍倾斜摄影测量硬件系统的组成与工作原理，其次介绍常见的硬件产品类型及三维重建软件，最后重点介绍实现倾斜摄影测量三维重建的关键技术，为后续倾斜摄影测量三维重建实践操作奠定理论基础。

思 考 题

1. 倾斜摄影系统主要由几部分组成？
2. 简述倾斜摄影测量的工作流程。
3. 倾斜摄影测量的特点有哪些？
4. 简述常用倾斜相机类型及各自的特点。
5. 简述倾斜摄影三维重建的主要处理流程。
6. 简述SIFT特征点匹配的基本原理。
7. 简述倾斜影像空中三角测量的基本流程。
8. 简述PMVS影像密集匹配算法的实现原理。
9. 简述泊松曲面重建的主要步骤。
10. 纹理映射有哪些分类方法？
11. 典型LOD模型生成算法有哪些？各算法的基本原理是什么？

第 5 章

倾斜摄影自动三维重建技术实践

倾斜摄影自动三维重建是建立实景三维模型的主要方法，目前已经有很多软件具备该功能，本章重点介绍 Metashape、ContextCapture 以及 Pix4Dmapper 这几款常用软件的倾斜摄影自动三维重建的实践操作方法。

5.1 数据检查与预处理

在使用软件系统进行倾斜摄影自动三维重建前，需要准备好相应的数，并且进行简单的预处理，具体要求如下：

（1）倾斜摄影测量影像的检查与处理：①检查影像数据地面分辨率是否达到要求。②通过目视观察应确保：影像清晰，反差适中，颜色饱和，色彩鲜明，色调一致，有较丰富的层次，能辨别与地面分辨率相适应的细小地物影像，满足外业全要素精确调绘和室内判读的要求。③检查影像重叠度，确保影像重叠度达到要求。④对影像数据编号，方便后期数据管理和检查。

（2）POS 数据的检查与预处理（可选）：①检查 POS 数据的记录是否与影像一一对应。②将 POS 数据整理成软件需要的格式。

（3）野外控制点成果数据的检查与预处理：①借助 GIS 软件系统检查野外控制点成果分布是否满足要求。②在作业范围内均匀挑选部分控制点在建模时使用，剩余控制点在后期精度检查时使用。③对于建模时使用的控制点，提前挑选好控制点像片。

5.2 基于 Metashape 的倾斜摄影三维重建

Agisoft Metashape 无须设置初始值，无须相机检校，无须控制点，它根据最新的多视图三维重建技术，可对任意的航摄影像或高分辨率数码相机照片进行处理，整个工作流程无论是影像定向还是三维模型重建过程，除刺点外，基本都是完全自动化。软件作业流程如图 5.1 所示。

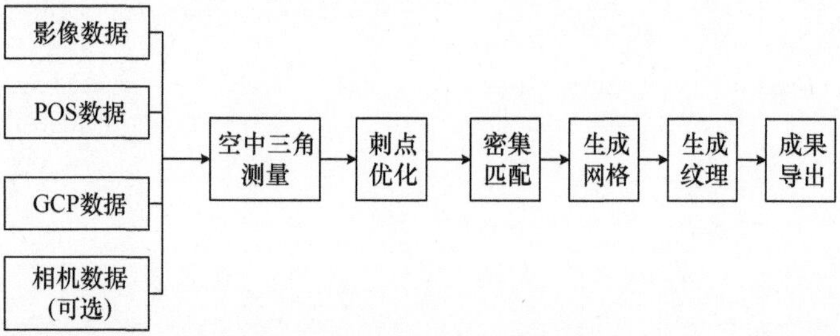

图 5.1 Metashape 处理流程

5.2.1　软件相关设置及资料准备

打开 Metashape 软件，界面如图 5.2 所示，其主要由菜单栏、工具栏、主窗体、影像管理面板、控制点管理面板、标尺编辑面板以及影像预览窗口等几部分组成。

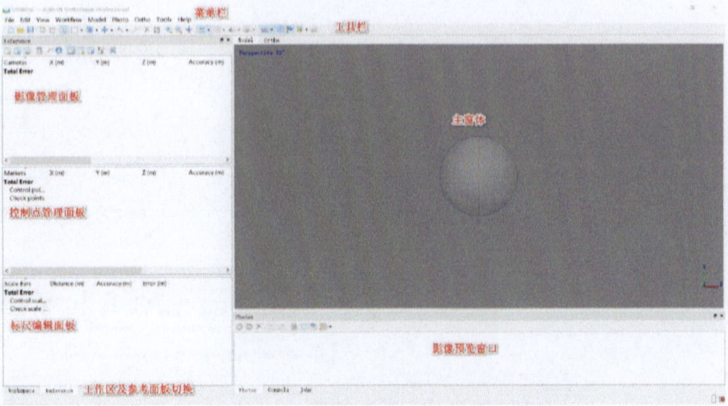

图 5.2　Metashape 主窗口界面

1. 基本设置

选择菜单栏 Tools-Preferences 命令，打开首选项控制窗口，进行软件语言和 GPU 加速设置（GPU 加速主要用于特征提取、密集匹配及影像纠正等阶段），在 General 面板下将 Language 项选择为 Chinese；切换到 GPU 选项，勾选 GPU devices 下所有的 GPU 设备，如图 5.3 所示。

另外，还可以对界面风格[Theme]等进行设置，设置好后，重启软件使设置生效。

2. 数据准备

需要准备的原始数据主要包括：影像数据（图 5.4）、POS 数据，以及控制点数据。

数据检查：首先确认原始数据的完整性，检查获取的影像中有没有质量不合格的相片。同时查看 POS 数据文件，防止 POS 数据中的相片 ID 号与影像数据相片 ID 号不对应，出现不对应情况应手动调整。最后检查像控点数据是否完整，且控制点名字中不能包含特殊字符，格式为 TXT 或者 CSV。

POS 数据一般格式如图 5.5 所示，从左往右依次是影像 ID 号、东坐标、北坐标及航高；同时 Metashape 也支持导入影像的姿态数据 Phi、Omaga、Kappa 角。

图 5.6 是控制点（GCP）数据格式，通常为影像的 ID 号、东坐标、北坐标及高程。

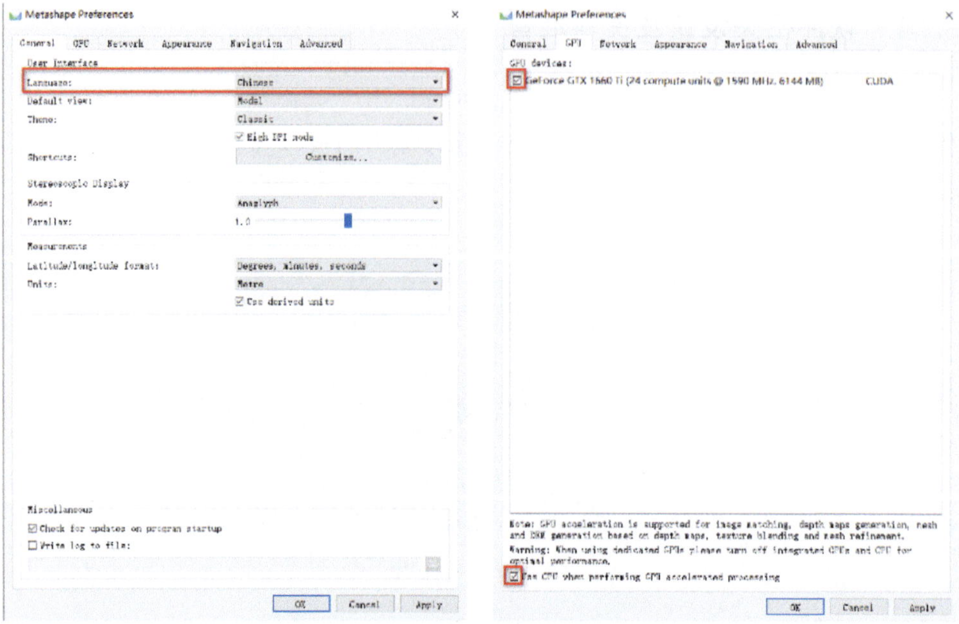

图 5.3　语言及 GPU 设置

图 5.4　影像数据

#ID	X	Y	Z
DSC00006.jpg	461421.030	3853526.476	679.427
DSC00007.jpg	461418.281	3853403.259	679.005
DSC00008.jpg	461414.863	3853286.047	680.287
DSC00009.jpg	461410.123	3853163.932	680.926
DSC00010.jpg	461407.314	3853048.561	680.540
DSC00011.jpg	461404.131	3852926.343	680.549
DSC00012.jpg	461399.515	3852810.171	680.419
DSC00013.jpg	461396.832	3852688.552	680.174

图 5.5　POS 数据

P1	461389.44	3853515.22	157.50
P2	461991.70	3853534.59	157.18
P3	462502.90	3853270.23	157.54
P4	463015.43	3853332.35	159.72
P5	462836.33	3852470.66	157.34

图 5.6　控制点数据

5.2.2 建立工程

建立工程分可以分为两种情况，第一种是当影像数据和 POS 数据分别存储时建立工程，第二种情况是影像数据自带 POS 数据时建立工程，下面分开介绍。

1. 影像和 POS 数据分开存储时建立工程

当影像数据和 POS 数据分别存储时建立工程需要分别导入影像、POS 数据和 GCP 数据。首先打开 Metashape 软件，选择菜单栏下的工作流程→添加照片选项，如图 5.7 所示，选择准备好的影像数据。

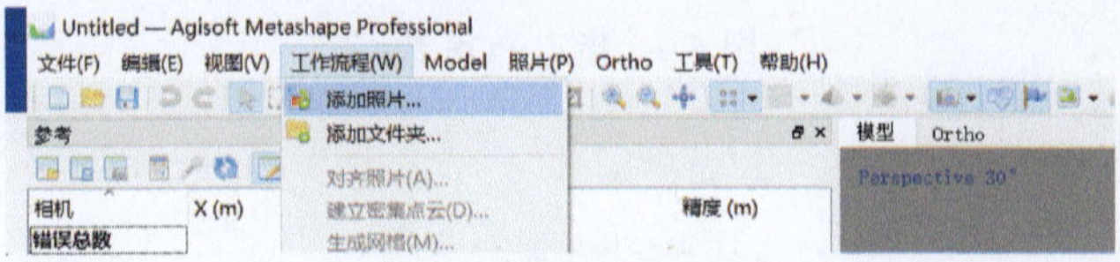

图 5.7　导入影像数据

切换到参考面板，选择 Import Reference 命令导入 POS 数据，如图 5.8 所示。

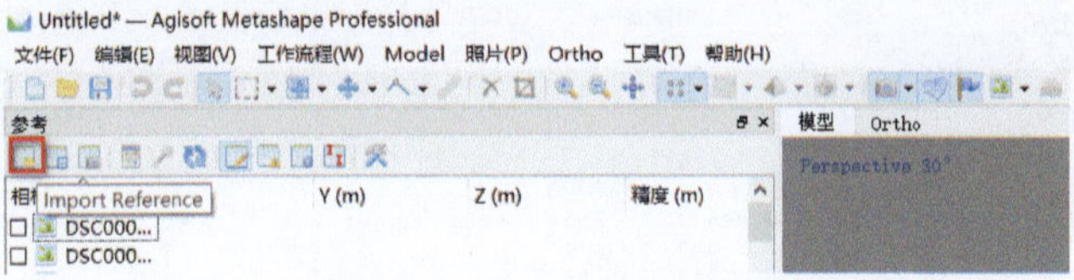

图 5.8　导入 POS 数据

在弹出的导入 CSV 界面进行如下设置，首先选择 POS 数据对应的坐标系统，然后指定 POS 各列数据用哪个符号进行分隔（主要有 Tab、分号、逗号、空格等几种分隔方式），然后指定各列数据代表的含义，一般格式为 ID、X 坐标、Y 坐标、高程；如果 POS 数据自带姿态数据，则可以勾选 Rotation 选项，指定各列数据对应的姿态角。如图 5.9 所示。

接着导入像控点 GCP 数据，同样选择 Import Reference 命令，选择准备好的 GCP 数据，注意选择 GCP 数据的坐标系统、分隔符及各列数据的含义，导入后的 GCP 以小旗子图标进行显示，如图 5.10 所示。

至此将影像数据、POS 数据、GCP 数据导入，工程建立完毕，保存建立的工程；最后选择显示 POS 数据及 GCP 数据，根据二者的套合情况检查工程建立是否正确，如图 5.11 所示。

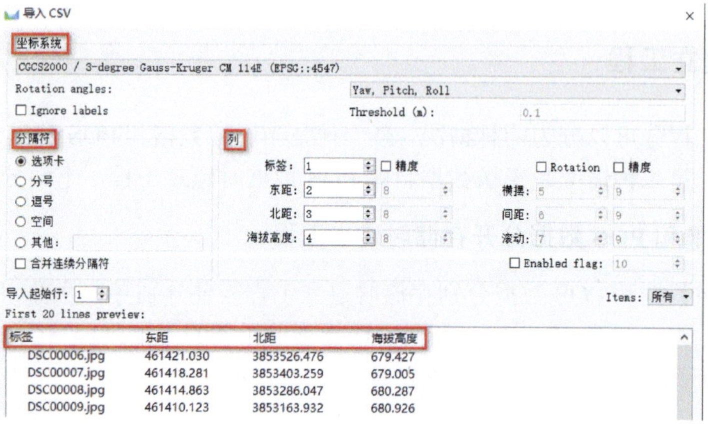

图 5.9　指定 POS 数据

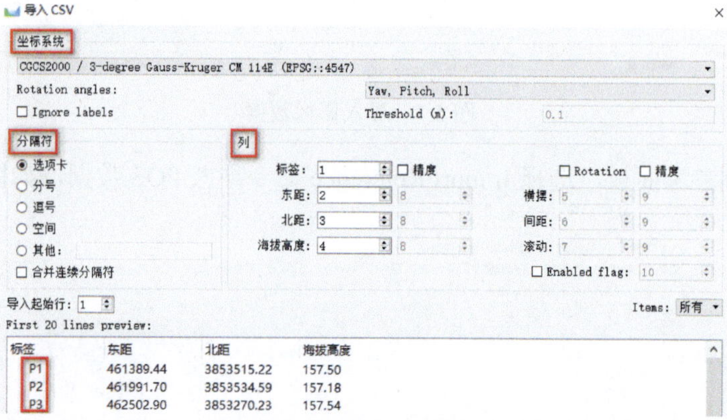

图 5.10　指定 GCP 数据

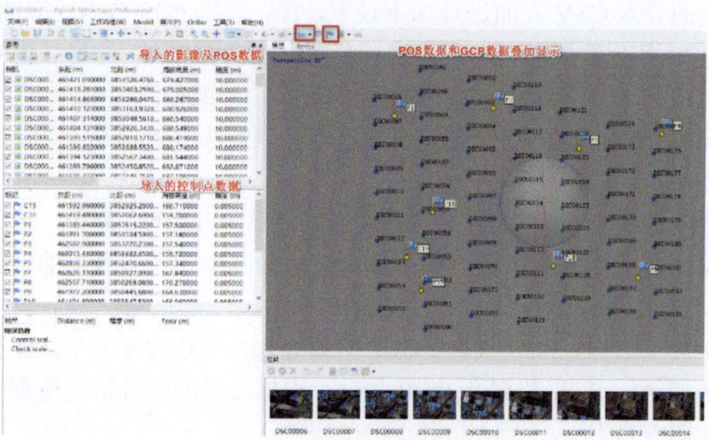

图 5.11　工程建立界面

2. 影像自带 POS 数据建立工程

部分无人机（如精灵四 RTK）等获取的影像数据中自带定位数据，因此建立工程时只需要导入影像和 GCP 即可。如图 5.12 所示，可以在影像属性中的详细信息中查看定位数据。

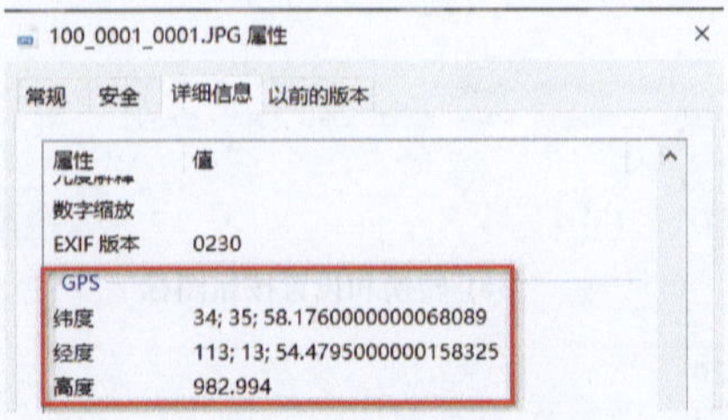

图 5.12　影像自带定位数据

打开 Metashape 软件，选择菜单栏下的工作流程→添加照片选项，如图 5.13 所示，选择准备好的影像数据。

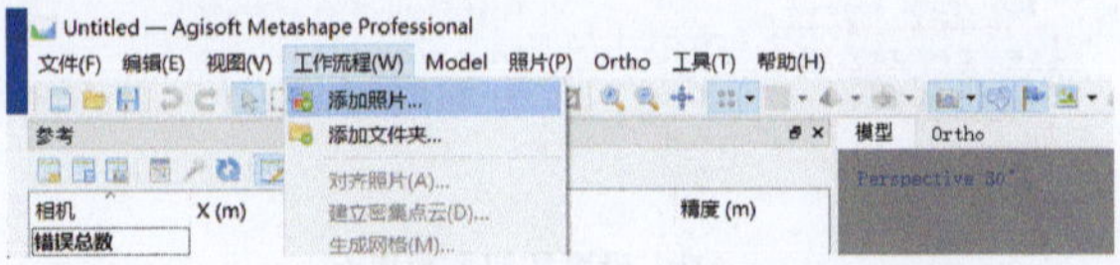

图 5.13　导入影像数据

导入影像数据后可以看出 Metashape 已经识别了影像的定位信息，不过定位信息是以经纬度坐标进行表示的，我们需要将其转换到工程目标坐标系下，一般选择 CGCS2000 坐标系，如图 5.14 所示。

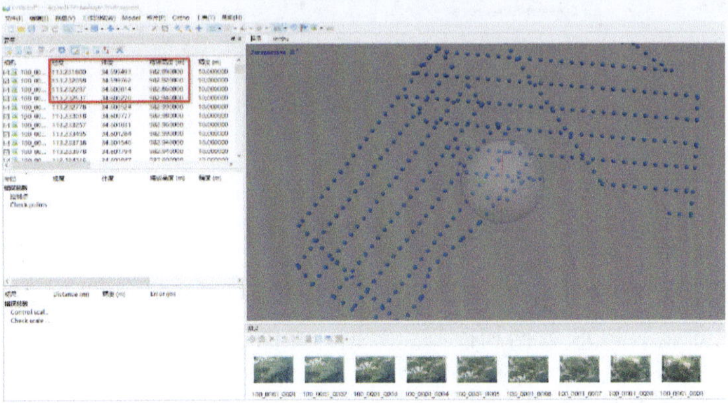

图 5.14　导入自带定位数据的影像

选择设置按钮，指定 POS 数据要转换到的目标坐标系，一般选择 CGCS2000

坐标系。

图 5.15 中选择 POS 数据域转换到的 2000 坐标系；其中 Camera accuracy 用来指定 POS 数据定位精度，对于用差分系统获取的 POS 数据这个数值可以小点，这样利用精确的 POS 数据进行辅助空三，可以极大地减少对控制点数量的要求；Marker accuracy 设置的是控制点的量测精度，一般设置为 2～5cm。

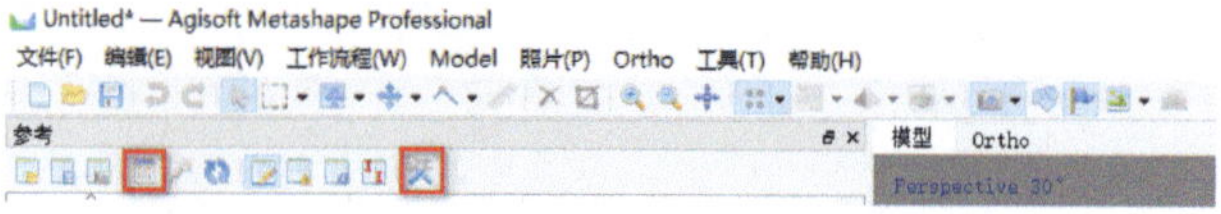

(a) 转换和设置按钮图标

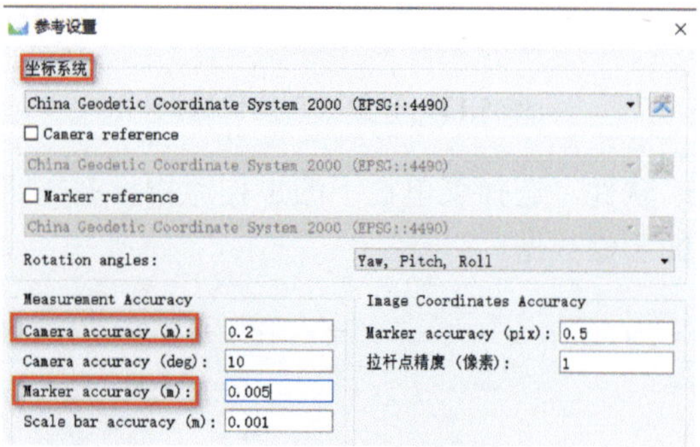

(b) 设置按钮参数界面

图 5.15　设置按钮

然后选择转换按钮，将 CGCS2000 下的经纬度 POS 坐标投影到对应中央经线下的 CGCS2000 平面坐标，如图 5.16 所示。

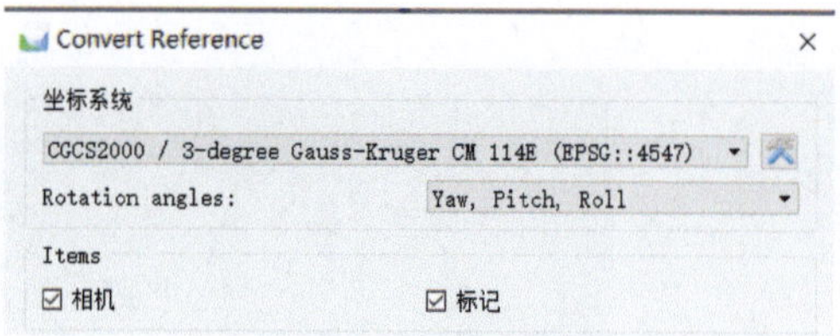

图 5.16　转换按钮界面

这样就将经纬度坐标转换成 2000 下的平面坐标了，按照同样的方式，将控制点数据导入并显示 POS 数据和控制点数据，如图 5.17 所示。

5.2.3　空中三角测量

空中三角测量在 Metashape 中是通过对齐照片功能和刺点实现的。

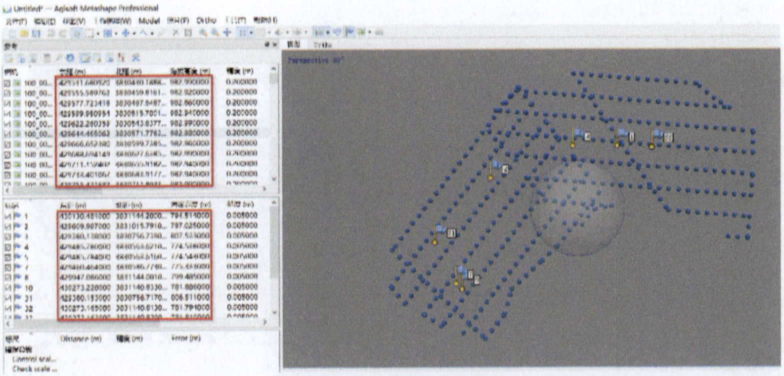

图 5.17 工程建立界面

1. 对齐照片

工程建立并保存后，选择工作流程→对齐照片选项，如图 5.18 所示。

上图中精度选项可以选择最高、高、中、低、最低五等，其决定是在全分辨率、1/4 分辨率、1/16 分辨率等不同层级的影像上进行处理，选择的等级越高，匹配的精度越高，但耗时越长，通常情况下选择高或者中这两个等级，在进行应急处理情况下可以选择低或者最低等级进行快速空中三角大测量并出图；在有 POS 数据的情况下，建议勾选 Generic Preselection 和 Reference Preselection 选项进行 POS 线数据辅助下的像对预选，这可以加速同名像点的提取，提高匹配计算速度。

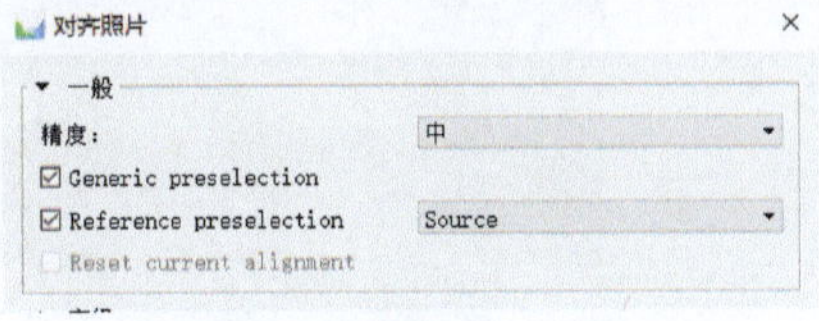

图 5.18 对齐照片界面

对齐照片完成后，软件界面如图 5.19，可以看出经过对齐照片后，如果没有 POS 数据，则建立空三自由网，软件已经恢复影像的相对位姿，并且得到匹配的稀疏点云。有 POS 数据辅助时，则完成无地面控制点的空中三角测量。

选中任意两张重叠的照片，右键选择查看匹配命令，可以查看影像的匹配结果，如图 5.20 所示。

2. 刺点

自由网空三后进行人工刺控制点，以利用控制点和 POS 进行联合空三解算，最终反算出每张照片理论上的准确的外方位线元素和角元素。如图 5.21 所示，选

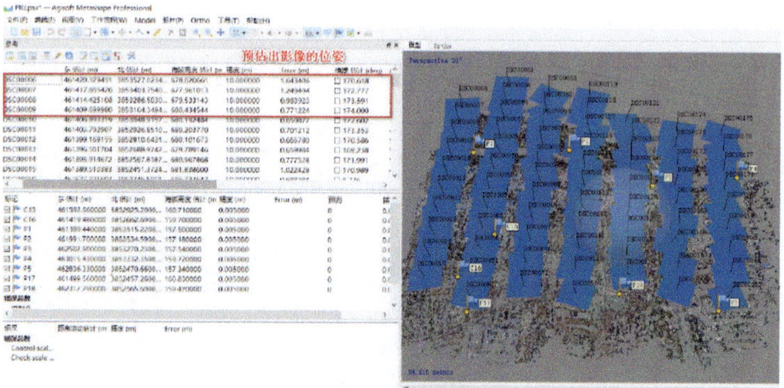

图 5.19　自由网空三结果

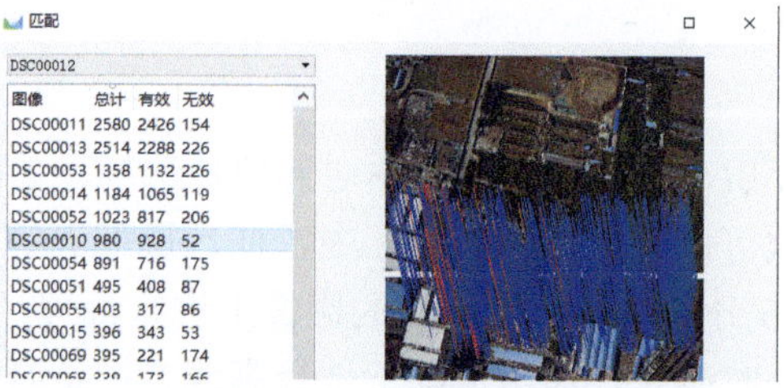

图 5.20　匹配结果

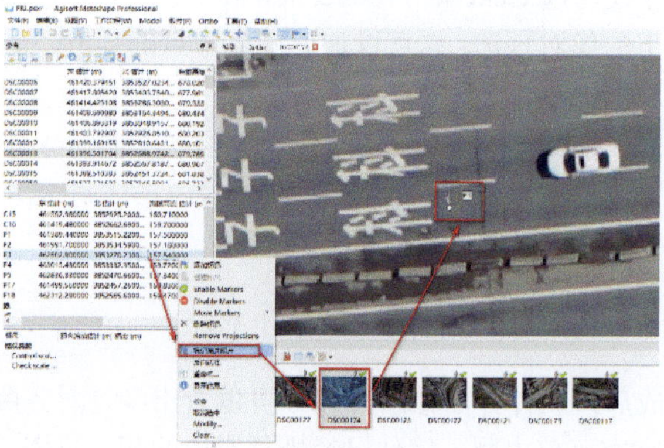

图 5.21　刺点界面

中任意控制点，右键选择标记筛选照片命令，软件会自动计算筛选出每一张有该控制点的影像，在影像预览窗口双击预选的照片，可以看到软件预测的控制点的点位，用灰色的小旗子表示，根据点之记，用鼠标左键摁住并拖动小旗子到实地测量的位置（图 5.22）。

当人工移动控制点的点位后，灰色的小旗子变为蓝色小旗子，对筛选出的每一张照片进行刺点操作，结果如图 5.23 所示。

图 5.22 点之记上控制点位置

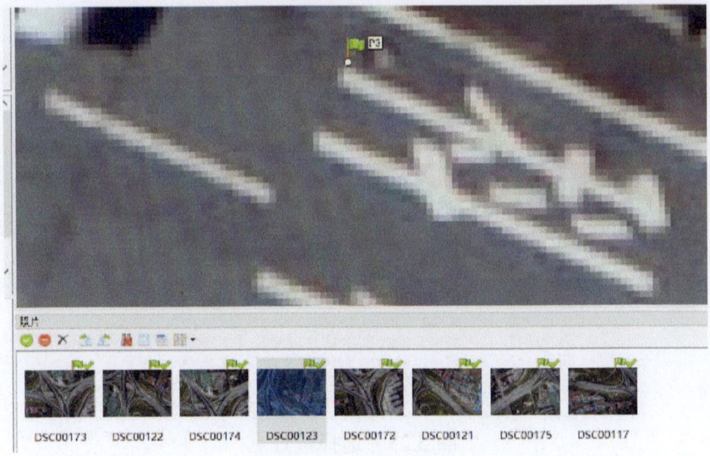

图 5.23 控制点刺点

当测区范围较大时，可以先对测区四角区域的控制点进行刺点，三个或者四个控制点刺点完毕后，选择更新和优化图片对齐方式命令，利用刺点后的控制点及 POS 数据进行自检校空三解算平差，这样其他控制点预测点位就会比较准确（图 5.24）。

以同样的方式对其他控制点进行人工刺点，刺点结束后在控制点管理面板可以指定某些点为检查点，以此来检验空三的精度，如图 5.25 所示，将 P2、P3、P12 点不勾选作为检查点，其他点勾选作为控制点。

再次选择更新和优化图片对齐方式命令，利用选择的控制点及 POS 数据进行自检校空三解算平差，平差结束后，点击查看错误命令评定检查点的精度，如图 5.26 所示，软件根据 P2、P3、P12 估算的坐标与实测坐标进行差值比较，给出这些检查点的误差。

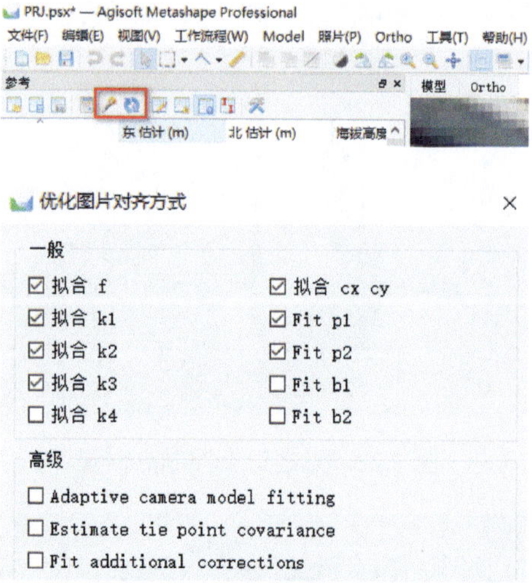

图 5.24　自检校空三

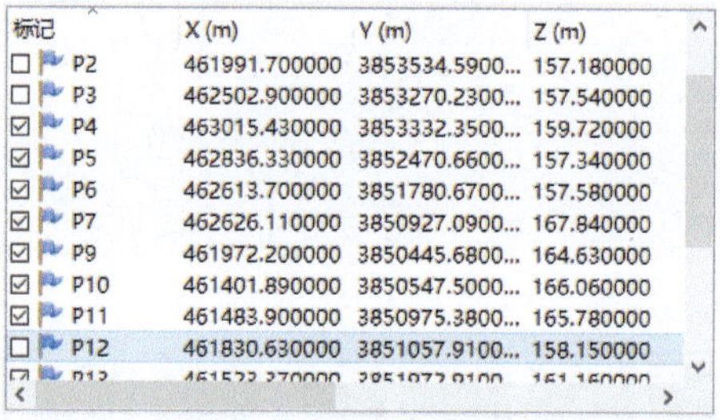

标记	X (m)	Y (m)	Z (m)
P2	461991.700000	3853534.5900...	157.180000
P3	462502.900000	3853270.2300...	157.540000
P4	463015.430000	3853332.3500...	159.720000
P5	462836.330000	3852470.6600...	157.340000
P6	462613.700000	3851780.6700...	157.580000
P7	462626.110000	3850927.0900...	167.840000
P9	461972.200000	3850445.6800...	164.630000
P10	461401.890000	3850547.5000...	166.060000
P11	461483.900000	3850975.3800...	165.780000
P12	461830.630000	3851057.9100...	158.150000

图 5.25　选择检查点

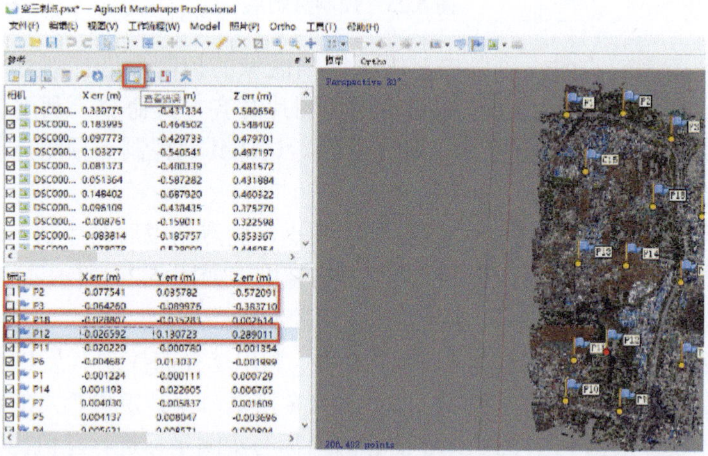

图 5.26　查看检查点误差

根据检查点的精度评定空三精度是否满足项目的精度要求，当误差满足精度要求时可以进行下一步的操作，当误差超过限差时，检查工程坐标系及刺点是否准确并再次进行自检校平差，直到工程满足精度要求。

自检校空三结束后可以导出工程报告，在 Metashape 菜单栏，文件→导出→生成报告命令，根据生成的报告可以检查航飞重叠度、影像定位精度、控制点精度及相机标定结果，结果截图如图 5.27 和图 5.28 所示。

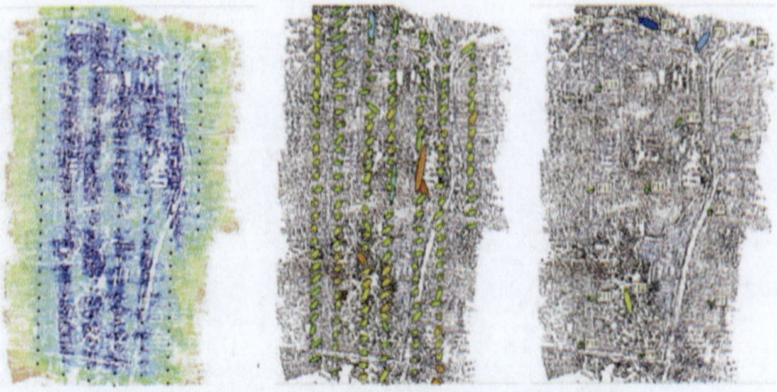

图 5.27 精度报告截图

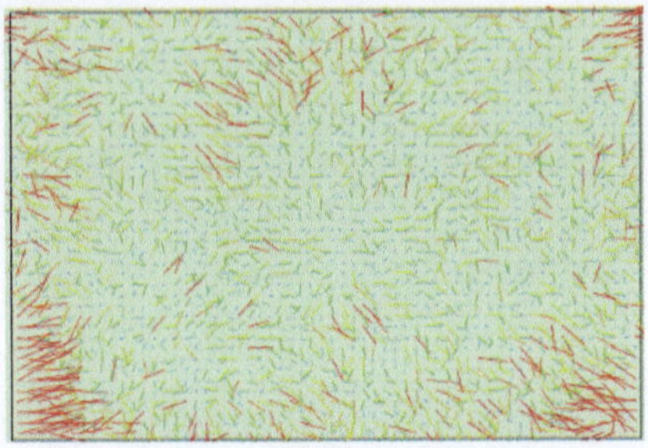

图 5.28 相机标定结果截图

5.2.4 影像密集匹配

在 Metashape 软件中，检查点精度满足要求后，就可以进行密集匹配生成密集点云了，选择工作流程→建立密集点云命令，在弹出的生成密集点云窗口（图 5.29），指定生成点云的质量，质量选择得越高，耗时越长，一般选择中等精度，点击确定开始执行。

查看生成的密集点云，如图 5.30。

5.2.5 生成网格

密集点云生成后，可以对密集点云进行构网生成网格，如图 5.31 所示。

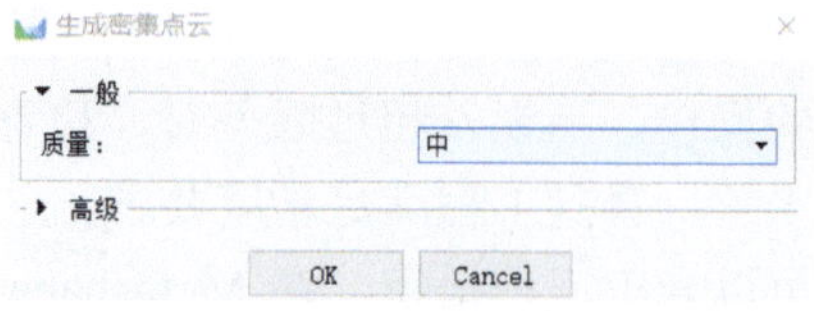

图 5.29　生成密集点云命令

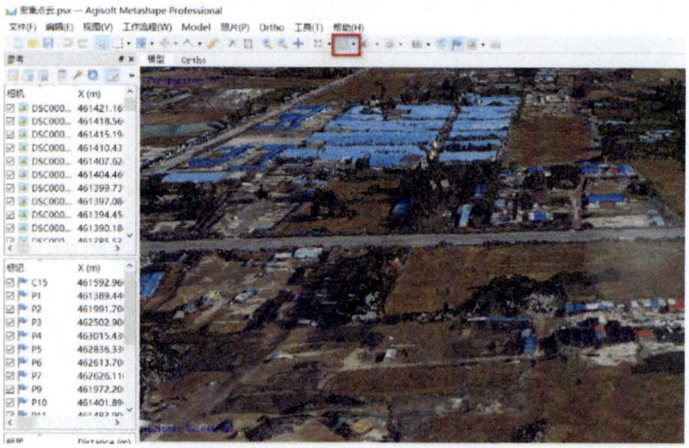

图 5.30　查看生成密集点云

图 5.31　生成网格

在弹出的窗口中，如图 5.32 所示，可以对源数据进行设置，可以选择疏点云、Depth Maps 以及密集点云，一项选择用密集点云生成网格。三维重建时，表面类型需要选择 Arbitrary（3D）。源数据选择 Depth Maps 时，质量选项可以选择超高、高、中、低、最低，源数据选择疏点云和密集点云时，该选项不可选。面数可以根据精度要求来进行选择高、中、低和自定义，面数决定了建模的质量和模型文件的大小。其他参数一般采用默认参数即可，点击 ok 键开始生成网格白模，如图 5.33 所示。

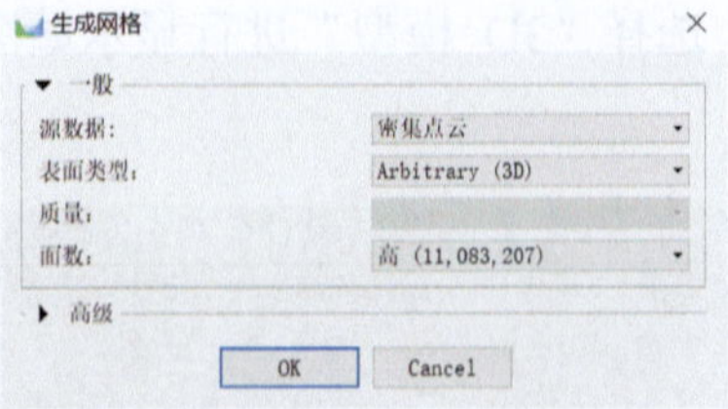

图 5.32　网格参数设置对话框

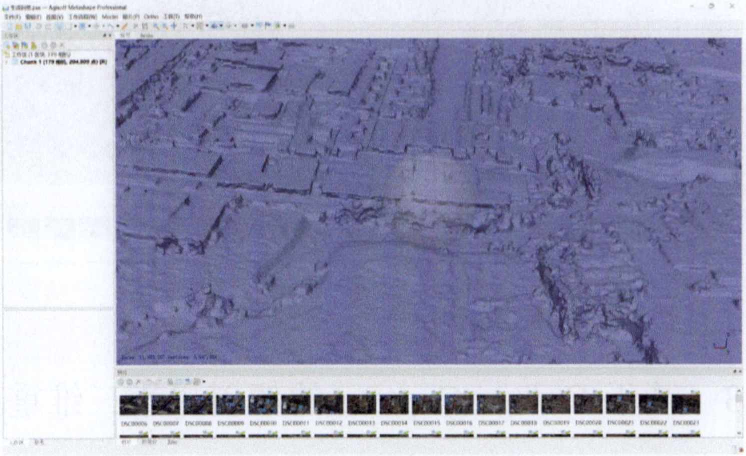

图 5.33　白模模型

5.2.6　生成纹理

要生成逼真的实景三维的模型，还必须生成对应的纹理，如图 5.34 所示。

在弹出的窗口中，可以设置 Texture type、源数据、映射模式、混合模式、纹理大小/数等参数，对于三维重建通常采用如图 5.35 所示的参数设置，高级设置则可采用默认设置。点击 ok 键，开始生成纹理。

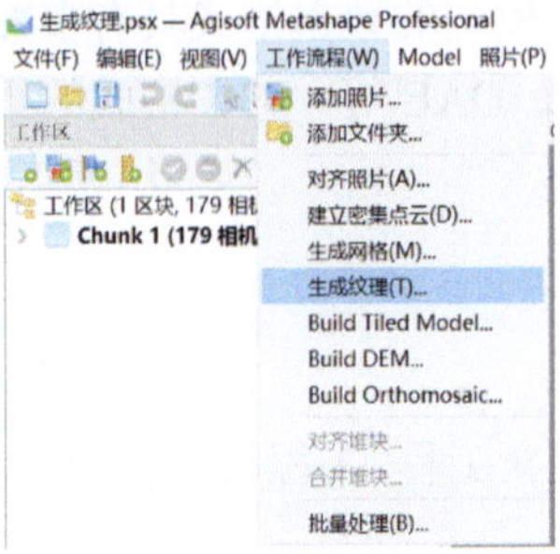

图 5.34　生成纹理

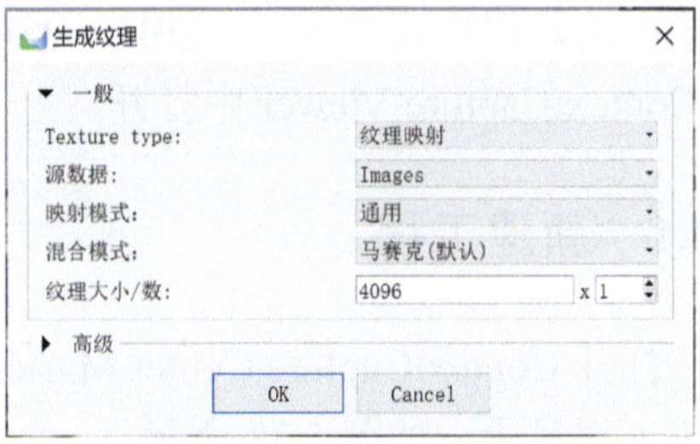

图 5.35　生成纹理设置

切换到工作区面板，选择“3D 模型”进行显示如图 5.36 所示。

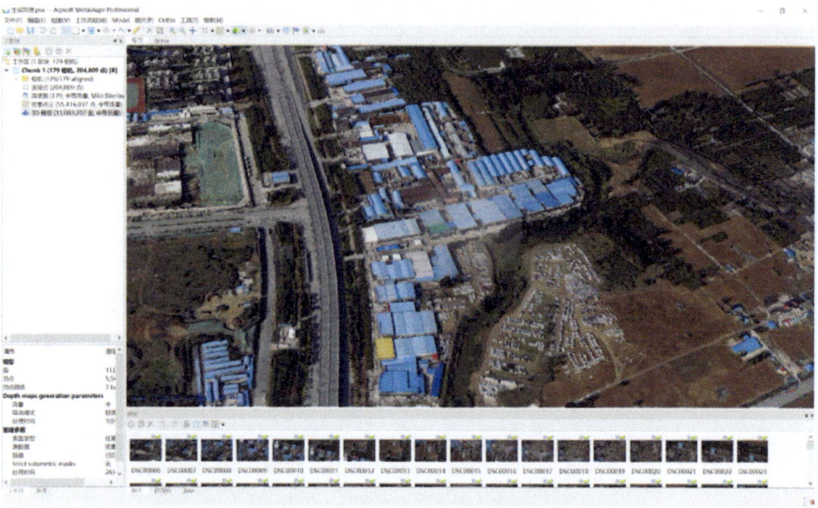

图 5.36　最终的三维重建模型效果

5.3　基于 ContextCapture 的倾斜摄影三维重建

ContextCapture（以下简称 CC）在三维重建中，除参数设置及刺点外，整个过程几乎不需要人为干预，可从简单连续影像中生成高逼真的实景真三维场景模型，具有快速、简单、全自动、广泛的数据源兼容性和优化的数据输出格式等优势，其三维重建流程如图 5.37 所示。

在计算三维模型数据或纹理生成方面，ContextCapture 自动建模系统并不需要人工干预。人工参与的工作主要是：质量控制、野外控制点刺点、航空影像的选择、用外部软件编辑修饰三维模型、人工对修改过的三维模型纹理进行清除、导入系统中进行新的纹理贴面等。ContextCapture 自动建模系统可生产以下数据产品：DSM、TDOM、点云数据和三维模型。三维模型的数据格式具有多兼容性，可输出的数据格式有 S3C、OBJ、OSG（OSGB）、DAE 等。S3C 格式的数据只能在 ContextCapture Viewer 中打开。

5.3.1　新建工程

打开 ContextCapture Center Master，点击新建新工程，工程名称使用英文字符，指定工程目录，如图 5.38 所示。

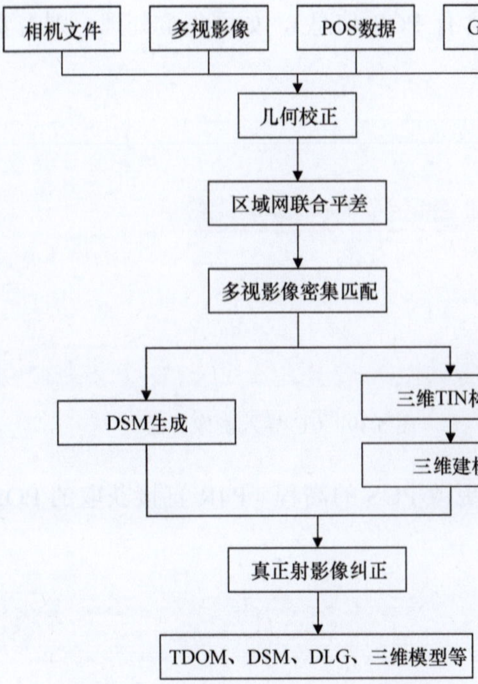

图 5.37　ContextCapture 三维重建流程图

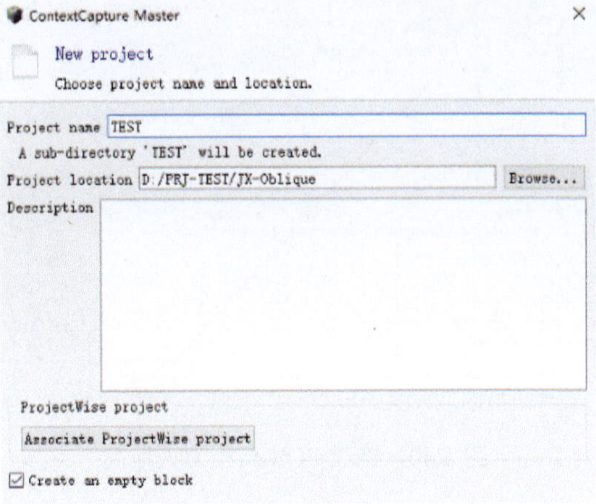

图 5.38　CC 新建工程界面

5.3.2　导入数据

导入的数据包括影像、POS 数据、GCP 数据，相机参数等。添加影像时可以单张相片添加，也可以添加相片文件夹，导入视频也可以进行解算（视频是截取视频中的视频帧，不包含有 POS 信息），如需集群处理，则需要导入网络路径下的照片，如图 5.39 所示。

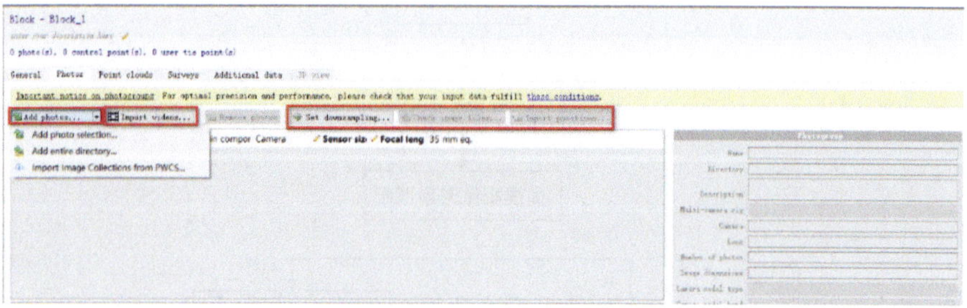

图 5.39　CC 导入影像界面

添加影像后，可以更改 POS 的高程（P4R 直接获取的 POS 为大地高），如图 5.40 所示。

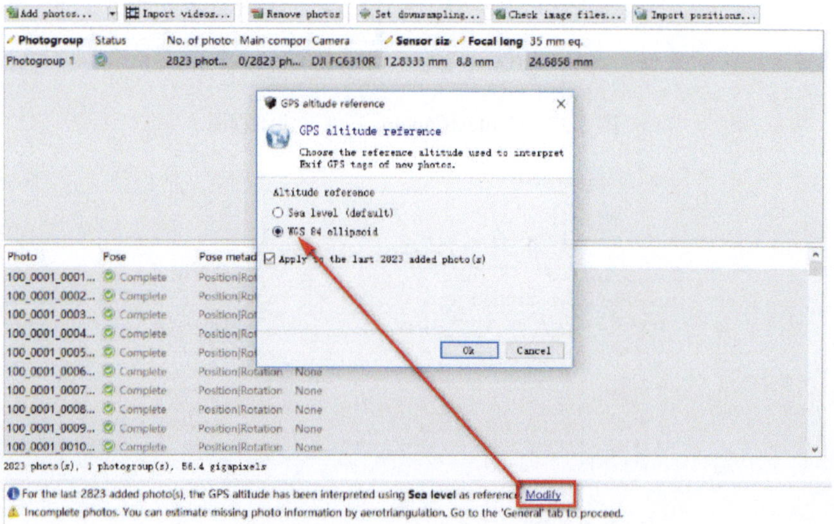

图 5.40　修改 POS 高程为大地高

导入位置：导入影像的 POS 数据，如果有多个照片组（Photogroup）则必须保证每个照片组中的照片名称唯一，否则会导入失败，而且 POS 路径必须为英文（对于精灵四 RTK 等无人机影像自带定位信息时，软件可直接读取），如图 5.41 所示。

设置降低采样：该参数只会在空三的过程中对照片进行重采样空三，建模时仍旧使用原始分辨率影像，在计算机性能有限的情况下用来快速生成模型，如图 5.42 所示。

检查航片完整性：建模失败的时候可以用此功能进行数据完整性检查，如图 5.43。

导入控制点 GCP 数据：切换到 Surveys 面板，并选择 custom text format 命令导入编辑好的 GCP 数据，并可对导入的 GCP 进行编辑，如图 5.44 所示。

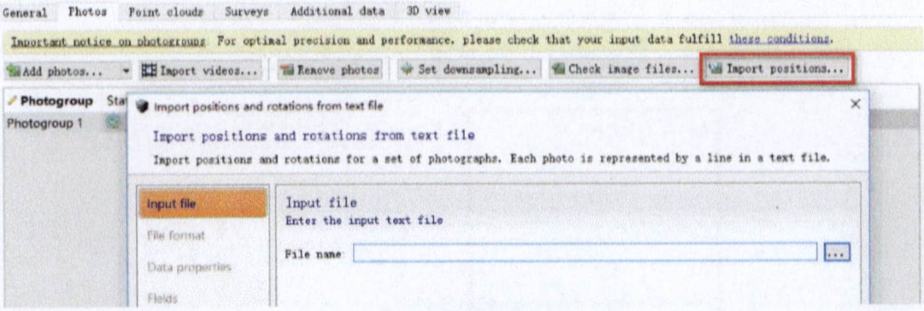

(a) 打开导入向导

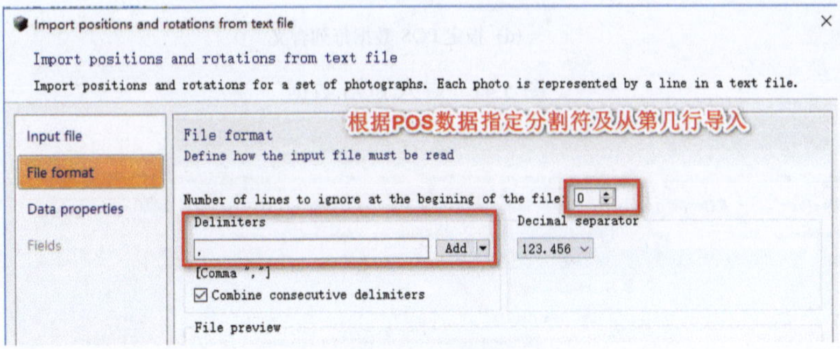

(b) 设置 POS 数据格式

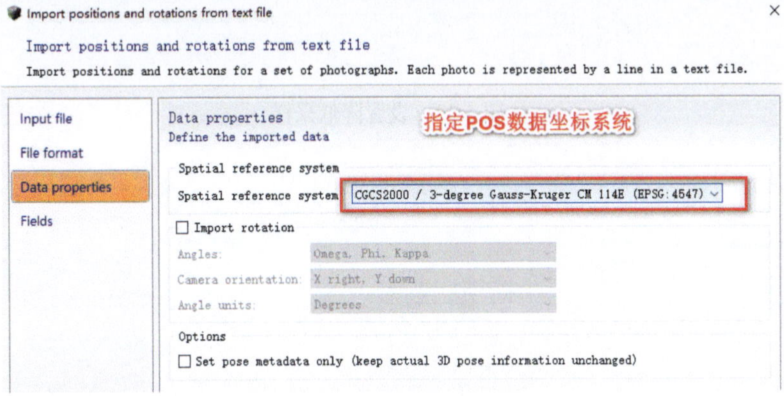

(c) 设置 POS 数据坐标系

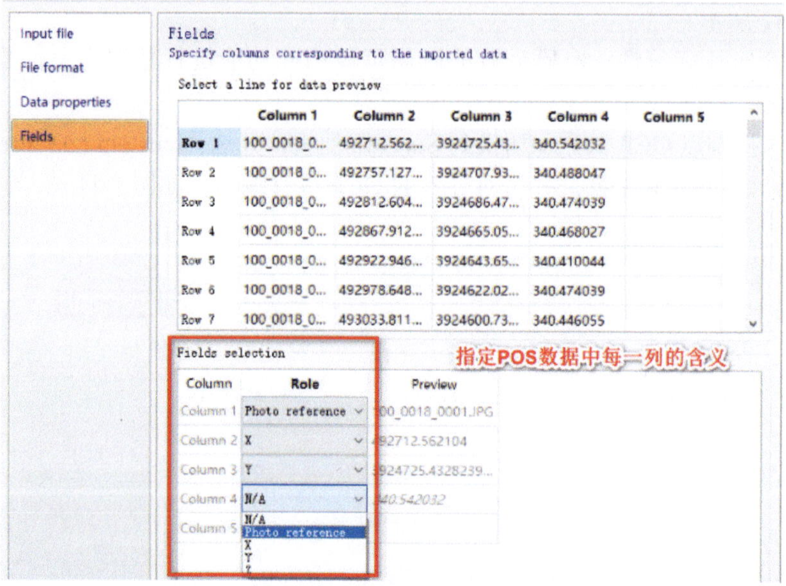

(d) 指定 POS 数据每列含义

图 5.41　导入 POS 数据

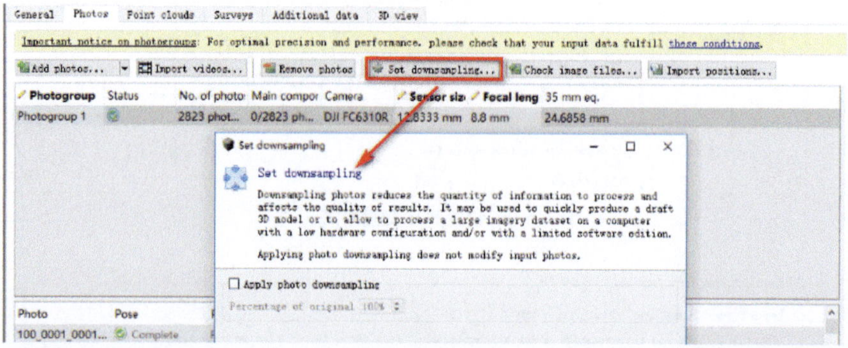

图 5.42　设置降低采样

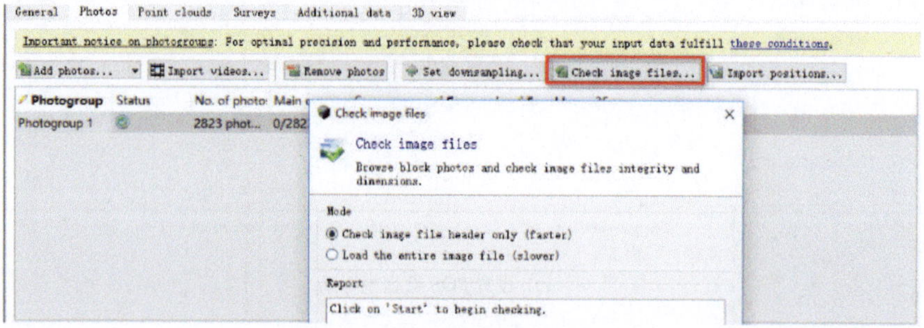

图 5.43　检查航片完整性

Block - Block_1
Surveys
编辑与删除GCP
Import Surveys
导入自定义GCP数据

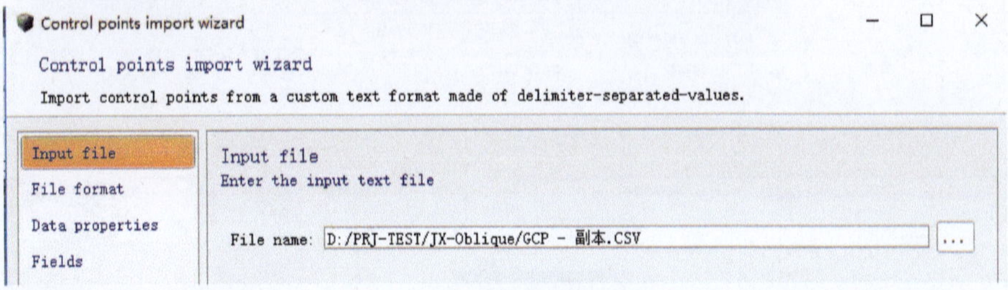
Control points import wizard
Control points import wizard
Import control points from a custom text format made of delimiter-separated-values.
Input file
File format
Data properties
Fields
Input file
Enter the input text file
File name: D:/PRJ-TEST/JX-Oblique/GCP - 副本.CSV

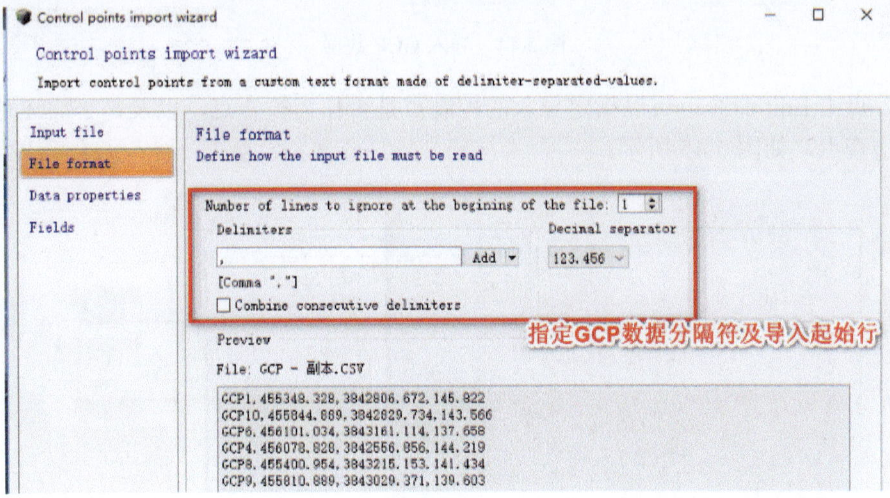
Control points import wizard
Control points import wizard
Import control points from a custom text format made of delimiter-separated-values.
Input file
File format
Data properties
Fields
File format
Define how the input file must be read
Number of lines to ignore at the begining of the file: 1
Delimiters
Decimal separator
Add
123.456
[Comma ","]
Combine consecutive delimiters
指定GCP数据分隔符及导入起始行
Preview
File: GCP - 副本.CSV
GCP1,455348.328,3842806.672,145.822
GCP10,455844.889,3842829.734,143.566
GCP6,456101.034,3843161.114,137.658
GCP4,456078.828,3842556.856,144.219
GCP8,455400.954,3843215.153,141.434
GCP9,455810.889,3843029.371,139.603

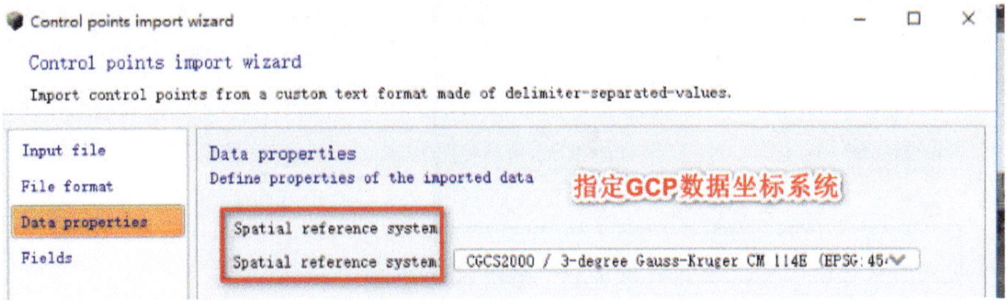
Control points import wizard
Control points import wizard
Import control points from a custom text format made of delimiter-separated-values.
Input file
File format
Data properties
Fields
Data properties
Define properties of the imported data
指定GCP数据坐标系统
Spatial reference system
Spatial reference system
CGCS2000 / 3-degree Gauss-Kruger CM 114E (EPSG:45

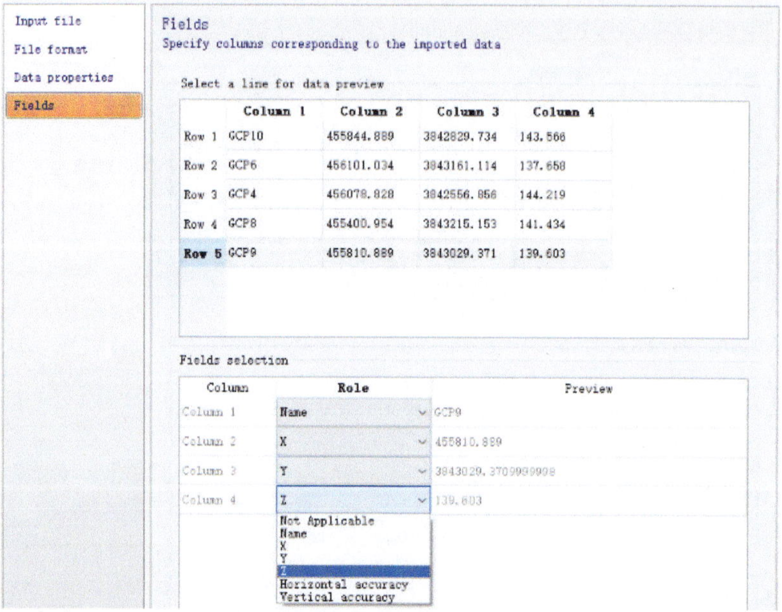

图 5.44　导入 GCP 数据

点击 Edit 命令，可以指定导入的控制点是否作为检查点，以及是平面还是高程检查点，如图 5.45 所示。

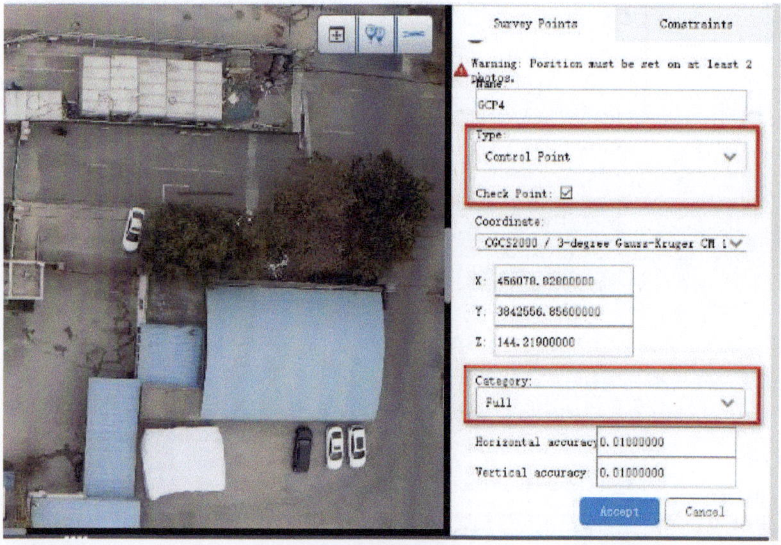

图 5.45　编辑 GCP 数据

输入相机数据（可选）：影像导入完成后，在右下角输入相机参数（没有相机参数可以不输入），如果是五镜头的无人机，每个相机可以单独设置相机参数，如图 5.46 所示。

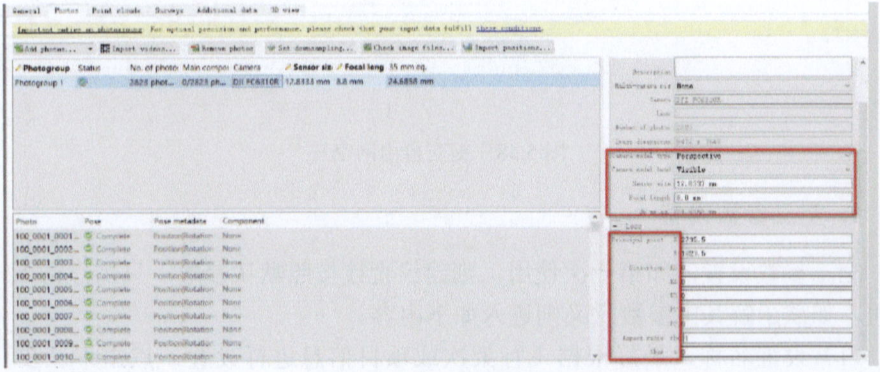

图 5.46　输入相机数据

这样就可以切换到 3D view 面板，查看 POS 数据和 GCP 的叠加图了，如图 5.47 所示。

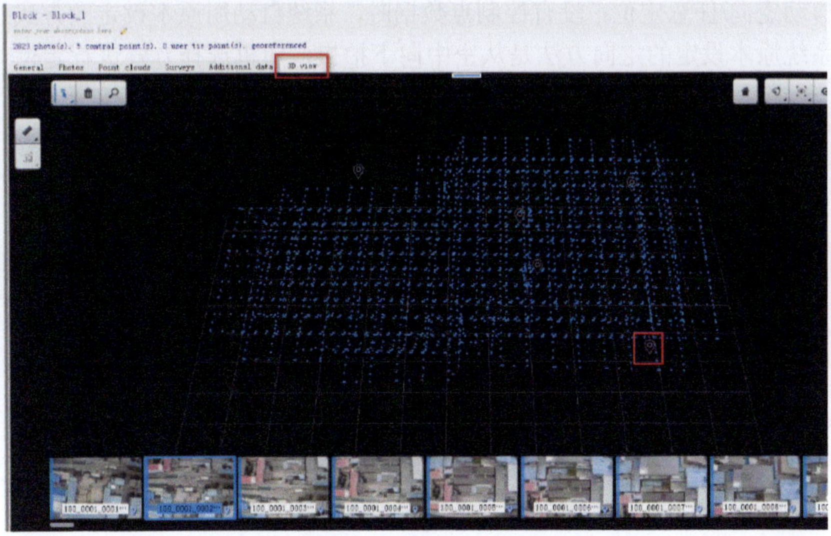

图 5.47　POS 和 GCP 叠加显示

5.3.3　空中三角测量

第 4 章建立工程并导入影像、POS 和 GCP 数据，接着就可以提交自由网空三了，如图 5.48 所示，选择使用本地引擎进行空三。

图 5.48　提交自由网空三

1. 空三参数设置

空三参数设置，如第一次使用，则建议直接按照默认参数，只需点击下一步即可，如欲了解其中参数意义则进入如下内容。

（1）设置名称，最好根据飞行架次或项目信息进行设置，点击下一步，如图 5.49 所示。

（2）指定参与空三的照片，默认使用全部照片，各选项含义如图 5.50 所示。

（3）照片定位或地理参数设置，各选项含义如图 5.51 所示。

任意定位定向：没有控制点数据时，系统随机选择方式进行定位定向。

自动定向/任意定位：没有控制点数据时，系统自动用原本设定的方式进行定向，系统原本设定的定向方法是从空中向下拍摄，随机选择方式进行定位（块的

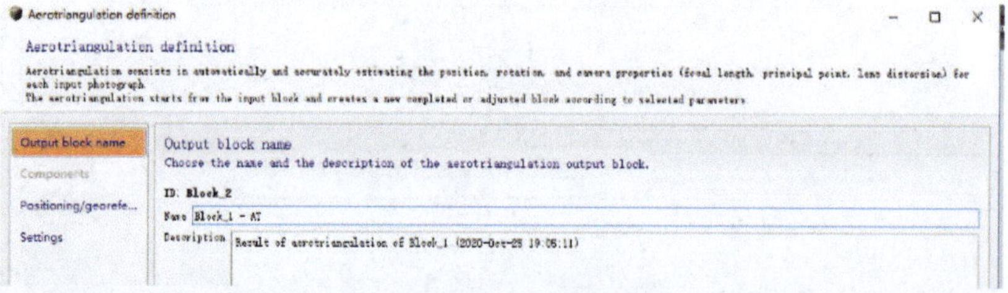

图 5.49　空三命名

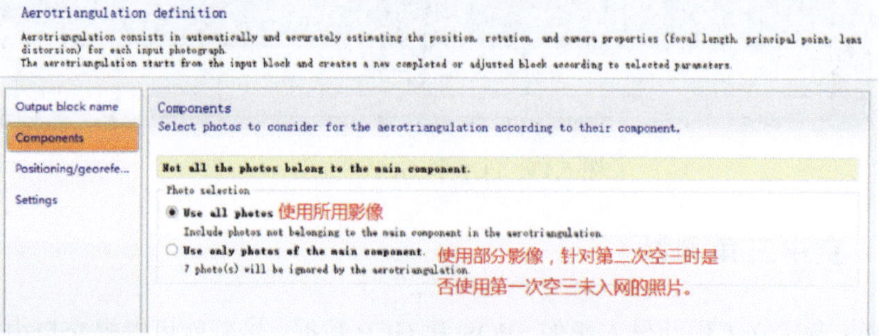

图 5.50　指定参与空三影像

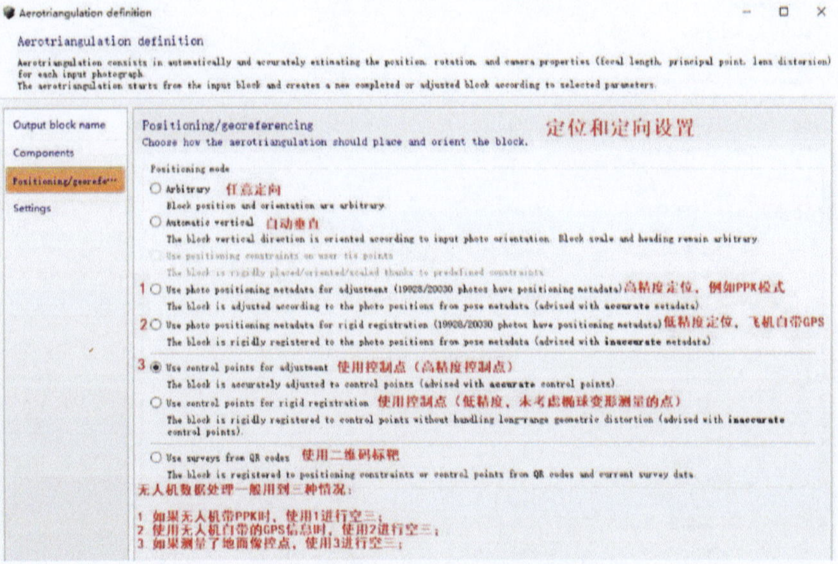

图 5.51　照片定位或地理参数设置

垂直朝向由参与运算的照片的综合垂直方向决定，块的比例和水平朝向判定保持和全方向选项一致。这个选项对于处理主要由航空摄影方式获得的照片时，相比全方向选项，效率有显著提高。

根据 POS 数据定位定向：有 POS 数据时一般选这个选项（这个是针对无人机数据的）。

根据控制点定位定向：选该选项时控制点数据是精确的，是外业人员从测区现场采集的点坐标数据。

根据控制点刚性配准：选该选项时控制点数据是不精确的，一般是在 Google Earth 上选的点［控制点仅对块进行刚性配准，忽略长距离几何变形的纠正（控制点不精确时推荐使用）］。

对于使用控制点的定位模式来说，一个有效的控制点设置在选择照片时是需要的：至少 3 个控制点，每一个都至少带有 2 个测量的片子。

（4）空三参数设置，通常默认参数即可，各参数的含义如图 5.52 所示。

①对于地面拍摄的照片，可能会修改“Keypoints density”“Pair selection mode”“Component construction mode”三个选项。

②对于航空拍摄照片，通常使用默认参数，如果多个架次且存在航高不一致的情况，则可能会修改“Pair selection mode”“Component construction mode”两个选项。

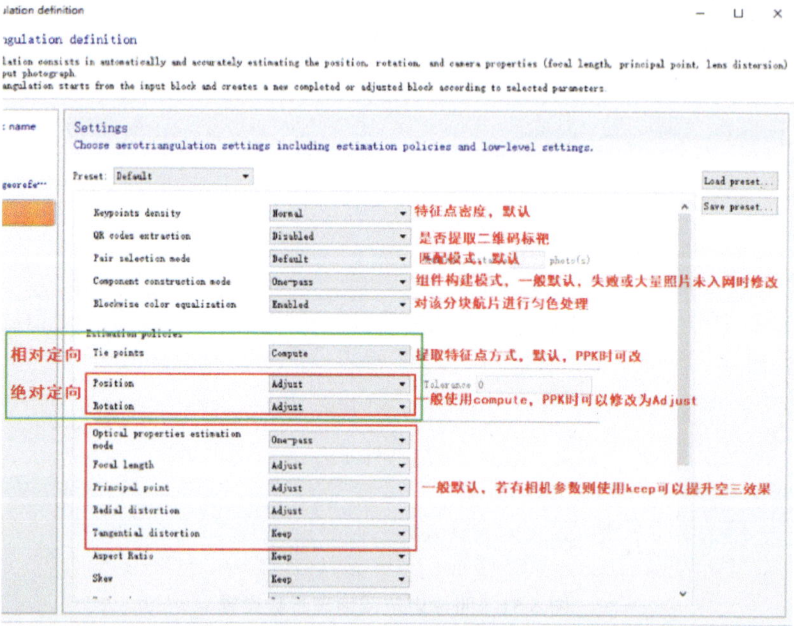

图 5.52　空三参数设置

③空中三角测量中，针对不同区块属性的估算方法有：

计算：不借助任何输入的初值进行计算；

调整：参考输入初始值运算并调整；

容差范围内调整：参考输入初始值运算并在用户预设的容差值范围内进行调整；

保持：保持使用输入的初始值而不参与运算。

点击确定后软件开始自动化自由网空三运算，如图 5.53 所示。

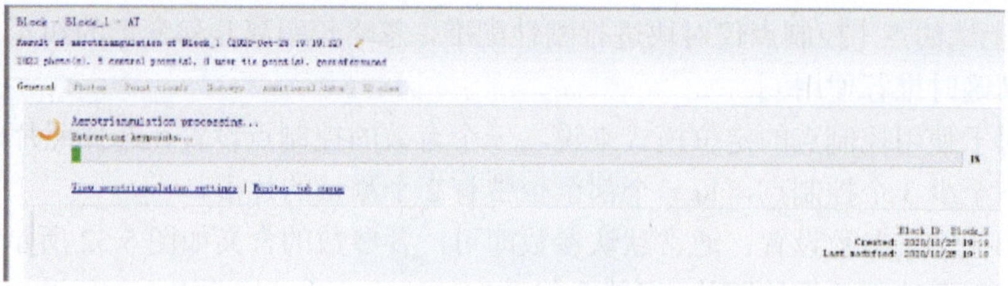

图 5.53　空三运算

2. 空三结果检查

首先保证 General 选项卡中显示 Georeferencing 情况的空三结果，才能进行建模操作。在空中三角测量运算过程中，信息面板上会显示空三丢失照片的数量，如图 5.54 所示。如果丢失照片过多，可以取消掉此次空三运算，删除这个空三区块，选择不同的设置重新执行空中三角测量。

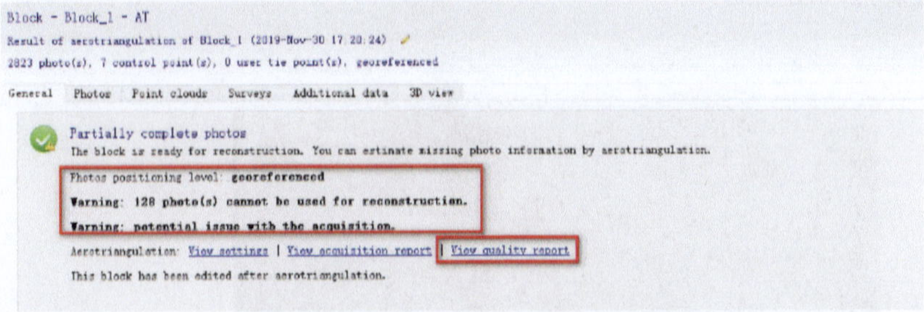

图 5.54 General 面板查看空三结果

如果输入照片的重叠率不够或者某些设置不正确（比如相方坐标系等），那么空中三角测量操作也有可能失败。在输入照片的重叠度不够或各种信息不正确时，照片会发生丢失的情况。在这种情况下，可以进行以下操作：

（1）返回上一步，修改相关的属性，再重新提交空三运算；

（2）将空三成果作为中间成果，以此块为基础计算新的空三运算；

然后在特征点的三维视图中检查有没有明显的分层或交叉现象，比如查看航片有没有交叉、特征点在道路或房屋区域有没有分层、检查像控点平面和高层误差是否过大等情况（图 5.55）。

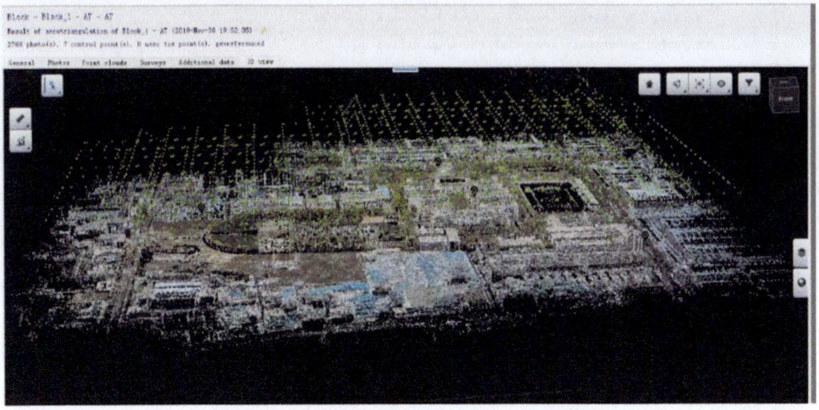

图 5.55 3D view 面板查看空三结果

3. 刺点

自由网空三后就可以人工刺出控制点在影像上的实地位置，然后利用控制点参与空三平差计算，在 Survery 面板进行对每一个控制点手动刺点，刺点一般尽量分布在多个航带的照片上，每个航带刺点数量不少于 9 张，若是边缘点或者某些航线照片较少可以低于此标准，一般不低于 3 张。重复上述步骤，将所有控制点进行刺点（图 5.56）。

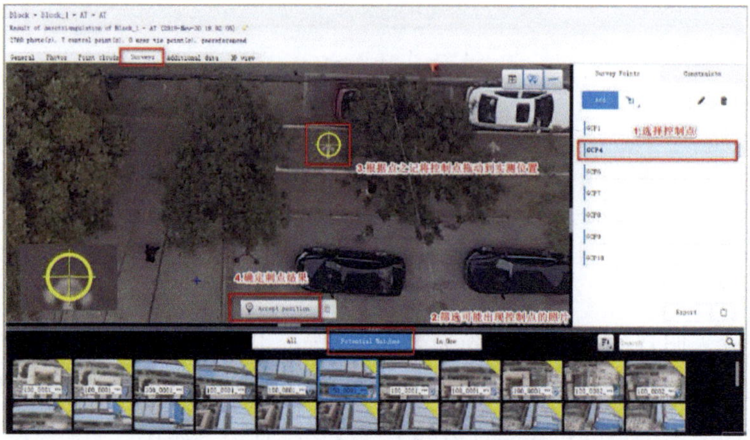

图 5.56　刺控制点

刺点结束后再次提交空三，并查看空三报告，如图 5.57 所示。

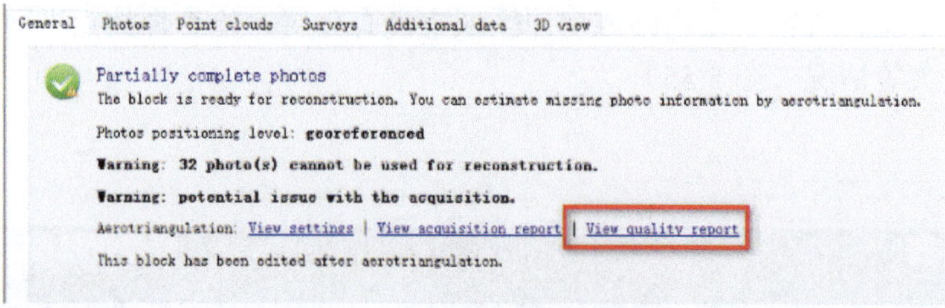

图 5.57　查看空三报告

在空三报告中可以查看相机自检校参数、影像 POS 预测误差、连接点分布等内容，如图 5.58～图 5.60 所示。

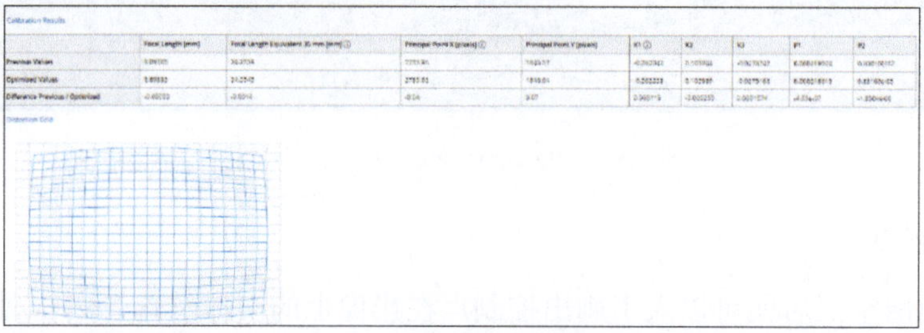

图 5.58　相机自检校参数

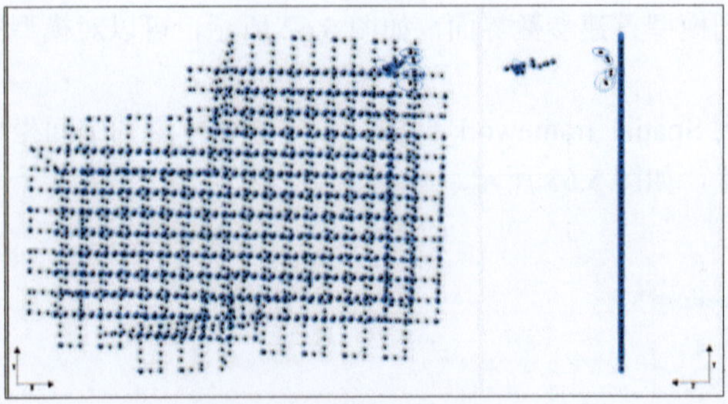

图 5.59　影像 POS 预测误差

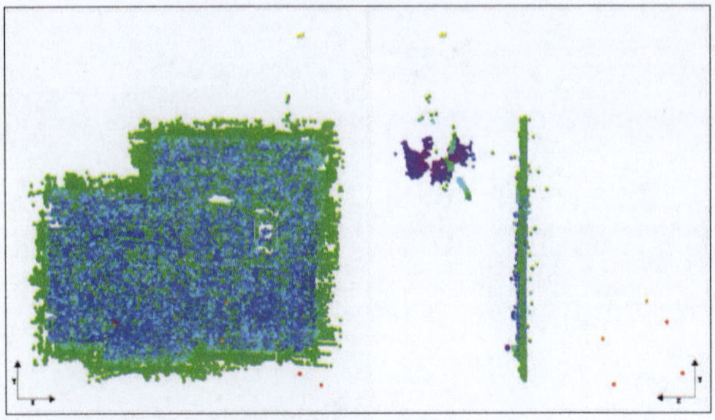

图 5.60　连接点分布

5.3.4　模型重建参数设置

空三结束并检查精度满足要求后，切换到“General”选项卡，选择右下角的“New reconstruction”按钮进行模型重建，如图 5.61 所示。

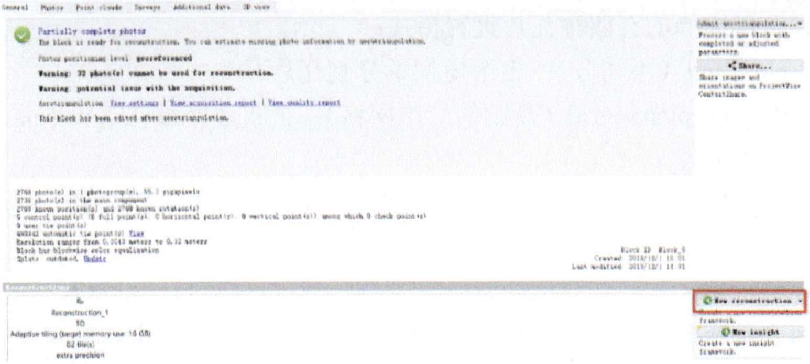

图 5.61　模型重建

软件跳转到模型重建参数界面，如图 5.62 所示，可以对模型空间参考、重建参数进行设置。

首先切换到 Spatial framework 面板，设定重建模型的空间坐标系、目标建模范围及瓦片设置，如图 5.63 所示。

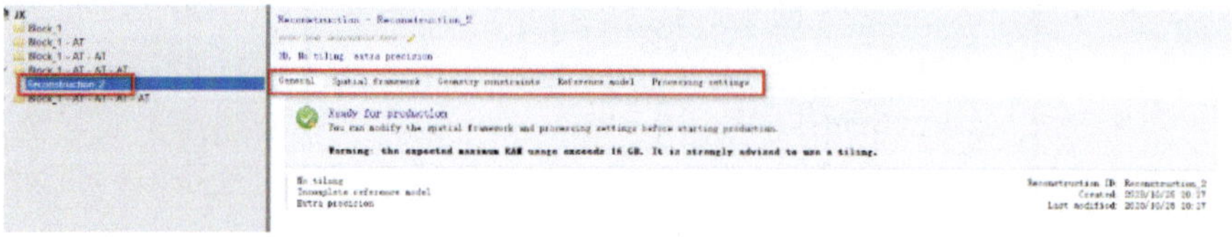

图 5.62　模型重建面板

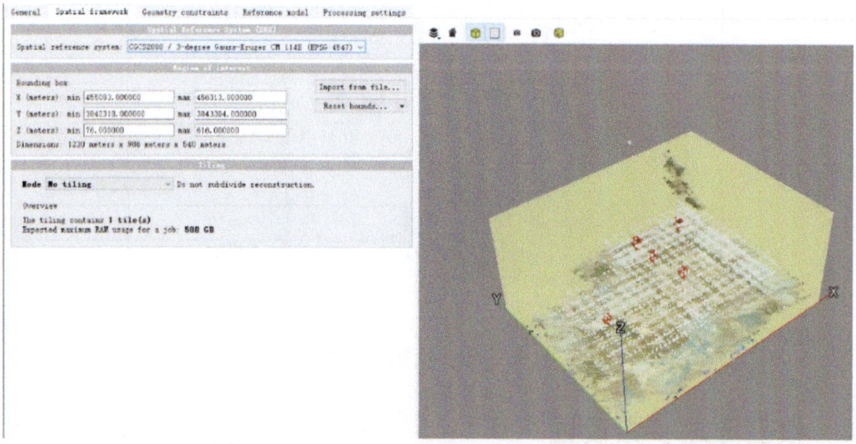

图 5.63　默认空间参考设置界面

CC 生成的三维场景往往涉及大片区域甚至整个城市，这样大规模的模型无法在计算机的内存中载入，所以模型需要被分割成较小的瓦片以便于处理运算（图 5.64）。可选择的有四种瓦片设置模式：

（1）No tiling（不切分）：整个模型不分割瓦片。

（2）Regular planar grid（规则的二维网格）：把重建区域在 XY 平面上分割成规则的正方形瓦片。

（3）Regular volumetric grid（规则三维立体网格）：把重建区域分割成规则立方体瓦片。

（4）Adaptive tiling（自适应网格）：根据计算机内存自动设置瓦片的大小。

换到 Processing setting 面板，处理设置选项卡用于选择重建处理设置，其中包括几何精度和高级设置。处理设置必须在开始生产之前进行编辑。一旦开始生产处理设置将变成只读，不可再进行编辑，如图 5.65 所示。

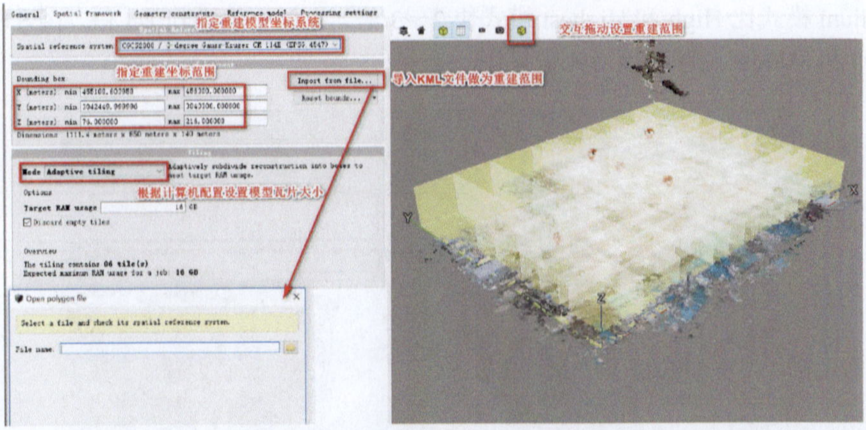

图 5.64 设置后的空间参考设置界面

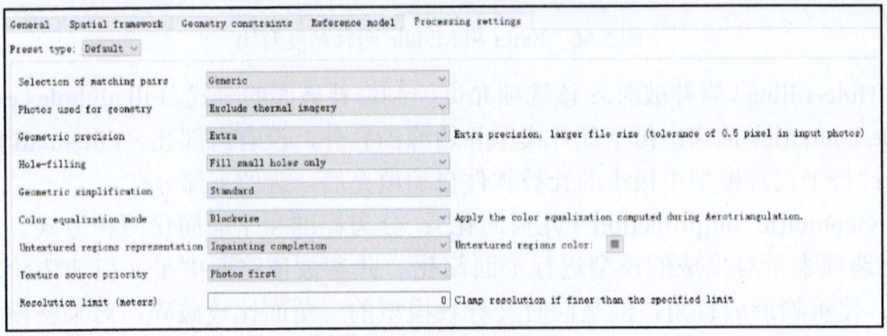

图 5.65 处理设置界面

Selection of matching pairs（相对选择参数）：本选项允许对像对的选取方式进行设定以提高工作效率，其中 Generic（默认）选项对绝大多数数据适用；For structured aerial flight（用于航空照片数据）选项针对规则航带的航空摄影数据优化，适用于常规平行航线方式来回飞行并具有基本固定相机对地角度的情况。

Photos used for geometry（用于几何重建影像）：选择用于几何重建的影像数据。

Geometric precision（几何模型精度）：本选项对几何精度进行设置，该设置会影响到输出三维模型的精细程度，Ultra 超高精度选项会有很高的内存和计算时间消耗，不推荐大区域使用；Highest 最高精度，生成的文件会较大（建模精确到 0.5 个原始照片的像素）；High 高精度，生成的文件较小（建模精确到 1 个原始照片的像素）；Medium 中精度，最适用于生产正射照片/DSM 产品（建模精确到 2 个原始照片的像素）。High 和 Highest 模式在计算时间和内存消耗上相似。Ultra 模式计算时间是 High 和 Highest 模式的 4 倍，同时消耗 4 倍的存储空间。

Medium 模式比 High 和 Highest 模式快 2～3 倍，存储空间降到 1/4 倍。图 5.66 是 Extra 和 Middle 两种精度对比效果图。

图 5.66　Extra 和 Middle 两种精度对比

Hole-filling（修补破面）：该选项允许控制修补破面的方式。Fill all holes except at tile boundries 选项：每个瓦片模型除边缘的孔外，没有内部孔。Fill small holes only：每个瓦片模型中极小的孔被软件自动填充后，会留下部分孔。

Geometric simplifaction（几何简化）：分为标准和平面简化两种方式。平面简化选项表示对生成的模型进行平面简化。此参数使路面更平（但造成阶梯路面）、建筑物形成直角，但是同时又导致模型的三角面比较破碎，对某些模型会严重降低显示效果。因此该参数慎用，使用时建议小于默认参数。图 5.67 是简化的效果。

图 5.67　简化结果

5.3.5　提交重建

重建范围及重建参数设置完毕后，就可以提交重建结果，切换到 General 面板，选择提交重建命令，如图 5.68 所示。

首先输入重建模型名称，如图 5.69 所示。

然后指定提交生产模型的目标类型，如图 5.70 所示。

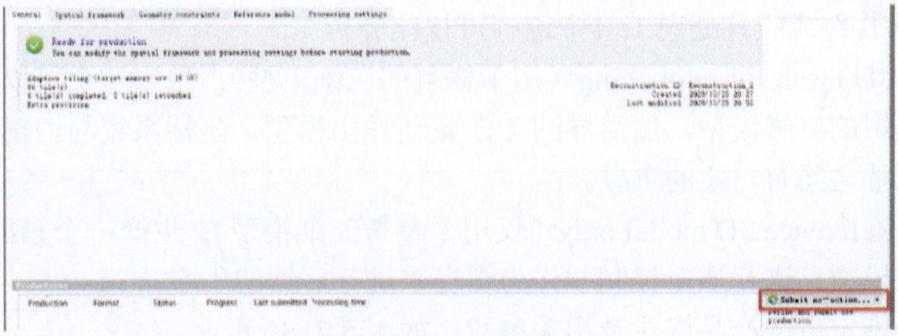

图 5.68 提交重建界面

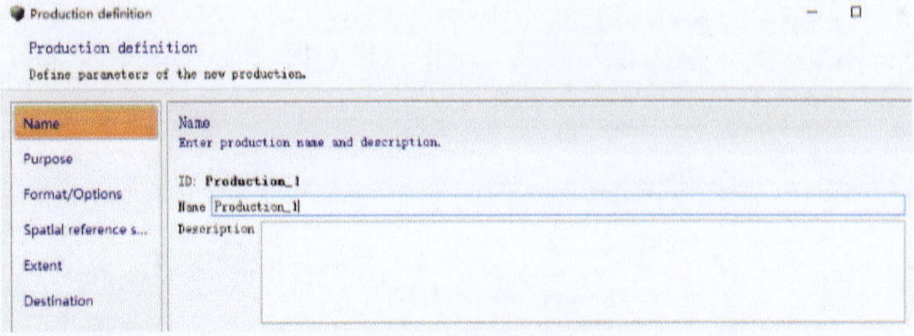

图 5.69 输入重建模型名称

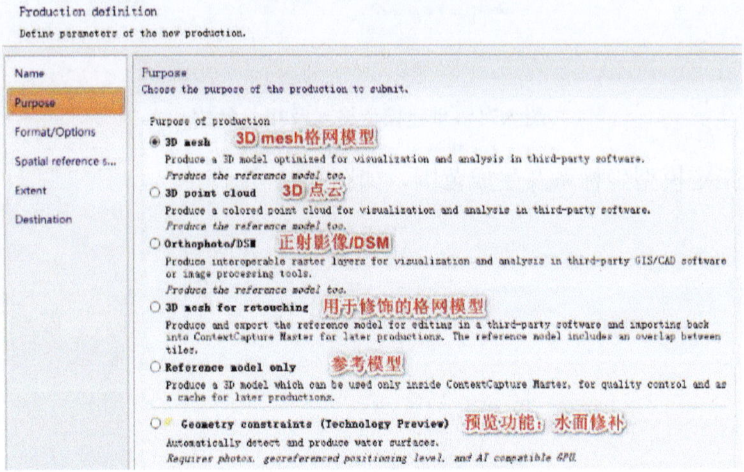

图 5.70 重建模型目标类型

（1）3D mesh（三维网格）：生产一个优化的三维模型，在第三方软件中进行可视化分析。

（2）3D point cloud（三维点云）：生产一个着色点云，在第三方软件中进行可视化分析。

（3）Orthophoto/DSM（正射照片/DSM）：生产互操作栅格图层，用于第三方

GIS/CAD 软件或照片处理工具中进行可视化分析。

（4）3D mesh for retouching（用于修复的三维模型）：生产一个可以在第三方软件中编辑的三维模型，然后导回 CC 重新输出模型。坐标系统与内部重建保持一致，瓦片之间有一定的重叠。

（5）Reference 3D model only（仅用于参考三维模型）：生产一个只能用于 CC 里的三维模型，进行质量控制和作为缓存来进行后续的生产。

接着指定生成产品格式及相关参数，如图 5.71 所示。

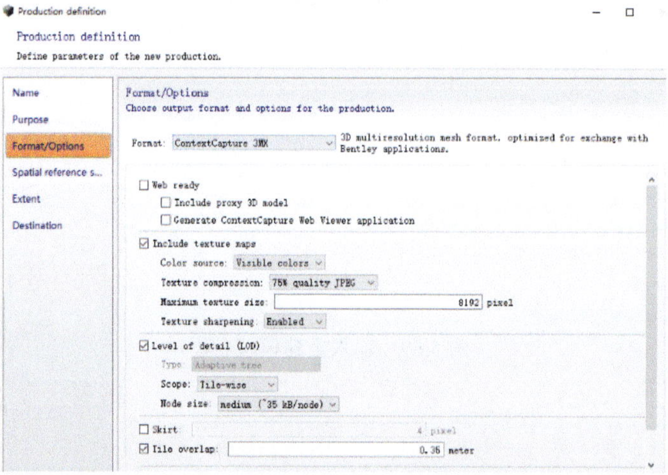

图 5.71　重建模型格式及相关参数

接着指定模型坐标系及生成范围，如图 5.72 所示。

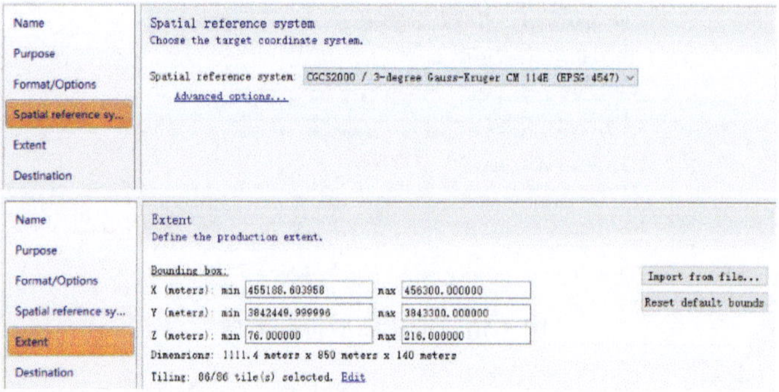

图 5.72　指定模型坐标系及生成范围

最后指定模型存储位置，如图 5.73 所示。

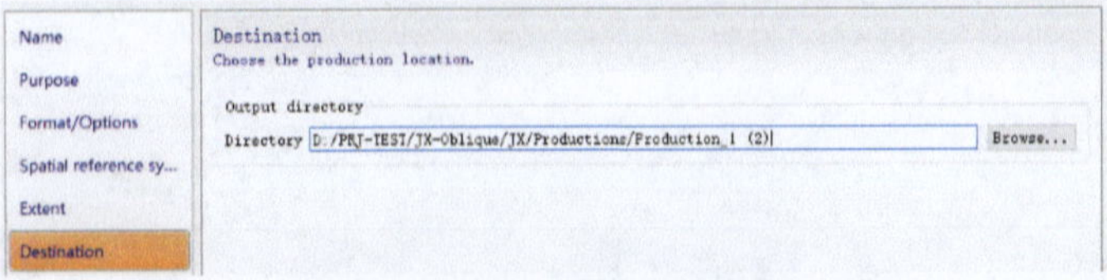

图 5.73　指定模型存储位置

点击提交按钮，软件就会自动化地进行模型重建，重建结束后就可以在 3D view 中查看重建结果，图 5.74 是模型重建进度及状态。

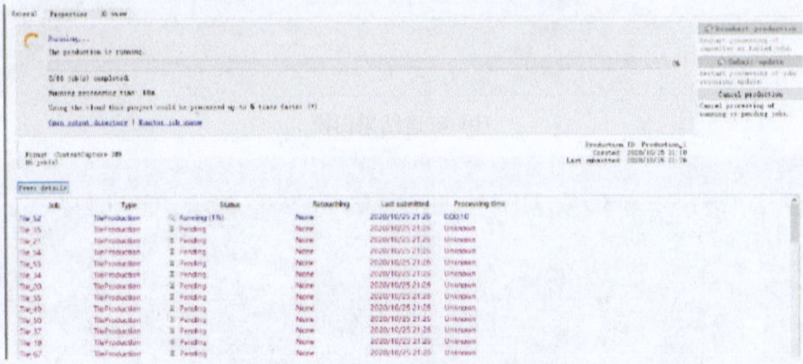

图 5.74　模型重建进度及状态

重建后的结果如图 5.75 所示。

5.3.6　数据集群处理

ContextCapture 支持集群处理，可以将任务分配给不同处理节点，进行并行计

(a) 重建结果远视角

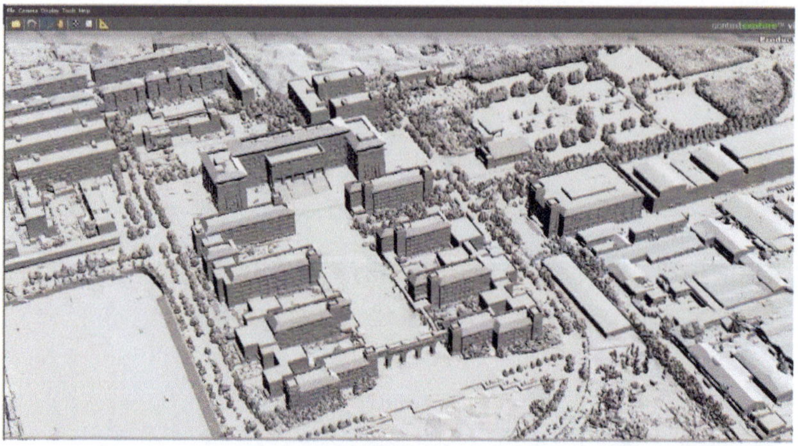

(b) 重建结果白模

(c) 重建结果叠加网格显示效果

(d) 最终效果

图 5.75　模型重建结果

算，提高计算效率。集群处理可按如下操作进行：搭建局域网，将一台计算机作为服务器，局域网内其他计算机作为节点连接至服务器组成群组，任务提交后，服务器统一分配子任务至各节点。节点完成子任务后，将处理结果返回至服务器，并接受新的子任务直至任务完成。具体操作步骤如下。

1. 磁盘共享

集群处理首先需要进行磁盘共享，建议使用磁盘共享方式进行操作，不建议通过共享文件夹的形式进行操作。

（1）2 台以上机器构建局域网环境，所有机器在同一个网段；

（2）主机器上找一个磁盘用于共享，在该盘中存储原始照片和工程，如果想提高速度，可以多共享几块盘出来，一个盘放数据，一个盘放工程文件；

（3）主机器上对磁盘做磁盘镜像，并共享，具体方法如下：

①在主机器上，右键【我的电脑】→管理，打开计算机管理界面，点击【磁盘管理器】，打开磁盘管理器界面，如图 5.76 所示。

②更改准备共享的磁盘的盘符为不常用的盘符，便于集群内的所有机器都使用该盘符，比如设置为 T 盘。具体更改方法如图 5.77 所示。

③设置磁盘共享，点击“共享”→“高级共享”，设置 everyone 完全控制，如图 5.78 所示。

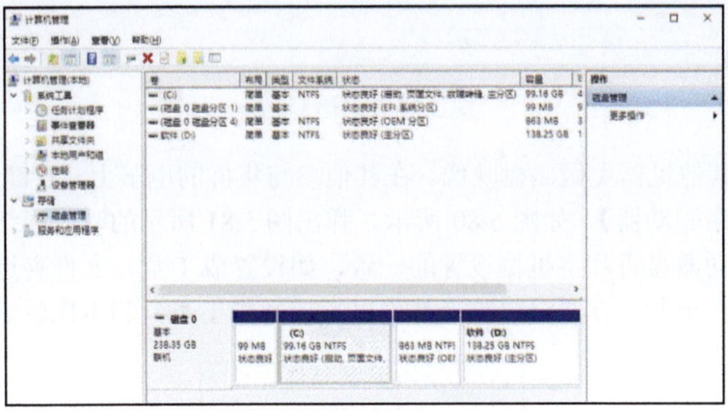

图 5.76　磁盘管理器界面

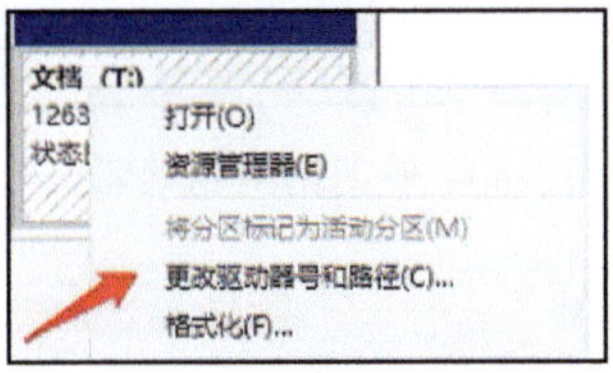

图 5.77　更改盘符方法

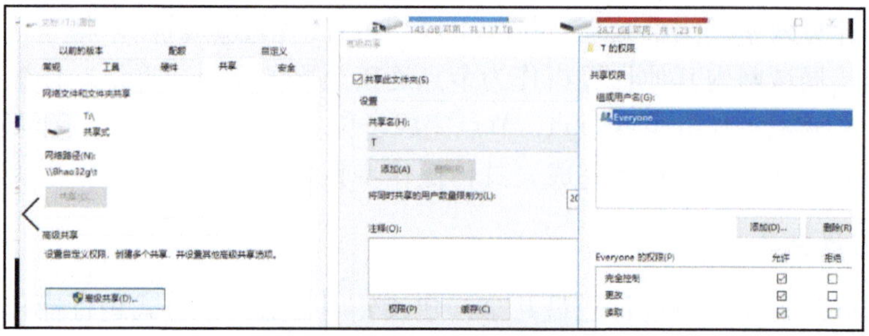

图 5.78 共享设置

共享过程中，部分电脑设置组策略才能访问，具体设置方法是在开始菜单中打开运行界面，或者直接按 win+r 组合键打开。然后在运行框中输入命令 gpedit.msc，打开组策略编辑器，设置启用不安全的来宾登录，如图 5.79 所示。

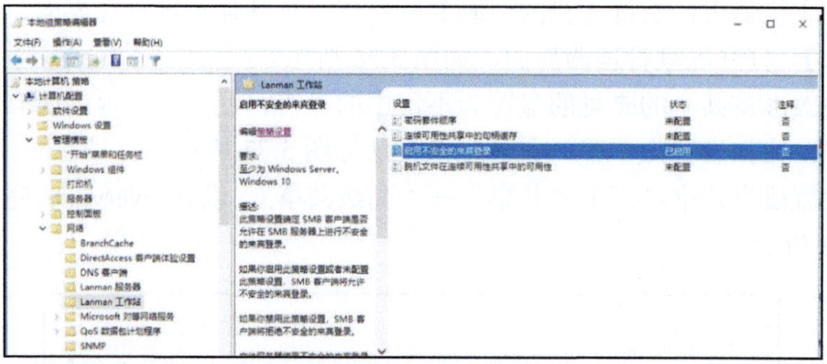

图 5.79 组策略设置

（4）在其他机器上做磁盘映像。在其他参与集群的电脑上，右键【我的电脑】→【映射网络驱动器】，如图 5.80 所示。弹出图 5.81 所示的映射网络驱动器对话框，保持驱动器盘符和主机器设置的一致，如设置成 T 盘，文件夹选择刚才共享的磁盘即可。至此，在两台电脑上都可以直接操作 T 盘，和本地磁盘完全一样。

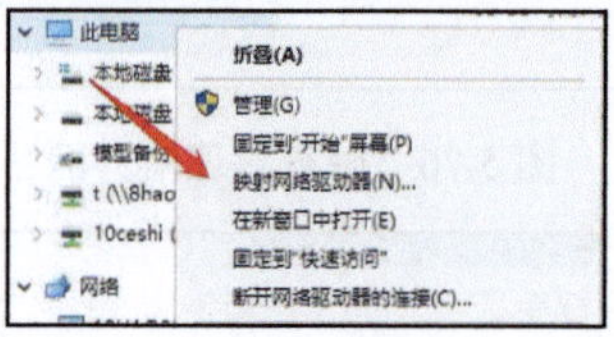

图 5.80 映射网络驱动器菜单

2. 配置 ContextCapture

打开 ContextCapture Settings 界面（图 5.82），设置对应的任务序列目录（Job

queue directory）即可，这个 job 目录，可以自己创建，但一定要位于刚才共享的磁盘上。所有集群内的环境都设置同样的目录即可。设置完成后重启机器，重启后检查配置是否生效。

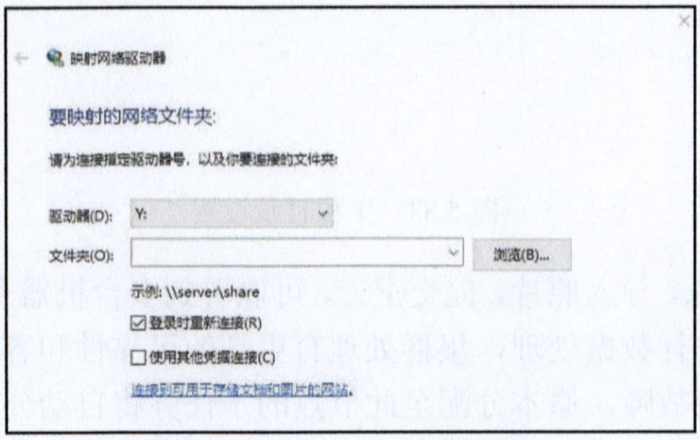

图 5.81　映射网络驱动器对话框

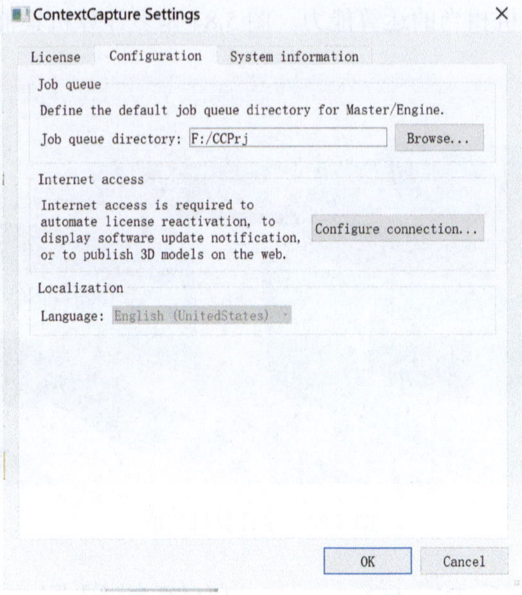

图 5.82　ContextCapture Settings 界面

3. 生产任务提交

（1）拷贝照片到共享的磁盘，如本案例中的 T 盘。新建工程的工程位置也要位于共享磁盘 T 盘上，如图 5.83 所示。

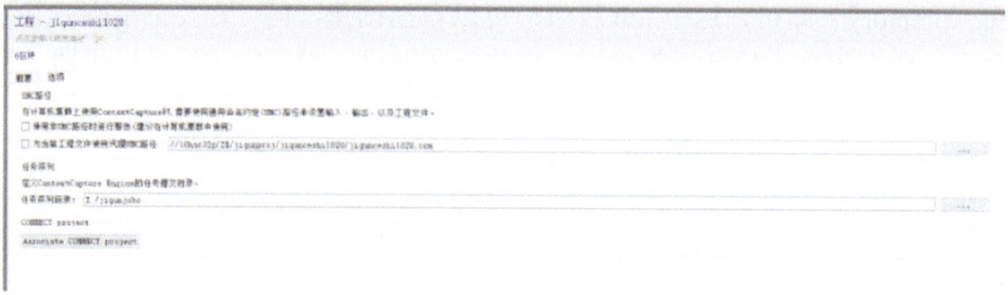

图 5.83　工程目录设置

（2）新建 block，导入照片，提交空三，可以看到多台机器开始同时进行计算。

相对于单机进行数据处理，集群处理有更高的可靠性和容错率，当群组中一个节点计算机出现故障，原本分配至此节点的子任务将自动分配至其他节点进行计算；同时集群处理也能降低成本，庞大的 GIS 数据量，对于单机的储存空间和数据处理速度都提出极大考验，将普通的计算机进行集群则可有效降低硬件成本，发挥与高性能计算机相当的运算能力。图 5.84 是多计算机集群运行实例。

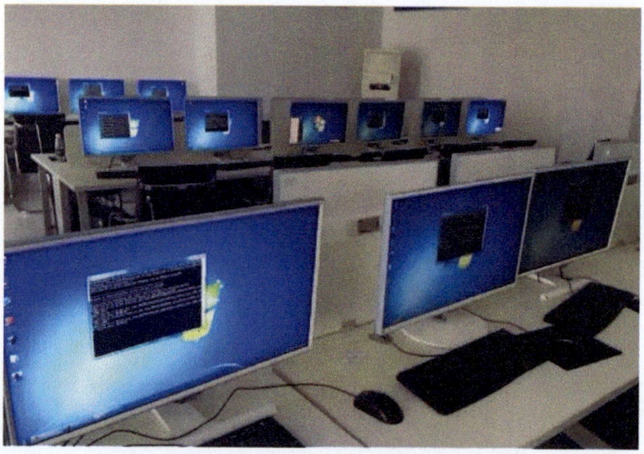

图 5.84　多计算机集群

5.4　基于 Pix4Dmapper 的倾斜摄影三维重建

Pix4Dmapper（以下简称 Pix4D）能根据多视图三维重建技术，对任意的航摄影像或高分辨率数码相机照片进行处理，完全自动化的空三、密集匹配并生成三维模型、DSM 和 DOM 影像等，能方便快捷地对 DOM 进行镶嵌编辑。软件作业流程如图 5.85 所示。

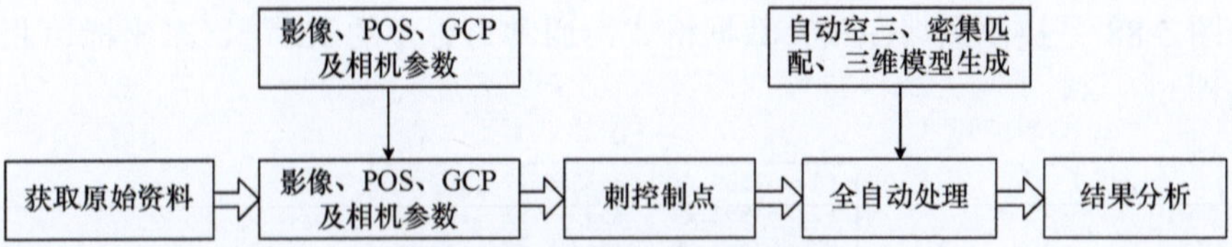

图 5.85　Pix4D 处理流程

打开 Pix4D 软件，软件的功能分区如图 5.86 所示。

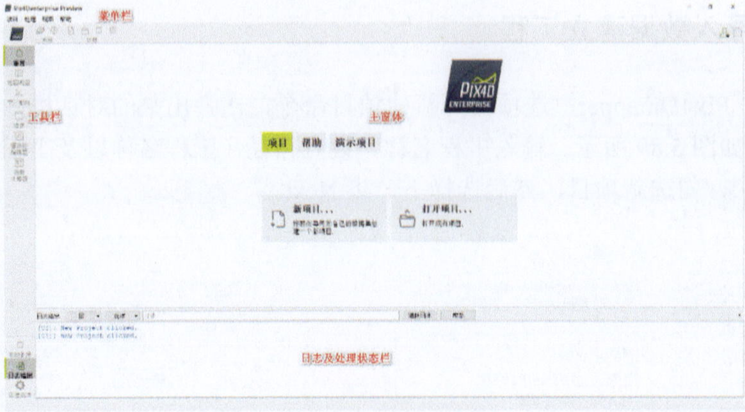

图 5.86　Pix4D 界面

5.4.1　数据准备

需要准备的数据包括影像数据、POS 数据以及控制点数据。准备好数据后，首先需要确认原始数据的完整性，检查获取的影像中有没有质量不合格的相片。同时查看 POS 数据文件，防止 POS 数据中的相片 ID 号与影像数据相片 ID 号不对应，出现不对应情况应手动调整。最后检查像控点数据是否完整，且控制点名字中不能包含特殊字符，格式为.TXT 或者.CSV。

POS 数据一般格式如图 5.87 所示，从左往右依次是影像 ID 号、东坐标、北坐标及航高；同时 Pix4D 也支持导入影像的姿态数据 Phi、Omaga、Kappa 角。

```
#ID,X,Y,Z
DSC00006.jpg,461421.030 ,3853526.476 ,679.427
DSC00007.jpg,461418.281 ,3853403.259 ,679.005
DSC00008.jpg,461414.863 ,3853286.047 ,680.287
DSC00009.jpg,461410.123 ,3853163.932 ,680.926
DSC00010.jpg,461407.314 ,3853048.561 ,680.540
DSC00011.jpg,461404.131 ,3852926.343 ,680.549
DSC00012.jpg,461399.515 ,3852810.171 ,680.419
DSC00013.jpg,461396.832 ,3852688.552 ,680.174
```

图 5.87　POS 数据

图 5.88 是控制点（GCP）数据格式，通常为影像的 ID 号、东坐标、北坐标及高程。

```
P1,461389.44 ,3853515.22 ,157.50
P2,461991.70 ,3853534.59 ,157.18
P3,462502.90 ,3853270.23 ,157.54
P4,463015.43 ,3853332.35 ,159.72
P5,462836.33 ,3852470.66 ,157.34
```

图 5.88　控制点数据

5.4.2　导入数据建立工程

打开 Pix4Dmapper，选项目→新建项目命令，在弹出来的对话框中设置工程的属性，如图 5.89 所示，输入工程名称，设置路径（工程名称以及工程路径不能包含中文），勾选新项目，然后选择下一步 Next。

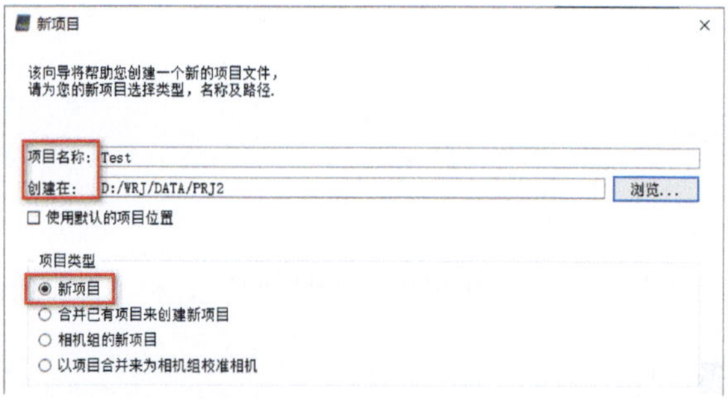

图 5.89　新建工程

点添加图像，选择加入的影像。影像路径可以不在工程文件夹中，路径中不要包含中文，点 Next，如图 5.90 所示。

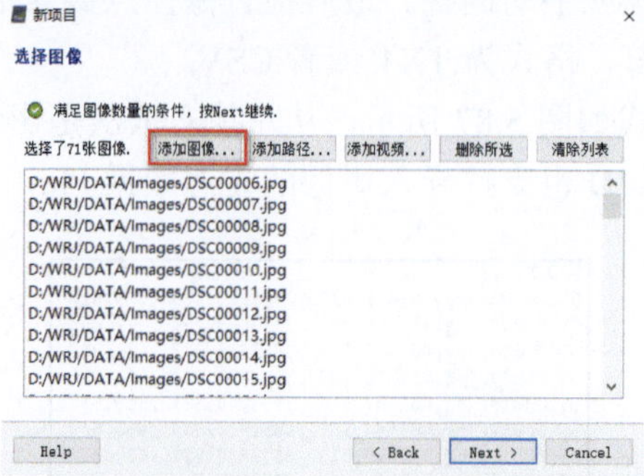

图 5.90　导入影像数据

在图片属性面板导入 POS 数据、指定 POS 数据坐标系统，有相机参数的情况下可以输入相机参数，如图 5.91 所示。

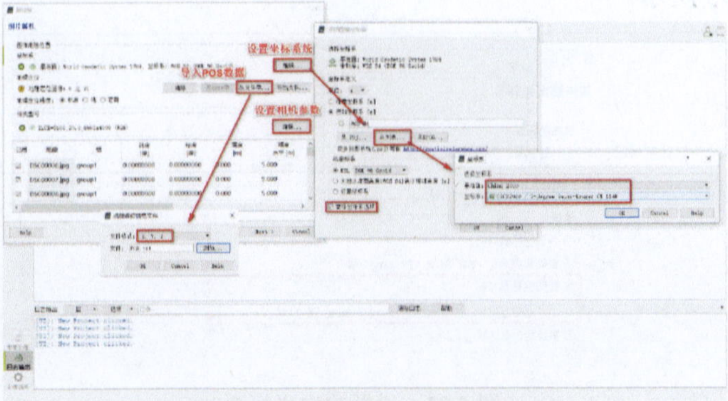

图 5.91　设置坐标系并导入 POS 数据

设置完成后界面如下，点击 Next 进行下一步，出现图 5.92 所示界面。

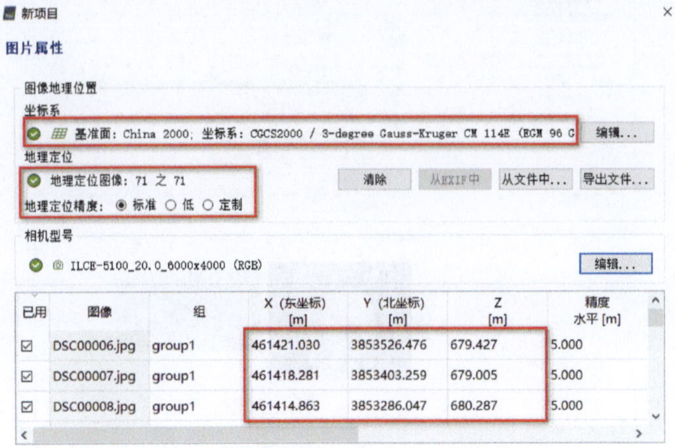

图 5.92　导入 POS 结果

在输出坐标系窗口选择工程输出的坐标系，如图 5.93 所示。

在处理选项模板窗口选择 3D Models 选项，进行倾斜摄影三维模型的构建输出。同时 Pix4D 也可以处理生成 DSM、DOM、农业多光谱、热成像相机项目，在快速检测栏可以快速出图，如图 5.94 所示，点击 Finish 完成项目新建。

5.4.3　导入控制点并刺点

控制点必须在测区范围内合理分布，通常在测区四周以及中间都要有控制点。

要完成模型的重建至少要有 3 个控制点。控制点不要做在太靠近测区边缘的位置，控制点最好能够在 5 张影像上能同时找到（至少要两张）。选择 GCP/MTP 管理命令，如图 5.95 所示。

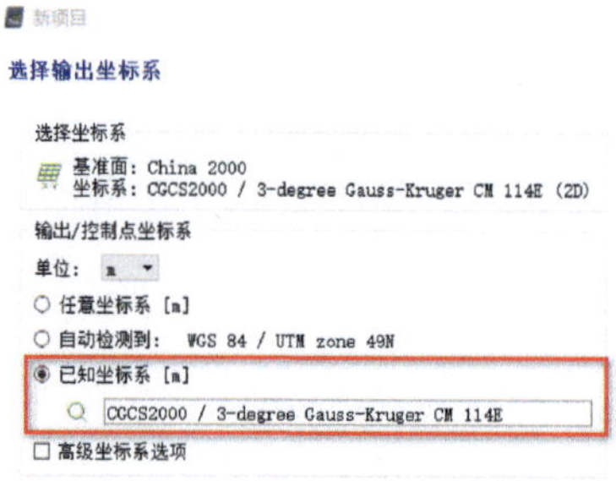

图 5.93　设置输出坐标系

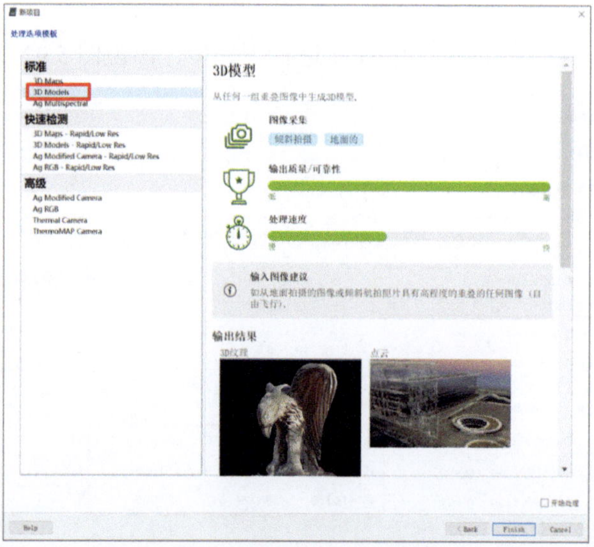

图 5.94　设置 3D Models 模板

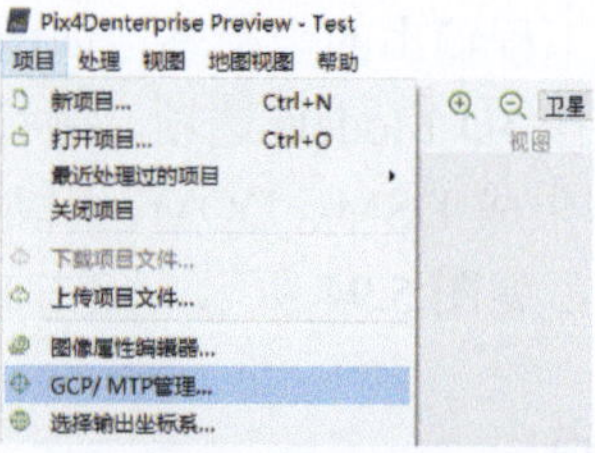

图 5.95　GCP/MTP 管理

在弹出的 GCP/MTP 管理窗口，设置控制点的坐标系，并导入编辑好的控制点文件，如图 5.96 所示。

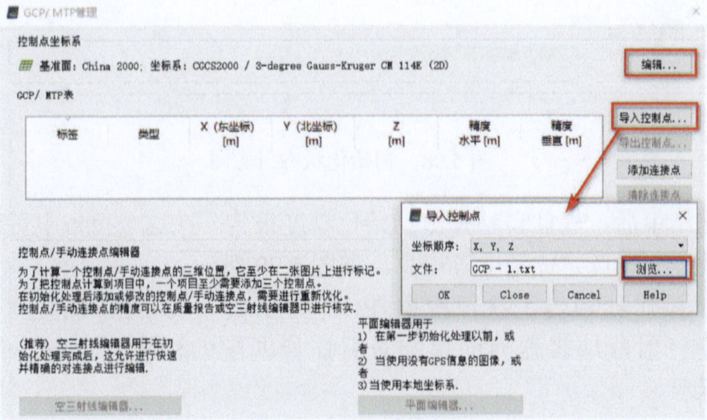

图 5.96　导入控制点

点击确定后就可以在软件主窗口看到 POS 数据与 GCP 数据的叠加视图，以此也可以检查工程设置是否有误，如图 5.97 所示。

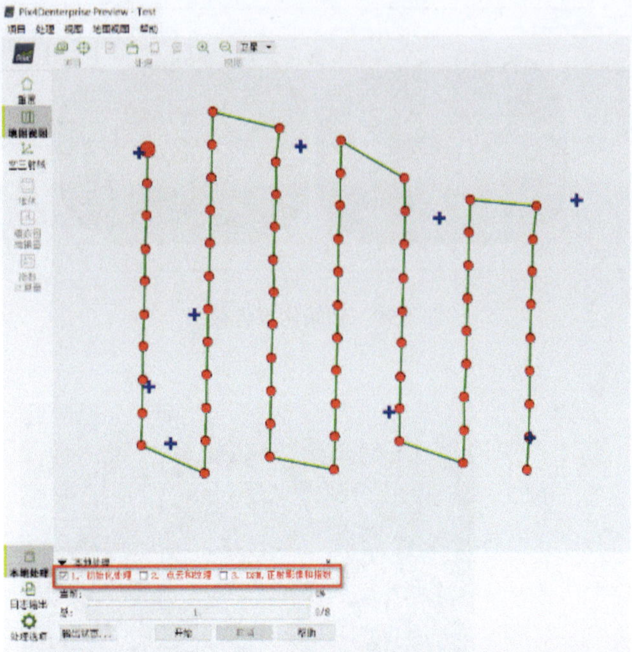

图 5.97　POS 与控制点（GCP）分布图

如图 5.98 所示的界面勾选“1.初始化处理”，取消勾选“2.点云和纹理”及“3.DSM，正射影像和指数”选项，点击开始按钮，软件开始初始化处理。

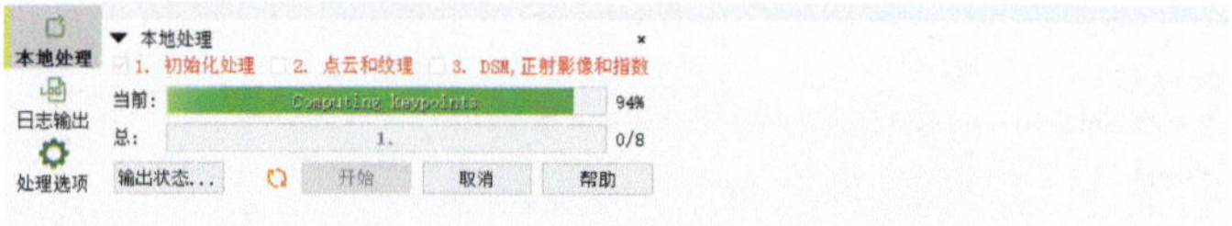

图 5.98　初始化状态日志图

初始化结束后，软件自动弹出初始化精度报告。在这个报告中可以查看航线分布、重叠度、影像定位精度等信息，如图 5.99 所示。

初始化操作就相当于软件根据 POS 数据做一次自由网的空三，执行结束后，在空三射线编辑器界面里能查看影像匹配的稀疏点云及影像分布，如图 5.100 所示。

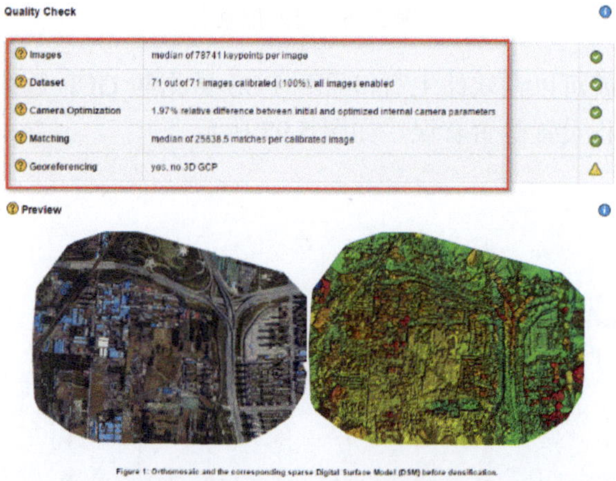

图 5.99　初始化报告截图

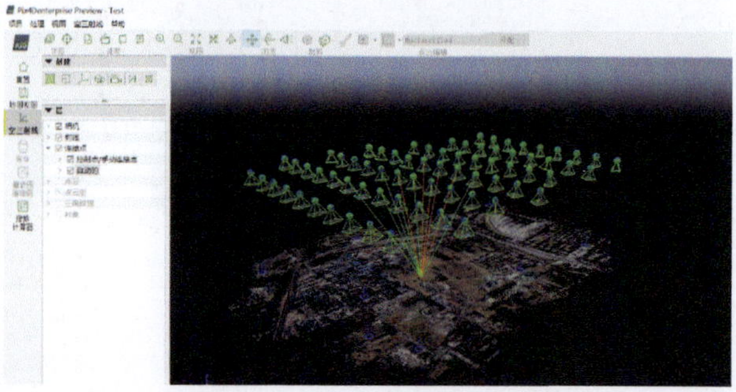

图 5.100　空三射线编辑器界面

完成初始化处理后开始手动刺点，在空三射线编辑器界面展开控制点/手动连接点选项，单击任意控制点，指定该点作为控制点还是检查点，在左侧的列表框中会显示这个控制点所在的所有图像的相片及预测的控制点位置（蓝色的圆圈，中间有一个小点），如图 5.101 所示。

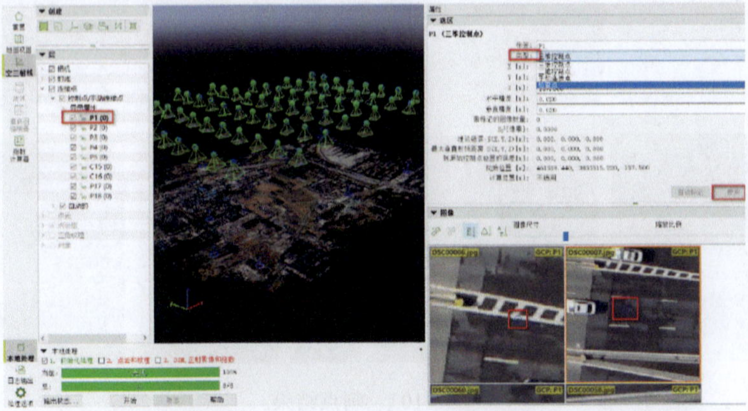

图 5.101 空三射线编辑器界面刺点

在每张相片是上左击图像，刺出控制点的准确位置（至少标出两张）。这时控制点的标记会变成一个黄色的框中间有黄色的叉，表示这个控制点已经被标记(标两张相片后，这个标记中间多一个绿色的叉，则表示这个控制点已经重新参与计算重新得到的位置)，如图 5.102 所示。

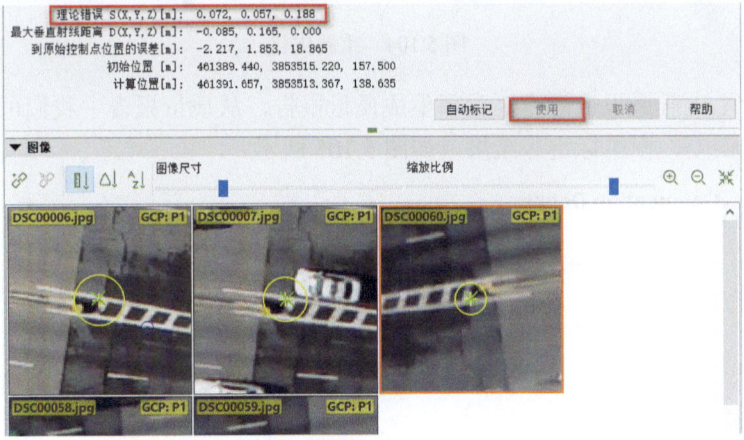

图 5.102 空三射线编辑器界面刺点结果

当所有图像中的绿色标记的位置都在正确的位置上以后，点击上图中的【使用】按钮，进行刺点确认。以同样的方式对其他的控制点分别进行上述的刺点确认操作。图 5.103 展示的是刺点结果。

图 5.103　刺点结果

当所有的点都标记完成后，点菜单栏运行，选择重新优化，把新加入的控制点加入重建，进行自检校空三，重新生成结果，如图 5.104 所示。

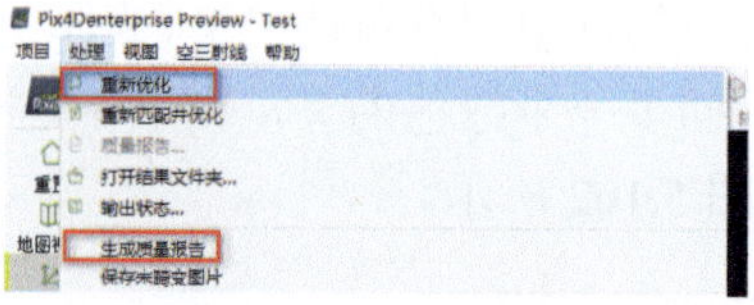

图 5.104　重新优化

执行生成质量报告命令，重新生成质量报告，从质量报告中我们可以查看每个控制点误差、相机标定等结果，如图 5.105 所示。

Geolocation Details

Ground Control Points

GCP Name	Accuracy XY/Z [m]	Error X [m]	Error Y [m]	Error Z [m]	Projection Error [pixel]	Verified/Marked
P1 (3D)	0.020/ 0.020	-0.176	0.007	-0.258	0.812	5 / 5
P2 (3D)	0.020/ 0.020	0.061	-0.133	0.184	1.006	7 / 7
P3 (3D)	0.020/ 0.020	0.039	0.014	0.004	1.068	8 / 8
P4 (3D)	0.020/ 0.020	-0.473	-0.523	1.247	0.579	2 / 2
P5 (3D)	0.020/ 0.020	-0.027	0.038	0.253	0.957	6 / 6
C15 (3D)	0.020/ 0.020	-0.020	0.002	0.012	1.206	7 / 7
P17 (3D)	0.020/ 0.020	-0.167	0.058	0.089	0.567	4 / 4
P18 (3D)	0.020/ 0.020	0.069	0.092	-0.081	0.947	10 / 10
Mean [m]		-0.086697	-0.055729	0.181188		
Sigma [m]		0.170862	0.187234	0.428833		
RMS Error [m]		0.191599	0.195352	0.465539		

图 5.105　控制点误差

图 5.105 中每个控制点的定位精度和在 X、Y、Z 三个方向的平均误差。最后一列自动计算控制点自动匹配和手动标记的影像数量。如果使用控制点，则会显示这张表格。地面控制点用于评估和纠正地理参考。三个控制点是项目地理定位（比例、方向、定位）所需的最小值。最佳精度是使用 5～10 个控制点。图 5.106 则展示相机标定的结果。

ILCE-5100_20.0_6000x4000 (RGB). Sensor Dimensions: 23.333 [mm] x 15.556 [mm]

EXIF ID: ILCE-5100_20.0_6000x4000

	Focal Length	Principal Point x	Principal Point y	R1	R2	R3	T1	T2
Initial Values	5142.857 [pixel] 20.000 [mm]	3000.000 [pixel] 11.667 [mm]	2000.000 [pixel] 7.778 [mm]	0.000	0.000	0.000	0.000	0.000
Optimized Values	5238.917 [pixel] 20.374 [mm]	2974.007 [pixel] 11.566 [mm]	2082.949 [pixel] 8.100 [mm]	-0.151	0.115	0.038	0.001	-0.001
Uncertainties (Sigma)	2.889 [pixel] 0.011 [mm]	0.703 [pixel] 0.003 [mm]	0.663 [pixel] 0.003 [mm]	0.001	0.002	0.004	0.000	0.000

图 5.106　相机标定结果

5.4.4　全自动处理

刺点完成并优化后，Pix4D 可以完全自动化地进行密集匹配并生成三维模型，点击菜单栏视图，选择本地处理，系统出现如图 5.107 所示对话框。

图 5.107　本地处理

在前面添加控制点过程中，如果初始化已经运行，那么这里就不需要再次运行。勾选“2.点云和纹理”，点击开始按钮，软件开始自动化处理。如果在生成三维模型的同时，还需要生成 DSM 和正射影像，则勾选上“3.DSM，正射影像和指数”，再点击开始按钮即可。

开始自动处理前的一些设置需要设置一下（一般都是默认），点击图 5.107 中的处理选项按钮，弹出如下界面，勾选高级设置，对“1. 初始化处理”“2. 点云和纹理”“3. DSM，正射影像和指数”及“资源及信息发送”四项进行设置，如图 5.108 所示。

初始化处理选项主要分为三个选项，分别为常规、匹配及校准，如图 5.109 所示。

常规选项：主要是对采用多大图像比例处理进行设置，全面高精度处理及快速检测就不再重复阐述；定制选项默认为原始图像的尺寸，其中 2 倍图像比例一般应用于比较小的照片，比如 640×320，这样软件可以生成更多的特征点而后进

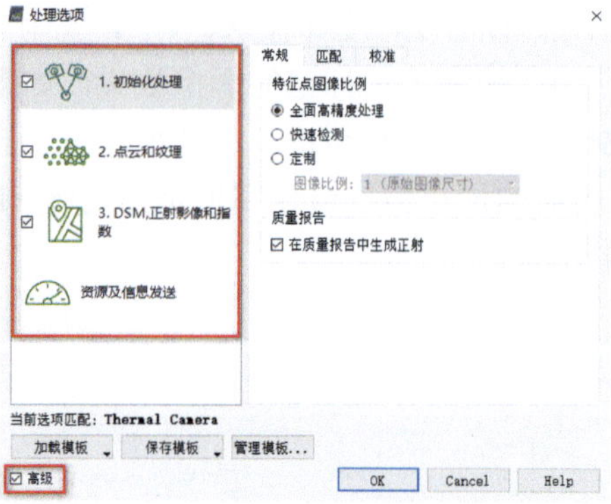

图 5.108　高级设置处理

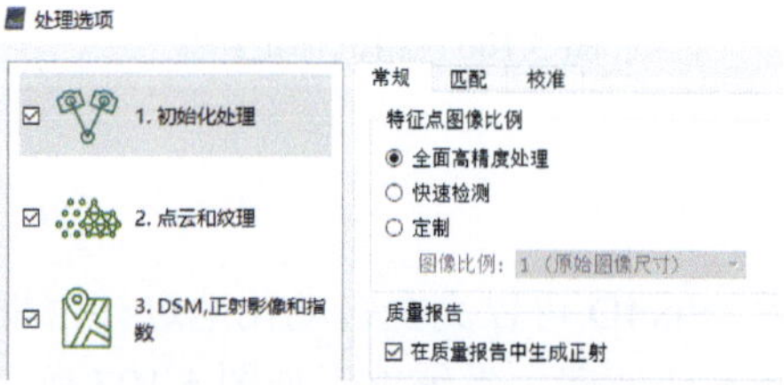

图 5.109　初始化常规选项

行匹配。1/2、1/4、1/8 的图像比例是对原始影像降采样进行处理，主要应用于大重叠度，大像幅的相机以及大测区面积的处理，这样可以加快对整个项目的处理时间。选择 1/2、1/4、1/8 的图像比例时，处理时间会相应减少，但整个项目的精度也会降低。

匹配选项：主要设置影像的匹配策略，如图 5.110 所示。如果无人机镜头是以 90°朝下的飞行路线进行航拍，就选择航拍网格或走廊型航线；如果无人机沿

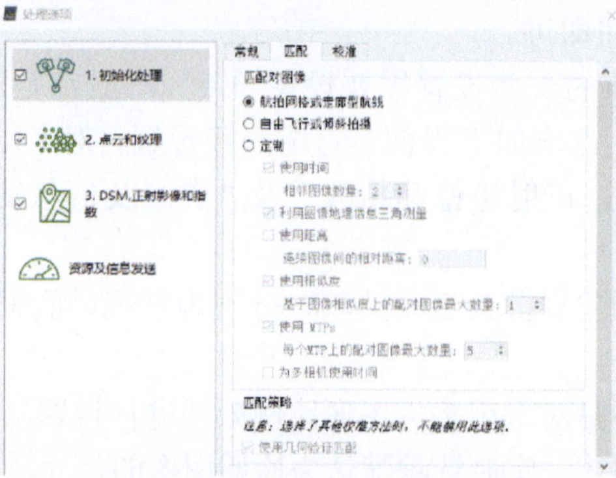

图 5.110　初始化匹配选项

固定的航线以 45°左右的角度进行倾斜航拍，或者绕兴趣点飞行、上下移动等，那么我们就选择自由飞行或者倾斜拍摄，这主要针对倾斜摄影影像。定制选项各项含义如下：

使用时间：匹配的时候将会考虑图像所拍摄的时间戳，用户可以设置在拍摄瞬间之前和之后多少张图像用于匹配。

利用图像地理信息三角测量：此选项仅适合用于带有地理位置信息的图像，主要是利用图像的定位信息构成三角，然后每个图像与构成同一个三角形的图像进行匹配。

使用距离：此选项仅适合用于带有地理位置信息的图像，每个图像可以与一定相对距离内的图像进行匹配。比如我们设置相对距离为 5m，而连续图像之间的平均距离为 2m，那么软件就会计算出 5×2=10m 半径的一个球体，并自动设置一个中心图像，然后与在这个半径为 10m 之内的球体内的所有图像进行匹配。

使用相似度：匹配具有最相似内容的 n 张图像。

使用 MTPs：通过手动连接点连接的图像将被匹配。

为多相机使用时间：主要用于不同相机的对同一区域多个架次的图像进行匹配，它使用其中一个架次的图像时间作为基准，然后与其他架次的图像进行匹配计算。

匹配策略：使用几何验证匹配建立特征点之间的位置信息，处理速度会比较慢，但是结果会更加精确，此选项适合草地，带有玻璃的外墙等纹理重复或者稀疏场景下的匹配；不勾选，匹配仅依靠图像的内容来进行匹配。

校准选项如图 5.111 所示，各参数的含义如下：

特征点数量：分为自动及手动设置特征点的数量。

校准方法：一般默认就是标准，此步骤是一个进行自动空中三角测量、光束法局域网平差以及相机自检校计算的过程，软件会自动进行相机的多次校准直到

图 5.111　初始化校准选项

得出一个满意的重建结果；其他：主要用于具有精确地理位置信息，但低纹理内容，并且地形相对平坦的图像项目；精确地理定位及方向：仅适用于航拍图像具有非常精确的外方位线元素和角元素的情况下。

相机优化：

（1）内方位元素优化：

全部：优化所有的内方位元素，由于无人机上搭载的相机，对于抖动、温度等比较敏感，从而影响相机的校准，因此建议处理这类相机拍摄的图像时选择此选项。

最重要的：优化最重要的内方位元素，此选项是处理某些特殊相机。

无：不优化任何内方位元素，如果相机已经进行严格的校准，而且相机参数已经输入，我们就会选这个选项。

自动查找：强制最优内方位元素以接近初始值，此情况非常罕见，主要应用于同时发现两个不同的最佳焦距值的情况下使用。

（2）外方位元素优化：

全部：同时优化相片的外方位线元素和角元素。

无：不使用任何优化的外方位元素，此选项仅适用于有精确地理定位及方向的影像。

方向：此选项适用于有精确线元素和角元素，但角元素没有线元素那么精确时使用。

再次匹配：对影像进行多次匹配，会得到更好的匹配效果。在测区内有大量植被、森林时建议选上，但会增加处理时间。

预处理：此选项仅对 Bebop 无人机拍摄的图像有效，它能够自动去除 Bebop 所拍摄到的天空部分。

导出：可以选择需要导出的各种参数。

注意：如果需要使用第一步生成的外方位元素进行做立体观测的话，建议同时生成未畸变图像，如使用航天远景时，就必须采用 Pix4D 生成的未畸变图像来新建，否则会产生较大的视差。

点云和纹理的选项主要分为点云、三维网格纹理和高级三项，如图 5.112 所示。

图像比例：1/2 为默认图像比例，建议使用此值。图像原始尺寸：这会生成更多的点，但是会花更多的时间，至少是 4 倍的默认选项的时间，也会使用更多的内存，主要应用于城市，或者有明显轮廓的地形，一般不建议使用；1/4 和 1/8，一般用于农场或植被地形，生成比较少的点，但是对于植被方面的特征点的提取会更加有效。

多比例：选上后会额外生成更多的 3D 点，体现更多的细节。比如选择默认的 1/2 图像比例，那么软件也会对 1/4 和 1/8 的图像比例进行运算。

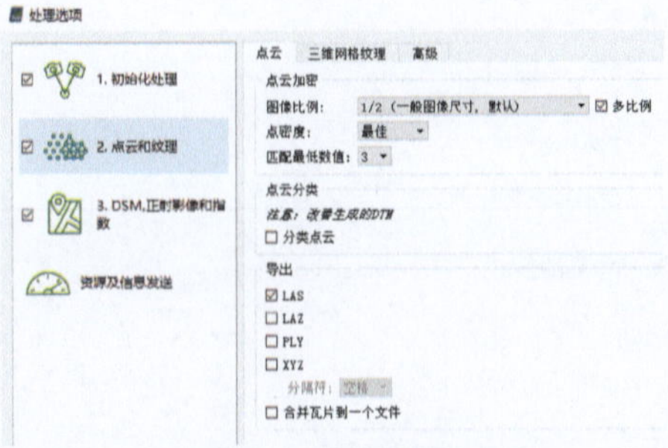

图 5.112　点云选项

导出：可以选择需要导出的点云格式。合并瓦片到一个文件可以把所有的分块点云合并成一个整体的点云文件。

三维网格纹理选项如图 5.113 所示，各参数的含义如下：

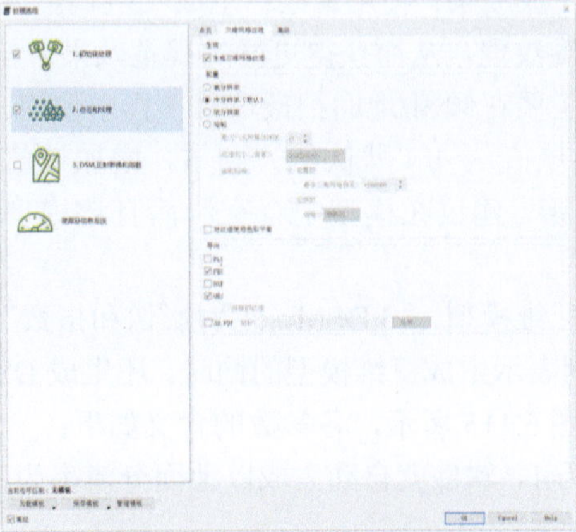

图 5.113　三维网格纹理选项

生成三维网格纹理：此选项勾选就会生成三维纹理模型。

配置：默认生成 8192×8192 纹理大小的三角网格，如果需要一个比较高精度的三维模型，那么可以选择高分辨率选项，同时勾选对纹理使用色彩平衡，这可以保证纹理的色彩会比较统一。

导出：可以选择需要导出的模型格式。

高级选项如图 5.114 所示，各参数的含义如下：

匹配窗口大小：原始图像匹配时算子大小；7×7 更快的处理速度，建议用于正射拍摄的航线；9×9 在原始图像中匹配更多的加密点，建议用于倾斜航拍或者在地面上拍摄的图像。

图像组：主要用于由不同波段组成的图像项目。

图 5.114　高级选项

点云过滤：使用处理区域，如果已经矢量化一个加密区域，那么勾选上这个后，只在这个区域内生成成果；使用调绘：生成一些输出成果用来改变 RayCloud 视图中加密点云和三维纹理，从而获得更好的视觉效果；自动限制相机深度：防止背景物体的重建，主要在倾斜/地面拍摄项目工程中使用。

采样密度分配：该值从 1（默认值）到 5。增加该值将在点的密度较低的区域生成更多的三角形。建议在模型中有空洞而且该模型没有很多的噪点的情况下使用。

如果只需要生成三维模型，“3.DSM，正射影像和指数”前面的选择框可以不用勾选，如果勾选，则表示生成三维模型的同时，还生成 DSM 和正射影像。DSM 和正射影像图选项如图 5.115 所示，各参数的含义如下：

分辨率：默认值为 1，软件就自动生成以地面分辨率为倍数的 DSM 和正射影像图。

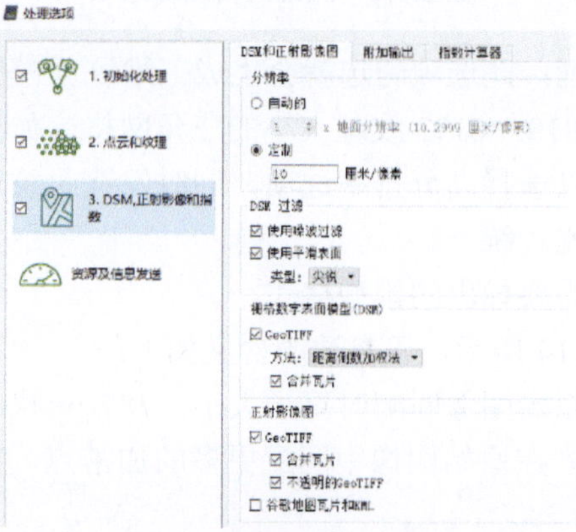

图 5.115　DSM 和正射影像图选项

定制：用户可以自定义正射影像图分辨率。

使用噪波过滤：点云生成的时候会产生一些误匹配点，那么过滤的功能就会把这些错误去掉，并从其他邻近的点取样计算重新生成。

使用平滑表面：平滑生成的表面模型。类型：尖锐可以保留更多的转角、边缘特征。平滑：平滑整个区域。中等：是前两者的一个综合。

栅格数字表明模型（DSM）：距离倒数加权法主要用于点之间进行插值，建议在有很多建筑物的项目工程中使用；三角测量：是基于 Delaunay 三角测量，建议用于农业领域或者土方量计算等领域。

正射影像图：勾选生成正射影像图。

附加输出选项如图 5.116 所示，各参数的含义如下：

方格数字表面模型（DSM）：此选项可以生成不同格式的规则采样格网 DSM。

等高线：根据设置的等高基线和等高距生成不同格式的等高线，等高距值越小，等高线文件就越大，所花的时间也越多。

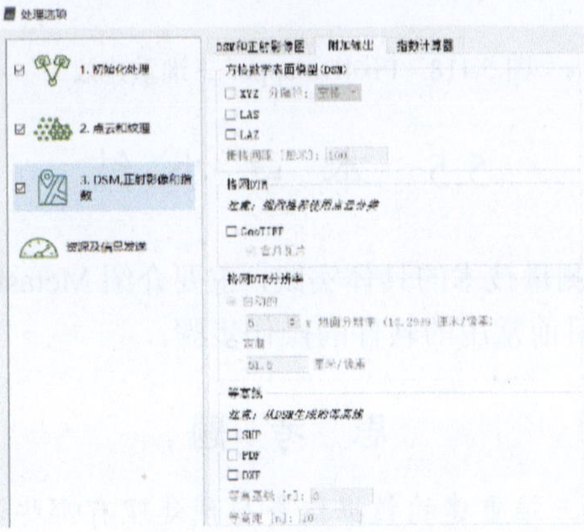

图 5.116　附加输出选项

在资源及信息发送界面图 5.117，设置 Pix4D 处理数据时可用的内存大小和 CPU、GPU 算力。

图 5.117　资源及信息发送选项

完成以上参数设置后，点击本地处理面板中的“开始”按钮，即可自动化完成三维模型的重建，图 5.118 是最终重建的效果图。

图 5.118　Pix4Dmapper 三维重建效果

5.5　本章小结

本章是倾斜摄影测量技术的具体实践，主要介绍 Metashape、ContextCapture、Pix4Dmapper 等几款目前常用的软件的操作步骤。

思考题

1. 简述倾斜摄影三维重建的数据检查与预处理有哪些要求。
2. 简述利用 Metashape 进行三维重建的基本处理流程。
3. 简述 ContextCapture 三维重建的基本流程。
4. 简述 Pix4Dmapper 三维重建的基本流程。

第 6 章

倾斜摄影三维模型编辑技术

倾斜摄影测量三维重建生成的实景三维模型，由于数据源、软件处理算法等原因，生成的实景三维模型或多或少存在漏洞、畸形等问题，因此必须在生成的三维重建模型基础上，利用倾斜摄影三维模型编辑软件来实现模型的修饰，以便获得更加完善的三维模型（沈大勇等，2014）。倾斜摄影三维模型编辑主要是借助相应的模型编辑软件，采用交互式编辑的方式来完成模型精细化修饰。目前模型编辑软件主要有 DP Modeler 软件、SVSMeshEditor 软件、3ds Max 软件以及 Geomagic Studio 软件等，其中 3ds Max 软件、Geomagic Studio 软件属于通用型的三维模型建模与处理软件，虽然可以用于模型编辑，但是并非专用模型编辑软件，很多编辑效果实现起来较为复杂，因此这里重点介绍如何利用 DP Modeler 软件、智觉空间 SVS 软件这两款专业的倾斜摄影三维模型编辑软件来实现模型的编辑。

6.1 基于 DP Modeler 的模型编辑

倾斜摄影三维建模软件 DP Modeler 是武汉天际航信息科技股份有限公司自主研发的一款集精细化单体建模及 Mesh 网格模型修饰于一体的新型软件。通过特有的摄影测量算法，支持航测影像、无人机影像、地面影像、车载影像、激光点云等多数据源集成，实现空地一体化作业模式，有效地提高三维建模的精度及质量。

DP Modeler 可以直接在倾斜影像上进行交互式单体化建模，对任意表面进行推拉、编辑、调整，快速完成模型的构建；可以自动检索多角度影像，一键式纹理自动映射。该软件创新的多源数据管理模式，可以集成空地一体数据，能有效弥补航空影像对于底商、立面、城市部件等信息的缺失（邓琴和吕开云，2015；邓琴，2015）。

6.1.1 数据准备

由于 DP Modeler 软件加载的是 Jas 格式模型，因此要将倾斜三维模型转成该格式，需要提前准备以下数据：

- 空三成果（.XML 格式）；
- OSGB 格式模型；
- OBJ 格式模型；
- 影像。

6.1.2 解决方案配置

1. 空三文件及影像配置

（1）双击“JasNewslnManager”图标→空项目→输入名称→指定存放路径→

下一步，如图 6.1 所示。

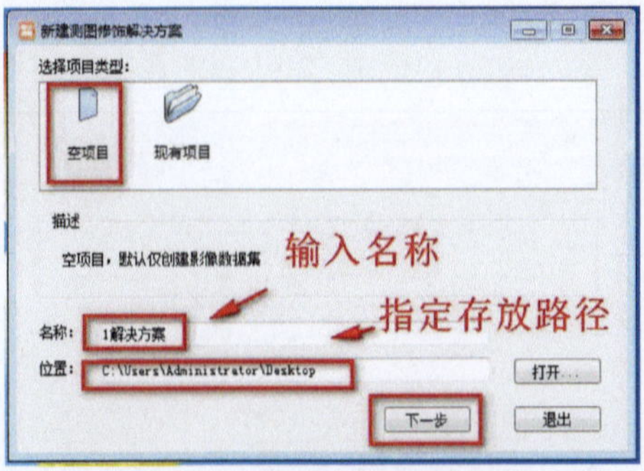

图 6.1　新建测图修饰解决方案

（2）数据导入→影像→航空影像→导入 ContextCapture 成果，即空三文件（格式为.XML），如图 6.2 所示。

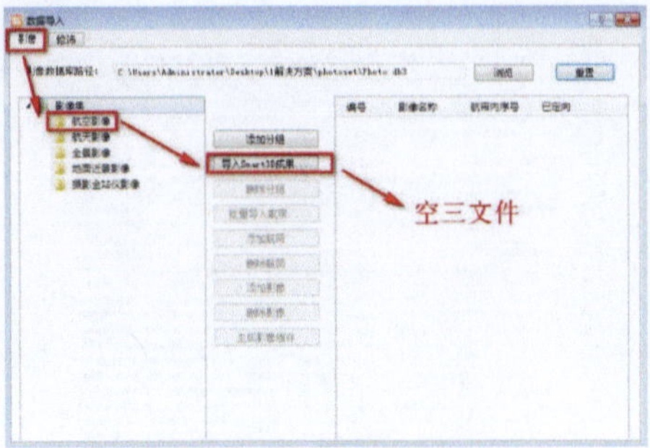

图 6.2　数据导入对话框

（3）指定空三路径，如图 6.3 所示。

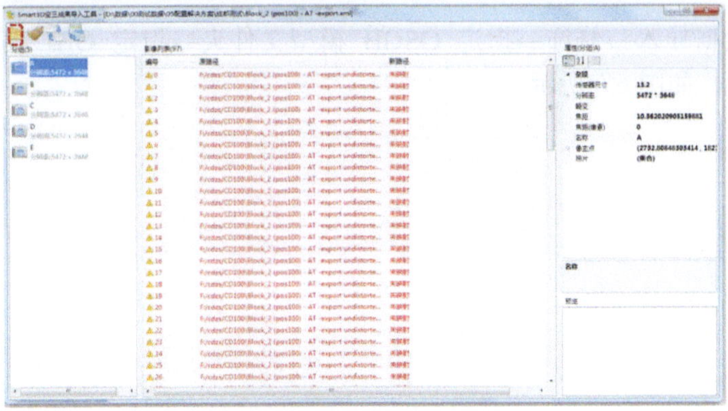

图 6.3　指定空三路径

（4）映射照片路径，如图 6.4 所示。

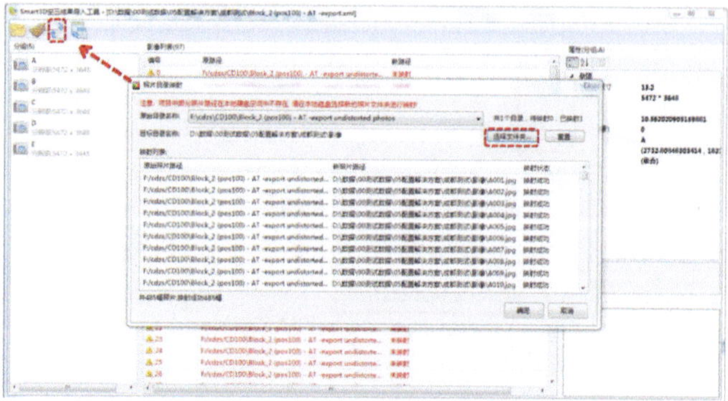

图 6.4　映射照片路径

（5）导出到 Jas 工程，如图 6.5 所示。

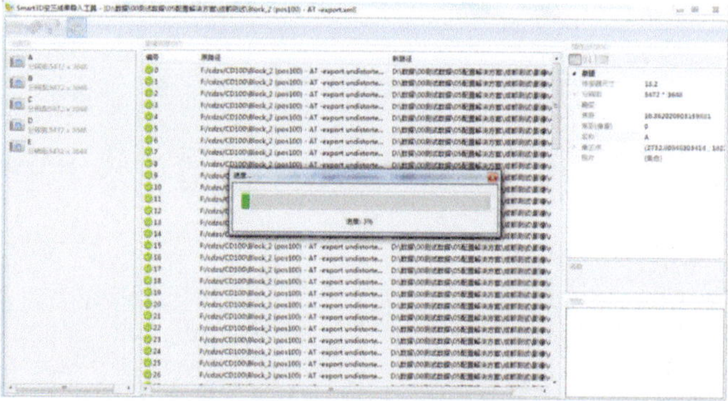

图 6.5　导出到 Jas 工程

2. OSGB、OBJ 模型配置

点击数据导入→修饰→指定 OSGB 模型文件夹→指定 OBJ 模型文件夹→输入偏移值，如图 6.6 所示。

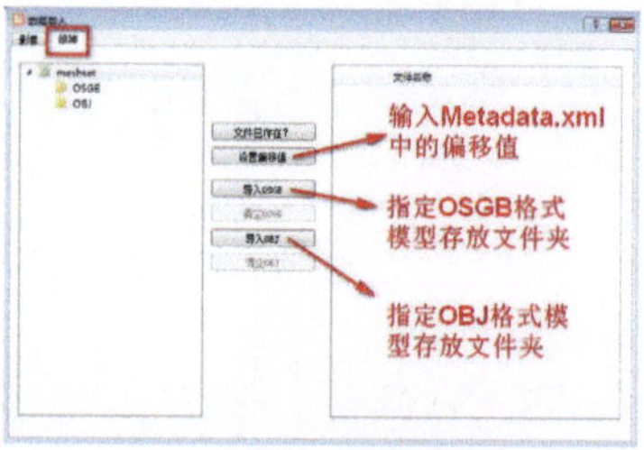

图 6.6　模型配置

6.1.3　软件界面介绍

打开 DP Modeler 软件，点击打开工程，选择“Jas”格式文件，将模型加载进来，此时弹出软件主界面，如图 6.7 所示。

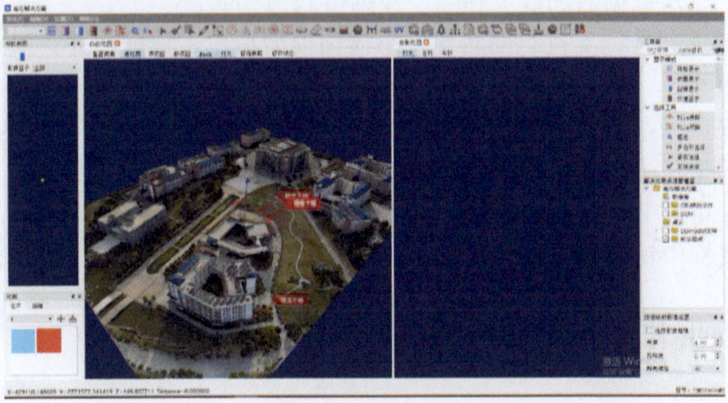

图 6.7　软件主界面

软件主界面包含菜单栏、工具箱、解决方案管理器及作业区。

（1）菜单栏。文件：新建、打开解决方案，浏览最近使用的解决方案、退出。视图：根据需要可以选择不同的视图模式，如图 6.8 所示。

（2）工具箱。单体化建模及修饰相关的工具插件，包括默认工具、采集工具和编辑工具，如图 6.9 所示。OBJ 修饰和 OSGB 修饰主要是对不同格式的模型进行修饰。“新建”下方的工具主要用于模型单体化制作。

（3）解决方案管理器。如图 6.10 所示，各选项含义如下：

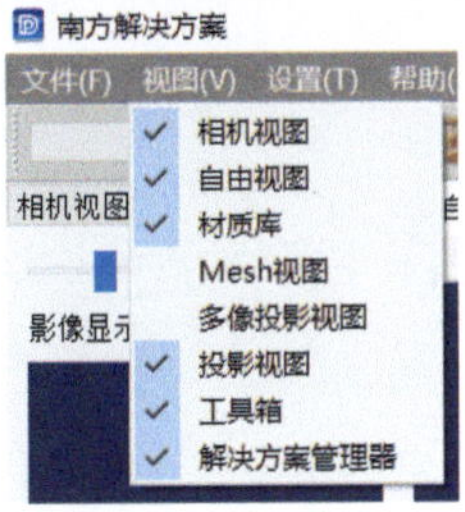

图 6.8　视图菜单

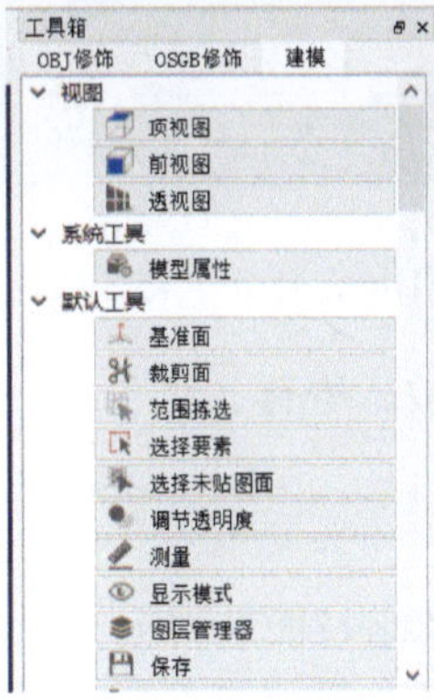

图 6.9　工具箱

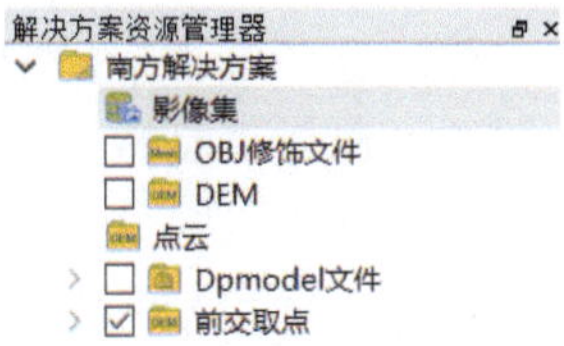

图 6.10　解决方案资源管理器

影像集：影像数据（航空、全景、地面近景及摄影全站仪影像）管理。

OBJ 修饰文件：管理编辑过 OBJ 格式的 3D mesh 模型，包含模型的保存、移除、格式转换，还原等。

DEM：DEM、DSM 或 DOM 数据的加载及移除，数据格式为*.TIF 和*.dem。

点云：点云数据的加载及移除，数据格式为*.las。

Dpmodel 文件：支持组的新建，单体化模型新建、数据合并、单体化数据导入，以及删除。

前交取点：存储通过多像前交获取点位的相关信息及多像前交点的导入导出。

（4）作业区。可以同时显示多个视图界面，如同时打开自由视图、相机视图、投影视图，可调节视图窗口大小。模型加载进来后，按 Alt+鼠标中键，可旋转模型，按住鼠标中键可平移模型。

6.1.4 Mesh 修饰

1. 建筑修饰

1）单个 Tile 内部修饰

（1）OBJ 修饰→选择工具→Tile 选择，选中建筑物区域。如图 6.11 所示。

图 6.11 Tile 选择建筑物区域

注意：选择过程中模型不可缩放、平移。

加选：选择工具持续选择。

减选：Shift+选择工具。

不穿透选择：Alt+选择工具（忽略背面选择）。

（2）OBJ 修饰→选择工具→多边形选择工具，在 Mesh 视图中，顶视图状态，用该工具选中需要修饰的建筑物，点右键结束，如图 6.12 所示。

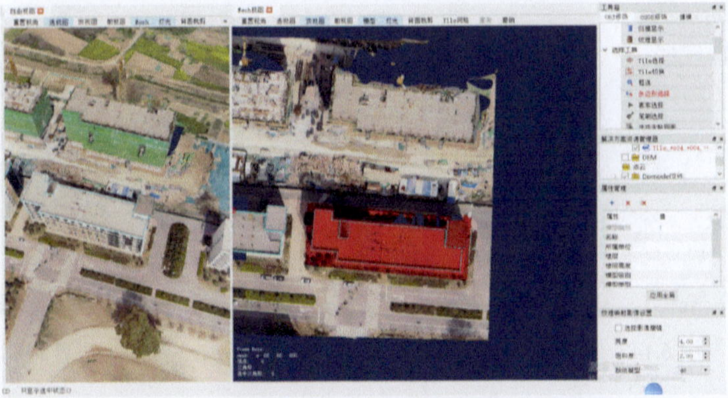

图 6.12　选中需修饰的建筑物

（3）Mesh 视图中，切换成透视视图，旋转视图检查是否建筑物都选中。点击：OBJ 修饰→编辑工具→拟合到平面，在“拟合设置”框中，平面类型选择“三点创建”，在建筑物周围平整区域点三个点，点击“对齐”按钮，使三点确定一个平面，点击“确定”按钮，将建筑物拟合到该平面上，如图 6.13 所示。

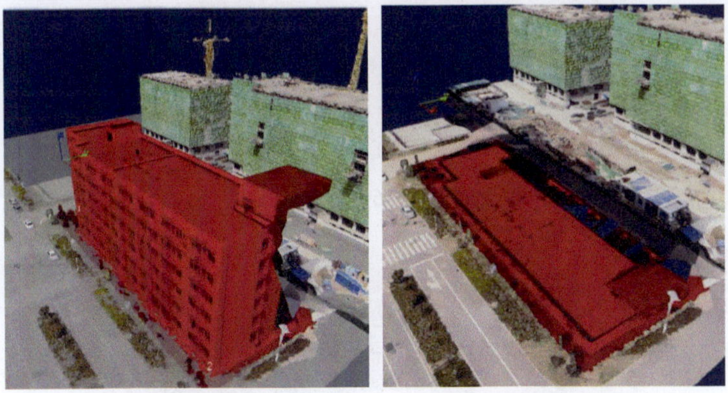

(a) 拟合前　　(b) 拟合后

图 6.13　拟合效果

（4）点击“delete”键，删除平面，如图 6.14 所示。

（5）OBJ 修饰→编辑工具→补洞，点击左下角“边界洞模式”，如图 6.15 所示，将鼠标放置边缘线处，使其变成绿色。

然后双击鼠标，进行补洞，补洞后该区域变成红色。补洞后（图 6.16），可以看到该区域已被构网。

（6）选择基准面工具，在地面上确定基准面高度。点击：OBJ 修饰→纹理工具→Mesh 自动贴图，进行纹理映射，如图 6.17 所示。

图 6.14　删除平面

图 6.15　激活“边界洞模式”

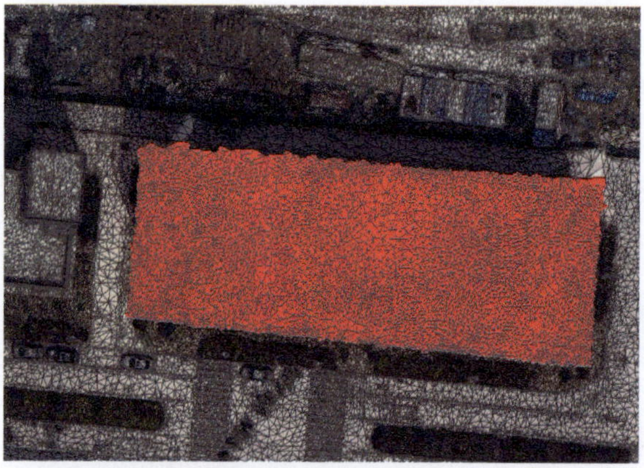

图 6.16　补洞后

图 6.17　纹理映射

（7）OBJ 修饰→选择工具→多边形选择，按 ESC 键取消红色区域选中状态。如图 6.18 所示。

图 6.18　取消选中状态

点击 Mesh 视图中的模型，将新建模型加载上去，查看建筑物底座是否与纹理套合，如果边界不套合，需要进一步进行纹理修改，如图 6.19 所示。

图 6.19　加载新建模型

2）两个 Tile 内部修饰

（1）OBJ 修饰→选择工具→Tile 选择，选中建筑物区域，图中建筑物需要选中两个 Tile，如图 6.20 所示。

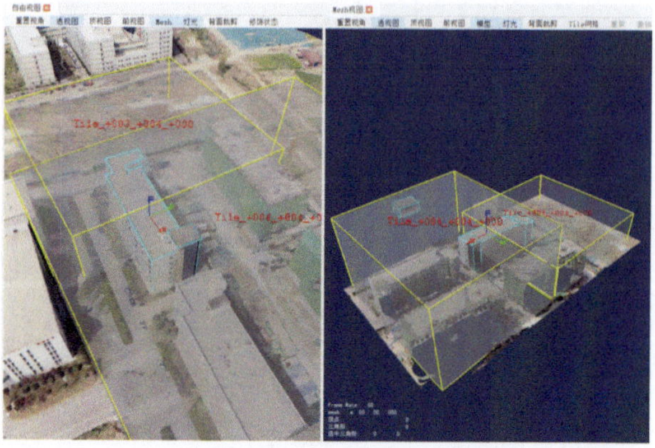

图 6.20　选中两个 Tile

（2）OBJ 修饰→选择工具→多边形选择工具，在 Mesh 视图中，顶视图状态，用该工具选中需要修饰的建筑物，点右键结束。

（3）Mesh 视图中，切换成透视视图，旋转视图检查是否建筑物都选中。

OBJ 修饰→编辑工具→拟合到平面，在“拟合设置”框中，平面类型选择“三点创建”，在建筑物周围平整区域点三个点，点击“对齐”按钮，使三点确定一个平面，点击“确定”按钮，将建筑物拟合到该平面上，如图 6.21 所示。

图 6.21　拟合至平面

（4）点击“Delete”键，删除平面，如图 6.22 所示。

图 6.22　删除平面

（5）OBJ 修饰→编辑工具→补洞，点击左下角“边界洞模式”，如图 6.23 所示。

分别在两个 Tile 中进行补洞。鼠标点击一个瓦片的缺口处，两个边各点击一个点，使之选中变成红色线，双击，整个区域变成红色，如图 6.24 所示。

图 6.23 激活边界洞

图 6.24 第一个 Tile 补洞

同样的方法，对另外一个 Tile 进行补洞。鼠标点击两个 Tile 的接口处，两边各点一个点，使之变成红色边线，双击整个区域变成红色，如图 6.25 所示。

图 6.25 第二个 Tile 补洞

（6）选择基准面工具，在地面上确定基准面高度。

OBJ 修饰→纹理工具→Mesh 自动贴图，进行纹理映射，如图 6.26 所示。

图 6.26　Mesh 自动贴图

（7）OBJ 修饰→选择工具→多边形选择，按 ESC 键取消红色区域选中状态，如图 6.27 所示。

图 6.27　取消选中，完成贴图

点击 Mesh 视图中的模型，将新模型加载上去，如图 6.28 所示。查看建筑物底座是否与纹理套合，如果边界不套合，需要进一步进行纹理修改。

图 6.28　加载新模型

2. 水面修饰

（1）打开 Mesh 视图：视图→Mesh 视图，如图 6.29 所示。

图 6.29　打开 Mesh 视图

（2）OBJ 修饰→选择工具→Tile 选择，选中需要修饰的水域区域，加载到 Mesh 视图中，如图 6.30 所示，选中两个 Tile 后，在右侧 Tile 选择框中点击确定。

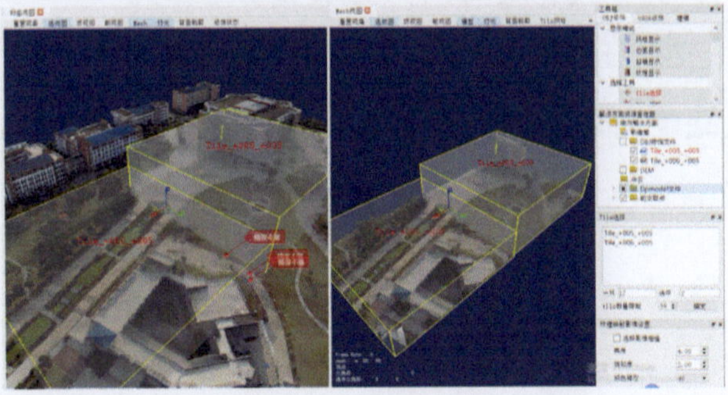

图 6.30　加载两个 Tile

点击 OBJ 修饰→显示模式→线框，可以看到中间的水域没有构建成网，说明该区域是空洞，如图 6.31 所示。

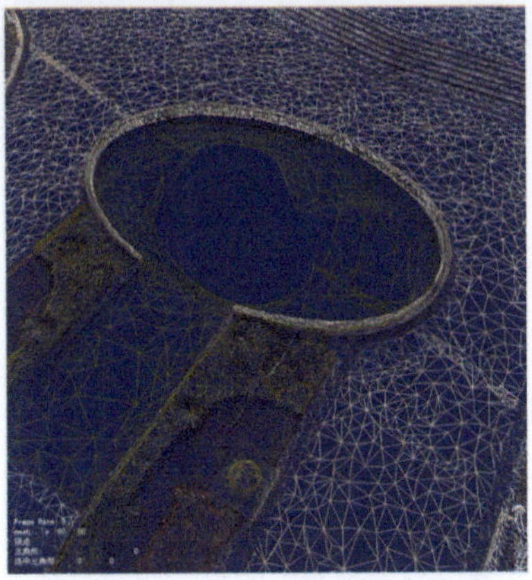

图 6.31　空洞的水域

（3）旋转 Mesh 视图，找到水面的高度，点击基准面工具，切准水面高度。

（4）将 Mesh 视图切换为顶视图，点击建模→创建工具→线，沿着水域的边界编辑轮廓线，如图 6.32 所示。

（5）点击选择要素工具，选择线，鼠标框选中采集的矢量线。

（6）OBJ 修饰→编辑工具→水面修饰，弹出水面修饰设置对话框，如图 6.33 所示。

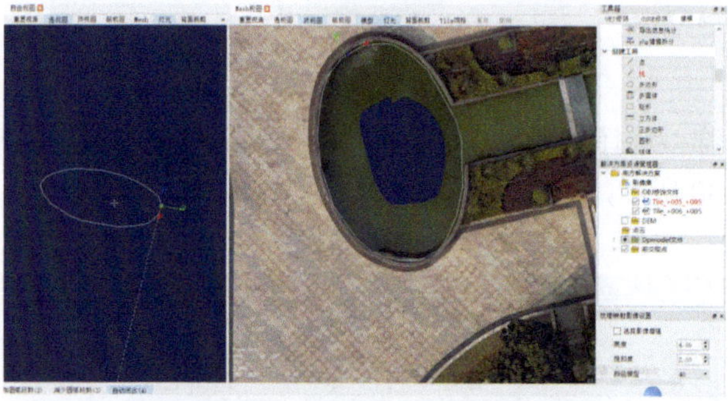

图 6.32　采集水域边界线

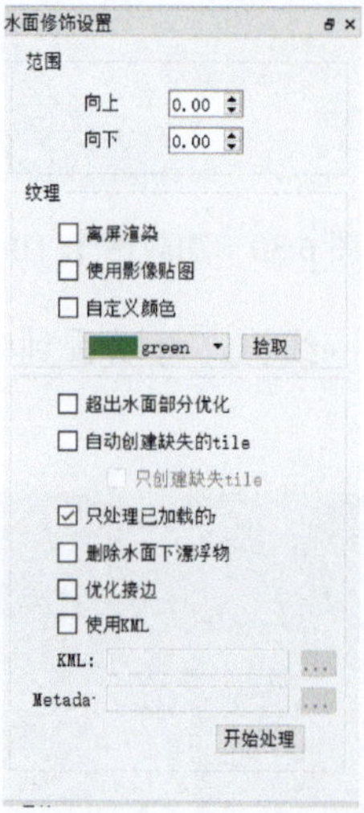

图 6.33　设置水面修饰参数

设置范围参数：向上 5，向下 5。

纹理：点击拾取，在水面点一下，拾取水面颜色。

选择优化接边。

点击“开始处理”，如图 6.34 所示。

处理后线框显示如图 6.35 所示，可以看出空洞区域已经填补了网格。

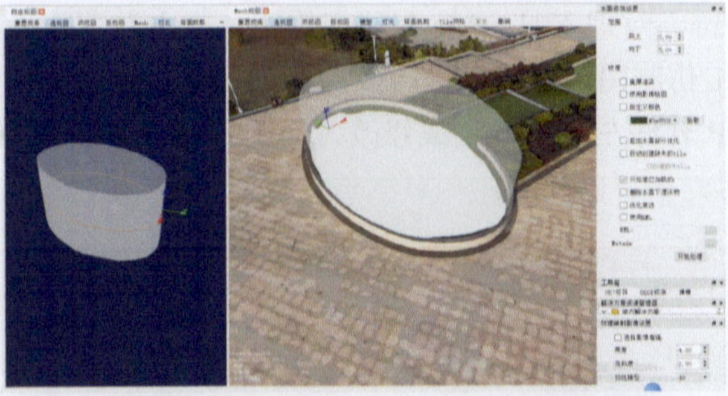

图 6.34　参数设置后的水域

图 6.35　完成水域补洞

（7）OBJ 修饰→纹理工具→Mesh 自动贴图，如图 6.36 所示。

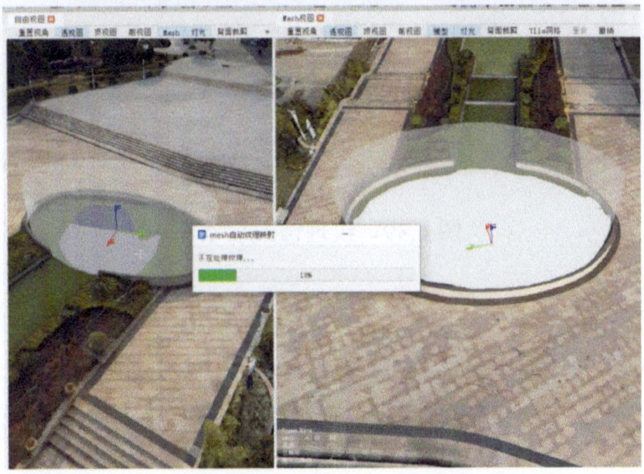

图 6.36　Mesh 自动贴图

（8）OBJ 修饰→纹理工具→Mesh 纹理修改，点击左下角“开始修改”，启动 PS，在 PS 中点击仿制图章工具，修改纹理。如图 6.37 所示。

（9）点击 DP 软件左下角，完成修改，如图 6.38 所示，替换新纹理，最后效果如图 6.39 所示。

(a) PS中修改前纹理　　(b) PS中修改后纹理

图 6.37　PS 修改纹理

图 6.38　完成修改工具

图 6.39　纹理修改后水面

3. 道路修饰

（1）打开 Mesh 视图，OBJ 修饰→选择工具→Tile 选择，选中需要修饰的道路区域 Tile，在右侧 Tile 选择框中点击确定，加载到 Mesh 视图中，如图 6.40 所示。

（2）OBJ 修饰→选择工具→多边形选择，在 Mesh 视图中，采集需修饰的道路区域，如图 6.41 所示，选中汽车。

（3）OBJ 修饰→编辑工具→道路置平，将汽车圈中，点击右键结束，如图 6.42 所示。

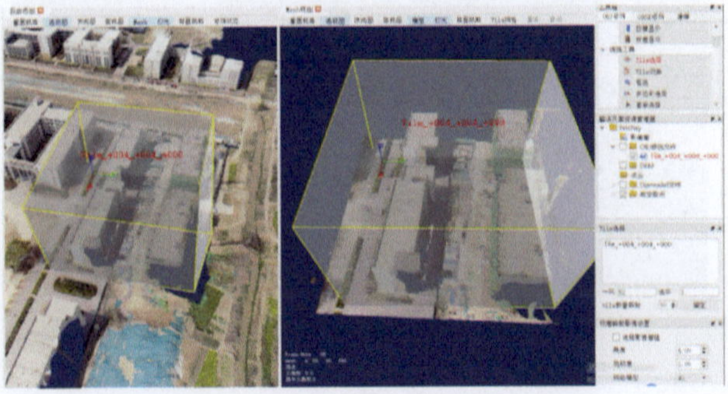

图 6.40　Tile 选择

图 6.41　多边形选择修饰区域

图 6.42　道路置平后效果

（4）OBJ 修饰→纹理工具→Mesh 纹理修改，点击左下角“开始修改”，启动 PS 软件，修改纹理图片，如图 6.43 所示。

(a) 修改前　　(b) 修改后

图 6.43　PS 纹理修改前后对比效果

（5）点击 DP 软件左下角“完成修改”，自动替换修改后的图片（图 6.44）。

图 6.44　DP 软件替换纹理修改后效果

4. 漂浮物删除

（1）打开 Mesh 视图，OBJ 修饰→选择工具→Tile 选择，选中相应 Tile，加载到 Mesh 视图中，如图 6.45 所示。

（2）选择基准面工具，在地面上切准地面高度。OBJ 修饰→编辑工具→选取漂浮物，弹出“选项”对话框设置大小，如图 6.46 所示。

点击“应用”，漂浮物被选中，红色显示，如图所示，点击“Delete”删除即可，如图 6.47 所示。

5. 墙体线拉直

（1）打开 Mesh 视图，OBJ 修饰→选择工具→Tile 选择，选中相应 Tile，加载到 Mesh 视图中。

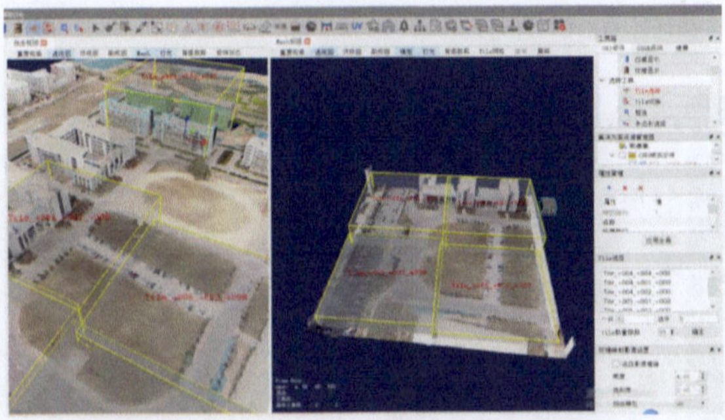

图 6.45 加载 Tile

图 6.46 设置漂浮物大小

图 6.47 删除选中的漂浮物

（2）OBJ 修饰→编辑工具→墙线拉直工具，在模型顶和底部选取两点→产生样条线→点击确定，如图 6.48、图 6.49 所示。

6.1.5 成果导出

1. DP-Modeler 精细化模型导出

解决方案资源管理器→Dpmodeler 文件→方框打 √→右键→批量导出，弹出参数设置对话框，如图 6.50 所示。

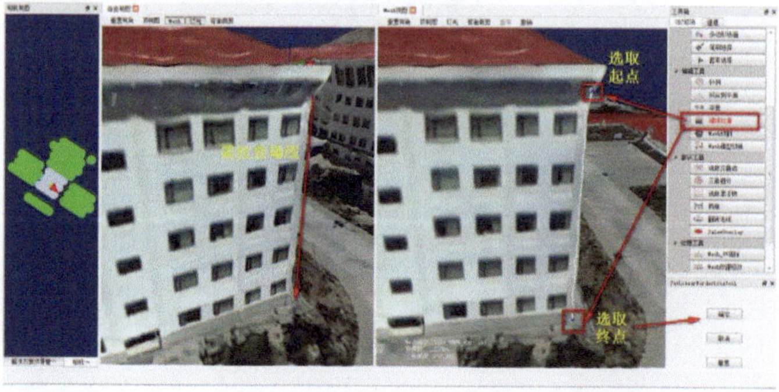

图 6.48　墙线拉直工具

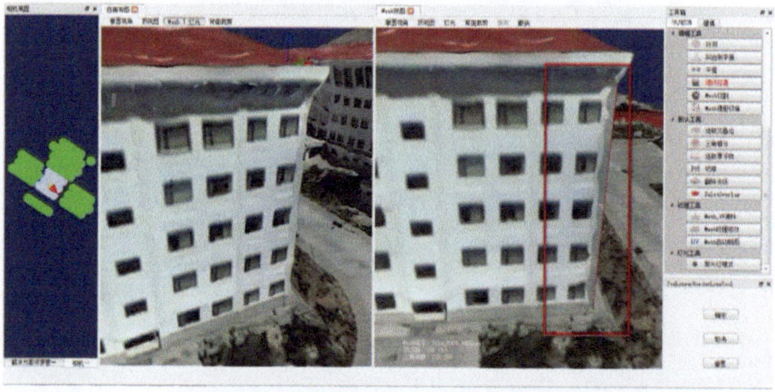

图 6.49　墙线拉直后效果

偏移值：默认。

文件类型：根据导出数据格式需求，选择不同的格式，*.obj、*.osgb、*.3ds、*.3dtile。

贴图设置：当模型较多时，需要进行模型贴图命名，命名方式根据项目要求进行设置，可进行预览。

自动合并小图片：根据需要进行设置。

参数设置完成后，点击确定，保存路径。

2. OBJ 修饰文件导出

（1）解决方案资源管理器→OBJ 修饰文件→右键→批量导出 OSGB 或 OBJ 格式数据。在导出设置对话框中，设置相关参数（图 6.51）。

（2）数据默认存储路径：解决方案工程文件\meshset\osgb_edit 文件夹，如图 6.52 所示。

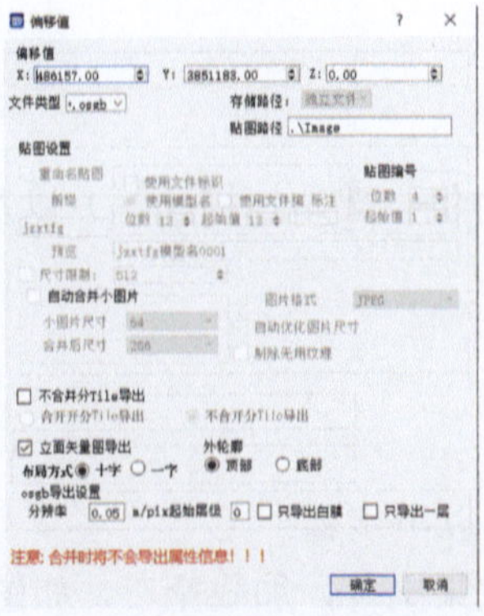

图 6.50　参数设置

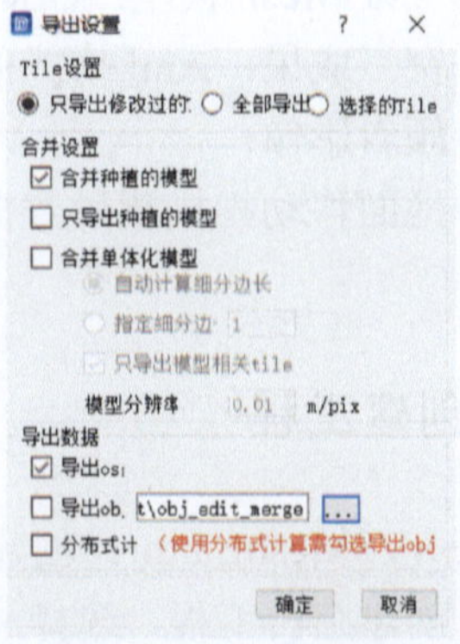

图 6.51　导出设置

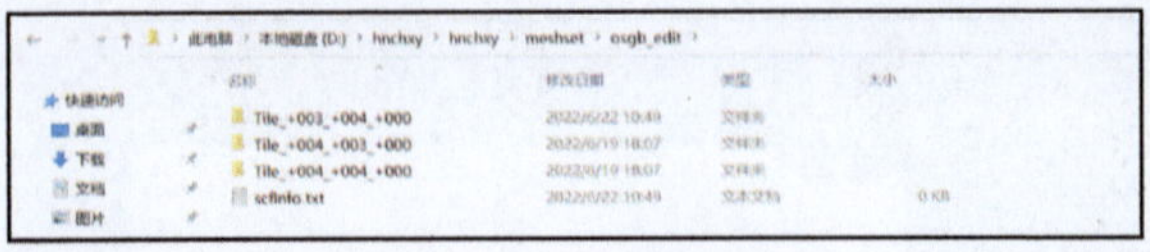

图 6.52　存储路径

以上就是基于 DP Modeler 软件的模型编辑实现的主要流程和方法。

6.2　基于 SVSMeshEditor 的模型编辑

SVSMeshEditor① 是武汉智觉空间信息技术有限公司自主研发的一款针对实景模型编辑的软件，主要功能包括：OSGB 格式快速修饰、OBJ 格式精细修饰、模型库、大面积水域一键修补、场景纹理多样化、悬浮物批量删除、平台格式一键输出、实景重投影、数据管理。SVSMeshEditor 可以在 OBJ/OSGB 两种格式的倾斜摄影三维模型数据上进行结构和纹理的修饰优化，改善三维重建后初级模型的各种瑕疵，提升倾斜三维模型的整体感观效果。

下面介绍如何利用 SVSMeshEditor 软件，结合倾斜影像、地面移动扫描测量数据（包括车载、背包、架站扫描仪等），以及外业获得照片，对自动生成的三维模型进行修饰，修饰的内容包括：整体检查修饰、建筑物检查修饰、道路检查修饰、水面检查修饰、悬浮检查修饰。

6.2.1　数据准备

模型编辑所需的数据包括：

① SVSMeshEditor2. 0 软件操作指南. 武汉智觉空间信息技术有限公司[M]. 武汉.

（1）三维 Mesh 模型：OSGB、OBJ；

（2）空三成果：.xml 格式的空三成果文件；

（3）倾斜影像；

（4）地面移动扫描测量数据（包括车载、背包、架站扫描仪等）以及外业获得照片。

6.2.2 创建工程

打开 SVSMeshEditor，创建工程，主要包括以下步骤：

（1）创建空白工程，选择.xml 格式的空三成果文件，加载空三，如图 6.53 所示。

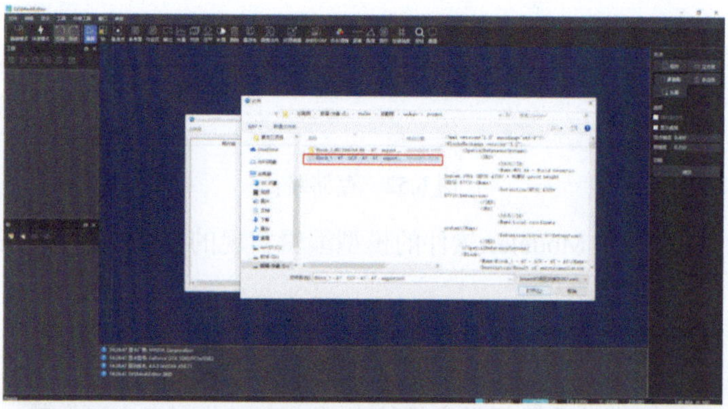

图 6.53 加载空三

（2）点击主菜单选择更改影像路径，指定好数据的去畸变影像路径，更改倾斜影像路径，使倾斜影像指向其所在存储位置，如图 6.54 所示。

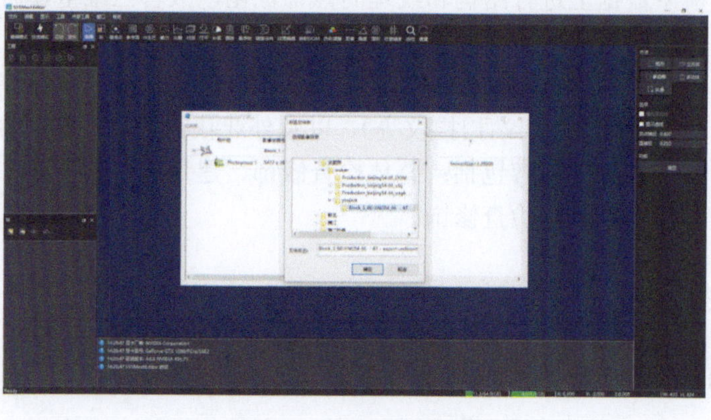

图 6.54 更改影像路径

（3）分别选择 OSGB 和 OBJ 格式的三维模型进行加载，可批量加载，如图 6.55 所示。

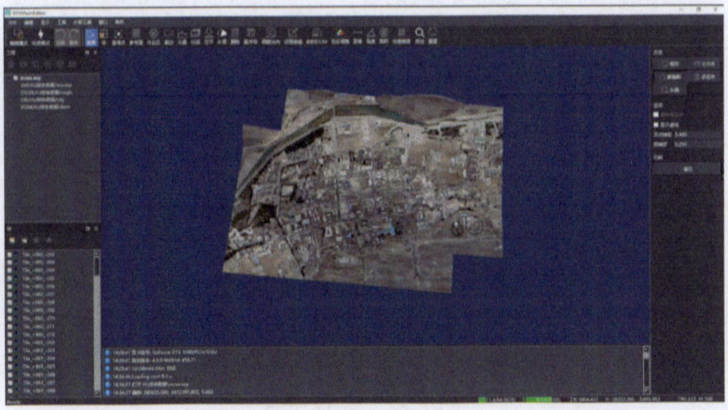

图 6.55　批量加载 OSGB 和 OBJ 格式的三维模型

6.2.3　三维模型的粗修

1. 浏览

常用的浏览操作方法如表 6.1 所示。

表 6.1　Mesh 浏览操作方法

功能	浏览状态	量测状态
平移	鼠标中间按住	鼠标中间按住
缩放	滚轮滚动	滚轮滚动
旋转	鼠标右键	Shift+鼠标右键

按住鼠标中键，可对三维模型进行平移，滚动滚轮，可对三维模型进行缩放，按住鼠标右键，可对三维模型进行旋转。

2. 选择

在 OSGB 模式中，通过选择工具中的“矩形”和“多边形”来圈选场景中的建筑范围，“立方体”“多边体”“球体”一般用于立面选择，如图 6.56 所示。

3. 压平编辑

压平编辑是针对导入的模型数据进行范围房屋的选择，通过一键完成半自动化压平。在实景三维中，利用选择工具选择范围后，点击“压平”根据实际需求选择“水平面”或“垂直面”或“空间面”或“指定高程”等确定基准面的方式，点选好基准面之后，点击鼠标右键即可压平。

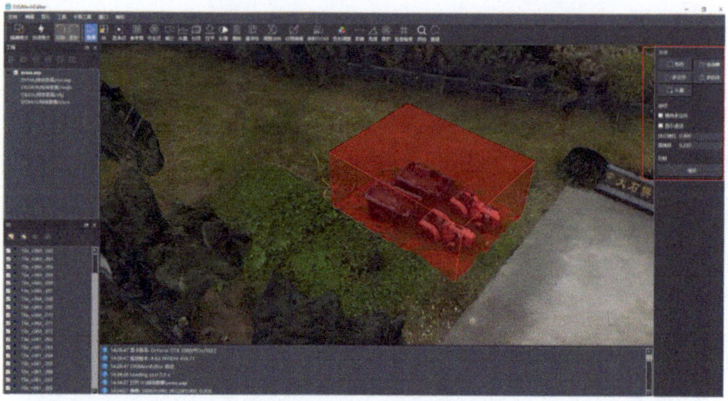

图 6.56　选择工具

（1）水平面：只需点击压平物周围地面任意一点，确定基准面，压平使用时，根据实际项目需求勾选“去重叠”“底面优先”“弱化闪面”“低地不变”等功能。

（2）空间面：需选择压平物周围三处地面高来自动估算综合一个高度值，确定基准面，压平使用时，根据实际项目需求勾选“去重叠”“底面优先”“弱化闪面”“低地不变”等功能。

（3）垂直面：需用“立方体”或“多边体”或“球体”包裹选择立面，在立面上选取两个点确定基准面（平面压平无法使用），使用时必须勾选“对齐到平面”功能。

（4）指定高程：只需输入高程数值，即可确定基准面。

（5）平面上升：向上方调整确定好的基准面。平面下沉：向下方调整确定好的基准面。图 6.57 显示的是压平编辑的效果。

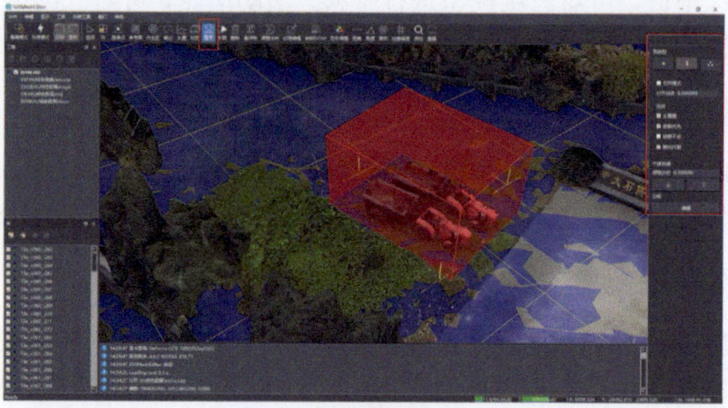

(a) 压平前

(b) 压平后

图 6.57 压平编辑效果

4. 补面编辑

使用选择工具将需要补面的区域选择出来，如图 6.58 所示。

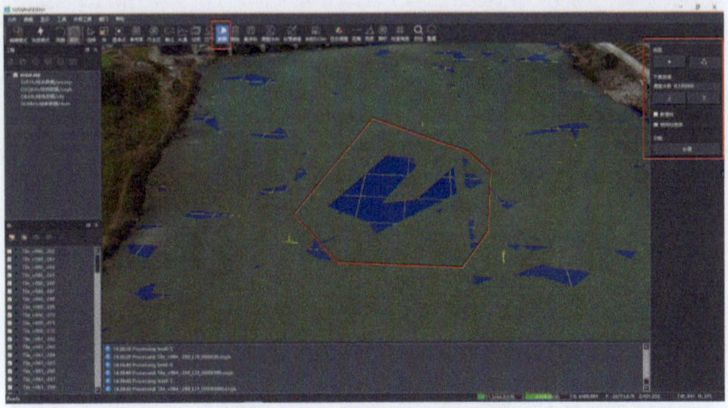

图 6.58 选择要补面的区域

点击补面，根据需求选择相对应的“水平面”“垂直面”“空间面”等功能后，点击鼠标右键，即可完成补面操作，如图 6.59 和图 6.60 所示。

选择水平面：选取一个点确定基准面。

选择垂直面：在立面选取两个点确定基准面（立面专用）。

选择空间面：选取三个点确定基准面。

5. 纹理编辑

在实景三维中，接着压平后的范围点击工具栏的“纹理编辑”可调出 Photoshop 进行纹理修饰，如图 6.61 所示。

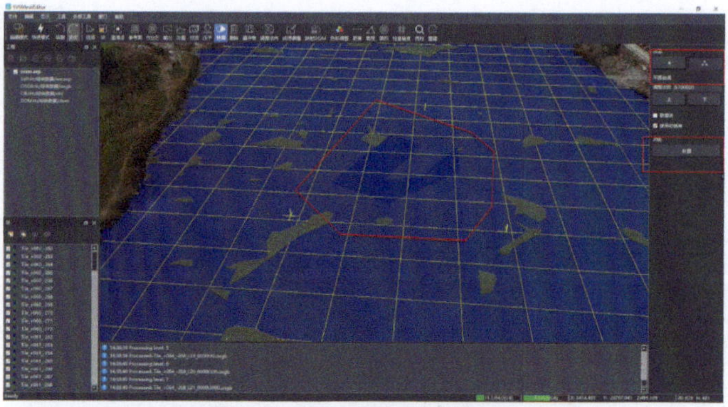

图 6.59　选择基准面

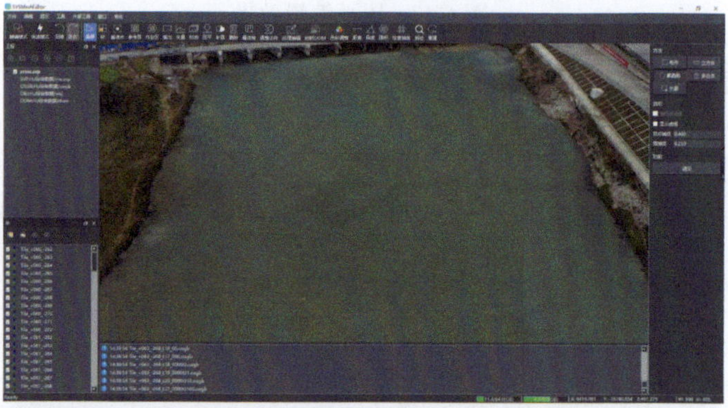

图 6.60　完成补面

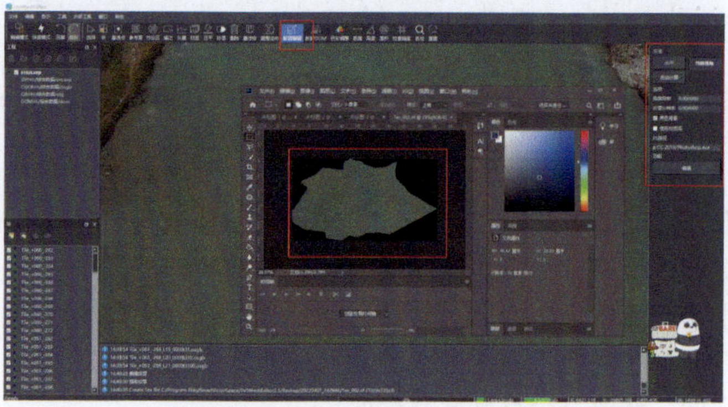

图 6.61　调出 Photoshop

6. 删除编辑

使用选择工具选择需要删除的范围，点击“删除”，如图 6.62 和图 6.63 所示。

图 6.62　选择要“删除”的区域

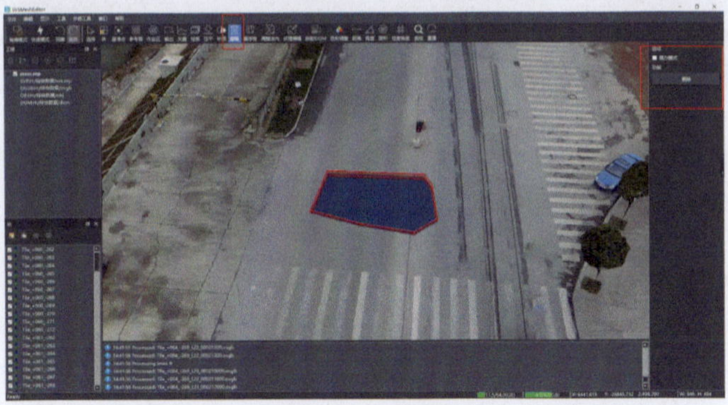

图 6.63　点击删除

OSGB 格式的删除是约束删除，不会随着 OSGB 层级的放大缩小而出现抖动。

7. 悬浮物处理

OSGB 模式的悬浮物工具需要选择一个范围，如图 6.64 所示。

图 6.64　选择“悬浮物”的范围

选好范围再点击“悬浮物”，软件会自动选出范围内的悬浮物，如图 6.65 所示。

图 6.65　软件自动选出范围内的“悬浮物”

下方的输出栏会出现操作提示：左键点击被选择的悬浮物可以单独取消这个悬浮物的选择状态，右键开始删除悬浮物，ESC 取消所有选择。

6.2.4　三维模型的精修

1. 进入精编模式

精编模式即 OBJ 格式的实景编辑，点击“选择块”，软件默认是全选，按键盘上的 ESC 键取消全选，如图 6.66 所示。

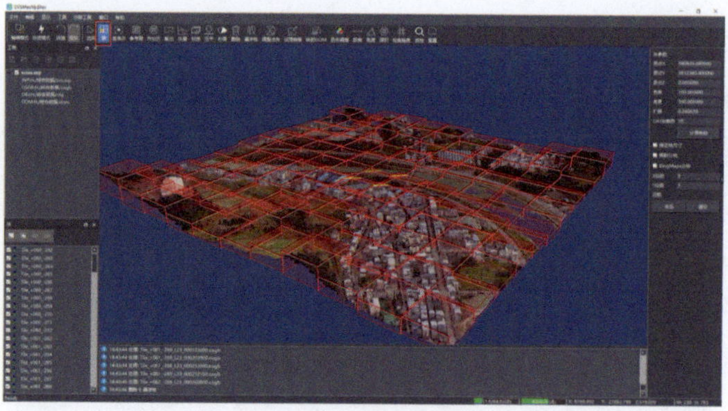

图 6.66　默认全选

根据需求用鼠标左键点击需要进入精编模式的块，选择好之后，点击鼠标右键隐藏未被选中的块。如图 6.67 所示，红色块为选中块，蓝色块为未选中块。

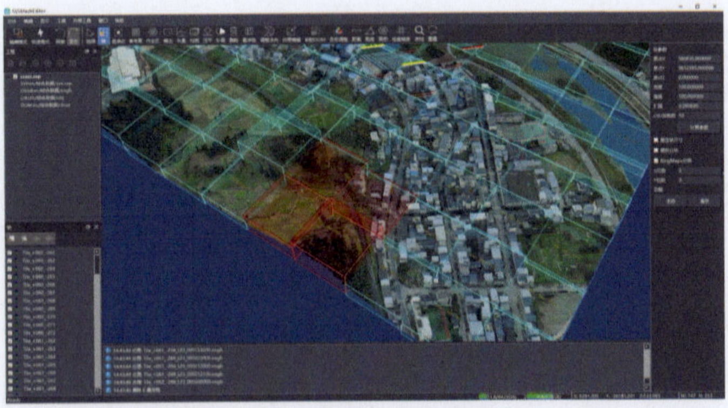

图 6.67　红色是选中块

选择好之后，点击鼠标右键隐藏未被选中的块，如图 6.68 所示。

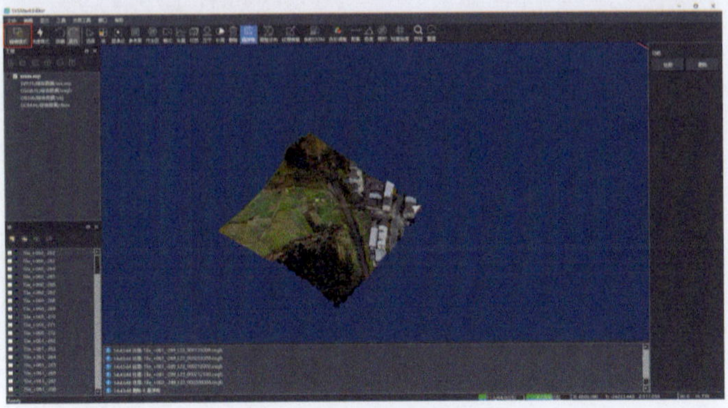

图 6.68　隐藏未选中的块

再次点击精编模式即可。

2. 选择

在精编模式中，有四种选择工具："拉框"为矩形选择工具，"多边形"为多边形选择工具，"流线"为自由选择工具，"多边体"为多边体选择工具（只用于"修补水面"功能），如图 6.69 所示。

所有选择方式均为透视选择（会把被选择面区域内的场景都选择出来）。勾选"简单选择"后，只能选择当前视角被看见的面（当前视角无法看见的面不会被选中），如图 6.70 所示。

3. 压平编辑

选择需要被压平的房屋，如图 6.71 所示。

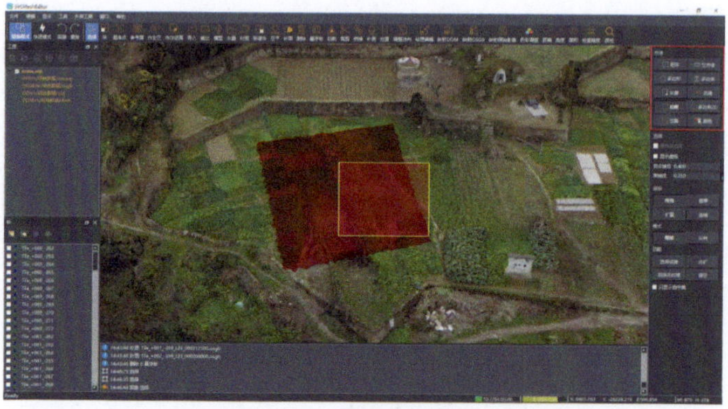

图 6.69　选择工具

图 6.70　简单选择

图 6.71　选择要被压平的房屋

点击压平，根据需求选择相对应的“水平面”“垂直面”“空间面”等功能确定基准面后，点击鼠标右键开始压平，如图 6.72 所示。

图 6.72　选择基准面

因压平建筑后，会出现很多闪面，需要删除被压平的面，重新补面，如图 6.73 所示。

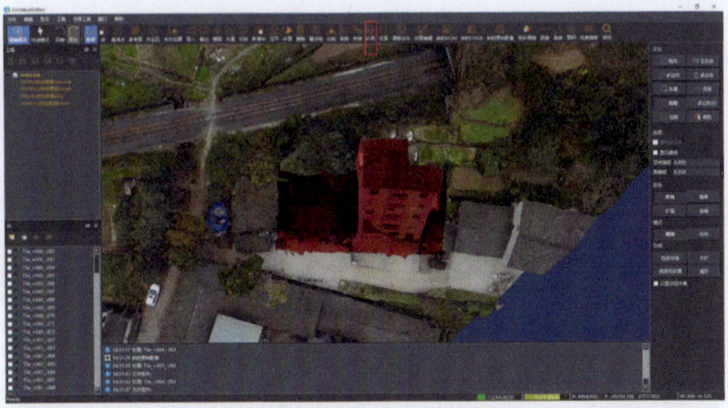

图 6.73　补面后的效果

4. 桥接编辑

OBJ 格式进行“补洞”操作时，只能一个块一个块地进行，如有跨块的破洞，需要先进行“桥接”操作。

点击“桥接”，桥接只能一个块一个块地进行，白色网格状的块为没有选中的块，无法进行桥接操作。

按住键盘上的 shift 键将鼠标放在地面上选取地面的高程，再点击需要桥接地方即可出现桥接点，建议加两个高程点（没有与边相连接的桥接点只能在“桥接”功能里面显示，退出“桥接”点选其他功能，桥接点就会消失），如图 6.74 所示。

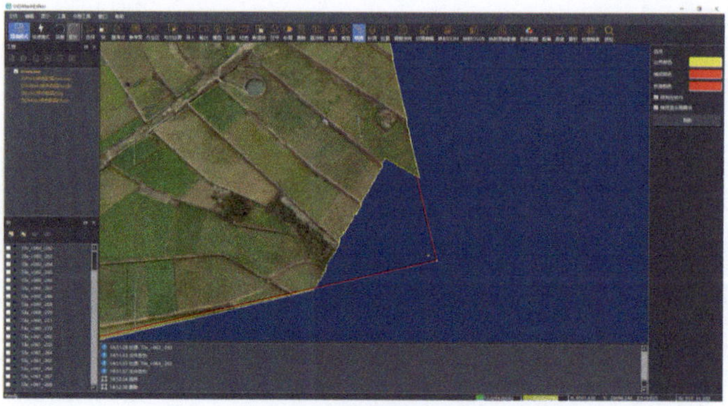

图 6.74 加桥接点

先点击选择同一边相邻的两个点，再点击选择对面的两个桥接点（建议打开“显示网格”和“背面消隐”以便观察桥接出来的边是否有问题），如图 6.75 和图 6.76 所示。

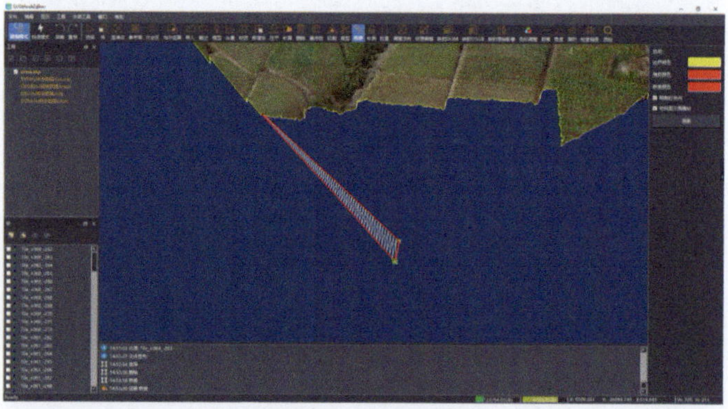

图 6.75 显示网格

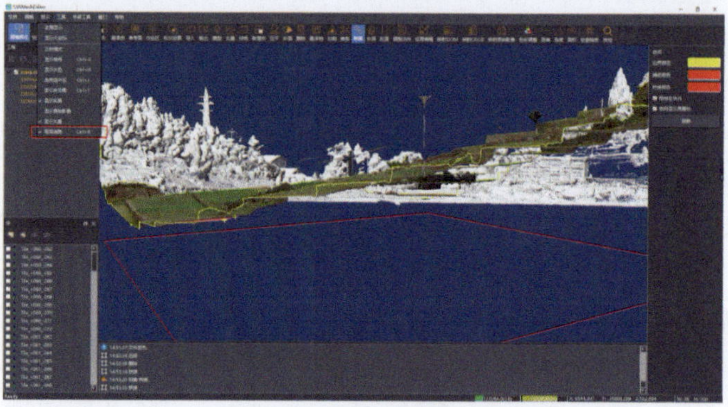

图 6.76 背面消隐

点击“补洞”使用快速桥接，桥接好的块的网格，形成闭合，如图 6.77 所示。

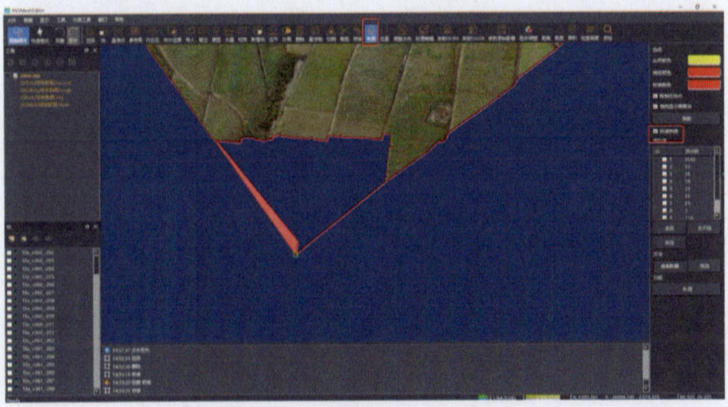

图 6.77　快速桥接好的块的边缘

这个桥接好边缘的块就可以进行进一步的“补洞”操作，如图 6.78 所示。

图 6.78　进行补洞操作

想要改换进行桥接操作的块须点击“选择块”，按住键盘上的 Ctrl 键用鼠标左键点击要进行桥接操作的块，选中的块会变成黄色块，再点击鼠标右键确认选择即可。

5. 补洞编辑

点击补洞之前，一定要保证需要修补的洞四周都有面，没有任何与外界相连的开放边，如图 6.79 就是一个四周都有面的洞，可以补的洞会显示黄色的边。

补洞的时候要把鼠标放到洞的黄色边上面，黄色边会变成红色，如图 6.80 所示，再点击鼠标左键即可补洞，如图 6.81 所示。

图 6.79　洞的四周显示黄边

图 6.80　洞的黄边变为红色

图 6.81　补好的洞

6. 修补水面

（1）Tile 参数设置。点击打开工程，找到数据的工程文件，设置相应的 OSGB、

OBJ、DOM 和 Tile 参数，Tile 参数会根据数据自动计算，如图 6.82 所示。

（2）修补水面。选择需要修补水面的块进入精编模式，选择多边体，包裹破损的水面，如图 6.83 所示。

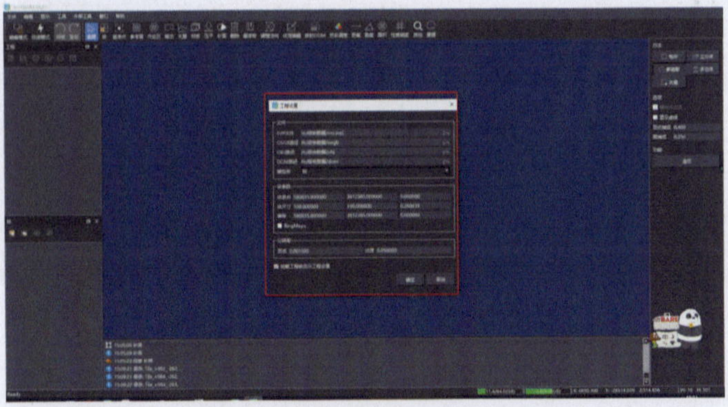

图 6.82　设置 Tile 参数

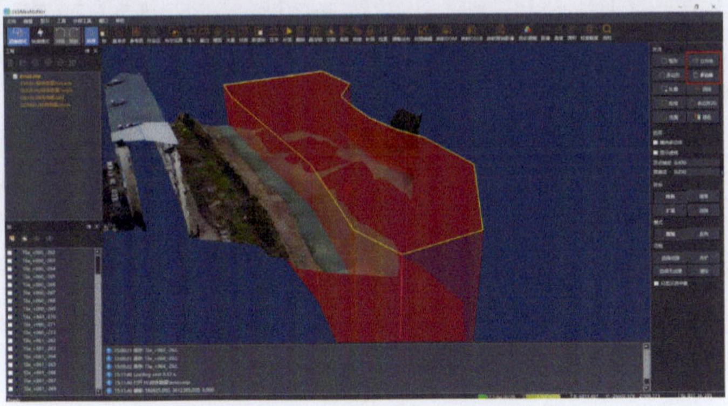

图 6.83　选中需要修补水面的块

点击修补水面，选取一个基准面，如图 6.84 所示，键盘上的上下键可以调整选好的基准面，鼠标右键开始修补。图 6.85 为修补好的水面。

7. 新增块 Tile 参数设置

按照完整块，计算出准确的 Tile 参数，如图 6.86 所示。

点击新增块，出现的绿色块为可新增的块。鼠标左键点击选择需要新增的块，选中的块会变成红色，如图 6.87 所示。

点击鼠标右键确认，需要注意一下，鼠标右键确认前，鼠标放的位置的高程（即右下角的 Z 数值）就是新增块的高程。下图 6.88 所示为新增的块。

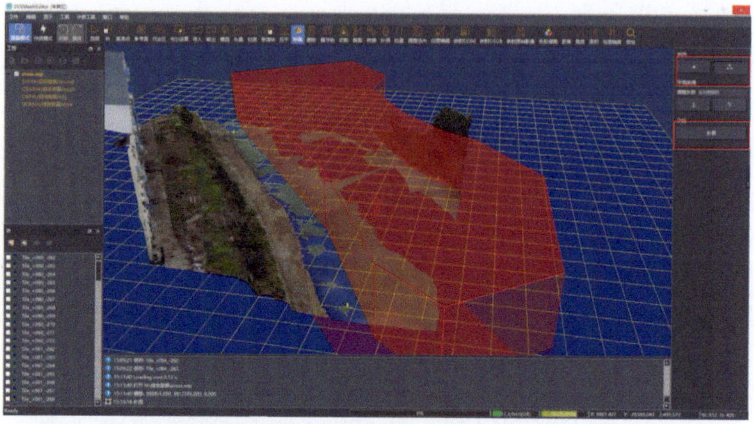

图 6.84　选取基准面

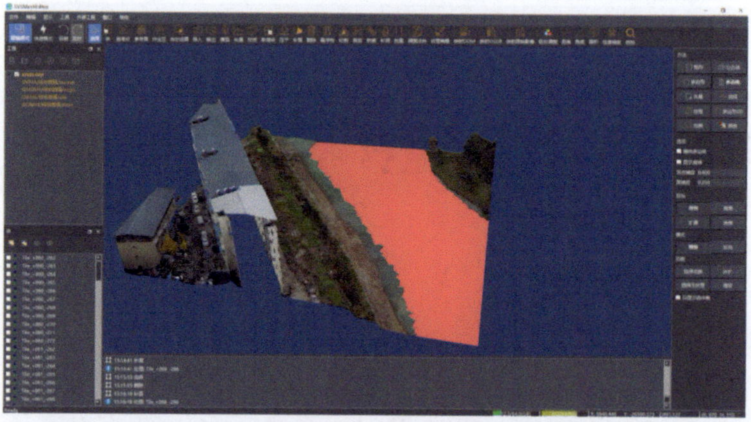

图 6.85　修补好的水面

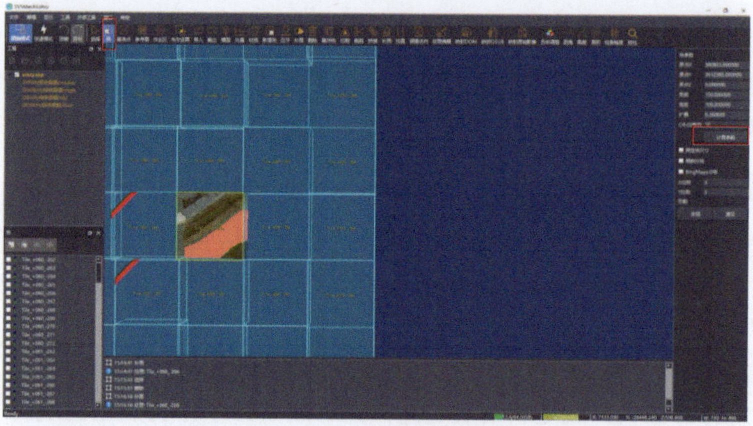

图 6.86　计算 Tile 参数

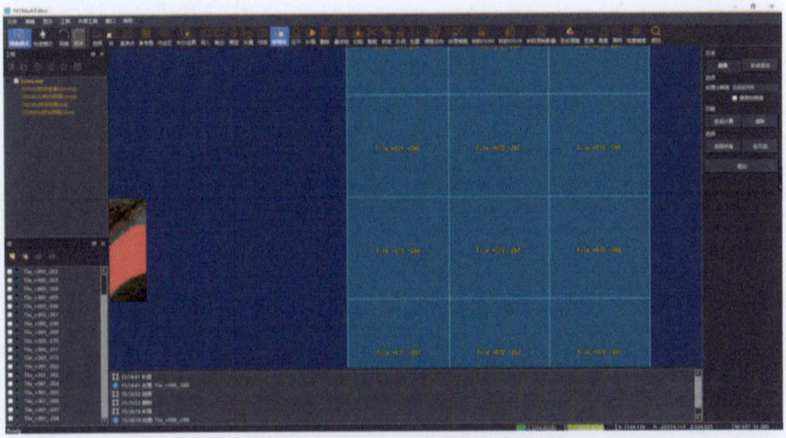

图 6.87 选中新增块

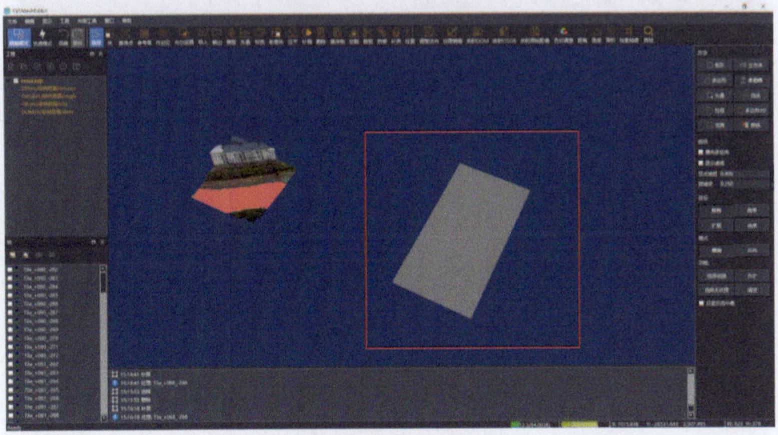

图 6.88 新增的块

因为新增块的高程是一致的，所以这个功能只适用于新增水面上缺的块。

8. 输出选中对象

使用选择工具选好需要单独输出的模型，如图 6.89 所示。

点击输出选中对象，选择输出路径，如图 6.90 所示，最好新建一个文件夹，然后点击打开即可输出选中对象。图 6.91 为单独输出模型的浏览效果。

9. 纹理编辑

自动映射和自动映射 DOM 纹理是用于没有任何纹理的面片，使用“选择无纹理”选中白模，如图 6.92 所示。

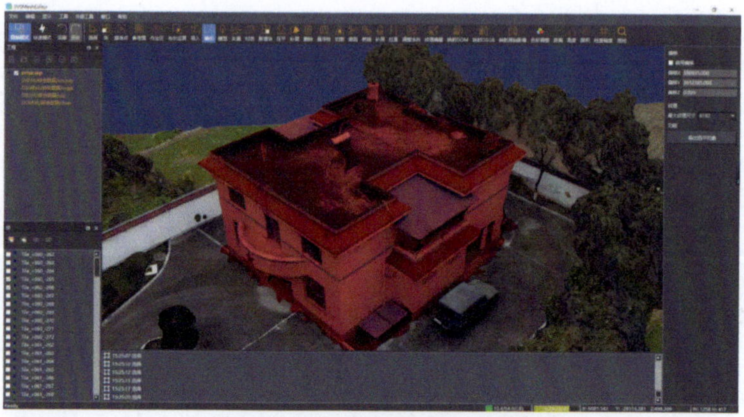

图 6.89　选中需要单独输出的模型

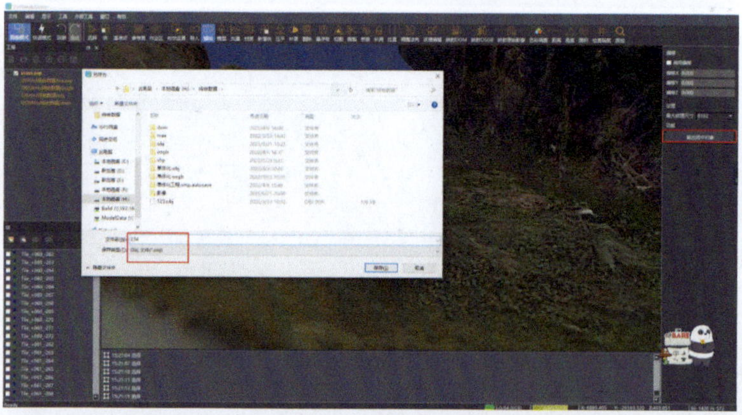

图 6.90　选择输出路径

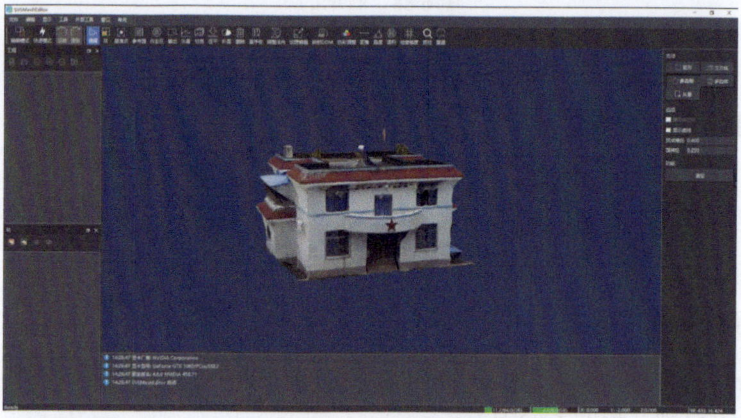

图 6.91　浏览效果

图 6.92 白色面片可使用纹理映射功能

点击自动映射，勾选下面的“手动选择影像”即可出现与这个面有关的所有图片，可以自由选择合适的贴图，双击鼠标左键选择图片，选择好之后点击“提取纹理”即可，如图 6.93 所示。

图 6.93 提取纹理

提取好纹理之后，会出现色彩调整界面，可以在这里对贴上去的纹理进行色彩上面的调整，调整好点击确认即可，如图 6.94 所示。

10. 重建 OSGB

在精编模式（OBJ 格式）里面编辑完成之后，还需要把精编模式里编辑之后的块进行重建 OSGB，让精编模式里的编辑改动能够同步到 OSGB 格式，需注意，OSGB 格式下的编辑无法同步到精编模式里面。

点击常规模式，会出现是否保存已修改的数据的提示，点击“全部是”保存修改，如图 6.95 所示。

图 6.94　调整纹理色彩

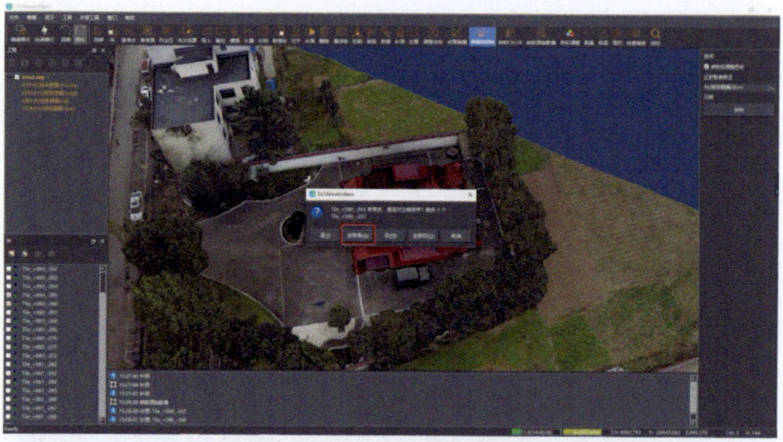

图 6.95　保存已修改的数据

保存修改之后，就会回到 OSGB 格式，点击“重建 OSGB”，列表上出现的块名都是进入精编模式的块，前面打钩的块名都是在精编模式进行过编辑操作的块，点击处理就会开始重建 OSGB，如图 6.96 所示。

11. 悬浮物编辑

点击“悬浮物”，软件会自动选出进入精编模式中所有块上的悬浮物，下方的输出栏也会出现操作提示：左键点击被选择的悬浮物可以单独取消这个悬浮物的选择状态，右键开始删除悬浮物，ESC 取消所有选择，如图 6.97 所示。

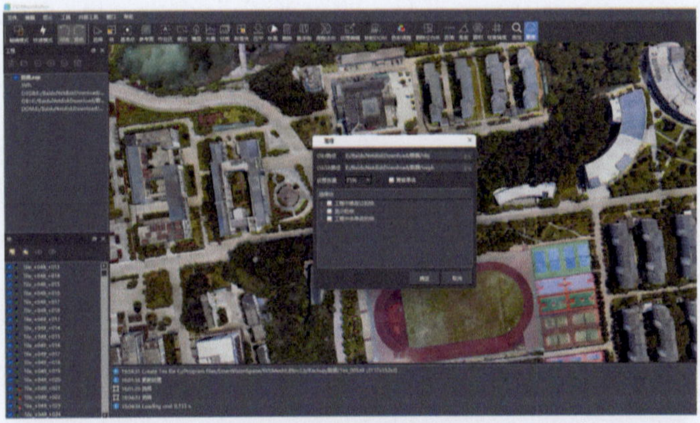

图 6.96　重建 OSGB

图 6.97　悬浮物工具

6.2.5　模型检查及修饰

1. 整体检查及修饰

在 SVSMeshEditor 中对实景三维模型进行整体浏览，检查有严重的拉伸变形问题、纹理漏洞问题等问题，结合地面移动扫描测量数据（包括车载、背包、架站扫描仪等）以及外业获得照片进行相应的修改。

（1）严重拉伸变形：由于模型结构不正确造成的拉伸变形，使用模型修饰工具，如：选择、删除、压平、补洞等，参考倾斜影像将模型结构修改正确，再使用纹理映射工具，将纹理进行映射；由于纹理本身问题造成的拉伸变形，使用纹理映射工具重新映射时，手动选择最合理的倾斜影像进行映射。

（2）明显纹理漏洞：使用纹理映射工具重新映射时，手动选择最合理的倾斜影像进行映射。

（3）场景色调光照不协调：通常由于影像调色不一致导致，对于不协调的区域重新调色后再次进行重建，提交 Mesh 模型生产，保证纹理色调一致、均匀、无镶嵌痕迹。

2. 建筑物检查修饰

对建筑物进行逐一检查，根据技术要求，所有建筑物几何形状（面、线、角）和纹理完整、正确。

（1）建筑物存在不合理缺失：根据倾斜影像，对缺失的部分手动建模，并进行纹理映射。

（2）有明显漏洞破洞：根据漏洞破洞情况，选择模型修饰工具，将建筑物、构筑物结构补齐，并进行纹理映射，如图 6.98 所示。

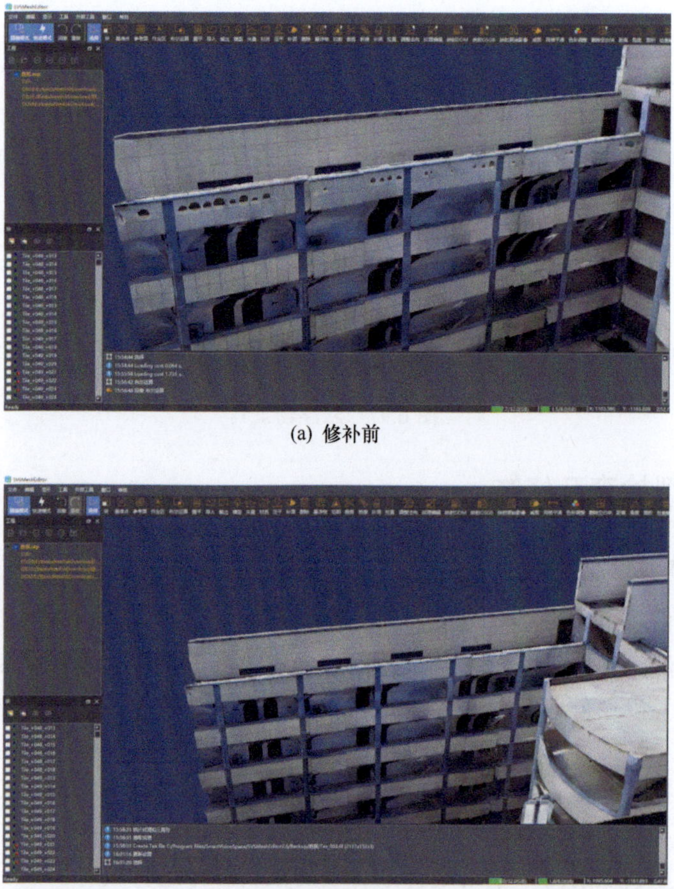

(a) 修补前

(b)修补后

图 6.98　建筑物破洞修补

3. 道路模型修饰

对道路、高架桥等区域进行逐一检查，修改明显严重错误：

（1）使用删除工具，对模型的上方和下方非正常的悬浮物进行删除。

（2）修改道路纹理中明显错位，过滤行驶车辆，路口不应有大量停车，如图 6.99 所示。

（3）修改路面、桥面高程不一致区域，过渡自然。

(a) 处理前

(b) 处理后

图 6.99　行驶车辆处理

4. 水面检查修饰

对破损的水面进行修补，河流进行接边处理：

（1）贯穿城市的主要河流以及支流，湖泊、较大的池塘等水域，涉及到水面部分：使用选择、删除、补洞等工具对水面上的破洞进行补面，并进行纹理映射，如图 6.100 所示。

（2）相邻子任务区的河流，需根据实际河流高程进行平面位置、高程进行接边处理。

(a) 处理前

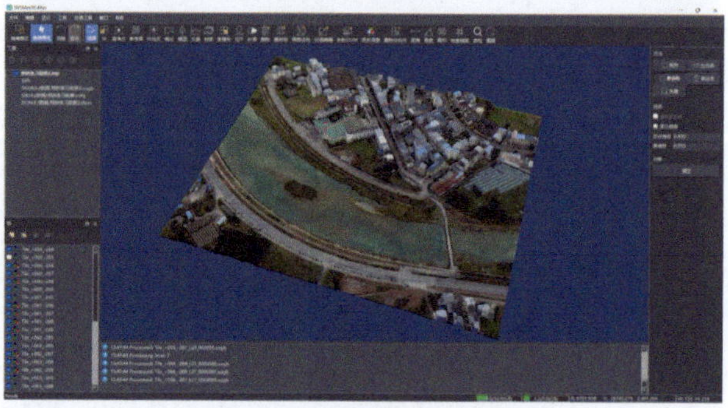

(b) 处理后

图 6.100　破损的水面修饰

5. 悬浮物检查修饰

检查模型中存在的悬浮物，使用删除工具删除孤立、细碎的悬浮物（如很小的树冠、残缺不全的路标牌等及其他异常错误目标）。

6. 模型调色

将需要接边的两块模型导入工程，观察色调差异，按照左上的接边原则，以左上模型为基准，选中右下模型，点击“色彩调整”，调整模型的亮度和对比度，使其色调和左上模型一致，如图 6.101 所示。

7. 模型接边

按照左上原则，将需要接边的模型左上的周边图幅导入工程内，保持左上的模型不动，将需要接边的图幅内模型进行检查、修改：

（1）接边处涉及的所有要素平面、高程需保持一致；

（2）河流需根据实际情况进行平面、高程位置接边；

（3）接边处的要素较易遗漏，需仔细检查；

（4）图幅之间模型贴图尽量保持色调均匀，反差适中；
（5）图幅间模型不应有明显的模糊和重影；
（6）检查图幅之间模型是否有明显错位、色调差异及缝隙，并进行处理。

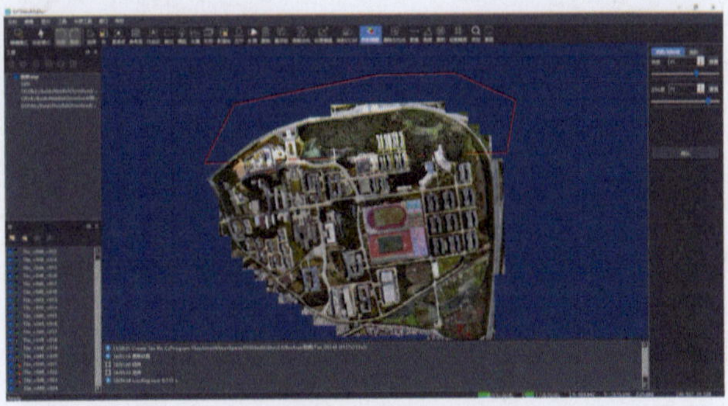

图 6.101　选中需要调色的三维模型进行调色

8. 模型整理

将修改后的实景三维模型批量重建 OSGB，生成实景三维模型成果。

6.2.6　成果输出

1. OSGB、OBJ 格式输出

软件修饰过程本身就是基于 OSGB 和 OBJ 原始数据来修饰的，所以保存即可作为成果提交，并且可以将该两种格式进行相互转换处理，如图 6.102 和图 6.103 所示。

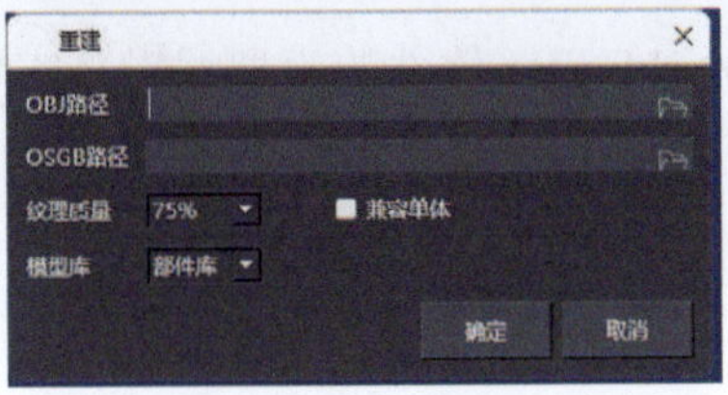

图 6.102　OBJ 格式转换 OSGB 格式窗口

2. 平台格式输出

软件可以直接使用 OSGB 格式数据进行 3DTiles 格式成果转换，转换后的成果可直接在 Cesium 平台或其他平台上展示该成果数据，转换对话框如图 6.104 所示。

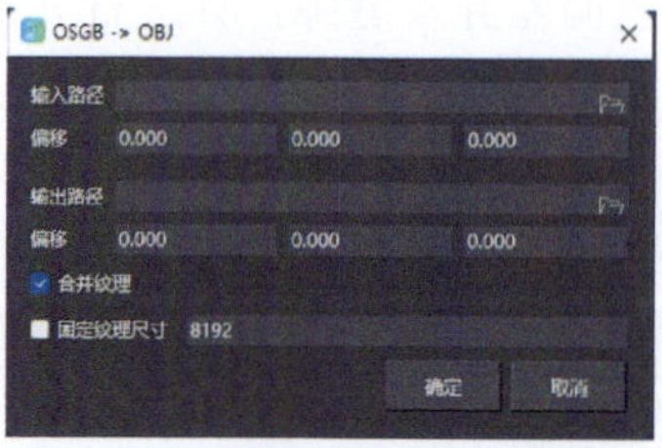

图 6.103　OSGB 格式转换 OBJ 格式

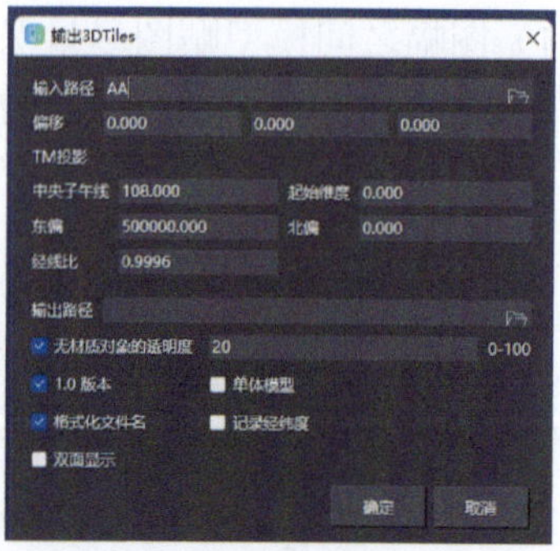

图 6.104　OSGB 格式转 3DTiles 格式

3. 其他格式转换

软件还可以基于 OSGB 或 OBJ 成果，输出 DEM、DOM、LAS 等其他格式成果数据，输出界面如图 6.105～图 6.107 所示。

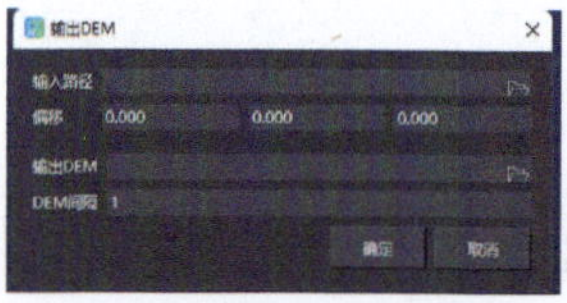

图 6.105　输出 DEM 格式

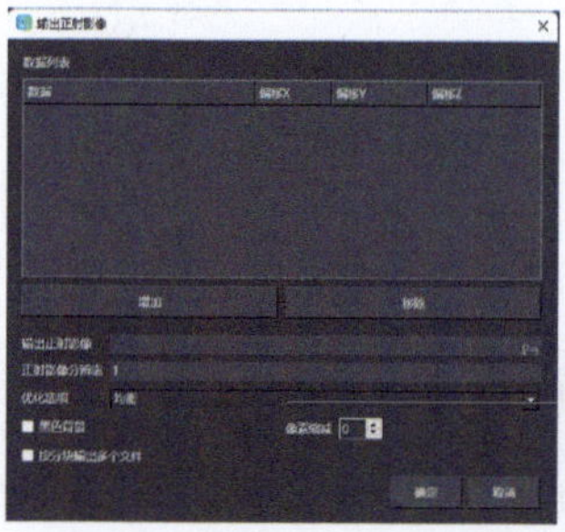

图 6.106　输出 DOM 格式

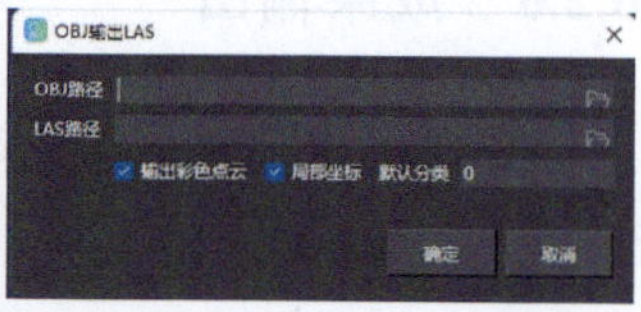

图 6.107　OBJ 输出 LAS 格式

以上就是基于 SVSMeshEditor 软件的模型编辑来实现优化实景三维模型的主要操作过程和方法。

6.3　本 章 小 结

本章重点介绍 DP Modeler、SVSMeshEditor 这两款软件模型编辑的详细操作流程，利用本章所学知识，可以在自动构建的倾斜摄影三维模型上得到优化后的实景三维模型，提升实景三维模型的品质。

思 考 题

1. 简述基于 DP Modeler 的模型编辑的主要步骤。
2. 简述基于 SVSMeshEditor 的模型编辑的主要步骤。

第7章

卫星遥感影像三维重建技术

目前实景三维模型构建的数据来源主要是依托航空平台，尤其是无人机获取的影像，但是随着“高分辨率对地观测系统”国家重大专项的加速推进，我国天基对地观测数据的获取能力逐步增强，一个多层次、多角度、全天时、全天候的高分辨率全球立体对地观测网正逐步形成，这使得基于卫星影像数据构建实景三维成为可能。卫星遥感影像三维重建技术是未来三维重建技术发展的重要方向，也是开展实景三维中国建设、构建数字地球生态、拓展全球测绘地理信息服务的重要手段。

7.1 卫星遥感影像三维重建概况

相比于航空影像三维重建，卫星遥感影像三维重建具有自身独特的优势：

（1）卫星观测影像数据获取的便捷性和稳健性。传统的实景三维模型都是通过航片获取，在遇到航空管制或者飞行困难区域，尤其是境外地区，数据获取本身会有一定难度。而卫星影像数据的获取暂时不受限制且视野更大，支持开展大范围的三维模型构建。法国空客公司从 2018 年开始研究基于卫星三维生成技术，如今已初步应用于实际生产项目当中，可提供城市三维解决方案，同时可以生产测绘产品级别的正射影像、真正射影像和数字表面模型。

（2）实景三维全球构建的需求。卫星影像三维重建技术以大范围、高精度、高可视的方式全面感知复杂场景，通过高效的相机设备及专业的数据处理流程生成的数据成果直接反映地物的外观、位置、高度等属性，为真实效果和测绘级精度提供保证。利用卫星影像对三维重建技术，获取全球范围内感兴趣地域的三维模型，能够充分释放多源高精度卫星影像数据在全球测绘保障中的应用效能。

（3）大幅提升模型生产效率。利用卫星影像进行三维重建能够有效提升模型的生产效率，据初步测算，采用人工建模方式一两年才能完成的一个中小型城市建模工作，通过倾斜摄影建模方式只需要一至三个月时间即可完成，而通过卫星影像则只需要一周时间，大大降低三维模型数据采集的经济代价和时间代价。

针对基于卫星影像的三维重建，近几年法国空客公司的像素工厂在这方面进行过较为深入研究，但仍未推出商业化的产品。国内自动化建模软件还较少，武汉智觉空间信息技术有限公司推出的 SVSModeler 软件，可开展人工采集辅助的三维模型生产。该软件单体建模主要包括三大部分：首选是输入原始立体卫星像对、精准定位后的定位参数和定义产品坐标系统，系统自动构建实时核线立体模型；在此立体模型的基础上，分别利用模型几何结构、模型纹理、属性信息以及其他辅助四大工具集进行高质量高效的三维模型的几何结构和纹理的重建，同时采集相关模型属性信息，并实现模型与属性的关联；最后输出满足工程项目要求的三维模型。该软件实现由卫星影像到三维模型输出的技术路线，但是全人工的建模方式，在效率上远远不能满足大规模应用的需求。感知天下（北京）信息科技有限公司研发推出的卫星影像三维重建软件在卫星遥感影像三维建模方面取得较好的效果，该软件可以完成集多源卫星遥感影像二三维数据生产于一体的自动化三维重建。

7.2　卫星遥感影像三维重建关键技术

7.2.1　重建流程

卫星遥感影像三维重建的主要流程为：利用选择的多视角影像，完成多视角影像重叠关系估计、连接点提取与匹配，以及影像的区域网平差之后。在此基础上，完成目标区域的三维重建，其主要研究思路及流程如图 7.1 所示。

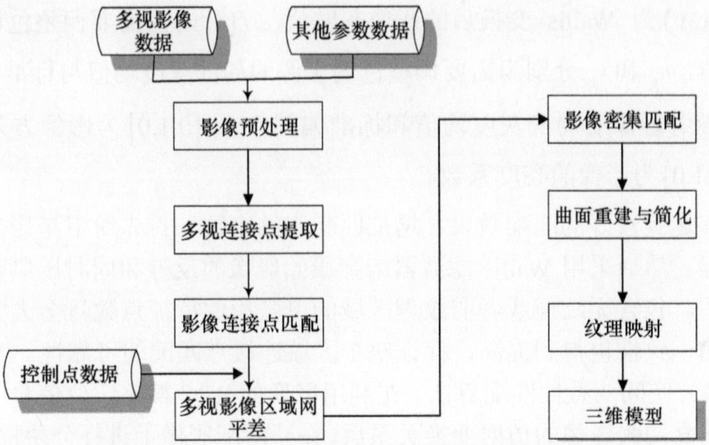

图 7.1　基于卫星影像数据的三维重建技术流程

基于卫星影像的三维重建流程中涉及的关键技术主要包括卫星影像的连接点快速匹配技术、卫星影像光束法区域网平差技术、卫星影像密集点云提取技术、卫星影像点云曲面重建、精化与全自动纹理映射技术等关键技术。

7.2.2　关键技术

1. 卫星影像的连接点快速匹配技术

卫星影像连接点匹配是进行后续区域网平差等处理的基础，卫星影像三维建模中所用的影像可能是不同轨、不同视角获取的影像，会存在影像的色彩不一、反差较大、部分地区存在弱纹理等问题，这里重点介绍一种基于 Wallis 滤波器及像方空间一致性的卫星影像连接点快速匹配算法，主要原理步骤如下。

（1）基于 Wallis 滤波器的影像弱纹理增强。Wallis 滤波器是一种比较特殊的滤波器，它可以增强原始影像的反差和压制噪声，特别是它可以大大增强影像中不同尺度的影像纹理模式，所以在提取影像中的点特征的数据和精度，而在影像匹配中则提高了匹配结果的可靠性及精度。该滤波器的目的是将影像的灰度均值和方差映射到给定的灰度均值和方差，它实际上是一种局部影像变换，能使不同影像的灰度方差和灰度均值具有近似相等的数值，即影像反差小的区域的反差增强，影像反差大的区域反差减小，使得影像中灰度的微小变换信息得到增强。以使不同影像具有近似的色调、亮度与反差，因此可用于影像间的整体色调调整。以参考影像模板的均值和方差为参考的 Wallis 变换如下式（7.1）所示：

$$I'(x,y)=\left(I(x,y)-m_t\right)\frac{cs_g}{cs_t+(1-c)s_g}+bm_g+(1-b)m_t \tag{7.1}$$

式中：$I'(x,y)$ 为 Wallis 变换后的影像灰度值，$I(x,y)$ 为需要调整色调的影像的原始灰度值，m_g 和 s_g 分别为需要调整色调影像的局部灰度均值与标准偏差，m_t 和 s_t 分别为参考影像的局部灰度均值和标准偏差，$c\in[0,1.0]$ 为影像方差的扩展常数；$b\in[0,1.0]$ 为影像的亮度系数。

为能够达到较好的匹配效果，增加匹配点的个数，首先对卫星影像进行弱纹理信息增强。然后采用 Wallis 滤波器增强原始影像的反差和同时压制噪声，经过增强处理后，包含无纹理或者弱纹理区域的单张影像特征点数目会大大增加，同时特制点的一致性也得到提高，保证整个区域连接点匹配的可靠性。

（2）像方空间一致性匹配算法。在利用影像的 RPC 概略定位信息或 SURF 初匹配结果建立两张影像的仿射变换关系后，在待匹配影像上进行分块提取特征点，在金字塔影像的每层按照建立的仿射变换关系，将特征点位换算到基准影像上，并开一搜索窗口，接着将基准影像上的窗口重采样到待匹配影像的像方空间坐标系下，进行影像匹配，这样就避免由于尺度不一致、旋转等原因造成的相关系数较小而匹配失败，然后，在分块区域内对匹配成功的点进行迭代剔粗差，当局部最优且满足阈值后，利用匹配成功的点再次解算二者的仿射关系，更新局部仿射关系，按照上述步骤，进行下一层影像匹配，最终得到正确的匹配结果。

匹配思路如下：

首先把在基准影像上提取的一定数目的特征点映射到影像金字塔的各层，接着在影像金字塔顶层，通过 SURF 影像初匹配建立的几何约束条件把特征点对应的搜索影像匹配窗口采样纠正到基准影像上；然后在基准影像上进行相关系数匹配，对匹配结果进行多项式迭代剔除粗差，并把最终解算的多项式系数作为新的几何约束条件；接着进行下层影像匹配，迭代直至底层影像。其处理流程如图 7.2 所示。

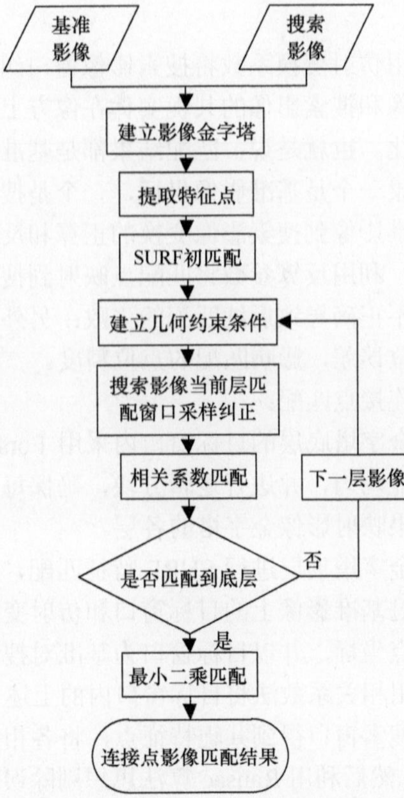

图 7.2 卫星影像连接点影像匹配流程

SURF 影像初匹配：

基于 SURF 特征的影像初匹配，即在利用 SURF 特征匹配抗旋转、尺度不变等特性的同时，提高匹配效率。基本思路为在两张影像的金字塔顶层进行 SURF 特征匹配，缩小搜索范围，大大降低计算量，提高匹配速度；接着利用基于多项式的随机采样法进行粗差剔除，该方法能够较好地剔除较大粗差点；然后把匹配结果映射到影像底层，利用匹配点对建立起两张影像的仿射变换关系，完成卫星影像连接点的初匹配。

几何约束条件：

几何约束条件是基准影像与搜索影像之间的仿射变换关系，通过 SURF 影像初匹配获取的同名点对，计算得到 6 个仿射变换参数。其作用是确立影像间几何关系，减小后续精匹配的搜索范围，提高整个影像匹配的效率［式（7.2）］。

$$\begin{cases} x = a_0 + a_1 X + a_2 Y \\ y = b_0 + b_1 X + b_2 Y \end{cases} \tag{7.2}$$

像方一致性：

像方一致性是指利用仿射变换系数将搜索影像窗口纠正采样到基准影像的像方坐标系下，使基准影像和搜索影像的共轭实体在像方上一致，即二者不存在旋转、几何变形和尺度变化。也就是说，匹配结果都是基准影像的像方坐标系下的坐标，而传统的匹配结果一个是基准影像坐标，一个是搜索影像坐标。这样做的原因是：匹配时解算基准影像到搜索影像变换的正算和反算两套参数，在初始变换参数不精确的情况下，利用反算参数将匹配点映射到搜索影像上会产生较大误差，最终会因搜索位置不正确导致后续匹配的失败；另外，在匹配过程中反复地正算和反算也会产生点位误差，影响匹配的点位精度。

像方一致性的影像连接点匹配：

首先在基准影像的金字塔底层的目标窗口内采用 Forstner 算子进行点特征提取，特征点的分布尽可能均匀，并进行逻辑分块，确保每一块内都有相近数量的特征点，并将该提取结果映射影像金字塔的各层。

然后在两张影像的金字塔顶层进行 SURF 特征匹配，计算得出顶层影像间的 6 个仿射变换参数，通过基准影像上的目标窗口和仿射变换参数求得搜索影像上对应搜索窗口的四个角点坐标，并以目标窗口为基准对搜索窗口利用仿射变换公式进行重采样。然后利用相关系数法将目标窗口内的上述 Forstner 算子提取的特征点匹配到重采样后的搜索窗口得到共轭特征点，将各相关系数最大且大于阈值的共轭特征点保留下来，然后利用 Ransac 算法思想剔除误匹配点便得到更为精确的共轭点。利用这些精确的共轭点更新 6 个仿射变换参数，然后利用更新参数的仿射变换公式计算得到目标窗口剩余特征点的共轭点（图 7.3）。

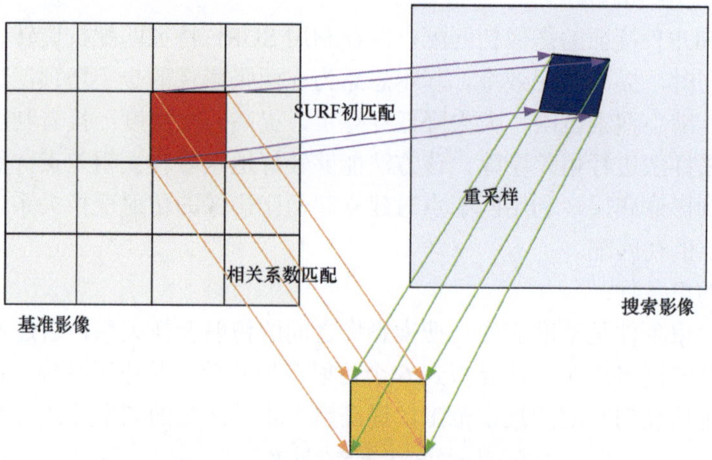

图 7.3　影像金字塔同层匹配示意图

将顶层的匹配结果传导到影像下一层，只需要在搜索影像上传导，然后进行与顶层金字塔同样的匹配，注意每次都使用更新过的仿射变换参数进行影像重采样。直至将匹配结果传导到金字塔最底层。然后将底层的匹配结果作为初始位置，进行最小二乘匹配，得到精确的连接点匹配结果。

最后完成基准影像上其他目标窗口的匹配。整个影像匹配，是所有满足一定重叠度的邻接影像进行匹配，这样得到大量的多度连接点。同时影像匹配可以进行并行处理设计，提高匹配效率。

（3）基于哈希搜索算法的匹配策略。由于影像分辨率一般比较高、重叠率较大、影像数量较多等因素，以及直接利用特征描述子进行距离度量、穷举法的匹配策略，使得整个匹配的效率不高，在保证影像匹配精确性、可靠性的前提下，如何优化匹配策略改善和提高大规模影像匹配的效率是重要的研究内容，采用哈希算法辅助的搜索策略代替穷举匹配方法，进而提高匹配同名点的效率。采用将影像特征点的特征向量通过映射函数以哈希值表示，然后利用这些哈希值计算匹配距离，达到快速获得精确匹配点子集的目的，从而实现大规模影像的快速匹配。该方法有效提高大规模影像的匹配效率，同时又可以保证大区域影像匹配的几何精度。基于哈希算法的大规模影像匹配方法的哈希映射示意图如图 7.4 所示。

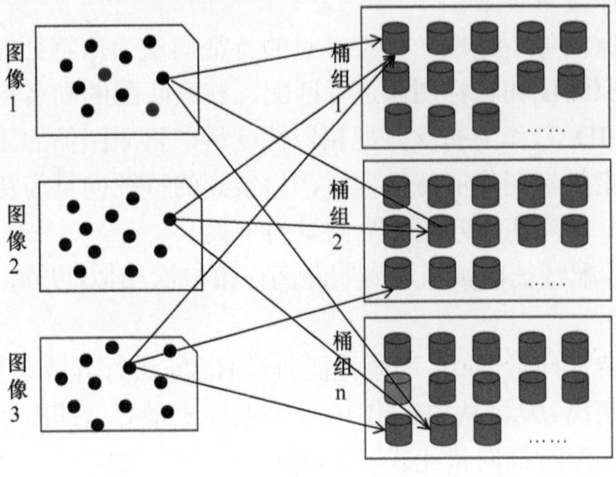

图 7.4　基于哈希算法的大规模影像匹配方法的哈希映射示意图

算法的详细步骤如下：

步骤 1：提取原图像和目标图像的所有特征点。

利用 SURF 算法为原图像和目标图像建立尺度空间及为特征点建立方向向量，从而检测出一种对尺度、旋转变化等都具备不变性的特征点。此算法能够很好地获得特征点的位置及邻域信息，使每个特征点都具有高度的唯一性。目标图像可以有多个。

步骤 2：在每个特征点处提取特征描述子，并为特征点分配方向值，生成特征向量。

以特征点为中心取 16×16 的邻域作为采样窗口，将采样窗口的采样点与特征点的相对方向通过高斯加权后归入包含 8 个方向的梯度直方图，最后获得 4×4×8 的 128 维特征向量。将每个特征描述子归一化至 0～120 区间，便于后期海明距离的计算。

步骤 3：利用哈希算法将所有的特征向量映射到哈希表，每个特征向量对应一个哈希特征码；利用映射函数将哈希特征码至 6 个桶组，每个桶组含 2^{10} 只桶。

哈希算法将任意长度的二进制值映射为较短的固定长度的二进制值，称为哈希值。哈希值是一段数据唯一且极其紧凑的数值表示形式。好的哈希算法具有均匀分散性。典型的哈希算法包括 MD2、MD4、MD5 和 SHA-1。这里介绍的是采用正态分布随机数生成器生成特征向量的哈希码，即采用的映射函数为正态分布函数。

在每只桶组里均会计算出对应的 ID，进而每个桶里的特征具备桶组 ID 的属性，作为特征点初次相似度量的参数；分别计算每个特征向量在 6 只桶组里的桶 ID 号，进而不同桶组里相同的桶 ID 具有相似的特性，所以桶 ID 号可以作为特征点初次匹配的相似度量参数。

步骤 4：从原图像中选取一个特征点的特征向量为原特征向量，利用哈希表中的特征向量对原图像和目标图像进行匹配，获取匹配的同名点，具体包括：

（1）采用桶 ID 号作为初次匹配相似性度量，将原图像的原特征向量 Hash0 所在的桶组里检索目标图像的特征向量，检索到的特征向量为初始匹配特征向量 Hash_i，$1 \leqslant i \leqslant M$，$M$ 为初始匹配特征向量的个数。

（2）对初始匹配特征向量采用海明距离作第二次相似性度量，获得 10 个备选匹配特征向量。

对初始匹配特征向量 Hash_i 和原特征向量 Hash_0 进行异或运算，计算出两个特征哈希码的海明距离 dH_i，从中选出 10 个海明距离最好（即海明距离最小）的特征向量作为备选匹配特征向量［式（7.3）］：

$$\mathrm{Hash}_i \oplus \mathrm{Hash}_0 = dH_i \tag{7.3}$$

海明距离：两个哈希码对应二进制（01 串）取值不同的数量称为这两个哈希码的海明距离。如 10101 和 00110 从第一位开始依次有第一位、第四位、第五位不同，则海明距离为 3。计算方法中异或结果中含有几个 1，则海明距离等于这个数值。

（3）采用欧式距离对 10 个备选匹配特征向量作第三次相似性度量，获得 2 个最优备选匹配特征向量。

计算 10 个备选匹配特征向量与原特征向量的欧式距离，选择距离最近的两个最近匹配特征向量。

原图像中特征向量表示为 $R=\left(r_1,r_2,\ldots,r_{128}\right)$；目标图像中特征向量表示为 $S=\left(s_1,s_2,\ldots,s_{128}\right)$。

以上两个特征之间的欧式距离表示如下式（7.4）：

$$d\left(R,S\right)=\sqrt{\sum_{j=1}^{128}\left(r_j-s_j\right)^2} \tag{7.4}$$

（4）计算两个最近匹配特征向量与原特征向量的欧式距离的比值，如果比值小于阈值 T，则取欧式距离最小的点为该特征点的匹配点，否则，判断该特征点没有匹配点。

2. 卫星影像光束法区域网平差技术

为获取目标区域的三维模型，需要通过卫星影像三维重建的途径达到快速建模的目的。单一卫星数据源往往不能满足多视角拍摄的条件，这就需要不同时间、不同卫星影像进行联合处理，其中多源卫星影像的联合区域网平差定位十分关键，是决定建模效果的关键因素。为此，有学者提出采用基于有理函数模型的多源卫星影像区域网平差方法。

基于有理函数模型的卫星影像区域网平差，以一幅影像所组成的一束光线作为平差的基本单元，以有理函数模型组合仿射变换作为平差的基础方程通过各个光线束在空间的旋转和平移，使模型之间的公共点的光线实现最佳的交会，并使整个区域最佳地纳入到已知的控制点坐标系统中去。首先确定各影像仿射变换参数和连接点地面三维初始坐标值。然后从每张影像上的控制点和连接点的像点坐标出发，按有理函数模型列出误差方程。对于连接点还要求出地面位置的三维坐标，因此其误差方程不同于控制点的列法。影像像方坐标是未知数的非线性函数，因此需要对误差方程作线性化处理后，才能用最小二乘原理进行解算。然后通过迭代计算直到区域网平差收敛，平差结束。整个解算过程借助稀疏矩阵技术直接组建并存储系数矩阵，达到高效存储、快速解算的目的。具体原理如下：

（1）区域网平差模型—有理函数模型。有理函数模型（RFM）是一种通用卫星影像传感器模型，隐藏传感器的具体模型与参数，将像点坐标表示为以对应空间坐标为自变量的三次多项式的比值形式。其中由光学投影引起的畸变用有理多项式中的一次项表示，而地球曲率、大气折射及镜头畸变等产生的误差，由有理多项式的二次项来逼近。其他一些未知的具有高阶分量的误差如相机震动等，用有理多项式的高阶部分来模拟。RFM 的实质是将像点坐标与对应的地面点坐标之间的关系表示为两个多项式的比值，分为正解和反解两种表示形式。常用的是其正解 RFM 形式。采用地面点坐标表示像点坐标，如式（7.5）所示。

$$\begin{cases} r_n = \dfrac{p_1(X_n, Y_n, Z_n)}{p_2(X_n, Y_n, Z_n)} \\ c_n = \dfrac{p_3(X_n, Y_n, Z_n)}{p_4(X_n, Y_n, Z_n)} \end{cases} \tag{7.5}$$

式中，(r_n, c_n) 和 (X_n, Y_n, Z_n) 分别表示像点坐标 (r, c) 和地面点坐标 (X, Y, Z) 经平移和缩放后的标准化坐标，取值位于（−1.0～+1.0）之间，其变换关系为式（7.6）：

$$\begin{aligned} X_n &= \frac{X - X_0}{X_S} \\ Y_n &= \frac{Y - Y_0}{Y_S} \quad r_n = \frac{r - r_0}{r_S} \\ Z_n &= \frac{Z - Z_0}{Z_S} \quad c_n = \frac{c - c_0}{c_S} \end{aligned} \tag{7.6}$$

式中，$(X_0, Y_0, Z_0, r_0, c_0)$ 为标准化的平移参数；$(X_S, Y_S, Z_S, r_S, c_S)$ 为标准化的缩放参数。RFM 采用标准化坐标的目的是减少计算过程中由于数据数量级差别过大引入的舍入误差。多项式 $P_i(X_n, Y_n, Z_n)(i = 1,2,3,4)$ 形式如式（7.7）：

$$\begin{aligned} p_i(X_n, Y_n, Z_n) = {} & a_{i0} + a_{i1}Z_n + a_{i2}Y_n + a_{i3}X_n + a_{i4}Z_nY_n + a_{i5}Z_nX_n \\ & + a_{i6}Y_nX_n + a_{i7}Z_n^2 + a_{i8}Y_n^2 + a_{i9}X_n^2 + a_{i10}Z_nY_nX_n \\ & + a_{i11}Z_n^2Y_n + a_{i12}Z_n^2X_n + a_{i13}Y_n^2Z_n + a_{i14}Y_n^2X_n \\ & + a_{i15}Z_nX_n^2 + a_{i16}Y_nX_n^2 + a_{i17}Z_n^3 + a_{i18}Y_n^3 + a_{i19}Z_n^3 \end{aligned} \tag{7.7}$$

RFM 反解模型是用像点坐标表示地面点坐标，如式（7.8）所示：

$$\begin{cases} X_n = \dfrac{p_5(r_n, c_n, Z_n)}{p_6(r_n, c_n, Z_n)} \\ Y_n = \dfrac{p_7(r_n, c_n, Z_n)}{p_8(r_n, c_n, Z_n)} \end{cases} \tag{7.8}$$

式中多项式 $P_j(r_n, c_n, Z_n)(j = 5,6,7,8)$ 形式如式（7.9）所示：

$$\begin{aligned} p_j(r_n, c_n, Z_n) = {} & a_{j0} + a_{j1}Z_n + a_{j2}c_n + a_{j3}r_n + a_{j4}c_nZ_n + a_{j5}r_nZ_n \\ & + a_{j6}c_nr_n + a_{j7}Z_n^2 + a_{j8}c_n^2 + a_{j9}r_n^2 + a_{j10}c_nr_nZ_n \\ & + a_{j11}c_nZ_n^2 + a_{j12}r_nZ_n^2 + a_{j13}c_n^2Z_n + a_{j14}c_n^2r_n \\ & + a_{j15}r_n^2Z_n + a_{j16}cr_n^2 + a_{j17}Z_n^3 + a_{j18}c_n^3 + a_{i19}r_n^3 \end{aligned} \tag{7.9}$$

目前大多数光学卫星影像都直接支持有理函数模型，但还有很多卫星影像（如 SPOT5、SAR 卫星影像等）并不直接支持有理函数模型。对于这些卫星影像，可以在精确恢复严格传感器模型后采用有理函数建模方法解算出所需的 RFM 参数。

（2）基于仿射变换的有理函数模型区域网平差。卫星影像的 RFM 一般采用与地形无关的模型，即不使用地面控制点而是采用卫星遥感影像的严格成像模型获得，故存在较大的系统误差。正如航空影像可以采用基于共线条件方程的光束法区域网平差同时解求影像的外方位元素和地面点的坐标一样，可以利用卫星影像自身之间的约束同时解求各像片的仿射变换参数和地面点的坐标，补偿卫星影像 RFM 的系统误差，即基于 RFM 的区域网平差。若在 RFM 通用成像模型中，影像量测坐标为(l, s)，根据地面点坐标利用 RFM 投影到影像面的投影坐标为(L', S')，则基于 RFM 区域网平差的数学模型为式（7.10）：

$$\begin{cases} F_S = a_0 + a_1 l + a_2 s - S' \\ F_L = b_0 + b_1 l + b_2 s - L' \end{cases} \tag{7.10}$$

式中，$a_0, a_1, a_2, b_0, b_1, b_2$为影像的仿射变换参数，该变换参数与 RPC 参数一起构成严格成像几何模型的卫星系统参数。针对高分辨率线阵 CCD 传感器飞行高度高，成像光束窄，接近平行投影的特点，使用该定向模型，参数 b_0 将吸收所有星载传感器飞行方向上位置和姿态误差所引起的影像行方向上的误差，参数 a_0 将吸收所有星载传感器扫描方向上位置和姿态误差所引起的影像列方向上的误差；由于影像的行一般对应于星载传感器的飞行方向，影像的行与每条 CCD 线阵的瞬时成像时间相关，参数 b_1 和 a_2 将吸收由星载 GPS 和惯性导航系统漂移误差所引起的影像误差，而参数 a_1 和 b_2 则吸收因内定向参数误差所引起的影像误差。

若地面点坐标为(P, L, H)，则为式（7.11）：

$$\begin{cases} L' = \dfrac{\mathrm{Num}L(P, L, H)}{\mathrm{Den}L(P, L, H)} \\ S' = \dfrac{\mathrm{Num}S(P, L, H)}{\mathrm{Den}S(P, L, H)} \end{cases} \tag{7.11}$$

以影像的仿射变换参数$a_0, a_1, a_2, b_0, b_1, b_2$和地面点的坐标$(P, L, H)$为未知数，将$F_S, F_L$按 Tailor 级数展开至一次项，得到误差方程式如式（7.12）所示：

$$\begin{cases} F_S = F_S^0 + \dfrac{\partial F_S}{\partial a_0} da_0 + \dfrac{\partial F_S}{\partial a_1} da_1 + \dfrac{\partial F_S}{\partial a_2} da_2 + \dfrac{\partial F_S}{\partial b_0} db_0 + \dfrac{\partial F_S}{\partial b_1} db_1 + \dfrac{\partial F_S}{\partial b_2} db_2 \\ \qquad + \dfrac{\partial F_S}{\partial P} dP + \dfrac{\partial F_S}{\partial L} dL + \dfrac{\partial F_S}{\partial H} dH \\ F_L = F_L^0 + \dfrac{\partial F_L}{\partial a_0} da_0 + \dfrac{\partial F_L}{\partial a_1} da_1 + \dfrac{\partial F_L}{\partial a_2} da_2 + \dfrac{\partial F_L}{\partial b_0} db_0 + \dfrac{\partial F_L}{\partial b_1} db_1 + \dfrac{\partial F_L}{\partial b_2} db_2 \\ \qquad + \dfrac{\partial F_L}{\partial P} dP + \dfrac{\partial F_L}{\partial L} dL + \dfrac{\partial F_L}{\partial H} dH \end{cases} \tag{7.12}$$

把误差方程式写成矩阵形式为式（7.13）：

$$V=\begin{bmatrix}AB\end{bmatrix}\begin{bmatrix}t\\X\end{bmatrix}-L \tag{7.13}$$

式（7.14）中：

$$\begin{aligned}
&V=\begin{bmatrix}F_S\ F_L\end{bmatrix}^{\mathrm{T}},L=\begin{bmatrix}-F_S^0-F_L^0\end{bmatrix}^{\mathrm{T}}\\
&A=\begin{bmatrix}\dfrac{\partial F_S}{\partial a_0}&\dfrac{\partial F_S}{\partial a_1}&\dfrac{\partial F_S}{\partial a_2}&\dfrac{\partial F_S}{\partial b_0}&\dfrac{\partial F_S}{\partial b_1}&\dfrac{\partial F_S}{\partial b_2}\\\dfrac{\partial F_L}{\partial a_0}&\dfrac{\partial F_L}{\partial a_1}&\dfrac{\partial F_L}{\partial a_2}&\dfrac{\partial F_L}{\partial b_0}&\dfrac{\partial F_L}{\partial b_1}&\dfrac{\partial F_L}{\partial b_2}\end{bmatrix}\\
&B=\begin{bmatrix}\dfrac{\partial F_S}{\partial P}&\dfrac{\partial F_S}{\partial L}&\dfrac{\partial F_S}{\partial H}\\\dfrac{\partial F_L}{\partial P}&\dfrac{\partial F_L}{\partial L}&\dfrac{\partial F_L}{\partial H}\end{bmatrix}\\
&t=\begin{bmatrix}da_0\ da_1\ da_2\ db_0\ db_1\ db_2\end{bmatrix}^{\mathrm{T}}\\
&X=\begin{bmatrix}dP\ dL\ dH\end{bmatrix}^{\mathrm{T}}
\end{aligned} \tag{7.14}$$

对每一个像点可以列出一组误差方程式。这类误差方程式中含有两类未知数 t 和 X，其中 t 对应于所有影像的仿射变换参数的总和，X 对应于所有待求点的地面坐标，相应的法方程如式（7.15）所示：

$$\begin{bmatrix}A^{\mathrm{T}}A & A^{\mathrm{T}}B\\B^{\mathrm{T}}A & B^{\mathrm{T}}B\end{bmatrix}\begin{bmatrix}t\\X\end{bmatrix}=\begin{bmatrix}A^{\mathrm{T}}L\\B^{\mathrm{T}}L\end{bmatrix} \tag{7.15}$$

对于区域网平差而言，由于所涉及的影像数和每幅影像的量测像点数有时会很多，此时误差方程式的总数是很庞大的，但每张影像的仿射变换的参数是固定为 6 个的，故未知数 t 的个数远小于未知数 X 的个数。因此在求解未知数的过程中，可以先消去未知数 X，求解 t，然后再求解 X。未知数 t 的解为式（7.16）：

$$t=\left[A^{\mathrm{T}}A-A^{\mathrm{T}}B(B^{\mathrm{T}}B)^{-1}B^{\mathrm{T}}A\right]^{-1}\cdot\left[A^{\mathrm{T}}L-A^{\mathrm{T}}B(B^{\mathrm{T}}B)^{-1}B^{\mathrm{T}}L\right] \tag{7.16}$$

利用上式求出每张影像的仿射变换参数，再利用空间前方交会方法，即可求出全部待定点的地面坐标。

3. 卫星影像密集点云提取技术

卫星遥感影像三维重建需要使用多视角、多轨的卫星影像，这就涉及多基线立体匹配问题，常用的方法有多视铅垂线轨迹法、多视松弛法影像匹配等。上述方法能够利用多视角影像，减少信息盲区，进而提高匹配成功率，但是这些匹配过程使用像点局部范围的灰度信息，由于没有考虑到影像的整体信息，缺少全局性约束，多基线立体匹配方法的匹配结果通常会出现一定的粗差。半全局影像匹配（SGM），通过视差代价函数的构造和多路径聚合，寻找全局最优解，并获取密集同名像点，是一种带有全局性约束的匹配方法，能够获取高可靠的匹配结果。但是，该方法通常只用于两张影像间的匹配。

为此，有学者提出基于影像金字塔的多基线 SGM 匹配算法，该算法对于一个地面点，同时获取多个影像像点与高程变化的对应关系，计算匹配测度，并利用 SGM 方法，进行匹配测度的半全局聚合分析，得到最优视差对应的准确高程，从而实现两者的有效结合。在该算法中用到基于影像多级金字塔数据的半全局匹配（P-SGM），即以上一层金字塔层的匹配结果高程作为下一层金字塔匹配的初始高程，从而减少多基线影像匹配中，匹配搜索次数，提高匹配效率，我们称之为多基线 SGM 匹配算法。具体过程如下：

对于同一个区域的 3 张影像 I_0，I_1 和 I_2，其摄站分别为 C_0，C_1 和 C_2，分别生成多层金字塔影像；影像中 I_0 影像选择为基准影像，I_1 和 I_2 选择为搜索影像。假设这 3 张影像已通过空三平差过程进行了优化。对于 I_0 影像上的一个给定像点 P_0，得到一条光束 C_0P_0。将光束 C_0P_0 与一个事先给定高程 Z_0（通过预匹配获取或者通过金字塔匹配结果进行传递）的平面相交，得到物方空间点 $P_0(X_0, Y_0, Z_0)$。由于高程初值 Z_0 不准确，设其误差为 Z_Δ（通常通过金字塔传递时，其值为固定值），则 P_0 点的正确高程位置应为$(Z_0-Z_\Delta, Z_0+Z_\Delta)$之间。于是，在高程区间内，以固定的高程步长，将位于 C_0P_0 光束上的物方空间点向搜索影像的像方投影，则可以获取多个影像像点与高程变化的对应关系，计算匹配测度，这也是“几何互相关”多基线立体模型的基本思想。依据式 SNCC 公式对各个金字塔影像层次，利用“几何互相关”多基线立体匹配模型，计算 SNCC 测度后，可以利用 P-SGM 方法，进行匹配测度的半全局聚合分析。

如果金字塔影像为最顶层，依据特征点匹配提供的高程初值 Z_0 及其误差 Z_Δ，利用多基线立体匹配模型计算基准影像上各个像点的 SNCC 测度；随后将像点的 SNCC 测度看作匹配代价，利用 P-SGM 方法对像点的匹配代价进行聚合分析，得到像点的准确匹配视差，计算其对应的高程 Z_k。

如果金字塔影像为中间层次和原始影像层，则以上层金字塔的 P-SGM 匹配结果 Z_k 作为初值，在设定的高程误差下通常以 Z_k 为基础，上下各移动 6 个 GSD，再次利用多基线立体匹配模型，计算像点的 SNCC 测度，随后对匹配测度进行 P-SGM 聚合分析，直至获取准确匹配视差所对应的高程 Z。

在该过程中，多基线立体匹配模型直接获取 SNCC 匹配测度，并对匹配测度进行 P-SGM 分析。由于 SNCC 匹配测度综合多张影像的匹配信息，为此 P-SGM 方法能够直接获得多张影像整体匹配结果，且匹配结果更加可靠，这就摆脱 P-SGM 方法需要两两影像匹配的缺点；同时，SGM 影像匹配方法需要使用核线影像，多基线匹配模型在计 SNCC 匹配测度时，间接地使用影像中的准核线约束。为此对 SNCC 匹配测度的 P-SGM 聚合分析实质上就是对沿着核线方向匹配测度的聚合分析，从而避开核线影像制作这一步骤，这也是基于影像多级金字塔数据的多基线半全局匹配方法的优点所在。

该匹配模型的本质在于：将“几何互相关”多基线立体匹配模型中的迭代高程看作 P-SGM 方法中的等效视差，通过视差的半全局聚合分析，得到最优视差对应的准确高程，从而实现两者的有效结合。该匹配模型具有多张影像整体匹配、无需核线影像制作、匹配可靠性更高等多方面优势。

4. 点云曲面重建、精化与全自动纹理映射技术

通过密集匹配生成的点云，还需要经过点云曲面重建、精化与纹理映射才能完成整个三维重建，生成三维模型，这几个步骤和航空倾斜影像三维建模技术类似，相关方法也可以借鉴。不过卫星遥感影像三维建模有其特殊的地方，下面重点介绍用于卫星遥感影像三维重建的点云曲面重建、精化与全自动纹理映射方法。

1）抵抗离群点的点云曲面重建算法

基于输入三维点的曲面重建问题已经得到很好的研究，不同的解决方案在许多行业得到广泛的应用。然而，如何针对卫星影像生成的点云进行完整的重建仍然是一个有待解决的问题。由于卫星点云在视角和场景中应用较为复杂，经常出现地物遮挡、辐射畸变和尺度失真等情况。因此，基于卫星影像生成的点云一般会有很多离群点，这些离群点经常导致曲面重建失败或者失真。而通过多张不同视角的影像即可对这些点进行剔除，并通过推理得到真实点云位置，进而重建真实曲面。针对该问题，有学者提出一种可抵抗离群点的鲁棒性点云重建算法。该算法的主要思想是通过不同视角下的点云来作为证据，并将空间进行四面体离散化，进而推导出判别点云类别（真实表面点云和离群点云）的准则。该算法的主要过程如下：

（1）Delaunay 四面体空间离散化。首先，需要对点云空间进行 Delaunay 四面体离散化，方便空间的单元化分析和判据计算。Delaunay 四面体化可保证空间点云仅隶属于某个四面体单元，并且各四面体边长较为均匀。将传感器中心置于四面体顶点，传感器中心与输入点之间的空间被四面体覆盖（图 7.5）。这里介绍几个概念符号：

T：Delaunay 四面体离散化后的空间单元；

σ：所有四面体边长中位数的两倍，离散空间单元尺寸，也是该点云空间中最小的检测目标尺寸；

p：输入的三维点云；

C：点云 p 的投影中心集合；

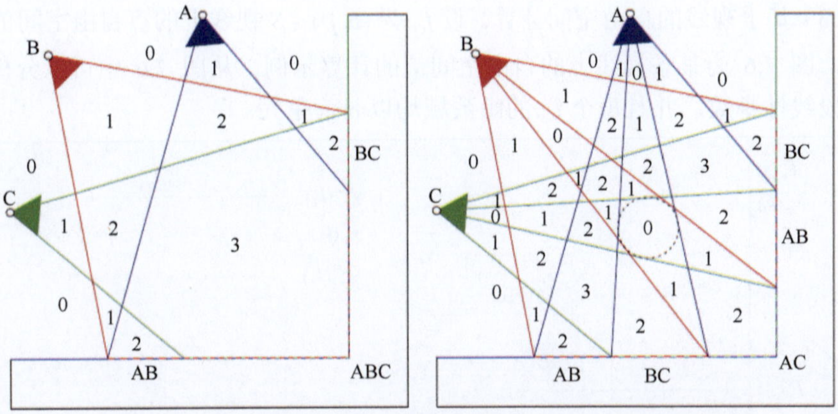

图 7.5　点云空间 Delaunay 四面体离散化的自由空间值示意图

S：某条视线 S 上的（c，p）的集合，即代表该视线上各点云及各自的投影中心集合；

另外，这里介绍点云空间中的自由空间值（free-space）概念。在理想情况下，空间中的某点可被多个传感器检测到，即定义该点对应的自由空间值为传感器个数。当某空间出现障碍物后，则整个空间的自由空间值都会发生变化。因此，可通过计算自由空间值来间接实现遮挡物的检测和真实点云曲面的重建。

实际上，在理想的无噪声、无异常值和连续情况下，通过自由空间值从非零到零的变化，可以很容易地检测出界面证据。然而，在现实世界的场景中，输入点的数量是有限的，噪声和异常值的数量可能是显著的。无论是弱表面（镜面、模糊表面和移动障碍物对应的虚面）还是强支持实表面的场景物体的界面，都可以通过测量附近四面体的自由空间支持变化来检测。自由空间值的分布示例变化如图 7.6 所示，其中各空间中的数字代表该空间对应的自由空间值，当中间出现障碍物后，其自由空间值将会出现变化，通过计算某视线上该值的变化，即可对点云进行离群点和实表面点的分类。

（2）Delaunay 四面体自由空间度量。自由空间度量的目的是对传感器和点云之间的视线进行计算，得到该视线的自由空间度量 $f(T)$，该值为 0 则代表该点与传感器之间在该视线空间不存在遮挡物。定义式（7.17）：

$$
\begin{aligned}
& f(T)=\sum_{(c,p)\in S_T}\alpha(p) \\
& \text{with } S(T)=\left\{(c,p)\in S \,\middle|\, (c,p)\cap T\neq\varnothing\right\}
\end{aligned}
\tag{7.17}
$$

式中，$\alpha(p)$ 为该视线上各点的权重，即该点所在离散空间单元 σ 中所有点云的数目。$S(T)$ 为该四面体单元 T 中包含的点云的集合。

（3）基于视线的自由空间计算。设 f_{cp} 为 $(c,p)\in S$ 视线上的点自由空间值计算函数，图 7.6 为某条视线上的自由空间值的计算示例。从图 7.6 中可以分析，f_{cp} 为分段线性函数，并且每个 f_{cp} 的函数域均以 σ 为单元。

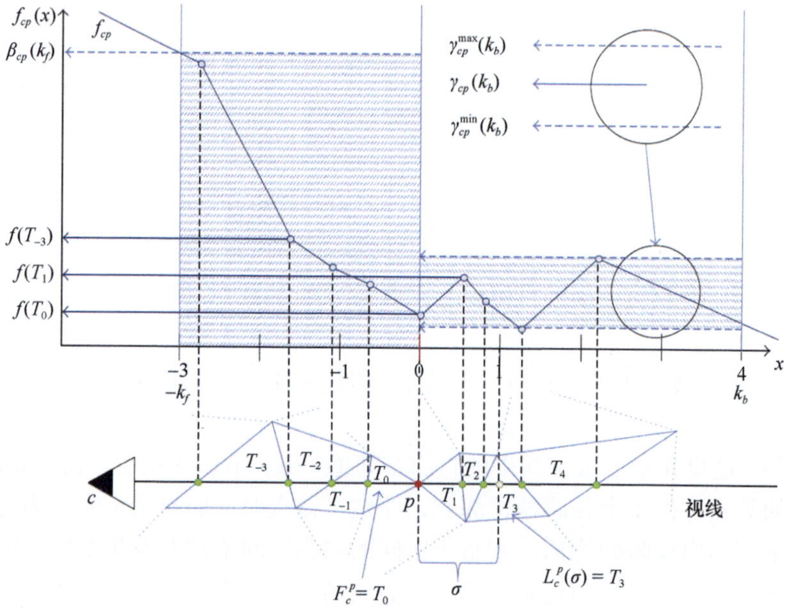

图 7.6　某视线上的自由空间值计算示意图

为方便对点云的类别确定，这里定义下列函数值如式（7.18）所示：

$$
\begin{aligned}
&\beta_{cp}(k)=\max\left(f_{cp}(x)\mid x\in\langle -k,0\rangle\right)\\
&\gamma_{cp}(k)=\frac{\max\left(f_{cp}(x)\mid x\in(0,k)\right)}{2}+\frac{\min\left(f_{cp}(x)\mid x\in(0,k)\right)}{2}
\end{aligned}
\tag{7.18}
$$

式中，$\beta_{cp}(k)$ 代表从点 p 到传感器方向 $k\sigma$ 距离中 f_{cp} 的最大值，$\gamma_{cp}(k)$ 代表从点 p 到原理传感器方向 $k\sigma$ 距离中 f_{cp} 最大值和最小值的平均值。同时，为方便确定自由空间值的变化，定义下列函数式（7.19）：

$$
\begin{aligned}
&\in_{\mathrm{cp}}^{\mathrm{abs}}\left(k_f,k_b\right)=\beta_{cp}\left(k_f-\gamma_{cp}\left(k_b\right)\right)\\
&\in_{\mathrm{cp}}^{\mathrm{rel}}\left(k_f,k_b\right)=\frac{\gamma_{cp}\left(k_b\right)}{\beta_{cp}\left(k_f\right)}
\end{aligned}
\tag{7.19}
$$

式中，$\in_{\mathrm{cp}}^{\mathrm{abs}}\left(k_f,k_b\right)$ 代表该视线上 $(-k_f\sigma,k_b\sigma)$ 区域自由空间值的绝对变化量，$\in_{\mathrm{cp}}^{\mathrm{rel}}\left(k_f,k_b\right)$ 代表相对变化量。由于仅靠相对变化量难以将少量噪声点进行剔除和

区分，故将绝对变化量和相对变化量进行结合，实现对点云的类别区分。

经过实验分析，将自由空间值计算区域设置在$(-3\sigma,4\sigma)$为最佳，对应的点云表面分类判据如下式（7.20）：

$$\mathrm{K}(c,p)=\begin{cases}\mathrm{INT},\mathrm{for}\left(\in_{\mathrm{cp}}^{\mathrm{rel}}\left(k_f,k_b\right)<k_{\mathrm{rel}}\right)\cap\left(\in_{\mathrm{cp}}^{\mathrm{abs}}\left(k_f,k_b\right)>k_{\mathrm{abs}}\right)\cap \\ \qquad (\gamma_{\mathrm{cp}}\left(k_b\right)<k_{\mathrm{outl}}) \\ \mathrm{NOI},\mathrm{otherwise}\end{cases} \tag{7.20}$$

式中，$k_f,k_b,k_{\mathrm{rel}},k_{\mathrm{abs}},k_{\mathrm{outl}}$为超参数，可根据点云情况进行取值。

在对每一点进行分类确定类别（表面点或离群点）后，则通过对Delaunay四面体进行s-t graph（STG）构建实现曲面重建。定义每一个四面体顶点v，$v\in T(v)$，四面体的面 F，四面体边$e\in E$定义为$F(e)$，定义优化函数$C(\mathbb{S},\mathbb{T})$如式（7.21）所示：

$$C(\mathbb{S},\mathbb{T})=\sum\nolimits_{e=(u,v)|u,v\in\mathbb{S}\setminus\{s\}}w(e)+\sum\nolimits_{e=(s,v)|v\in\mathbb{S}\setminus\{s\}}w(e)+\sum\nolimits_{e=(v,t)|v\in\mathbb{T}\setminus\{t\}}w(e) \tag{7.21}$$

因此，将曲面重建问题转化成对$C(\mathbb{S},\mathbb{T})$的最小优化问题，最终的表面被重建为全自由界面上STG的定向面（三角形）的联合。

2）鲁棒性网格精化

由于初始创建的曲面网格往往包含大量噪声，这对于模型的局部细节分析极为不利。因此，需要对得到的网格进行精化。

设M^0为初始网格，由于初始化的网格比较接近真实网格，故在优化过程中不会陷入局部最优解。初始网格M^0作为内四面体和外四面体之间的表面，由于能见度的限制（如天空、场景背景中的虚假点），可能仍然包含孤立的三角形，或较大的三角形（由于点的密度不足或某些区域缺乏图像）。此外，这些三角形也可能捕捉到不利于重建的远处景观，而这些景观在实际中是不需要进行三维重建的。基于这些原因，通过设置一些三角形大小或三角形数量阈值来对三角形进行修正和剔除。

设S为点云x处的表面，其法线方向为$\vec{n}$，$g_{ij}(I_i,I_j)(x,\vec{n})$为单调递减函数，$I_i$和$I_j$为两张影像，$v_{ij}^S(x)$为两张影像$I_i$和$I_j$同时发现点$x$的判别式，当同时出现在两张影像中，$v_{ij}^S(x)=1$，否则为0。设初始能量函数如式（7.22）：

$$E_{\mathrm{photo}}(S)=\sum_{i,j}\int_S v_{ij}^S(x)g_{ij}(x,\vec{n})dS \tag{7.22}$$

重投影误差计算如式（7.23）：

$$E_{\text{error}}(S)=\sum_{i,j}\int_{\Omega_{ij}^S}h(I_i,I_{ij}^S)(x_i)dx_i \tag{7.23}$$

式中，$h(I,J)(x)$ 是图像 I 和 J 在 x 像素处的光一致性度量的递减函数，$I_{ij}^S=I_j\circ\prod_j\circ\prod_i^{-1}$ 为影像 I_j 到影像 I_i 的重投影，Ω_{ij}^S 为重投影的投影面区域。对于每一组相机对，该能量函数测量两张图像到参考图像的投影表面之间的差异性。这种算法有以下优点：

（1）该算法仅依赖表面 S 的方向性，不依赖该点处的法线方向 $\vec{n}$；

（2）在给定的图像集中，该表面元素被发现的次数越少，它对能量的贡献就越少；

（3）通过投影纹理映射，这种重投影可以在图形硬件上进行高效地计算。

对于重建三维模型是至关重要的，在用平面补丁逼近曲面的方法中，补丁大小的选择需要在鲁棒性和准确性之间进行权衡。在实践中，可将光一致性测度设为归一化互相关的对立面。此外，当真实的光照出现变化，或者传感器内部信号处理出现差异，该方法也可具有良好的鲁棒性。

原始固有能量项 E_{photo} 通过在表面上进行面积加权积分而实现自正则化，而 E_{error} 则需要通过整个表面的曲率来实现自正则化。引入整流表面项 E_{fair} 来代替 E_{photo} [式（7.24）]：

$$E_{\text{fair}}(S)=\int_S(\kappa_1^2+\kappa_2^2)dS \tag{7.24}$$

式中，κ_1、κ_2 为特定点的主曲率，因此，相关的梯度流不受经典收缩偏差的影响。

3）基于图像的大规模快速纹理映射

纹理映射是将颜色分配到重建的曲面中，实现模型的颜色可视化。其实现途径是将一组场景图像的方位元素和视角进行关联，确保图像与三维重建模型相匹配。然而，由于相机参数存在误差，因此重建的几何模型可能不能完美地代表真实场景。此外，输入图像彼此之间可能表现出强烈的光照、曝光和尺度差异，进一步导致在映射匹配过程中出现困难。

这里介绍一种基于图像的大规模快速纹理映射算法，该算法主要分为视图选择、颜色分配和泊松局部纹理编辑三个步骤。

（1）视图选择。假设对于某一个网格面，多数影像呈现出该面的正确纹理颜色，而少数场景图映射出错误的纹理，则可采用均值漂移算法实现对某一表面可用视图的筛选。具体筛选步骤如下：

步骤 1：计算呈现该表面的所有颜色值的均值 c_i，并将所有视图均视为该表面的直接映射图；

步骤 2：计算每景的颜色均值 μ 和方差矩阵 Σ；

步骤 3：对于每景计算多元高斯函数 $\exp\left(-\frac{1}{2}(c_i-\mu)^T\sum^{-1}(c_i-\mu)\right)$；

步骤 4：筛除掉多元高斯函数超过阈值的场景图，将技术阈值设定为 0.006；

步骤 5：重复步骤 2～步骤 4，当所有高斯函数值小于 10^{-5}，或矩阵 Σ 变得不稳定，或剩余点数小于 4 时，迭代结束，视景图选择完毕。

（2）颜色分配。从视图选择阶段获得的模型在颜色分布上存在很多不连续性，这些需要进行后处理调整，以尽量减少接缝可见性。该技术采用改进版全局平差方法，然后使用泊松颜色编辑方法实现局部平差。为实现全局纹理映射，这里采用 Lempitsky-Ivanov 算法。对于每个网格 F_i，对应的视角标签为 l_i，构造马尔可夫随机场能量函数如下式（7.25）：

$$E(l)=\sum_{F_i\in F_{\text{aces}}}E_{\text{data}}\left(F_i,l_i\right)+\sum_{(F_i,F_j)\in E_{\text{dges}}}E_{\text{smooth}}(F_i,F_j,l_i,l_j) \tag{7.25}$$

式中，E_{data} 主要是对纹理面进行优化，E_{smooth} 主要是对接边缝隙进行优化。E（l）是通过图切割和 α 膨胀进行最小化优化。

通过最小化上式得到标记后，需要对每个网格纹理进行调整。首先，必须保证每个网格顶点都恰好属于一个纹理。因此，一个接缝上的每个顶点被复制成两个顶点，v_{left} 和 v_{right} 分别代表接缝左和右两边的顶点。由于每个点在调整之前都有固定的颜色 f_v，故引入额外的颜色调整参数 g_v，优化函数如下式（7.26）：

$$\underset{\mathrm{g}}{\operatorname{argmin}}\sum\left(f_{v_{\text{left}}}+g_{v_{\text{left}}}-\left(f_{v_{\text{right}}}+g_{v_{\text{right}}}\right)\right)^2+\frac{1}{\lambda}\sum_{\substack{v_i,v_j\text{ are ad-}\\\text{jacent and in}\\\text{the same patch}}}\left(g_{v_i}-g_{v_j}\right)^2 \tag{7.26}$$

式中，第一项是使得接缝两边的顶点纹理尽可能相近，第二项是最小化同一纹理块内相邻顶点之间的调整差异，这有利于在一个纹理补丁内尽可能循序渐进地调整。在优化得到最佳的 g_v 之后，对所有点进行质心加权计算，最后，将修正后的图像添加到输入图像，并将纹理补丁打包到纹理地图集中，同时将纹理坐标附加到顶点上。

（3）泊松局部纹理编辑。即使经过上述的全局调整之后，纹理映射结果也存在局部的纹理间断性。因此，在全局调整之后，需要额外执行局部泊松图像纹理编辑。为加快局部纹理调整的速率，将泊松编辑补丁限制在 20 个像素内，如图 7.7 所示。深蓝色和红色代表泊松方程的外边缘和内边缘初始条件。将每个外边缘像素的值固定为分配给该补丁的图像和分配给相邻补丁的图像中像素颜色的平均值，每个内边缘像素的值固定为其当前颜色。如果补丁太小，则忽略内边缘。

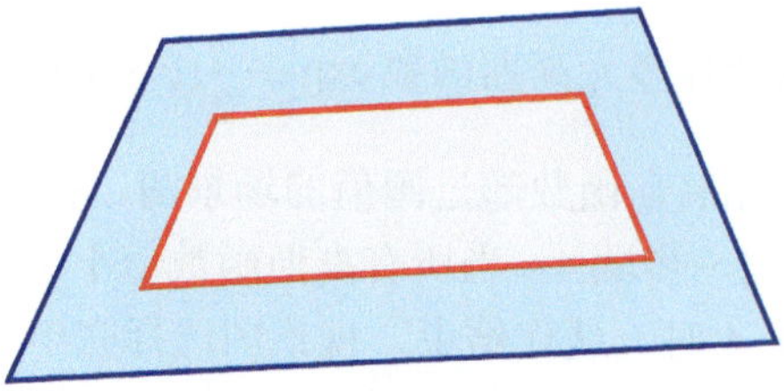

图 7.7　纹理补丁边框示意图

对于每个补丁，因为系统的矩阵是相同的，故只对因子进行一次计算并重用于所有颜色通道。

7.3　卫星遥感影像三维重建实例

前面介绍卫星遥感影像三维重建涉及的主要关键技术，下面以感知天下（北京）信息科技有限公司研发的“卫星影像三维重建软件”为例，介绍卫星遥感影像三维重建的基本操作流程。

7.3.1　软件介绍

卫星影像三维重建软件是一款集多源卫星遥感影像二三维数据生产于一体的专业处理软件。该产品突破多视卫星影像几何重建等关键技术，可自动、快速、精准地获取目标区域精细的三维模型和数字正射影像，让“卫星影像”生产大区域三维模型成为现实，软件界面如图 7.8 所示。

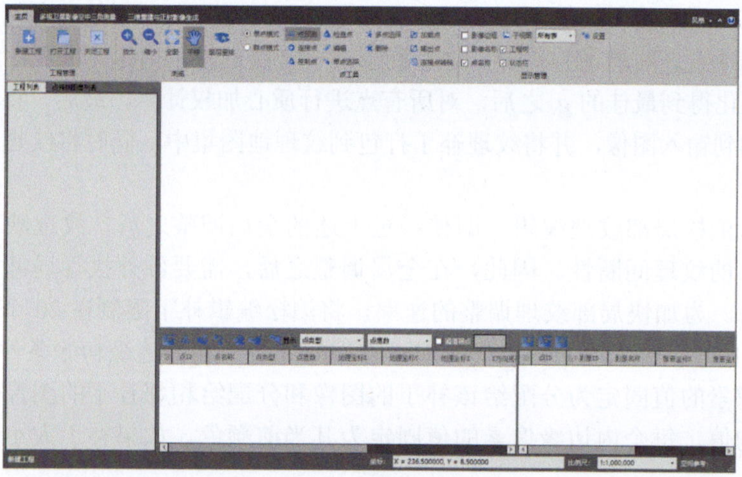

图 7.8　软件界面

1. 软件主要功能

卫星影像三维重建系统的主要功能包括多视角影像连接点匹配、多视角影像区域网平差、点云曲面重建与自动纹理映射等，具体如图 7.9 所示。

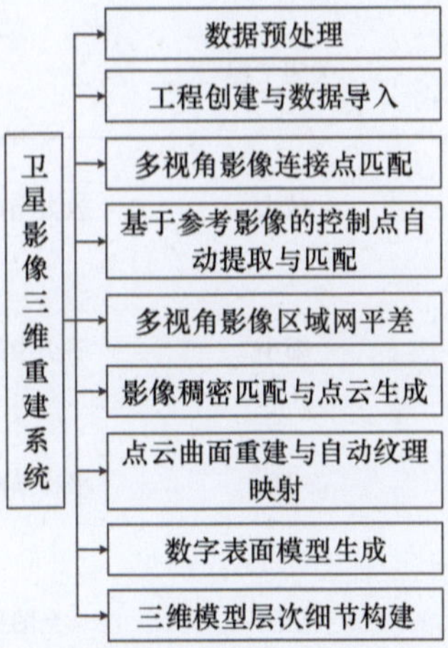

图 7.9　卫星影像三维重建系统功能组成

2. 软件特色

卫星影像三维重建软件具有下面几个特点：

（1）具有专业、稳定、丰富的卫星影像处理功能。包括全套大区域正射产品生产功能和人性化的交互工具；全自动卫星影像三维模型生成功能；近百种卫星影像处理算法工具包。

（2）具有稳健、高效的卫星影像重建算法。包括异源、多时相、大倾角的卫星影像连接点自动匹配算法；基于虚拟控制点的多视影像区域网平差算法；多约束条件下的影像密集匹配与三维重建算法。

（3）具有多层次、可扩展、高兼容的软件架构。采用“平台+插件”的灵活架构模式，并提供标准的插件集接口。

3. 菜单介绍

下表 7.1 列出了卫星影像三维重建软件主要的菜单功能。

表 7.1　软件菜单

功能	图标	名称	作用
工程管理		新建工程	创建新的工程

续表

功能	图标	名称	作用
工程管理		打开工程	打开已经创建好的工程文件
		关闭工程	关闭工程文件
浏览		放大	放大当前窗口中的卫星影像或测区略图
		缩小	缩小当前窗口中的卫星影像或测区略图
		平移	平移当前窗口中的卫星影像或测区略图
		全图	全图显示控制点量测窗口中的影像
		图层重排	主视口中显示的影像上下显示排序功能，选中影像通过向上、向下、置顶、置底等按钮进行上下顺序调整，通过重置按钮将影像层叠顺序恢复至初始状态
点工具		导入点	选择工程对应的点文件 tie 导入至列表
		导出点	将主表中的点导出成 tie 文本文件，支持点类型、点度数、点路径的选择，可根据需求选择全部点输出或部分点输出
	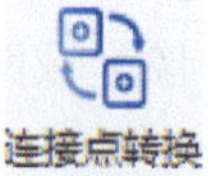	连接点转换	用于包含有相同影像数据的不同工程间连接点转换，该工具可有效复用前工程的共用点
		增加连接点	在影像上添加连接点
		增加检查点	在影像上添加检查点
		增加控制点	在影像上添加控制点
		点预测	当点预测处于激活状态时，刺点时只需刺一个点即可在其他关联影像上预测出同名点位，编辑点时也会自动预测同名点位

续表

功能	图标	名称	作用
点工具	编辑	编辑点	对影像上刺的点，进行编辑，调整坐标位置
	单点选择	单点选择	激活该按钮移动鼠标位置到点位即选中该点，此时可进行编辑或删除操作
	多点选择	多点选择	激活该按钮移动鼠标位置到点位即选中该点，此时可进行编辑或删除操作
	删除	删除点	单击删除按钮可将处于编辑状态选中或单点选择状态选中的点删除
平差	平面区域网平差	平面区域网平差	对加载工程和点文件进行平面区域网平差
	平面自由网平差	平面自由网平差	对加载工程和点文件进行平面自由网平差
	立体区域网平差	立体区域网平差	对加载工程和点文件进行立体区域网平差
	立体自由网平差	立体自由网平差	对加载工程和点文件进行立体自由网平差
	平差报告	平差报告	显示平差后的精度报告
显示管理	影像边框 影像名称 点名称	显示控制	显示和隐藏当前窗口中的影像边框； 显示和隐藏当前窗口中的影像名称； 显示和隐藏当前窗口中的点名称
	子视图	子视图	显示和隐藏
	工程树 状态栏 所有表	显示和隐藏当前窗口上的信息	显示和隐藏当前窗口中的状态栏； 显示和隐藏当前窗口中的工程树； 显示和隐藏当前窗口中的各个表
三维重建与影像校正	设置	设置	设置标题和边框颜色

续表

功能	图标	名称	作用
三维重建与影像校正	DSM自动提取	DSM 自动提取	立体像对提取 DSM
	点云滤波生成DEM	DEM 生成	点云滤波提取 DEM
	卫星影像三维建模	卫星影像三维重建	对多视影像进行三维模型重建
	LOD生成	LOD 生成	三维模型数据构建层次细节，便于浏览查看
	参考控制影像匹配	参考影像匹配	利用卫星影像和参考控制影像匹配得到控制点
	正射校正	正射校正	利用 RPC 修正系数或者控制点数据，对卫星影像进行正射校正
	多项式校正	多项式校正	利用控制点数据对影像进行多项式校正
	影像融合	影像融合	对配准后的全色和多光谱影像进行融合处理

7.3.2 操作步骤

1. 数据准备

原始数据：银川地区，高分七号立体像对，4 景。

参考数据：参考控制影像为银川地区 2.4m 谷歌影像，参考 DEM 数据为全国 30m SRTM 高程数据。

数据处理流程：工程创建→影像连接点控制点匹配→影像连接点控制点编辑→立体区域网平差→卫星影像三维重建。

2. 工程创建

1）工程属性设置

双击 SatRecon.exe，进入主面板。点击左上角【新建工程】，选择【卫星影像工程】，依次输入工程名称（空格等特殊符号不支持），选择工程位置（点击红框），创建者及工程类型，后点击【确定】进入工程编辑，如图7.10所示。

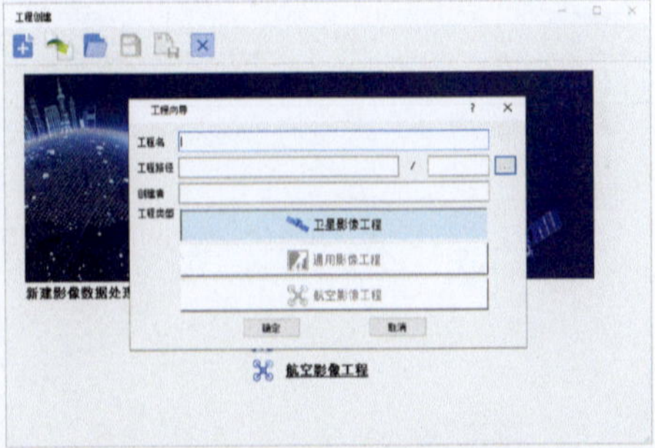

图7.10　新建工程界面

2）添加数据

点击【原影像】，选择影像路径后点击【添加影像】，会将所选目录的卫星影像进行读取，读取完成后依次选择【卫星类型】，【影像类型】，【搜索格式】后，点击【自动筛选】（图7.11～图7.13）。

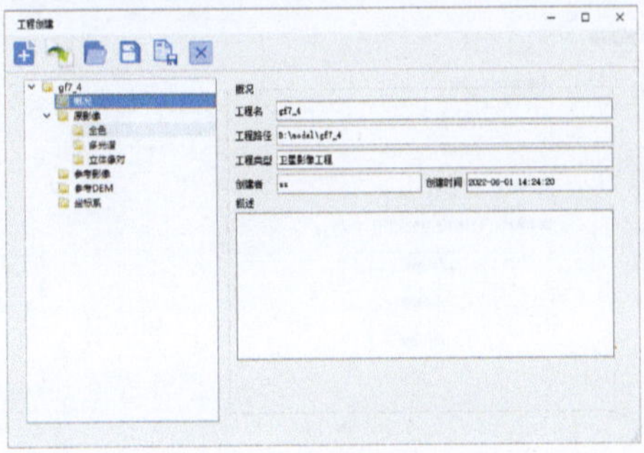

图7.11　工程编辑界面

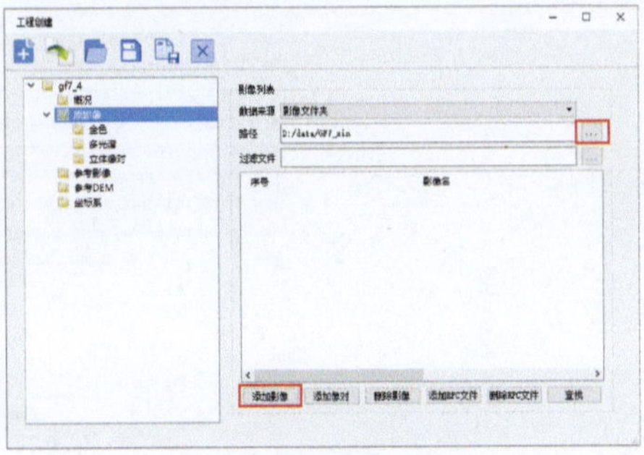

图7.12　影像读取界面

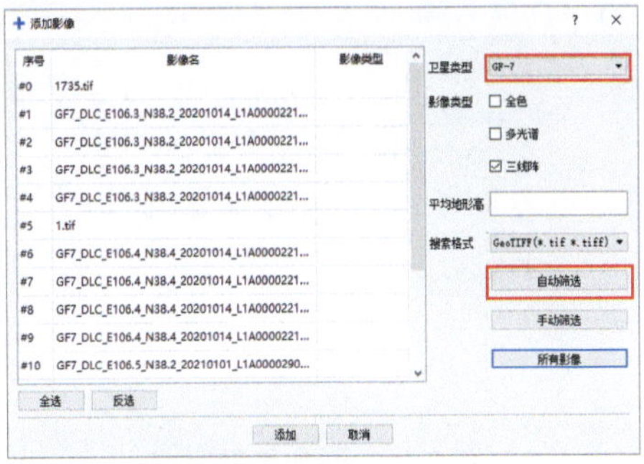

图7.13　影像筛选界面

如图 7.14 所示自动筛选完成后点击【确定】，即可完成影像筛选。

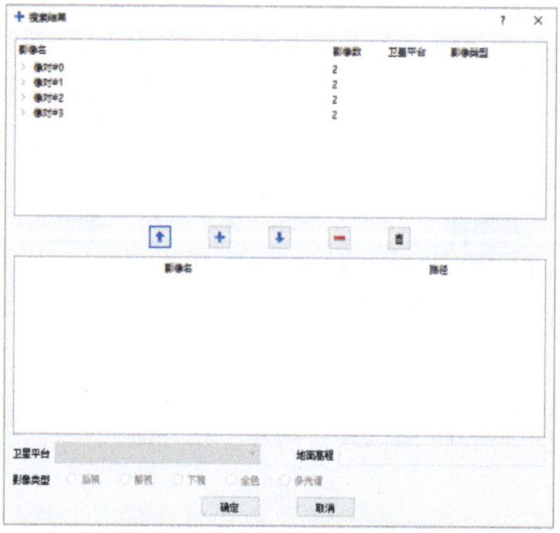

图 7.14　影像筛选结果

自动筛选完成后点击【添加】，即可完成影像添加（图 7.15、图 7.16）。

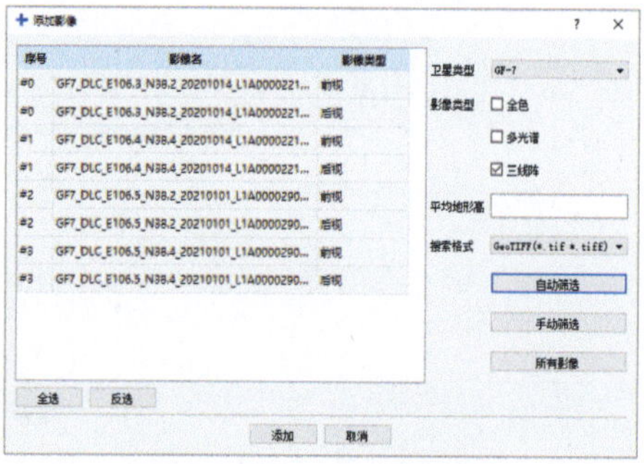

图 7.15　添加影像界面

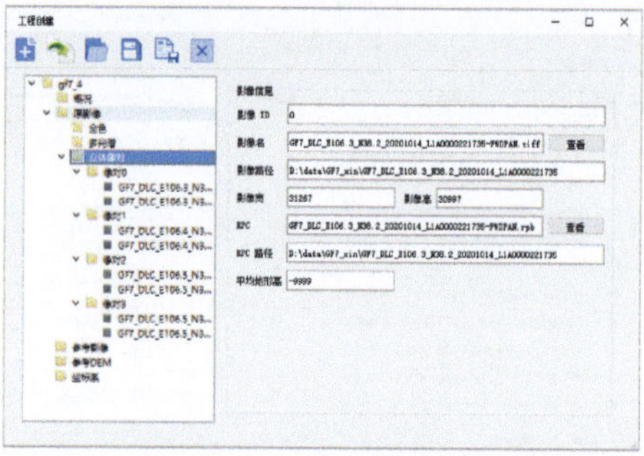

图 7.16　添加影像完成

3）添加参考 DEM

对全色和多光谱影像进行正射影像生成需要添加 DEM 影像，用于修正地形误差；使用参考影像匹配控制点，也需要添加 DEM 影像获取控制点的高程信息。点击【参考 DEM】，添加 DEM 影像。

4）添加参考影像

参考影像用于控制点的获取，一般是具有地理编码的高精度正射影像产品，分辨率和处理影像相差 6 倍以内。工程中的数据和参考影像匹配，可匹配得到控制点信息，用于得到高精度的定位系数。点击【参考影像】，添加参考影像。

5）设置坐标系

选择坐标系后点击保存工程，完成工程创建（图 7.17）。

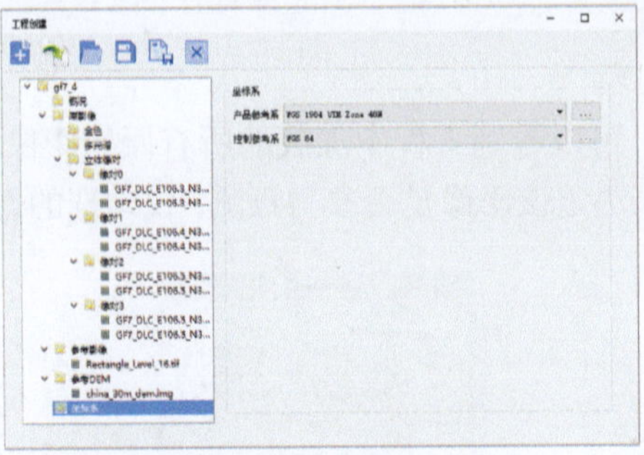

图 7.17　设置坐标系

3. 读取工程

1）打开工程

在软件主界面点击【打开工程】，选择工程目录下.\proj 中选择 project.xml 后点击打开（图 7.18）。

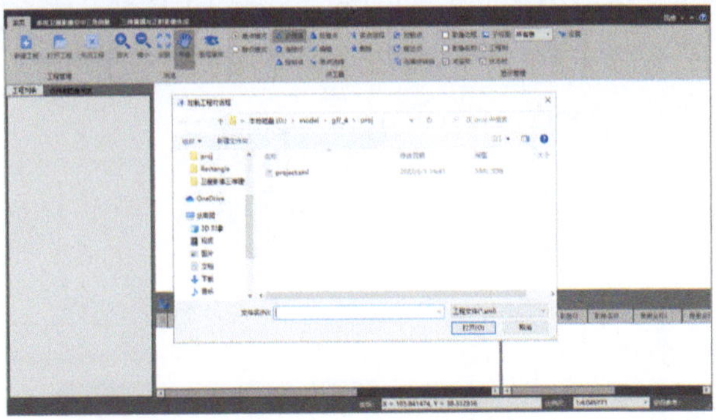

图 7.18　打开工程界面

2）查看工程属性

可以在左边【工程列表】中看到工程的概况、原始影像、参考影像、参考 DEM 等信息。如图 7.19 所示。在窗口的主视图中可以看到影像的分布情况和重叠区域。

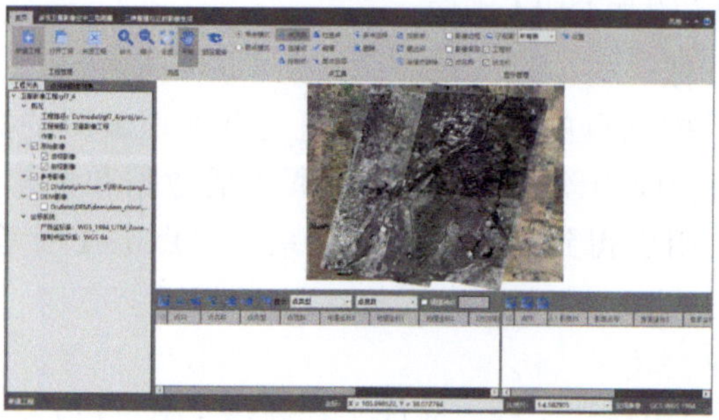

图 7.19　工程信息查看界面

3）查看点预测列表

在【点预测列表】可以看到工程中加载的所有原始影像，在手动添加控制点时可通过是否勾选影像来决定该影像是否参与预测，仅勾选的影像参与预测（图 7.20）。

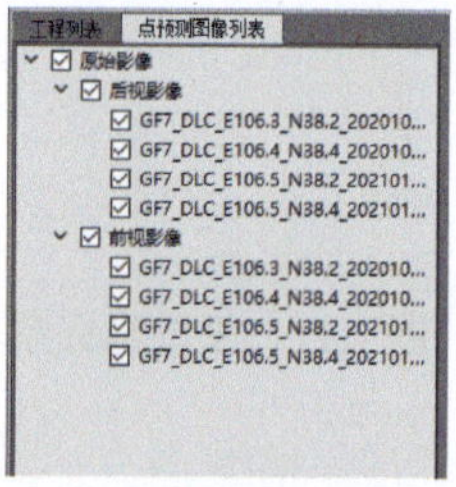

图 7.20　预测图像界面

4. 卫星影像空中三角测量

卫星影像空中三角测量分为影像匹配，平差两个步骤（图 7.21）。

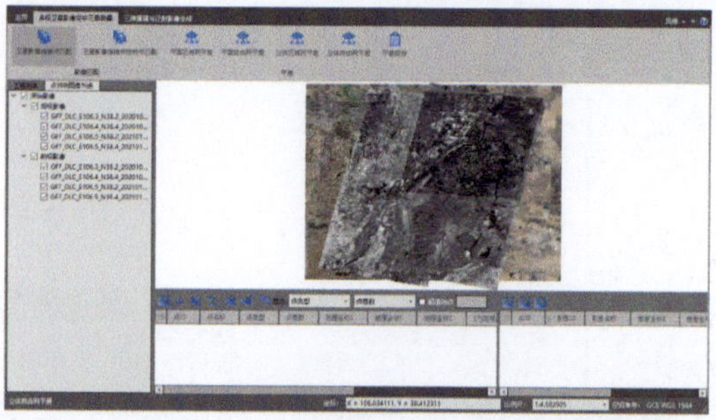

图 7.21　多视卫星影像空中三角测量

1）卫星影像连接点匹配

加载工程完成后，如果工程中没有参考影像，主界面选择【卫星影像连接点匹配】，匹配卫星影像间的连接点，用于卫星影像自由网平差，消除卫星影像内部之间的误差。并将连接点保存在工程目录下“.\aat\bundler\output.tie”（图 7.22）。

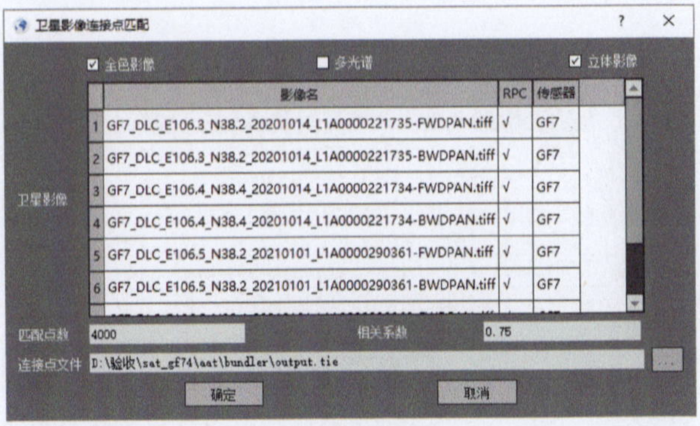

图 7.22　卫星影像连接点匹配

➢ 数据类型：勾选相应的数据类型进行数据筛选，并在输入影像栏显示。进行正射影像生产时勾选全色影像用于连接点匹配和后续的自由网平差。

➢ 匹配点数：设置每张卫星影像预提取的特征点数，一般设置 2000～4000，在卫星影像上均匀提取指定数量的特征点，如果影像纹理稀少难以提取特征，可设置更大数值。

➢ 相关系数：匹配卫星影像间连接点时，相似度大于此值认为是同名像点。一般同源影像设置 0.75～0.85，异源卫星影像可设置为 0.75～0.65。

匹配完成后自动生成连接点，连接点文件存放在*：\sat_1\aat\bundler\ output.tie（图 7.23）。

图 7.23　卫星影像连接点匹配完成

2）卫星影像连接点控制点匹配

加载工程完成后，如果工程中有参考影像，主界面选择【卫星影像连接点控制点匹配】，匹配卫星影像间的连接点，同时匹配到的连接点和参考影像匹配，得到控制点信息，并将连接点和控制点保存在工程目录下“.\aat\bundler\output.tie”（图 7.24）。

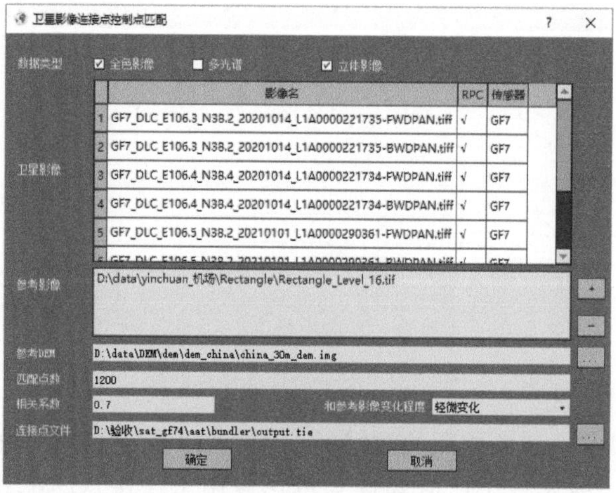

图 7.24　匹配参数设置

- 数据类型：勾选相应的数据类型进行数据筛选，并在输入影像栏显示。
- 参考影像：默认加载工程中已经保存的参考影像，也可以添加外部参考影像。
- 参考 DEM：默认加载工程中已经保存的参考 DEM 影像，也可以添加外部参考影像。
- 匹配点数：设置每张卫星影像预提取的特征点数，一般设置 2000～4000，在卫星影像上均匀提取指定数量的特征点，如果影像纹理稀少难以提取特征可设置更大数值。
- 相关系数：匹配卫星影像间连接点时，相似度大于此值认为是同名像点。一般同源影像设置 0.75～0.85，异源卫星影像可设置为 0.75～0.65。
- 参考影像变化程度：选择使用的参考影像和卫星影像变化程度。【轻微变化】程序内部使用较大一点的相似度阈值，判断是否为同名点；【变化很大】程序内部使用较小一点的相似度阈值，判断是否为同名点（图 7.25）。

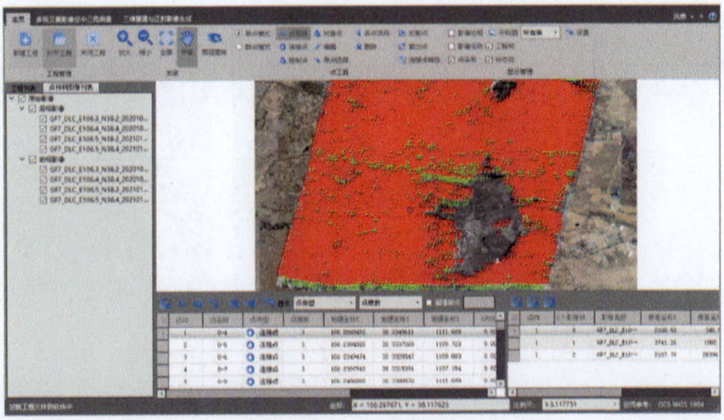

图 7.25　匹配完成

3）影像连接点和控制点编辑

自动匹配的连接点和控制点有时存在误差，需要进行检查和删除；没有参考影像时需要手动添加控制点、检查点；区域网平差后，平差精度不能满足要求，需要手动删除误差大的点，再次进行平差。针对产品生产的实际需求，软件提供连接点、控制点编辑工具，用于点的增加、删除、修改等功能。

a. 导入点操作

点击【主页】→【加载点】，在弹出的对话框中选择工程对应的点文件，点击【确定】。如图 7.26、图 7.27 所示。

b. 导出点操作

点击【主页】→【输出点】，在弹出的对话框中选择点类型，点度数，导出的点的路径，点击【确定】，如图 7.28 所示。

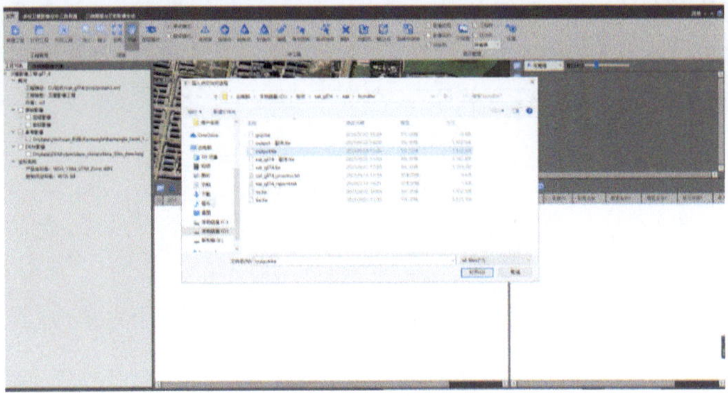

图 7.26　点文件导入

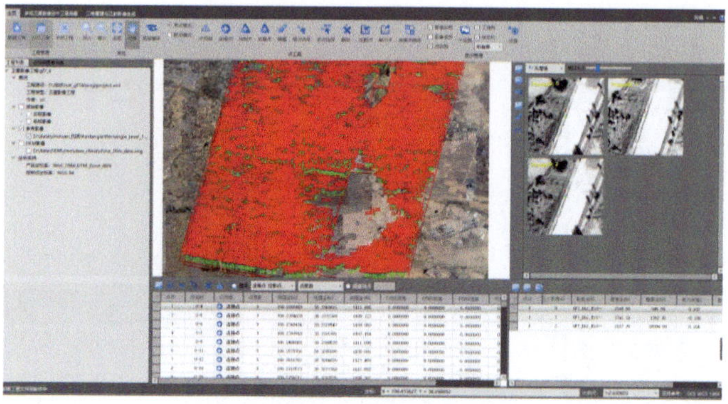

图 7.27　导入成功

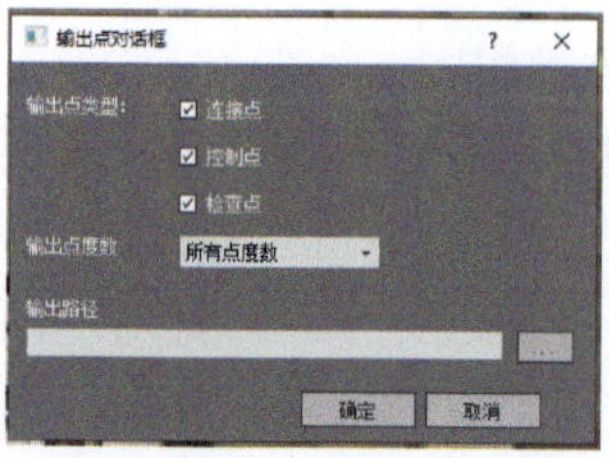

图 7.28　导出点文件

c. 创建新点操作

已知控制点坐标，添加其对应的同名像点。点击连接点主列表上图标，弹出【添加点对话框】的窗口（图 7.29）。

【名称】：输入新点的名称。

【点类型】：选择点类型。

【X 坐标】：输入 X 的坐标值。

【Y 坐标】：输入 Y 的坐标值。

【Z 坐标】：输入 Z 的坐标值。

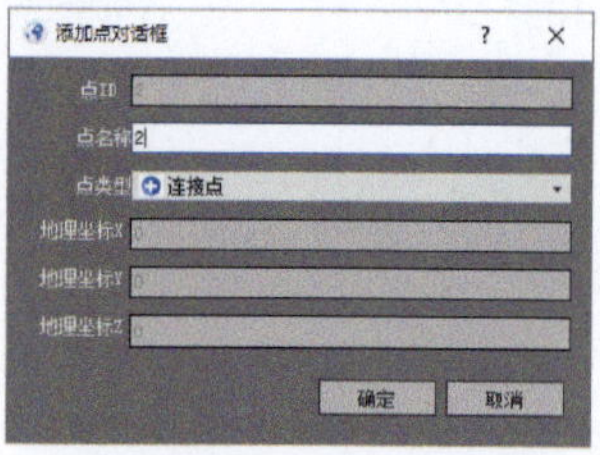

图 7.29　添加点信息

完成后在点列表中新添加一行，选中该行右键弹出菜单栏，并选择【预测选中点】，可预测该点在卫星影像上的像点。

d. 添加点操作

未知坐标点，在影像上进行刺点。

以控制点为例，点击菜单栏上的图标，并激活【点预测】，在参考影像上将十字丝定位在明显地物，点击【Enter】键盘即可完成该控制点在参考影像的采集。在参考影像上刺控制点时会自动根据 RPC 预测出原始全色影像同名点。详细信息并追加至点列表中，如图 7.30 所示。

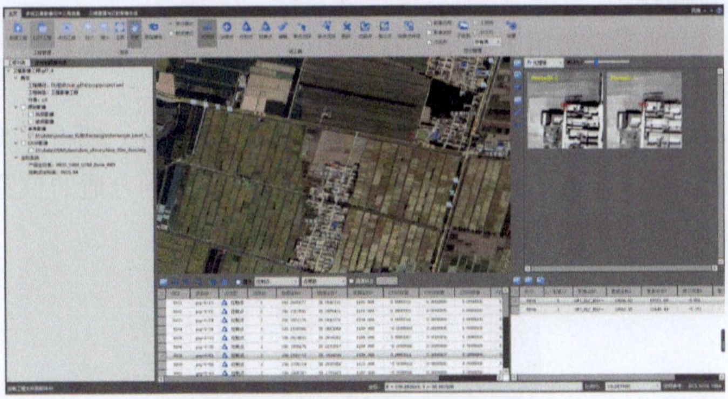

图 7.30　影像刺点

点击关掉主菜单栏点工具中的【点预测】，对照参考影像上的位置，点击子视图中的编辑按钮编辑关联的影像上的同名点位，使其与参考影像上的控制点位置一致（图 7.31、图 7.32）。

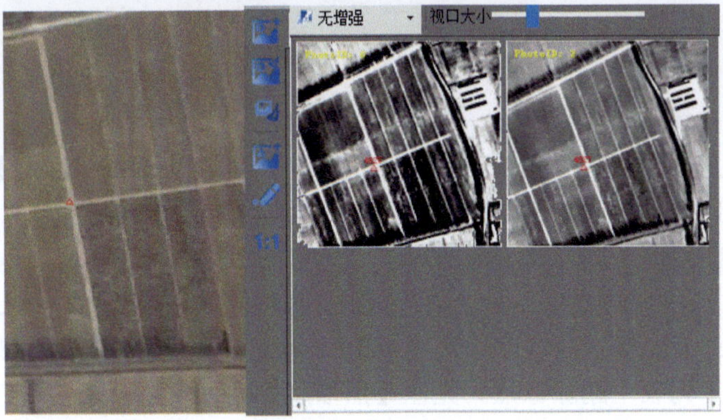

图 7.31　点编辑前

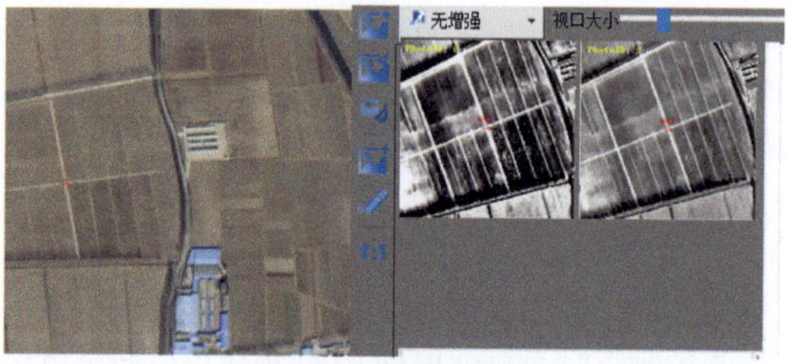

图 7.32　点编辑后

e. 编辑点操作

主菜单栏中的按钮用于编辑主视图中的点，子视图菜单栏中的编辑按钮用于编辑子视图中的点位。

先点击相应视图的图标，然后再点击需要编辑的点，等点变为选中待编辑状态，按键盘上的上下左右键，或者用鼠标拖动点，放到合适的位置，按下键盘上的回车键，完成点编辑操作（图 7.33）。

图 7.33　点选中待编辑状态

f. 删除点操作

（1）在主视图窗口中删除点。在【主页】界面中以【编辑】或【单点选择】的方式选中影像上要删除的点，点击菜单栏上的【删除】按钮如图 7.34 所示，关联的影像上的点即被删除。

（2）在主列表中删除点。在界面下端主列表下选中要删除的点记录，点击【删除点】按钮或者右键选择【删除选中点】，该影像上的点即被删除（图 7.35）。

（3）在子列表中删除像点。先在【点信息】列表中选中一条点记录或在子视图中以【编辑】的形式选中影像上的一个点，然后点击【删除】点的图标，该像点即被删除，如图 7.36、图 7.37 所示。

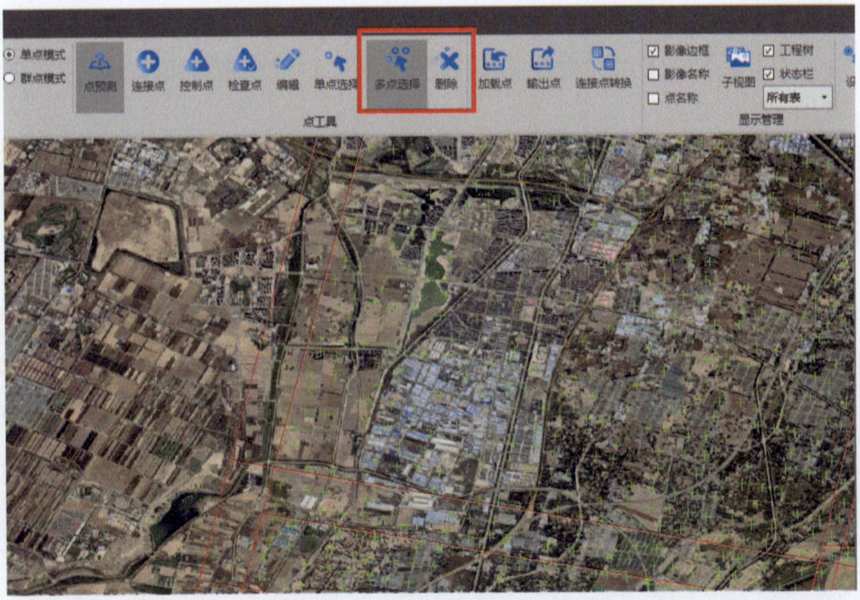

图 7.34　删除点界面

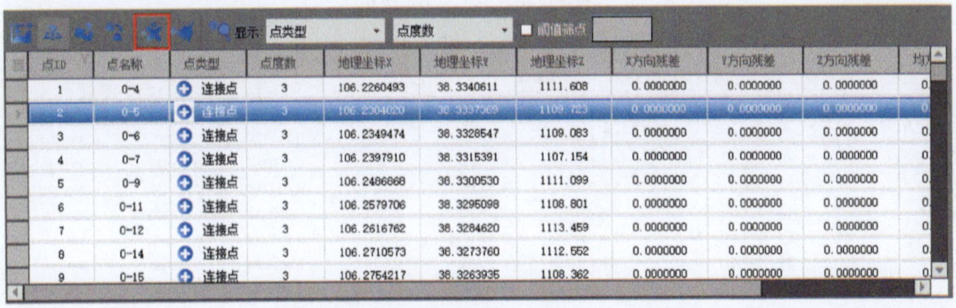

图 7.35　主列表中删除点界面

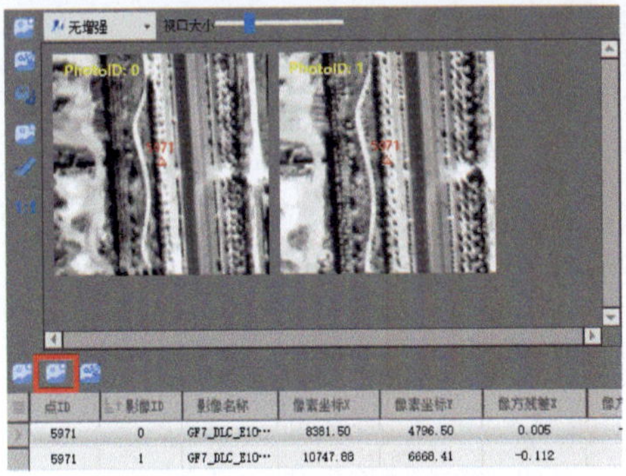

图 7.36　在子列表中删除像点界面

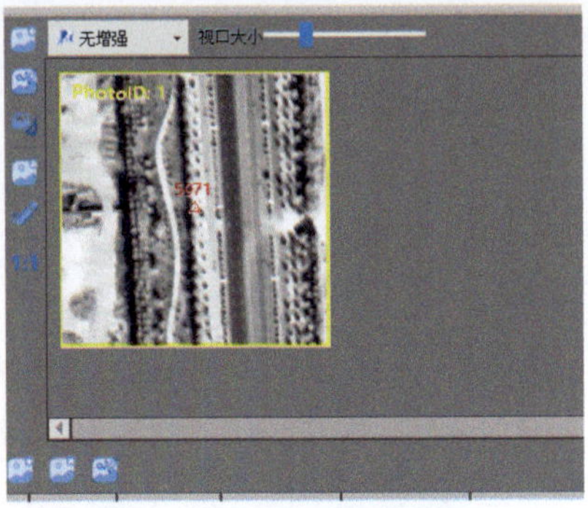

图 7.37　删除像点后界面

g. 点预测操作

点击【主页】→【点预测】，在子视图中就会显示预测的影像上的点位置，如图 7.38 所示。

h. 清空点操作

点击【主页】→【主列表】→【清空所有点】，点信息列表中的所有点被清空，如图 7.39 所示。

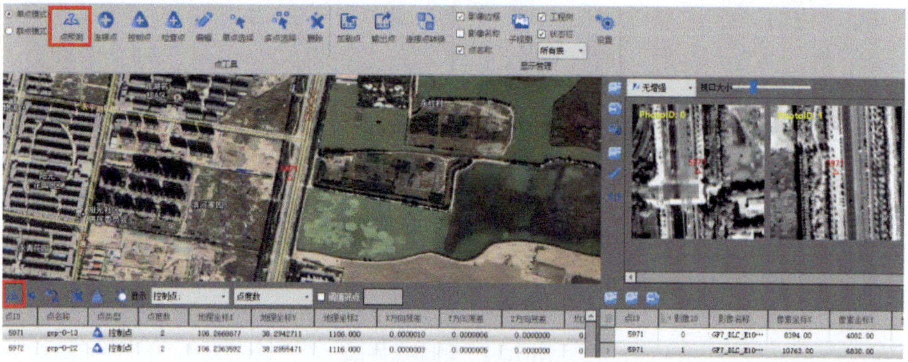

图 7.38　点预测界面

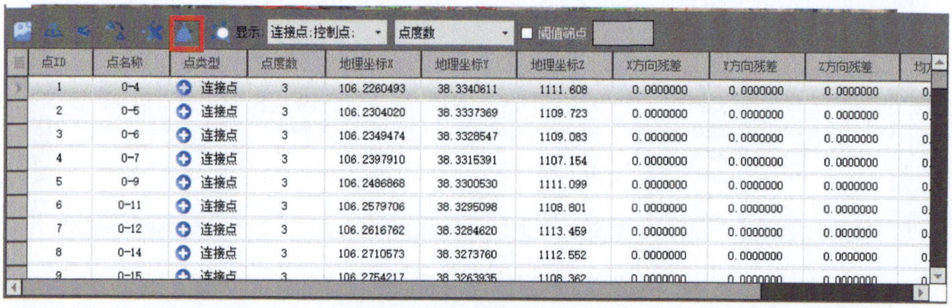

点ID	点名称	点类型	点度数	地理坐标X	地理坐标Y	地理坐标Z	X方向残差	Y方向残差	Z方向残差	均方
1	0-4	连接点	3	106.2260493	38.3340611	1111.608	0.0000000	0.0000000	0.0000000	0.
2	0-5	连接点	3	106.2304020	38.3337369	1109.723	0.0000000	0.0000000	0.0000000	0.
3	0-6	连接点	3	106.2349474	38.3328547	1109.083	0.0000000	0.0000000	0.0000000	0.
4	0-7	连接点	3	106.2397910	38.3315391	1107.154	0.0000000	0.0000000	0.0000000	0.
5	0-9	连接点	3	106.2486868	38.3300530	1111.099	0.0000000	0.0000000	0.0000000	0.
6	0-11	连接点	3	106.2579706	38.3295098	1108.801	0.0000000	0.0000000	0.0000000	0.
7	0-12	连接点	3	106.2616762	38.3284620	1113.459	0.0000000	0.0000000	0.0000000	0.
8	0-14	连接点	3	106.2710573	38.3273760	1112.552	0.0000000	0.0000000	0.0000000	0.
9	0-15	连接点	3	106.2754217	38.3263935	1108.362	0.0000000	0.0000000	0.0000000	0

图 7.39　清空点界面

i. 查找点操作

点击【主页】→【主列表】→【查找点】，弹出点查找窗体，选择查找项点 ID 或点名称，输入查找值，点击开始查找。查找结果将自动定位至点列表和主视图影像中，如图 7.40 所示。

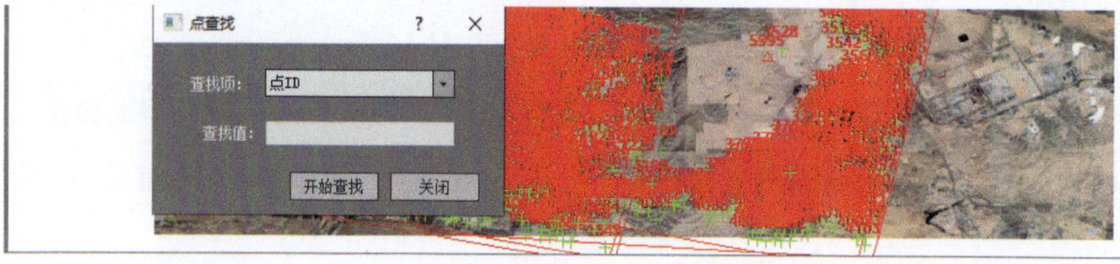

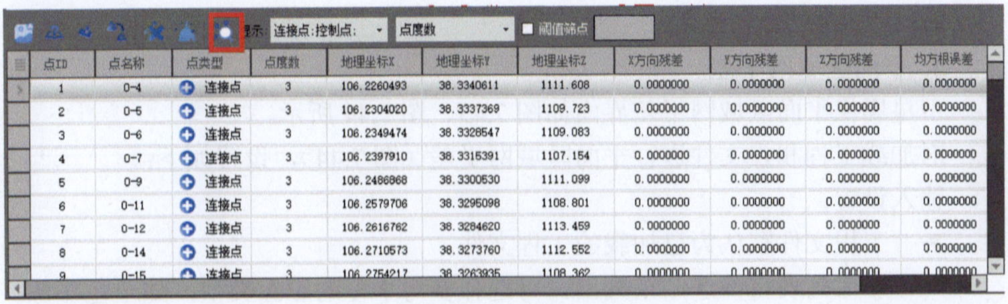

点ID	点名称	点类型	点度数	地理坐标X	地理坐标Y	地理坐标Z	X方向残差	Y方向残差	Z方向残差	均方根误差
1	0-4	连接点	3	106.2260493	38.3340611	1111.608	0.0000000	0.0000000	0.0000000	0.0000000
2	0-5	连接点	3	106.2304020	38.3337369	1109.723	0.0000000	0.0000000	0.0000000	0.0000000
3	0-6	连接点	3	106.2349474	38.3328547	1109.083	0.0000000	0.0000000	0.0000000	0.0000000
4	0-7	连接点	3	106.2397910	38.3315391	1107.154	0.0000000	0.0000000	0.0000000	0.0000000
5	0-9	连接点	3	106.2486868	38.3300530	1111.099	0.0000000	0.0000000	0.0000000	0.0000000
6	0-11	连接点	3	106.2579706	38.3295098	1108.801	0.0000000	0.0000000	0.0000000	0.0000000
7	0-12	连接点	3	106.2616762	38.3284620	1113.459	0.0000000	0.0000000	0.0000000	0.0000000
8	0-14	连接点	3	106.2710573	38.3273760	1112.552	0.0000000	0.0000000	0.0000000	0.0000000
9	0-15	连接点	3	106.2754217	38.3263935	1108.362	0.0000000	0.0000000	0.0000000	0.0000000

图 7.40　查找点界面

j. 阈值筛点操作

若子表中加载的是平差之后的点文件，X/Y/Z 方向残差、均方根误差、最大像方残差均显示在点列表中，此时可以勾选阈值筛点。

点击【主页】→【主列表】→勾选【阈值筛点】，输入筛选阈值，回车确定（图 7.41）。

	点类型	点度数	地理坐标X	地理坐标Y	地理坐标Z	X方向残差	Y方向残差	Z方向残差	均方根误差	最大像方残差
7	连接点	3	106.3163324	38.2465020	1103.832	0.0000000	0.0000000	0.0000000	0.0000000	2.010
52	连接点	3	106.4232421	38.1829610	1298.295	0.0000000	0.0000000	0.0000000	0.0000000	2.000
5	连接点	2	106.3675321	38.5182311	1108.657	0.0000000	0.0000000	0.0000000	0.0000000	2.007
-19	控制点	2	106.3792269	38.2584473	1200.000	0.0000306	-0.0000106	2.0824186	0.0000324	4.609

图 7.41　阈值筛点界面

k. 连接点转换

用于包含有相同影像数据的不同工程间连接点转换，该工具可有效复用前工程的共用点。

点击【主页】→【连接点转换】，弹出连接点转换窗体，选择原始工程、原始点文件、新工程，指定转换后点路径，确定。如图 7.42 所示。

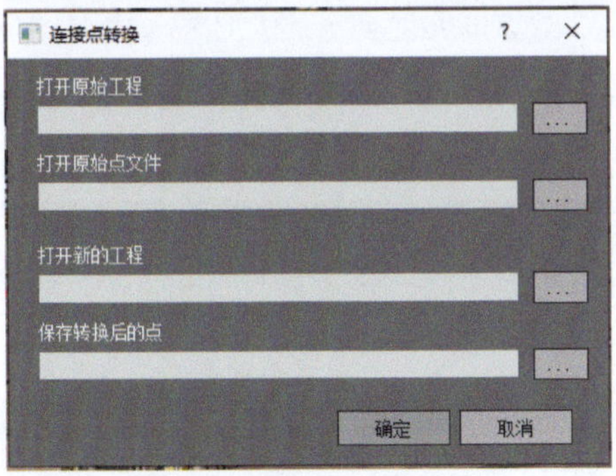

图 7.42　连接点转换界面

4）区域网平差

a. 平面区域网平差

卫星影像平面区域网平差界面如图 7.43、图 7.44 所示。

对加载工程和点文件进行平面区域网平差（图 7.44），设置如下：

输入设置：

- 工程文件默认为已加载的工程文件。
- 影像列表将筛选结果列出，可选择参与平差的影像类型，如全色影像。在全色和多光谱影像处理中，为保证处理精度，建议选择【全色】影像进行区域网平差。后续对多光谱影像进行配准校正。
- 点文件为参与平差的点文件，通过单击点文件按钮指定。
- DEM 文件。平差时所用到的辅助参考高程文件。

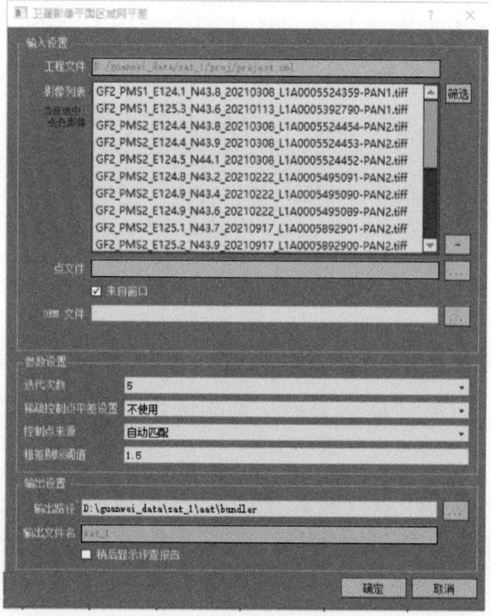

图 7.43　卫星影像平面区域网平差界面

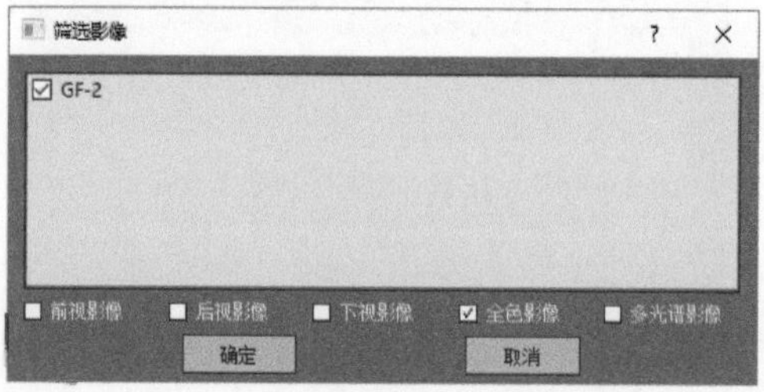

图 7.44　筛选参与平差的影像

参数设置：

- ➢ 迭代次数，有1～5可选择，表示反复进行平差的次数。
- ➢ 稀疏控制点平差设置，是否使用稀疏控制点平差，一般选择不使用；当控制点较少时选择使用。
- ➢ 控制点来源，自动匹配/手工量测可选，当控制点来源软件自动匹配时设置为自动匹配，当控制点来源于人工刺点时设置为手工量测。
- ➢ 粗差剔除阈值，设置阈值，理论上误差超过阈值的点会被删除。

输出设置：

- ➢ 输出路径，放置平差后的点文件、处理过程文件、报告文件。
- ➢ 输出文件名，平差后的文件名称。
- ➢ 稍后显示评查报告，若勾选上，平差完可直接显示平差报告。

参数设置完成后，提交任务。

b. 平面自由网平差

卫星影像平面自由网平差模块界面如图7.45所示。

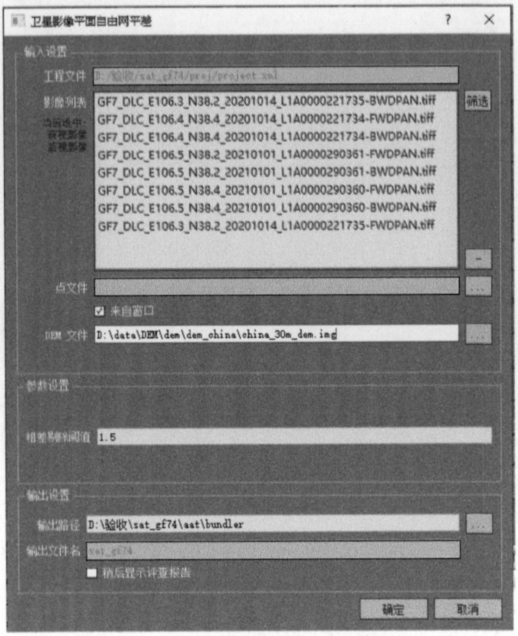

图7.45 卫星影像平面自由网平差

对加载工程和点文件进行平面自由网平差，设置如下：

输入设置：

- ➢ 工程文件默认为已加载的工程文件。

- 影像筛选，同上。
- 点文件为参与平差的点文件，通过单击点文件按钮指定。
- DEM 文件为平差时所用到的辅助参考高程文件。
- 粗差剔除阈值，设置阈值，理论上误差超过阈值的点会被删除。
- 稍后显示评查报告，若勾选上，平差完可直接显示平差报告。

参数设置完成后，提交任务，同上不赘述。

c. 立体区域网平差

卫星影像立体区域网平差功能界面如图 7.46 所示。

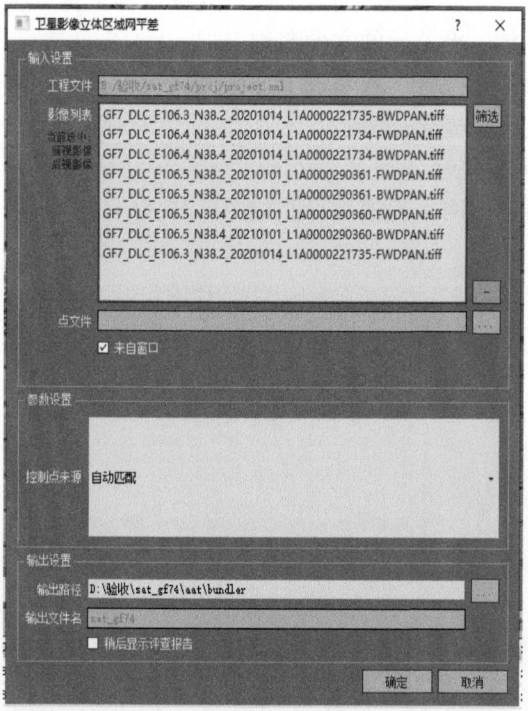

图 7.46　卫星影像立体区域网平差

对加载工程和点文件进行卫星影像立体区域网平差，设置如下：

输入设置：

- 工程文件默认为已加载的工程文件。
- 影像筛选，同上。
- 点文件为参与平差的点文件，通过单击点文件按钮指定。
- DEM 文件为平差时所用到的辅助参考高程文件。
- 粗差剔除阈值，设置阈值，理论上误差超过阈值的点会被删除。

➢ 稍后显示评查报告，若勾选上，平差完可直接显示平差报告。

参数设置完成后，提交任务，同上不赘述。

d. 立体自由网平差

卫星影像立体自由网平差功能界面如图 7.47 所示。

对加载工程和点文件进行卫星影像立体自由网平差，设置如下：

输入设置：

➢ 工程文件默认为已加载的工程文件。
➢ 影像筛选，同上。
➢ 点文件为参与平差的点文件，通过单击点文件按钮指定。
➢ 粗差剔除阈值，设置阈值，理论上误差超过阈值的点会被删除。
➢ 稍后显示评查报告，若勾选上，平差完可直接显示平差报告。

参数设置完成后，提交任务，同上不赘述。

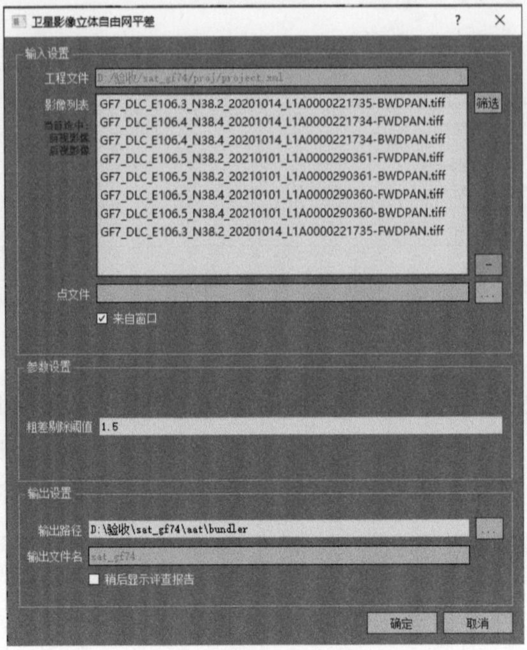

图 7.47 卫星影像立体自由网平差

e. 平差报告

平差完成后，可在菜单工具栏点击按钮 ，打开下图 7.48 的平差报告。可以在此查看检测平差结果精度，同时查看过程文件。

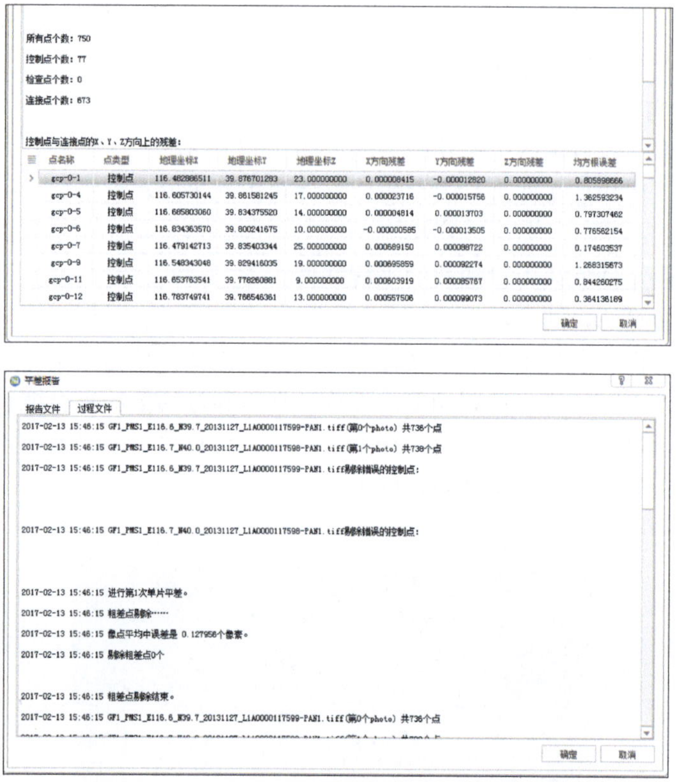

图 7.48　平差报告

5. 三维重建

三维重建模块功能菜单如图 7.49 所示，该软件不仅仅支持卫星影像三维重建，还支持 DSM、DEM 自动提取与生成，以及正射校正与影像融合等，这里重点介绍 DSM、DEM 自动提取以及卫星影像三维重建几个功能的操作流程。

图 7.49　三维重建与正射影像生成

1）DSM 自动提取

DSM 自动提取模块的功能是从多视影像中提取 DSM，首先选择三维重建与正射影像生成，然后点击 DSM 自动提取，选择参数后点击下一步。出现如图 7.50 所示界面，然后进行参数设置。

参数设置：

- 匹配影像：加载工程中的多视角影像。
- DSM 参考系：设置输出的 DSM 参考系，默认为工程设置的产品坐标系。
- 输出分辨率：设置 DSM 分辨率，分辨率单位和坐标系单位保持一致。
- 建立金字塔：如果勾选，则为 DEM 影像建立金字塔，方便显示。
- 使用密集匹配方式：如果勾选，则使用密集匹配方式生成点云，否则使用松弛匹配及格网生成密集点云，默认不勾选。

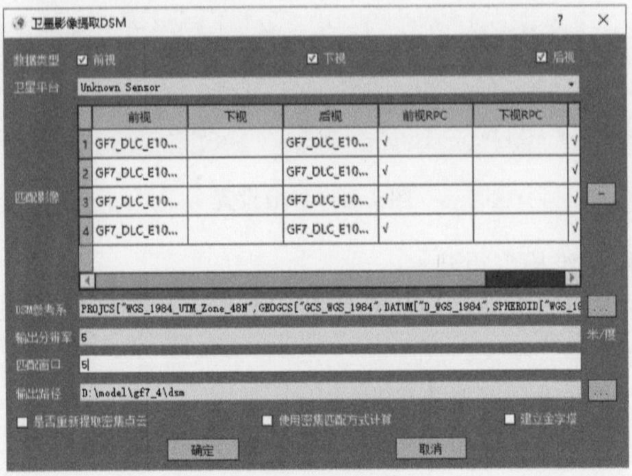

图 7.50　参数设置

2）DEM 自动提取

DEM 自动提取的功能是从多视立体影像中提取 DEM。具体操作步骤如下：

（1）选择三维重建与正射影像生成。

（2）点击点云滤波生成 DEM，选择参数后点击下一步。如果工程目录*:\sat_1\tmp 下有点云文件，则使用已有点云文件采样生成 DEM，如果没有则重新提取点云文件，采样生成 DEM（图 7.51）。

参数设置：

- 匹配影像：加载工程中的多视角影像。
- DEM 参考系：设置输出的 DEM 参考系。
- 输出分辨率：设置 DEM 分辨率，分辨率单位和坐标系单位保持一致。
- 滤波参数设置：一般使用默认参数。
- 建立金字塔：如果勾选，则为 DEM 影像建立金字塔，方便显示。
- 使用密集匹配方式：如果勾选，则使用密集匹配方式生成点云，否则使用松弛匹配及格网生成密集点云，默认不勾选。

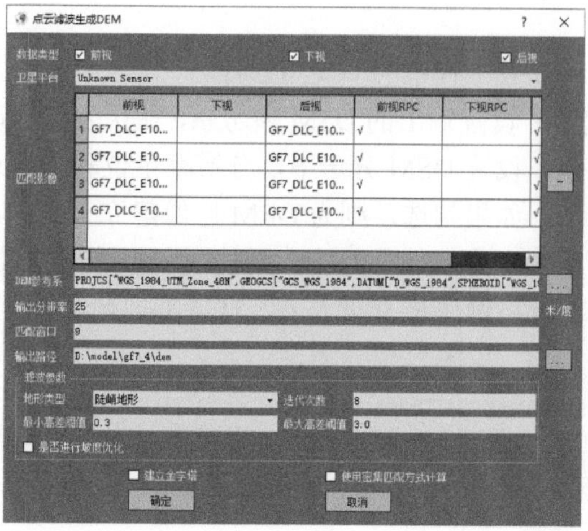

图 7.51　参数设置

3）卫星影像三维模型重建

卫星影像三维模型重建模块的功能是从多视立体影像中，提取三维模型。具体操作步骤如下：

（1）选择三维重建与正射影像生成。

（2）点击卫星影像三维模型重建，选择参数后点击下一步。具体参数设置界面如图 7.52 所示。

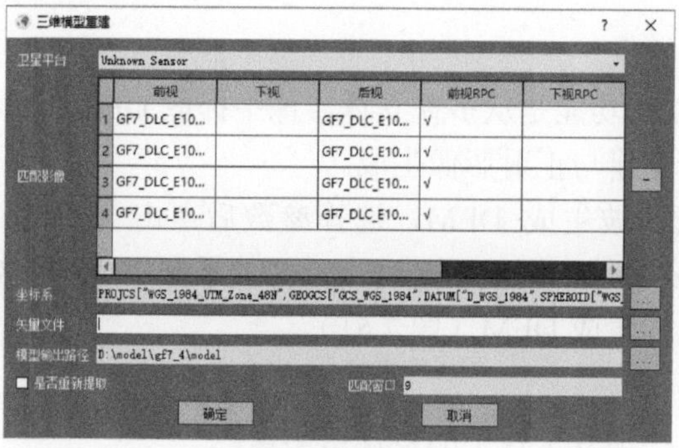

图 7.52　参数设置

参数设置：

- 匹配影像：加载工程中的多视角影像。
- 坐标系：设置输出的 DEM 参考系。
- 矢量文件：如果输入矢量文件，则重建矢量范围内的三维模型，如果不输入则重建整个区域的模型。

➢ 是否重新提取密集点云：未勾选的情况下，并且*：\sat_1\tmp 下有点云文件，则不再生成点云文件，直接利用现有点云文件，进行模型重建。否则先生成点云文件，然后利用点云文件构建模型。

➢ 提取窗口：点云提取时的窗口设置，值越大点云越稀疏，设置为 1 时，则进行逐像素提取。

7.3.3　建模效果

上面介绍卫星遥感影像三维重建软件系统的操作流程，下面是用该软件进行卫星遥感影像三维重建的效果。

数据 1：银川地区的四景对高分七号卫星立体影像，影像空间分辨率为 0.65m，拍摄时间为 2021 年 1 月，覆盖面积 1200km^2，包含平原、丘陵、山区和城市等地貌特征，具体建模效果如图 7.53～图 7.55 所示。

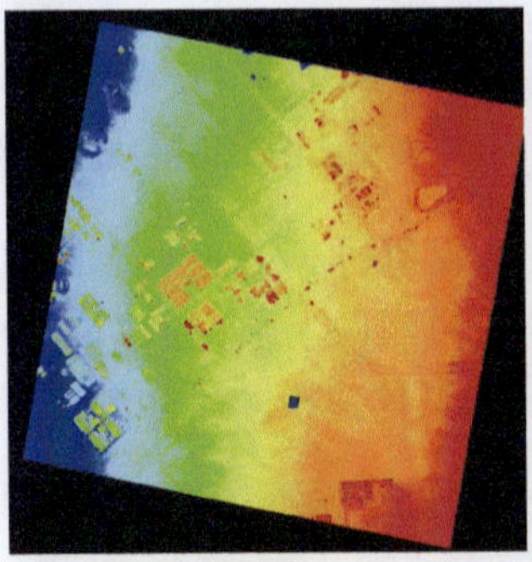

(a) 视点1

(b) 视点2

(c) 视点3

图 7.53　影像密集匹配获得的点云

图 7.54　银川地区高分七号卫星影像提取的 DSM

图 7.55　银川地区高分七号卫星影像生成的城市区域白模效果

数据 2：美国杰克逊维尔地区的 8 个视角的 worldview3 卫星多光谱影像，影像空间分辨率为 0.3m，包含多条轨道的卫星影像，主要为建筑物密集的城市区域，含高大的建筑物，数据覆盖面积 0.5km^2。具体建模效果如图 7.56～图 7.59 所示。

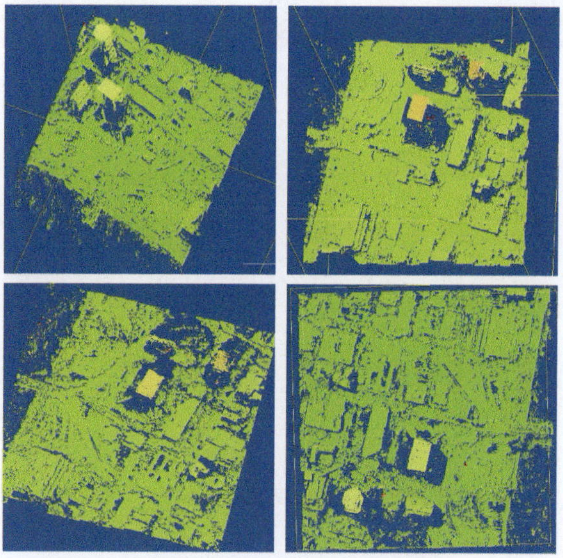

图 7.56　不同视角影像密集匹配获得的点云

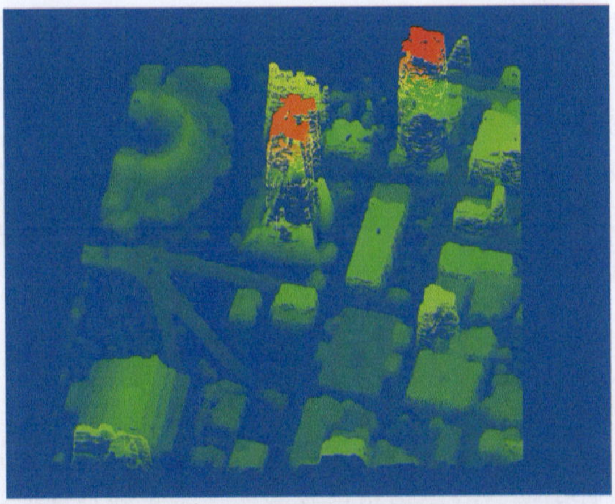

图 7.57　多视影像融合后的点云

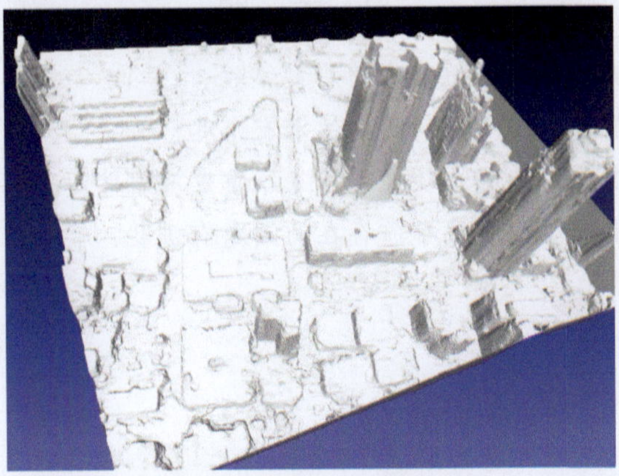

图 7.58　数据 2 白模效果

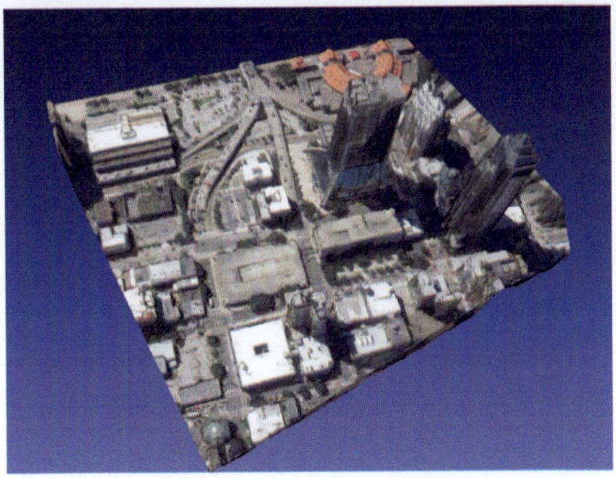

图 7.59　数据 2 三维模型

从建模的效果可以看出，卫星影像三维重建相较于无人机影像三维重建，存在精度不高、建筑细节恢复不好，尤其是侧面的结构和纹理效果不好的问题，主要原因是卫星遥感影像分辨率远远低于无人机影像，并且由于卫星飞行受到轨道约束，获取建筑物的侧面纹理较为困难。因此，通过卫星遥感影像三维重建获取的模型还需要进一步利用第 6 章介绍的三维模型编辑技术进一步进行精修，才能达到比较理想的建模效果。

7.4 本章小结

本章主要对卫星遥感影像三维重建涉及的流程及关键技术进行介绍，并以卫星影像三维重建软件为例，介绍卫星遥感影像三维重建详细步骤及建模案例。

思考题

1. 简述卫星遥感影像三维重建的基本流程。
2. 卫星遥感影像三维重建的关键技术有哪些？
3. 利用卫星影像三维重建软件进行三维重建有哪些步骤？
4. 卫星遥感影像三维重建目前存在的问题有哪些？

第 8 章

遥感影像三维模型发布技术

遥感影像三维模型数据发布时通常需要 3DTiles、glTF 等面向 Web 应用设计的数据格式，而大部分三维建模软件生成的三维模型数据为 OSGB 或者其他格式的数据，要对倾斜摄影三维模型数据进行发布，就需要进行格式转换处理。本章首先介绍 3DTiles、glTF 文件的数据格式、转换方法，然后介绍三维模型的发布技术。

8.1 3DTiles 三维模型数据

8.1.1 3DTiles 格式介绍

3DTiles 是一种开放式的文件格式规范，面向如摄影测量、3D 建筑物、BIM/CAD 模型、点云等大规模地理数据传输、共享、可视化以及交互需求而设计，可以应用在桌面、网页以及便携式移动设备等多种类型场景。它具有以下特点：

（1）开放性和交互性。作为一个开源的开放规范，数据提供者和应用程序开发人员可以在不同的软件工具、应用程序中使用该格式，降低海量的三维地理信息数据访问方式、互操作方式不统一造成的协作困难。

（2）异构性。3DTiles 格式通过定义文件索引格式，可以集成多种类型的三维地理空间内容，包括倾斜摄影三维模型、建筑物模型、点云等，并且可以实现对大规模数据的三维分幅，以及散列数据的聚合。

（3）三维性。3DTiles 定义一个空间层次结构，可以用于流式的快速流加载和精确渲染，大到全球尺度、小到建筑内部，任何尺度和规模都能实现较好的加载性能和视觉效果。

3DTiles 采用层次细节模型（Hierarchical Level of Detail，HLOD）的组织结构，来提升海量地理数据的渲染性能，如图 8.1 所示。在 3DTiles 数据格式中，每一个瓦片都有一个外包围框，外包围框是指包含该瓦片所有内容的一个空间几何体。3DTiles 索引结构具备空间连续性，子瓦片的内容完全在父瓦片的边界体积内。

索引结构可以使用类似于栅格和矢量瓦片方案，例如 Web 地图瓦片服务，通常以多个细节级别提供预先生成好的瓦片数据。由于实际中地理数据分布通常不均匀的，因此索引时可以采用任何具有空间一致性的空间数据结构，包括：KD-Tree、四叉树、八叉树和格网索引等。

3DTiles 文件主要包括数据索引和数据瓦片两部分，分别定义在索引文件和瓦片文件中。索引文件通常以 tileset.json 命名，包含元数据和索引结构信息。索引

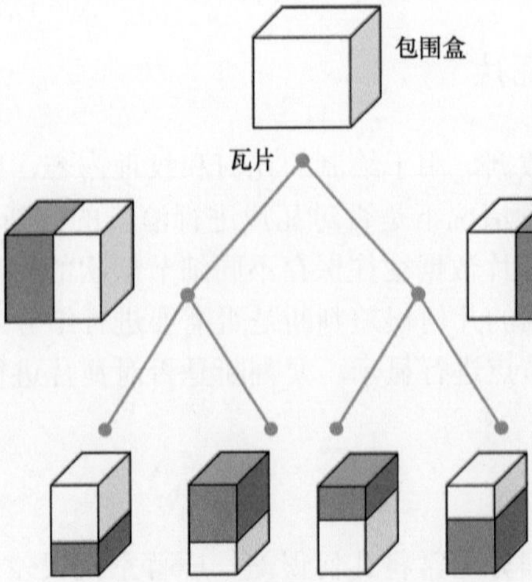

图 8.1　3DTiles 组织结构

文件必须采用无 BOM 信息的 JSON 语言格式，并且所有的属性都必须采用文本记录。3D Tiles 使用统一资源标识符（URI）来定义瓦片数据的访问路径。路径既可以是相对索引文件的路径，或者是 HTTP 等绝对访问路径，也可以是符合 RFC2397 规范的嵌入式资源。

数据项瓦片文件通常是二进制文件，根据需要可分为不同的数据类型（表 8.1）。

表 8.1　3DTiles 数据类型

批量三维模型（b3dm）	支持多种类型的三维数据模型。例如带纹理的三维表面模型、建筑模型等
实例化三维模型（i3dm）	实例化模型，例如数据、电线杆、广告牌等
点云模型（pnts）	海量的三维点云数据
组合模型（cmpt）	将不同格式的数据组合在一起

数据瓦片通常以要素表或者图元表的形式存储，要素表是一系列要素的集合，要素可以表示为一个实体，例如建筑物、树木模型、点云中的点等。每个要素都存储其位置、外观以及应用程序相关属性，客户端在应用时可以根据需要解析所需的数据进行可视化或者数据分析。图元表存储系列图元集合，该方法基于 glTF 格式构建，glTF 是一种为高效传输三维渲染内容而设计的开放规范，其中包含模型绘制的几何和纹理信息。批量三维模型和实例化三维模型数据项通常采用 glTF 格式，而点云一般则不采用 glTF 格式。

在坐标系统和单位方面，3DTiles 采用右手笛卡儿坐标系规则，所有的直线距离单位都是米，所有的角度都是以弧度为单位。数据中的坐标可以采用常用的地理坐标系。

8.1.2 3DTiles 数据瓦片

数据瓦片通常由元数据、用于绘制的几何和纹理内容，以及子瓦片的索引组成。元数据信息包含任意情况下是否对瓦片进行渲染的判断条件。3DTiles 采用 HLOD 设计原理，因此瓦片数据往往保存不同细节层次的模型数据。在进行可视化渲染时，根据瓦片数据的几何误差判断是否需要进行细分。细分是指利用分辨率更高的子瓦片代替父节点进行显示，要判断是否对瓦片进行细分，就需要一定的判断条件。

1. 细分与几何误差

判断瓦片是否需要细分通常将几何误差、屏幕空间误差（SSE）等条件综合考虑，也可以附加考虑相机的距离、屏幕的大小、分辨率等因素。瓦片的几何误差定义该瓦片的选择度量。它的值是一个非负数，指定瓦片几何图形的是否需要细分的阈值，通常以米为单位。根节点瓦片具有最大的几何误差，每个连续级别的子瓦片将比其父瓦片的几何误差更小，叶子节点瓦片的几何误差甚至可以接近0。在客户端实现中，几何误差与屏幕空间误差一起使用，程序中实时计算瓦片的SSE，如果 SSE 超过设置的最大阈值，则对瓦片进行细化，考虑对其子瓦片进行渲染。一般来说，较高的几何误差意味着将更积极地细化瓦片，并且将更快地加载和渲染子瓦片。

细分决定较低分辨率的父瓦片在选择较高分辨率的子瓦片进行渲染时的具体过程。细分包括替换和附加两种类型。如图 8.2 所示，替换是指将子瓦片代替父瓦片进行渲染，也就是不再渲染父瓦片。附加则是在渲染父瓦片的基础上对子瓦片进行渲染。

2. 包围几何体

在对瓦片进行渲染时，需要实时地计算瓦片的屏幕空间误差，而瓦片本身的

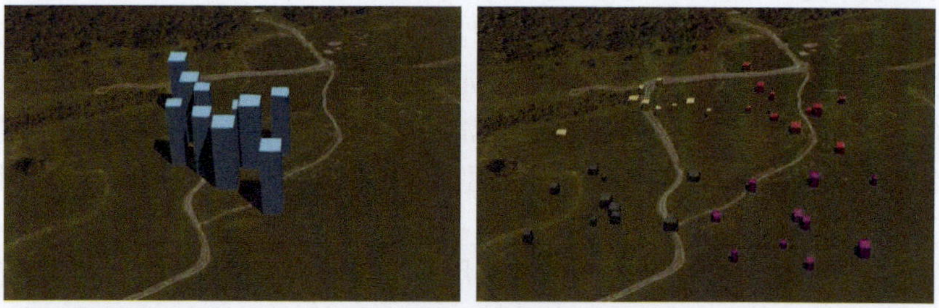

(a) 子瓦片替换父瓦片

(b) 父瓦片附加子瓦片

图 8.2 细分方法示意图

几何形状是不确定的，其屏幕空间误差计算比较复杂。为方便起见，通常采用其包围几何体来进行屏幕误差计算。包围几何体是数据瓦片在三维空间中的外接几何体，所有的数据瓦片类型都可以定义包围几何体，比如格网划分的地形、建筑物模型或点云数据等，包围几何体类型包括包围盒、包围球和地理范围，如图 8.3 所示。

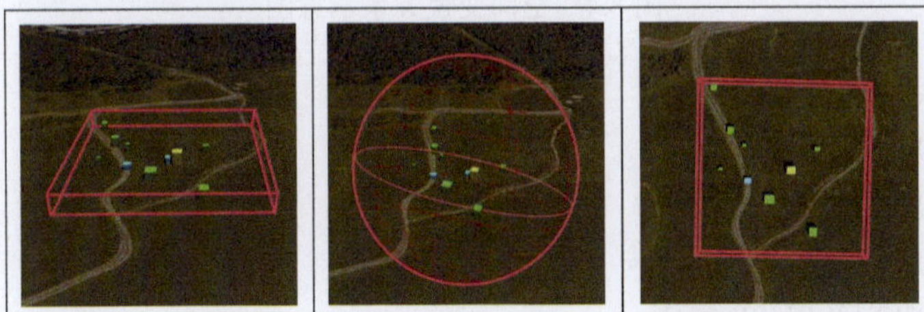

"box": [0, 0, 10, 100 ,0, 0, 0, 100, 0, 0, 0, 10]	"sphere": [0, 0, 10, 141.4214]	"region": [−1.3197, 0.6988, −1.319, 0.698, 0, 20]

图 8.3 不同类型的包围几何体

包围盒是该瓦片在三维坐标系中的一个外接立方体，通常由 12 个数字组成数组。前三个元素定义包围盒中心点的 XYZ 坐标值；第 4～6 三个元素定义包围盒的 X 轴的方向和半长值；第 7～9 三个元素定义了包围盒 Y 轴方向和半长值；最后三个元素定义包围盒 Z 轴方向和半长值。

包围球是该瓦片的外接球体，由四个数字组成数组。前三个元素在笛卡儿坐标系中定义球体中心的 XYZ 坐标值。最后一个元素包围球的半径，单位为米(m)。

地理范围是该瓦片的最小和最大纬度、经度和高度，通常由 6 个数字组成数组，顺序为[最小经度，最小维度，最大经度，最大维度，最小高度，最大高度]。纬度和经度采用地理坐标系统，比如 WGS 84 地理坐标系，以弧度为单位。高度以米为单位，是高于或低于椭球面的距离。

3. 空间变换

为灵活地对瓦片的空间位置进行调整，3DTiles 设置空间变换可选属性。例如，瓦片可以定义其自己的内部坐标系。空间变换是指父瓦片与子瓦片之间的空间关系，通常采用 4×4 的仿射变换矩阵表示，以列优先顺序存储。空间变换一般指从瓦片的本地坐标系转换到父瓦片的坐标系，或者本地坐标系转换到根节点瓦片坐标系。需要注意的是，空间变换适用于瓦片的外包围几何体，但是当外包围几何体类型为地理范围时除外。下图 8.4 给出一个场景的空间变换关系图案例。

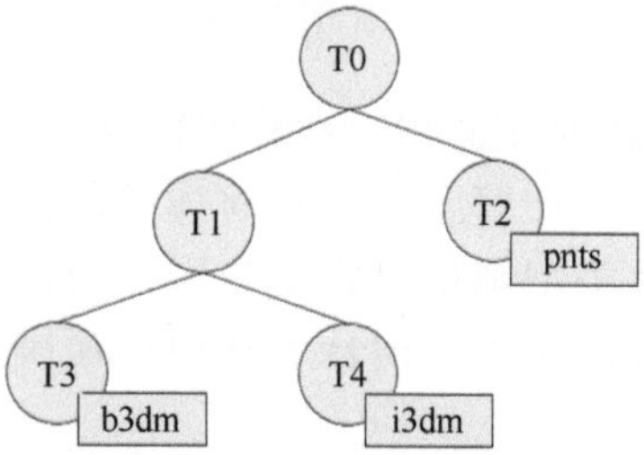

图 8.4　空间变换关系示意图

图中节点的变换关系为：

T0：[T0]

T1：[T0][T1]

T2：[T0][T2][T_{pnts}]

T3：[T0][T1][T3][T_{b3dm}]

T4：[T0][T1][T4][T_{i3dm}]

下面的 JavaScript 代码展示如何使用 Cesium 的 Matrix4 和 Matrix3 类来计算空间变换。

```
function computeTransforms (tileset) {
    var t = tileset.root;
    var transformToRoot = defined (t.transform) ? Matrix4.fromArray
(t.transform): Matrix4.IDENTITY;
    computeTransform (t, transformToRoot);
}

function computeTransform (tile, transformToRoot) {
    // Apply 4×4 transformToRoot to this tile's positions and bounding
volumes
    var inverseTransform = Matrix4.inverse (transformToRoot, new
Matrix4 ());
    var normalTransform = Matrix4.getRotation (inverseTransform, new
```

```
Matrix3 ());
        normalTransform = Matrix3.transpose (normalTransform,
normalTransform);
        // Apply 3×3 normalTransform to this tile's normals

        var children = tile.children;
        var length = children.length;
        for (var i = 0; i < length; ++i) {
            var child = children[i];
            var childToRoot = defined (child.transform) ?
    Matrix4.fromArray (child.transform): Matrix4.clone
    (Matrix4.IDENTITY);
            childToRoot = Matrix4.multiplyTransformation
    (transformToRoot, childToRoot, childToRoot);
            computeTransform (child, childToRoot);
        }
    }
```

8.1.3　3DTiles 索引

下面介绍以下 3DTiles 索引机制，包括索引文件格式以及空间数据结构。

1. 索引文件

3DTiles 使用一个 JSON 文件作为定义该数据的入口点，并提供相应的索引功能。文件通常命名为 tileset.json，下面的代码给出一个索引文件的示例内容。索引文件较为简单，字段通过字面即可理解。

```
{
  "asset" : {
    "version": "1.0",
    "tilesetVersion": "e575c6f1-a45b-420a-b172-6449fa6e0a59",
  },
  "properties": {
    "Height": {
      "minimum": 1,
      "maximum": 241.6
    }
  },
  "geometricError": 494.50961650991815,
  "root": {
    "boundingVolume": {
```

```
      "region": [
        -0.0005682966577418737,
        0.8987233516605286,
        0.0001164658209855815 9,
        0.8990603398325034,
        0,
        241.6
      ]
    },
    "geometricError": 268.37878244706053,
    "refine": "ADD",
    "content": {
      "uri": "0/0/0.b3dm",
      "boundingVolume": {
        "region": [
          -0.0004001690908972599,
          0.8988700116775743,
          0.0001009672972278719 6,
          0.8989625664878067,
          0,
          241.6
        ]
      }
    },
    "children": [..]
  }
}
```


2. 空间数据结构

3DTiles 将瓦片集设计为树型的索引结构，下面简要介绍如何表示各种空间索引的数据结构。

1）四叉树索引

四叉树递归是将平面空间分为四个子区域，是最常用的一种二维空间剖分组织索引结构。其具体思路是将整个索引空间首先划分为 2×2 的格网，即分成四个大小相等的区域。每个区域还可以按照这种方法继续再分成四个大小相等的区域，如图 8.5 所示。这样递归划分直到区域内包含的数据量小于规定的阈值时停止。这样递归划分最终形成一棵四叉树，每个区域对应四叉树的一个节点。

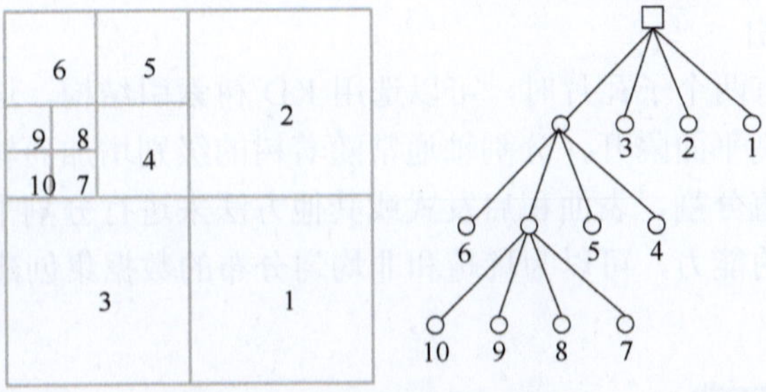

图 8.5　四叉树空间索引

3DTiles 支持四叉树变体，例如非均匀细分和松散四叉树，如图 8.6 所示。

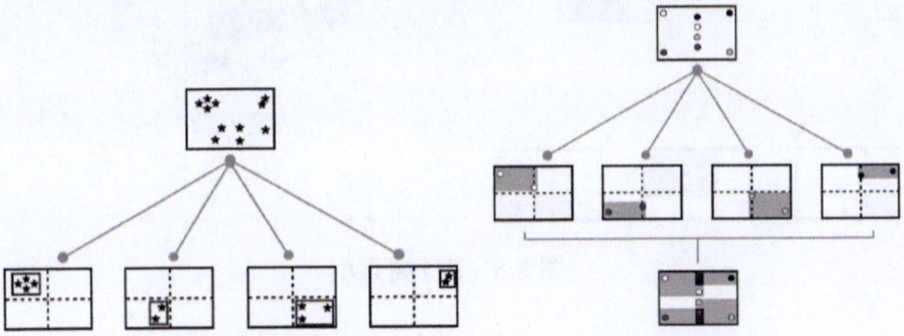

(a) 非均匀细分　　(b) 松散四叉树

图 8.6　四叉树变体

与格网索引相比，四叉树索引是一种动态组织结构，根据数据的分布规律动态地决定划分的层数，减少索引冗余，可以做到适应数据分布不均匀时的情况。在使用中一般将其与格网索引结合起来组成混合索引结构，图 8.7 为一个非均匀细分四叉树索引空间划分案例。

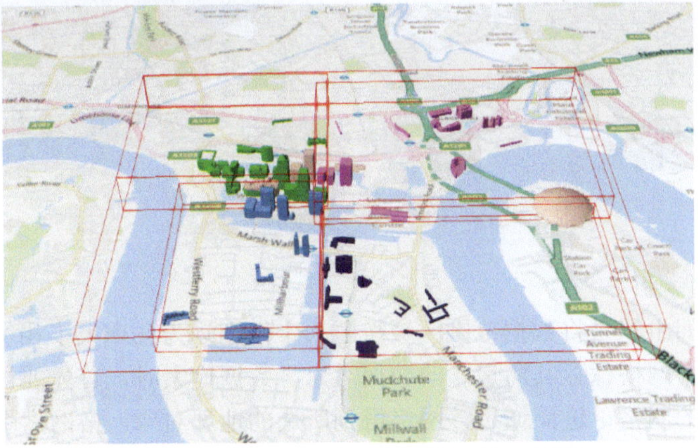

图 8.7　四叉树索引空间划分

2）KD 树索引

当每个瓦片有两个子瓦片时，可以选用 KD 树索引结构，这些瓦片被一个平行于坐标轴的分割平面隔开，分割轴通常随着树的级别增加而轮换。KD 树分割方法可以使用中值分割、表面积启发式或其他方法来进行分割平面。KD 树同样具备自适应索引的能力，可以为稀疏和非均匀分布的数据集创建更平衡的树索引（图 8.8）。

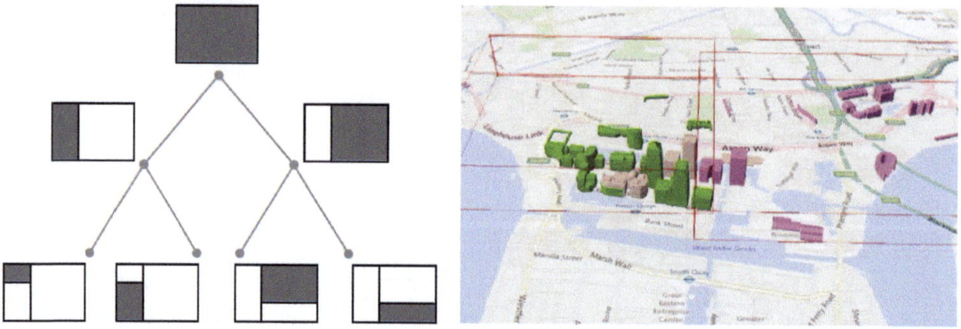

图 8.8　KD 树索引

3）八叉树索引

八叉树通过使用三个正交的分割平面来扩展四叉树，将一个瓦片细分为八个子级。与四叉树一样，3DTiles 允许对八叉树进行变体，例如非均匀细分等（图 8.9）。

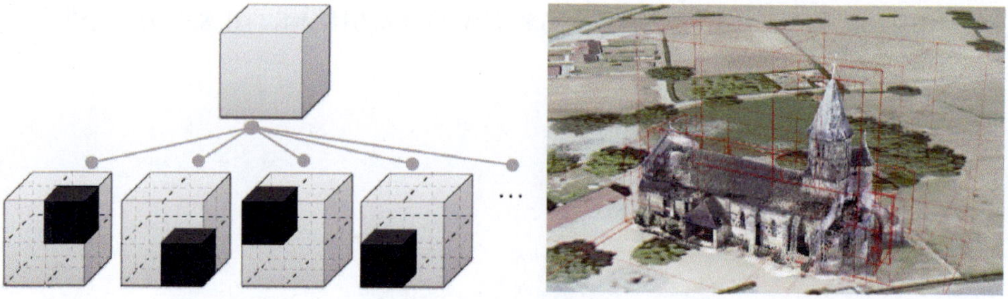

图 8.9　八叉树索引

4）格网索引

格网空间组织是将数据范围区域按照一定规则划为几个大小相等或者不相等的网格，每个网格保存其所包含的数据对象。数据检索时，首先要计算出查询目标数据所处的网格，进而通过该网格得到所选的地理对象。格网索引原理简单，并且易于理解实现，应用比较广泛。格网索引没有考虑数据本身的分布规律，因此往往会产生冗余。当网格划分得越精细，每个网格的范围越小，网格内部的对象就越少，索引的精细度就会更高。但是与此同时，没有数据的冗余网格数量也越多，消耗存储空间也随之增加。格网索引往往预先定义好网格划分是一种静态的索引结构（图 8.10）。

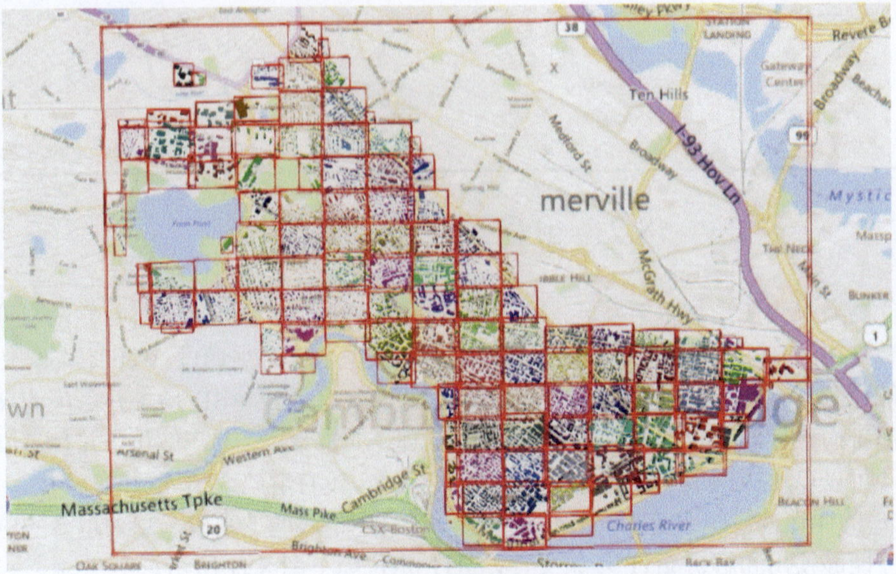

图 8.10 格网索引

8.1.4 3DTiles 文件属性

本节简单介绍索引文件和数据瓦片文件的一些通用属性。索引文件通常包含下表 8.2 所示属性。

表 8.2 索引文件属性

中文名称	英文名称	类型	描述	可选
元数据	asset	Object	数据集的元数据	是
属性	properties	Any	每个特征属性的字典	否
几何误差	geometricError	Number	细分判断条件	是
根	root	Object	根节点瓦片	是
扩展	extensions	Object	扩展属性	否
附加	extras	Any	应用程序相关属性	否

数据瓦片文件通常包含下表所示属性（表 8.3）。

表 8.3　数据文件属性

中文名称	英文名称	类型	描述	可选
包围几何体	boundingVolume	Object	数据的包围几何体	是
视景器包围几何体	viewerRequestVolume	Object	用于可见判定的包围几何体	否
几何误差	geometricError	Number	细分判断条件	是
细化	refine	String	细化类型，替换或者附加	否
空间变换	transform	Number[16]	仿射变换矩阵	否
内容	content	Object	瓦片元数据信息	否
子节点	children	Array	子节点列表	否
扩展	extensions	Object	扩展属性	否
附加	extras	Any	应用程序相关属性	否

8.2　glTF 三维模型数据

随着三维图形技术的发展，越来越多的程序可以在 Web 浏览器中显示三维模型数据。在 BS 模式的应用程序框架中，三维模型数据必须通过 Web 传输，然后才能在客户端有效地呈现。glTF 就是为通过 Web 有效传输 3D 场景并尽可能高效地渲染而设计的。glTF 文件采用 JSON 描述，非常紧凑，易于解析，并且渲染数据还可以以通用图形 API 直接使用的形式存储，没有解码或预处理的开销。由于 glTF 的便捷性，越来越多的建模工具提供 glTF 格式的三维模，越来越多的应用程序能够使用和解析 glTF 场景文件，glTF 定位如下图 8.11 所示。

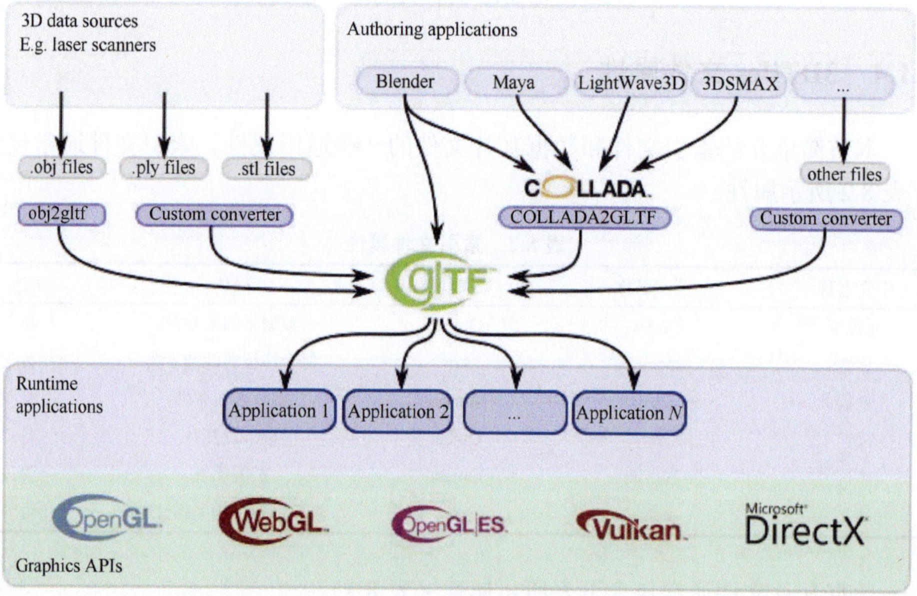

图 8.11　glTF 定位

8.2.1　glTF 基本结构

glTF 的核心是一个 JSON 文件，该文件描述 3D 场景的全部内容。它包含对场景结构本身的描述，场景包含场景、节点、图元、材质、节点、相机、动画等元素，如图 8.12 所示。场景是存储在 glTF 文件中的场景描述的入口点。节点是场景图层次结构中的一个节点，它可以包含一个如旋转或平移的空间变换，可以引用数个节点，也可以指附加到该节点的图形实例，比如一个图形对象、相机等。相机定义用于渲染场景的视图配置。图元描述出现在场景中的几何对象，包含实际的几何数据和由材质定义的外观。实际的几何数据采用通用图形 API 的缓存格式存储。材质说明几何图形的外观，一般由纹理表示，纹理则由图像和对应的采样器组成。

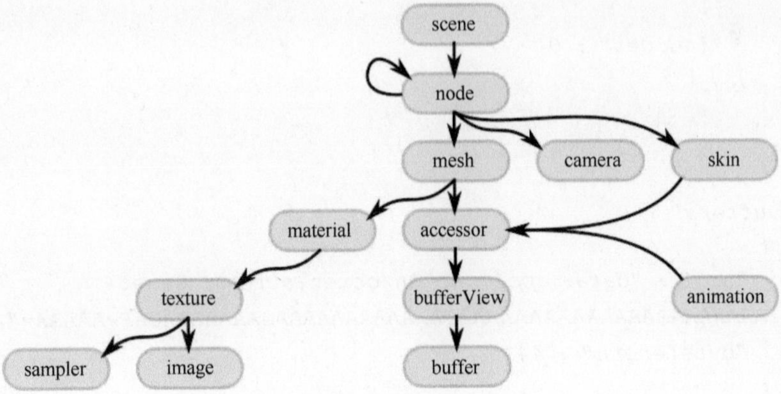

图 8.12　glTF 场景结构

图元对象的几何和纹理二进制数据通常并不在 JSON 文件中存储，它们存储在专用文件中，JSON 文件仅存储这些文件的链接。采用二进制数据可以以非常紧凑的形式存储数据，并且可以通过网络有效地传输。二进制数据格式可以直接使用渲染器的格式存储，这样可以无需解析、解码或对数据进行预处理。

8.2.2　glTF 文件示例

下面给出了一个简单但完整的 glTF 示例，场景内容是一个三角形。

```
{
  "scene": 0,
  "scenes" : [
    {
      "nodes" : [ 0 ]
```

```
    }
  ],

  "nodes" : [
    {
      "mesh" : 0
    }
  ],

  "meshes" : [
    {
      "primitives" : [ {
        "attributes" : {
          "POSITION" : 1
        },
        "indices" : 0
      } ]
    }
  ],

  "buffers" : [
    {
      "uri" : "data: application/octet-stream; base64,
AAABAAIAAAAAAAAAAAAAAAAAAAAAAAIA/AAAAAAAAAAAAAAAAACAPwAAAAA=",
      "byteLength" : 44
    }
  ],
  "bufferViews" : [
    {
      "buffer" : 0,
      "byteOffset" : 0,
      "byteLength" : 6,
      "target" : 34963
    },
    {
      "buffer" : 0,
      "byteOffset" : 8,
      "byteLength" : 36,
      "target" : 34962
    }
  ],
  "accessors" : [
```

```
    {
      "bufferView" : 0,
      "byteOffset" : 0,
      "componentType" : 5123,
      "count" : 3,
      "type" : "SCALAR",
      "max" : [ 2 ],
      "min" : [ 0 ]
    },
    {
      "bufferView" : 1,
      "byteOffset" : 0,
      "componentType" : 5126,
      "count" : 3,
      "type" : "VEC3",
      "max" : [ 1.0, 1.0, 0.0 ],
      "min" : [ 0.0, 0.0, 0.0 ]
    }
  ],

  "asset" : {
    "version" : "2.0"
  }
}
```

下面对该文件进行介绍。首先 scenes 数组是描述文件中的场景的入口点。在解析 glTF 文件的 JSON 代码时，场景结构的遍历将从 scenes 开始。文件中"scene": 0 表示默认显示的场景是第 0 个场景。每个 scene 都包含一个 nodes 数组，数组中包含 node 对象的索引，node 是场景图层次结构的根节点。

mesh 表示场景中的实际几何对象，在示例中，只有一个 mesh。mesh 本身通常没有任何属性，而仅包含一个 primitive 对象数组，primitive 是对 mesh 所包含的几何数据的描述。primitive 是面向图形 API 接口设计的数据类型，具备 attributes 和 indices 属性，attributes 是网格几何体顶点的属性，示例中只有 POSITION 一项，indices 属性描述几何图元的索引。

buffer，bufferView 和 accessor 提供场景所包含的图形原始数据的信息。buffer 是原始的、非结构化的数据块。它包含一个 uri，可以指向外部的数据文件，也可以是直接在 JSON 文件编写二进制数据。在示例文件中，使用第二种方法，uri 指向一个二进制编码数据，长度为 44 个字节。bufferView 将原始的 buffer 数据“切片”。在给定的示例中，有两个 bufferView，它们都引用同一个 buffer。第一个 bufferView 实际上存储三角形三个顶点的索引，它的 byteOffset 为 0，长度为 6 字节。第二个 bufferView 是顶点位置坐标，byteOffset 为 8，长度为 36 字节。accessor 定义从 bufferView 中解析数据的方法和用途。mesh.primitive 属性中的"indices" ：0 以及"POSITION" ：1 就是指 accessor 的索引。

将该文件正确解析并显示，我们就会看到一个三角形，如图 8.13 所示。

图 8.13　示例场景

8.3　数据格式转换

8.3.1　3DTiles 格式转换

格式转换可借助 Cesium 提供的转换服务或者第三方软件进行。下面介绍利用第三方软件 CesiumLab 进行 3DTiles 格式转换的过程。

Cesiumlab 是一款专为 Cesium 平台打造的免费数据处理工具集。目前包含地形数据处理、影像数据处理、点云数据处理、数据下载、建筑物矢量面处理、倾斜数据处理、三维场景（max，maya）处理、BIM 数据（revit，ifc）处理等工具。软件中大部分功能免费，少部分高级功能收费。因为该工具会常升级更新，所以软件自行去其官网下载安装即可（https：//www.cesiumlab.com），按软件说明注册一个账号后登录使用。

登录后在左侧功能列表中选择倾斜模型转换功能，如图 8.14 所示。

图 8.14　打开 Cesiumlab 处理界面

按下图 8.15 示意选择要转换的 OSGB 文件，也可以参考该软件官方使用帮助。

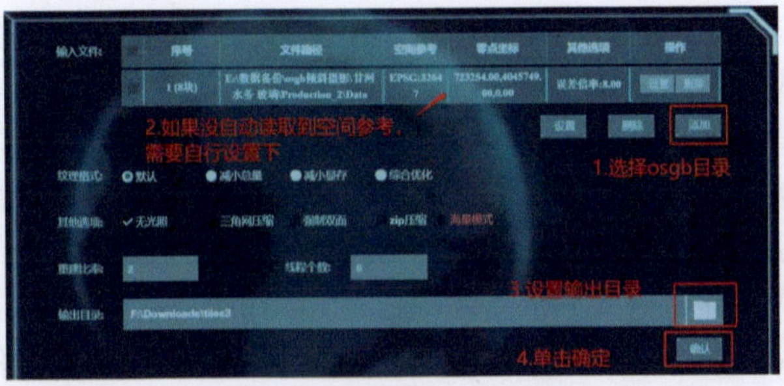

图 8.15　倾斜摄影数据处理

CesiumLab 提供多种类型的纹理处理方式，包括默认、减小总量、减小显存以及综合优化等。默认是保留原有的纹理格式，减小总量会对纹理进行压缩，但是不会对显存使用进行优化。减小显存则是采用 dxt 纹理压缩方法，但是存储的数据量会增加。综合优化采用 crn 的输出格式。通常选择默认即可。

处理完成后将输出数据如图 8.16 所示，放在任意 Web 容器内即可进行浏览。

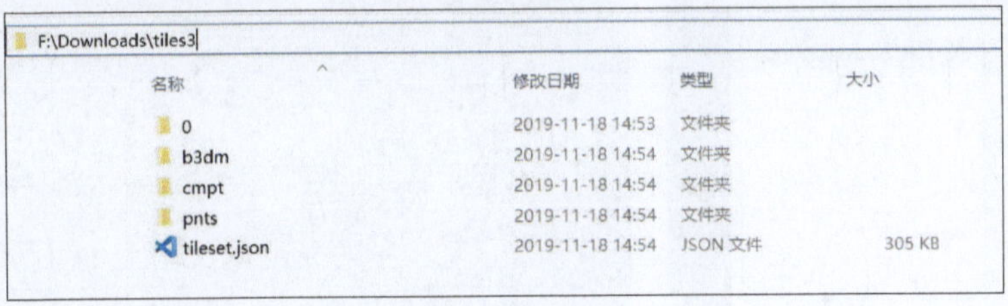

图 8.16　输出数据

8.3.2　glTF 格式转换

提供 glTF 格式的软件工具较多，这里介绍将 3ds max 手工建模模型转换为 glTF 格式的方法。

首先我们需要下载所需的转换工具，即 3ds max 插件 OpenCOLLADA Tools，根据系统要求下载 32 位或 64 位，然后下载 collada2gltf 工具，此工具用来将 dae 格式文件转换为 gltf 格式，下载完解压后的目录如图 8.17 所示。

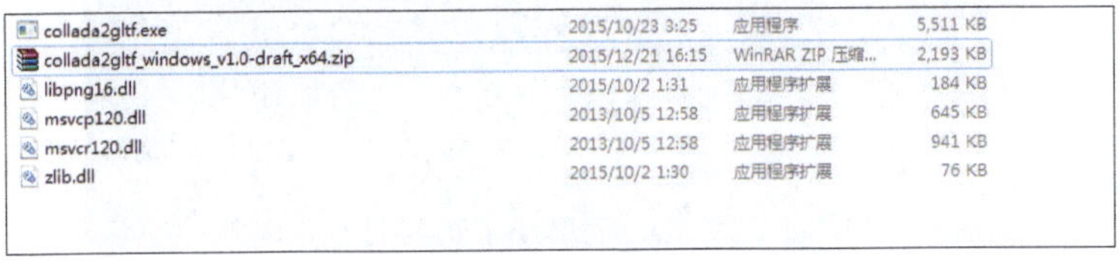

图 8.17　collada2gltf

工具准备好以后，打开需要转换的模型文件，将 3ds max 中的三维模型数据导出成 dae 格式，如图 8.18 所示。

导出的类型需要选择 OpenCollada（*.dae），如果导出的模型存在透明贴图，导出时不要勾选相对路径，导出后会生成一个 images 目录，该目录中的图片是模型中所需要的贴图及纹理图，如图 8.19 所示。

将 dae 格式文件转换成 gltf 文件，打 CMD 命令行进入到 collada2gltf 的根目录，执行 collada2gltf.exe -f {输出目录}.dae -e。-f 表示 dae 文件的存储路径，collada2gltf 支持两种转换方式，分别用命令行-e、-o 表示。-e 转换后只生成一个 gltf 文件。当模型比较大时，我们需要将模型与纹理贴图分开加载，这时可用-o 命令进行转换，转换后会生成.gltf、 .bin 及.glsl 三种格式的文件。通用处理完成后将文件放在任意 Web 容器内即可进行访问。图 8.20 展示 glTF 输出过程。

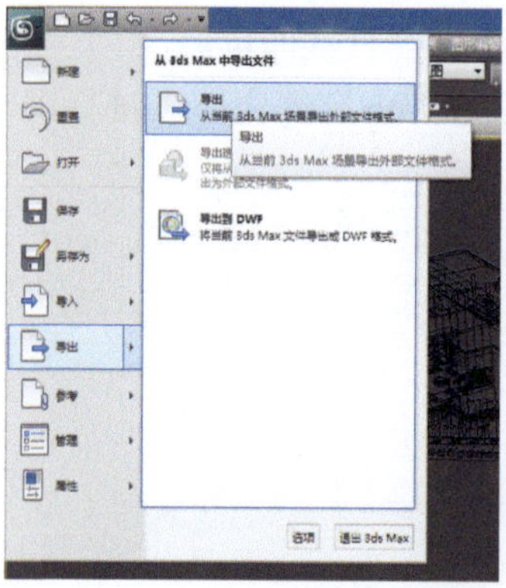

图 8.18　导出界面

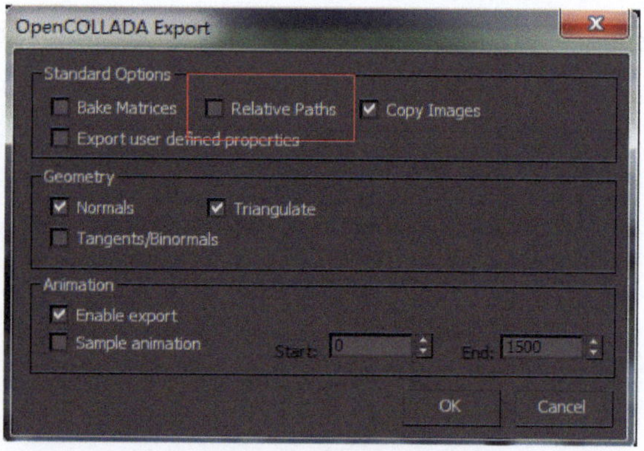

图 8.19　输出选项

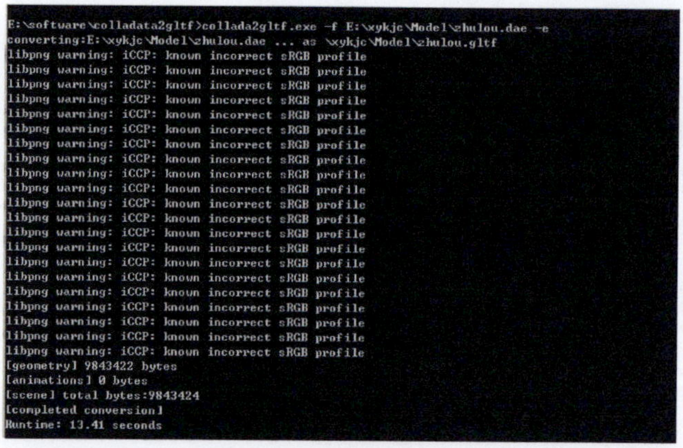

图 8.20　glTF 输出过程

8.4 三维模型数据服务

8.4.1 Tomcat 安装

首先要进 Java 及 Tomcat 环境配置，从官网上下载 Tomcat 和 Java 运行环境，这里所用的 Tomcat 为 8.0.47 版本，对应 JAVA 版本为 JAVA8。安装 JAVA 运行时库，并设置环境变量。采用默认设置安装 Java 运行环境，修改系统环境变量 JAVA_HOME 及 PATH，如图 8.21 所示。

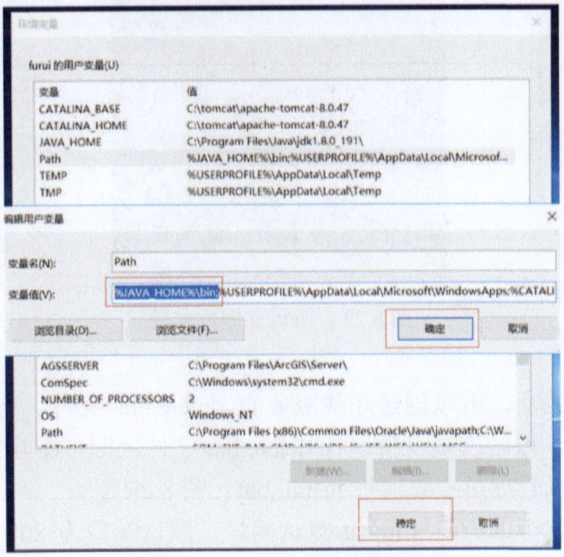

图 8.21　JAVA 环境变量设置

利用 where 命令可检查 Java 运行环境安装是否正确。在控制台中输入 where java 命令，检查是否输出 java 安装目录，如果是刚才的安装目录，说明安装正确（图 8.22）。

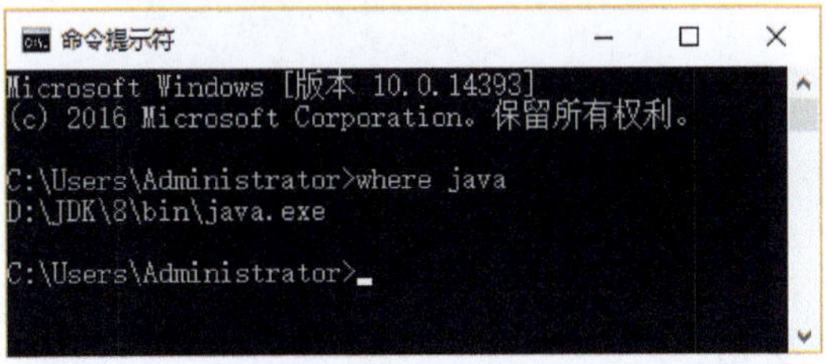

图 8.22　安装检查

接下来安装 Tomcat，首先将下载后的 Tomact 解压缩放置到指定的目录，然后设置环境变量。需要新建环境变量为 CATALINA_BASE 和 CATALINA_HOME，设置为安装目录即可，还需要对 PATH 环境变量进行修改，修改为：

PATH：%CATALINA_HOME%\lib；%CATALINA_HOME%\bin；

然后设置 Tomcat 服务和自动启动。在安装目录下创建 install.bat 文件，将以下代码拷贝到该文件中并保存。拷贝完成之后，右键以管理员模式运行 install.bat. 如果安装成功，在 Service 列表应该可以查看到 Tomcat 服务（图 8.23）。

```
@echo off
echo "开始执行安装"
echo 注册Tomcat8为系统服务

call %~dp0%bin/service.bat install
echo 设置Tomcat8服务自动启动
sc config Tomcat8 start= auto

echo 启动Tomcat8
net start Tomcat8

echo "安装完成"
pause
```

图 8.23　Tomcat 服务安装

如果安装不成功，可以创建卸载服务的 delete.bat 文件。将以下代码拷贝到 delete.bat 文件中。以管理员身份运行 delete.bat 文件，即可删除生成的 Tomcat 服务。然后再右键以管理员模式运行 install.bat（图 8.24）。

安装成功后就可以访问 Tomcat 默认网站，默认端口为 8080，在浏览器中输入地址 http：//localhost：8080/进行访问。

```
@echo off
echo "开始执行卸载"

echo 停止Tomcat8服务
net stop Tomcat8

echo 删除Tomcat8服务
call %~dp0%bin/service.bat remove

echo "卸载完成"
pause
```

图 8.24　Tomcat 服务卸载

8.4.2　模型数据发布

搭建好 Tomcat 服务以后即可将处理后的三维模型文件进行网络发布，提供网络访问接口。将三维模型文件夹拷贝到 webapps 文件夹下，然后在浏览器地址中输入相应地址。例如在应用程序中读取 3DTiles 文件时，加载对应的 JSON 文件即可。数据目录示意图如图 8.25 所示。

图 8.25　数据目录示意图

8.5　三维模型数据网页可视化

8.5.1　Cesium 可视化平台简介

1. 基本概况

Cesium 正式发布于 2014 年，是一个完全开源的基于 WebGL 的 JavaScript 框架，无须安装插件即可创建具有最佳性能、精度、视觉质量和易用性的世界级三维地球影像和地图，并且具有丰富的开源社区内容（陈明杰，2019）。Cesium 作为一个较为年轻的三维可视化框架，在数字地球项目的应用上有着巨大的优势，其具有以下 3 点特性：

（1）支持多种视图。能够以 2D、2.5D 和 3D 形式对地图进行展示，并且无须分别编写代码。

（2）支持地理信息数据动态可视化。Cesium 能够使用时间轴动态展示具有时间属性的数据，能够使用符合 OGC 标准的 WMS、WMTS 等多种地图服务，并且通过流式传输图像和全球地形。除栅格数据，Ceisum 还能够通过加载 KML、GeoJSON 等格式的数据绘制矢量图形，支持加载 3DTiles 和 glTF 格式的三维模型，其中 3D Tiles 可以加载点云、倾斜摄影等大规模模型数据。

（3）高性能和高精度的内置方法。Cesium 内部对 WebGL 进行优化，充分利用硬件加速功能，使用底层渲染方法进行可视化，并且提供可以绘制大型折线、多边形、广告牌、标签等数据的 API，可以控制摄像头和创造飞行路径等的坐标、向量、矩阵运算方法，也包含可以控制时间轴等组件的动画控件。

2. Cesium 框架

目前，市面上较流行的三维 WebGIS 类库除 Cesium 外还有 ArcGIS API for

JavaScript 系列等。ArcGIS API forJavaScript 为 Esri 公司基于 WebGL 与 HTML5 技术开发，但其调用的三维场景资源数据格式小众，需借助 ArcGIS Pro 发布，且为付费软件。Cesium 作为一款支持 Web GL 的免费 JavaScript 库函数，它能够在不添加插件的情况下基于多种浏览器和 mobile 进行网页端的可视化展示，其三维可视化场景界面如图 8.26 所示。

图 8.26　Cesium 三维可视化场景界面

地图能够以二维、三维的形式进行展示，同时支持调用 OGC（Open Geospatial Consortium）地理信息联盟指定的空间数据服务规范下的 WMS、WMTS、ArcGIS 等多种地图服务图层。三维球体上能够进行点、线、面、体等实体的创建，glTF/glb 三维模型的加载以及基于时间轴进行动画模拟等的动态效果等其他功能实现，Cesium 推出 3DTiles 格式规范后，三维地球也能够支持对倾斜摄影、点云等大型模型数据的加载。Cesium 按照其功能层级不同，由下到上可主要分为核心层、渲染层、场景层和动态场景层四层，如图 8.27 所示。

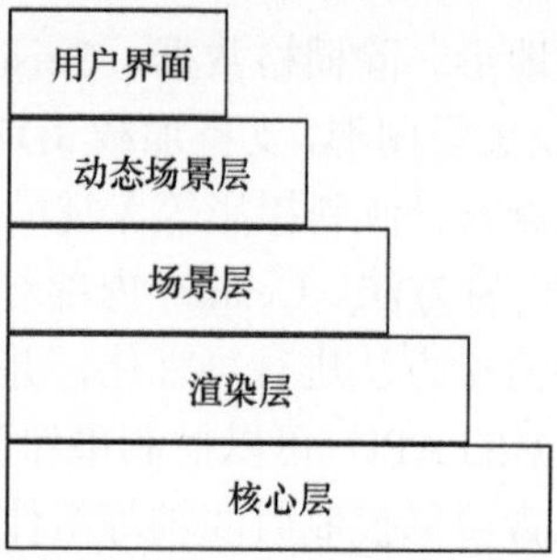

图 8.27　Cesium 功能层级体系

核心层：提供基本的数学运算法则，如投影、坐标转换、各种优化算法等；

渲染层：对 WebGL 进行封装，其包括内置 GLSL 功能、着色器的表示、纹理、渲染状态等；

场景层：主要体现为多种数据源服务图层的加载、实体构建、模型加载及相机视角等一系列场景的构建等；

动态场景层：对 GeoJSON 等矢量数据进行解析构建动态对象，从而实现场景实时、动态渲染效果；

本地 Cesium 系统架构采用流行的 B/S（浏览器/服务器）架构方式，根据各个层次实现的功能的不同，系统整体可分为客服层、服务层以及数据存储层三个层次，其系统整体架构实现如图 8.28 所示。

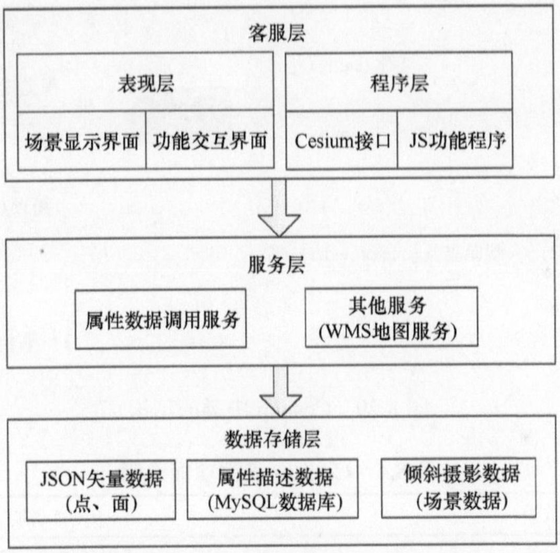

图 8.28 Cesium 系统架构

客服层的表现是以网页形式将系统整体实现在各种主流浏览器端展示，同时通过 HTML5 和 CSS3 文件实现网页内容充实和网页样式的调整和设计，因此，客户层的模块整体可分为三个方面：一是三维场景的显示，主要体现在三维模型及各种矢量实体的加载及其他可视化效果的呈现，同时包括对地球本身的鼠标动作响应等基本操作；二是用户对图层工具的操作界面，用于实现基于地球或者模型的可视化功能；三是使用 JavaScript 语言提供的各个功能文件及模块接口，例如 Cesium 框架提供基础的三维可视化场景、jQuery-Ajax 提供对网页内容的局部刷新效果以及通过编写 JavaScript 代码实现地图底图的更换、工具及需求功能的可视化实现等。

服务层是 B/S 架构方式重要的一环，服务层部署通用的 Web 服务运行环境以及基即可，服务层的作用主要在于通过服务器的监听端口接收来自客户端的不同

HTTP 请求，根据这些不同请求向数据存储端查找相应数据并响应给用户，通过服务端的中转可以有效地实现客户端与数据端的信息传递。

3. Cesium 类的结构

Cesium 中类的结构如图 8.29 所示。

其中一些关键函数类，对其解释说明如表 8.4 所示。

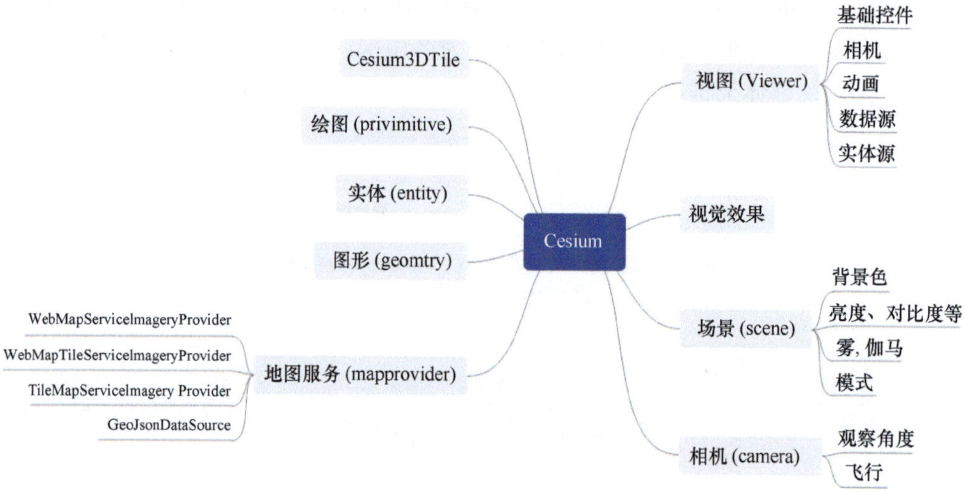

图 8.29　Cesium 中类的结构

表 8.4　Cesium 函数功能说明

函数类	功能说明
Viewer	三维地球加载、组件调用
ScreenSpaceEventHandler	鼠标动作定义
CreateMap	地图加载、基础数据加载
Draw	矢量 entity 实体绘制
BaseLayer	图层可见性、图层定位、透明度等定义
BaseWidget	模块接口定义基类
Widget	模块初始化、激活、释放

Viewer：Cesium 的基础类也是核心类，一方面定义 Viewer 对象在 HTML 创建的关联 ID 的 div 元素中创建一个虚拟三维球体，地图添加、模型加载、实体创建及功能的实现都基于此 div，另外的功能则是基于原生 Cesium 的诸如 fullscreenButton、vrButton、infoxBox 等相关组件调用实现。

ScreenSpaceEventHandler：响应鼠标点击事件，通过对鼠标定义左、右键或者双击等方式为鼠标动作创建一个监听，通过 pick 屏幕坐标位置获取到添加实体或矢量，实现诸如高亮等功能。

CreateMap：创建地图的静态类，通过 options 的参数传入，从 config.json 中获取到图层数据配置信息，从 HTML 文件中获取到 div 容器，从而实现地球地图数据的加载，并完成 Cesium 一些需求控件的加载。

Draw：一个用于绘制实体的类，提供文字、点、线、面、体以及 glTF 模型等实体对象的绘制，通过设置参数创建标绘控制器实现实体编辑时的一些状态和动作，并对相应实体的类型和外观样式信息进行自定义设置。

BaseLayer：是控制处理所有图层的基类，可用于设置图层是否可见、图层定位到指定视角区域及透明度等。

BaseWidget：Widget 模块的基础类，在进行 Widget 模块开发时，需要在继承该类的基础上新建类，用于提供该 Widget 能够被外部调用的接口。

Widget：静态类，用于统一组织管理 Widget 模块，根据该类提供的方法，可进行模块初始化和对指定 Widget 模块进行激活、释放操作。

4. Cesium 中渲染器结构

Cesium 作为一款虚拟仿真开源库，其堆栈结构按层级划分为三层，包括 Primitives、Scene、Renderer。除这三层外还有底层核心层，核心层主要包括与数学原理相关的功能，包括矩阵运算、地理坐标系与笛卡儿坐标系之间的转换、动态投影、曲面细分等算法。Primitives 主要包括 Globe、Model、Primitive、Labels、ViewportQuad。Globe 包括地形引擎，主要包括含有细节层次的地形及影像数据；Model 是满足 glTF 规范的三维模型数据；Primitive 主要是呈现异构的可批处理的几何要素以及纹理；Labels 指标签，顾名思义就是在虚拟地球上添加标识等识别标签；ViewportQuad 主要用于屏幕空间渲染。Cesium 在运行实例时，需要使用着色器管道来生成着色器，以及一个包含 uniform 单元与函数的 GLSL 库，Renderer 对 WebGL 相关功能进行封装，这样做的目的是比直接使用 WebGL 更易于使用，降低功能开发技术能力需求。Cesium 图形渲染器架构如图 8.30 所示，Scene 提供

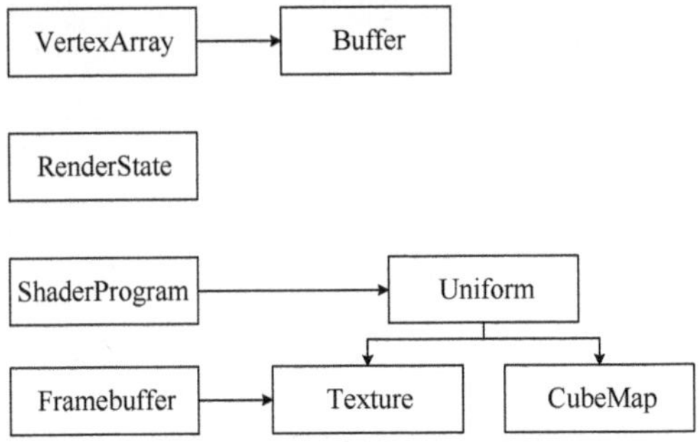

图 8.30 Cesium 中渲染器结构

高级的虚拟地球地图功能，通过解析相关符合规范的数据，在数据驱动下创建对象并进行动态可视化，对象将在场景中由可视化相关类按照帧数进行实时渲染，从而完成整个仿真环境的动态渲染（图 8.30）。

8.5.2 Cesium 开发环境搭建

1. 开发环境准备

首先安装 Node.js。Node.js 是一个 JavaScript 运行环境，可以方便地搭建响应速度快、易于扩展的网络应用，支持 Windows、Linux、MacOS 多种操作系统。从官网下载地址（https：//nodejs.org/en/）下载 Node.js 安装文件，下载合适版本后按照默认设置安装即可。

接下来安装 Cesium。在使用 Cesium 时我们可以采用多种引入方式，首先可以采用 NPM 进行安装，在命令行中执行 npm install cesium 命令即可。也可以从官网上下载 Cesium，下载地址：https：//github.com/CesiumGS/cesium。Cesium 提供发行版本和源代码，发行版本提供编译后的可执行开发文件，在自己的项目中可以直接地引用。在这里使用发行版本即可。

下面介绍从源代码编译 Cesium 的方法。在下载时选择 Cesium 源代码，解压后如图 8.31 所示。

打开 cmd 命令行窗口进入到源代码目录，执行 npm install 命令。该命令将自动安装依赖项，命令执行完会在 Cesium 根目录下创建 node_modules 目录。Cesium 使用 gulp 流式构建工具，执行 gulp default 或者 gulp build 命令即可完成代码编译，编译完成后将会在源代码目录创建 Build 目录，Build 目录下的 CesiumUnminified 文件夹与发行版本的 Build/CesiumUnminified 文件夹一样，包含编译后生成的 cesium.js 文件、小部件、第三方依赖库及相关组件等，如图 8.32 所示。

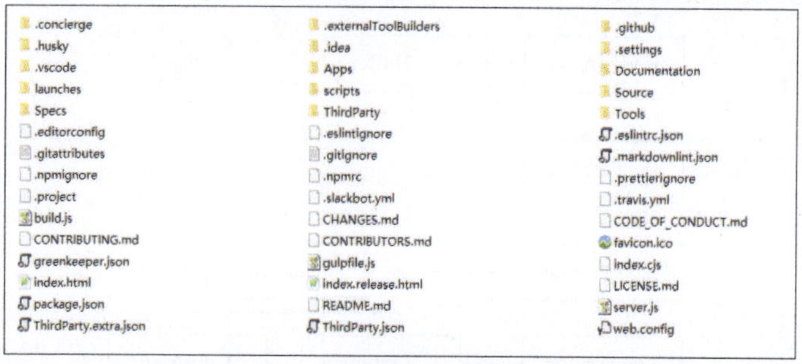

图 8.31　Cesium 源代码文件

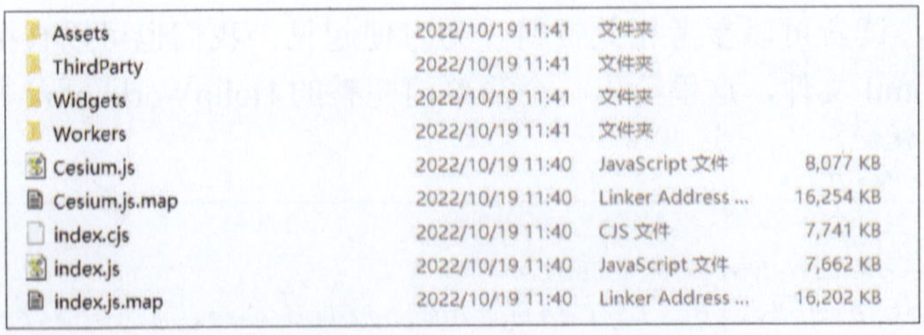

图 8.32 Cesium 编译文件

2. 安装部署

将发行版本或者编译后的 Apps 和 Build 目录放置 Tomcat 的 webapps 目录下，打开浏览器输入正确地址即可访问 Apps/HelloWorld.html 网页，部署效果如图 8.33 所示。

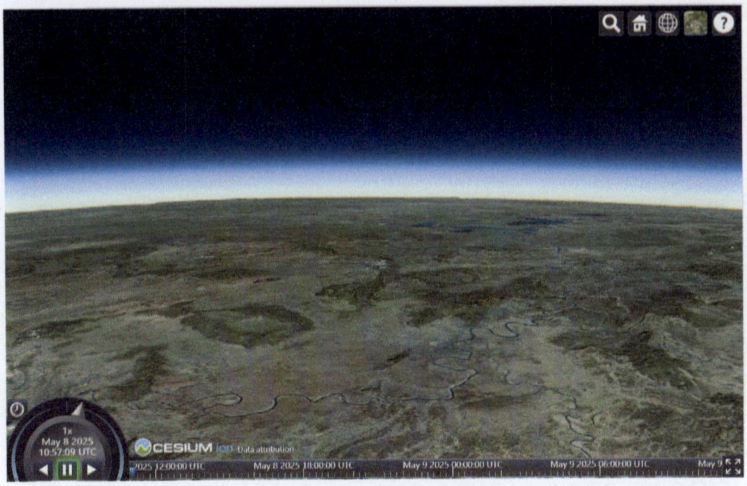

图 8.33 CesiumJS 部署

8.5.3 三维模型数据可视化功能开发

到这里我们已经完成三维模型数据的准备，并将其发布为可访问的网络数据服务，同时也准备好 Cesium 开发平台。最后只需要再编写数行代码，即可在 Web 网页中对三维模型数据进行浏览。下面就介绍基于 Cesium 的三维模型数据可视化功能开发方法。

在进行 Cesium 应用程序开发时，通常需要申请一个 token，登录 Cesium ion 官网（https：//cesium.com/ion）可以免费申请。接下来即可新建工程项目，将编译后的 Cesium 开发文件引入至项目中，然后开发 Web 应用程序。具体的 Web 应用程序开发，读者可以参考相关资料。为方便起见，我们也可以直接修改 Apps/HelloWorld.html 文件，这里给出一个简单而完整的 HelloWorld.html 文件示例：

```
<!DOCTYPE html>
<html lang="en">
  <head>
    <title>Hello World!</title>
    <script src="../Build/CesiumUnminified/Cesium.js"></script>
    <style>
      @import url (../Build/CesiumUnminified/Widgets/widgets.css);
      html,
      body,
      #cesiumContainer {
        width: 100%;
        height: 100%;
        margin: 0;
        padding: 0;
        overflow: hidden;
    }
   </style>
  </head>
  <body>
    <div id="cesiumContainer"></div>
    <script>
      const viewer = new Cesium.Viewer ("cesiumContainer");

    // 添加 3DTiles 倾斜摄影三维模型数据
      const tileset = new Cesium.Cesium3DTileset ({
        url: '3dtiles data url'//替换成自己倾斜模型的路径
      });
      viewer.scene.primitives.add (tileset);

   //添加 glTF 格式的模型数据
     const entity = viewer.entities.add ({
       position: Cesium.Cartesian3.fromDegrees (113.23, 34.23, 200), //
修改模型的经纬度位置
       model: {
          url: 'glTF data url'//替换成自己手工模型的路径
       }
     });

     // 视角移动至相应数据区域.
     viewer.flyTo (tileset);
     //viewer.flyTo (entity);
```

```
    </script>
  </body>
</html>
```

将上述代码中'3dtiles_data_url'和'glTF_data_url'替换为自己的模型数据 url 即可。在浏览器中重新访问 HelloWorld.html 文件，即可以在浏览器中看到所发布的三维模型数据。图 8.34 是采用 3DTiles 的倾斜三维模型的发布效果，图 8.35 是 glTF 格式的手工模型的发布效果。

图 8.34 倾斜模型浏览示意图

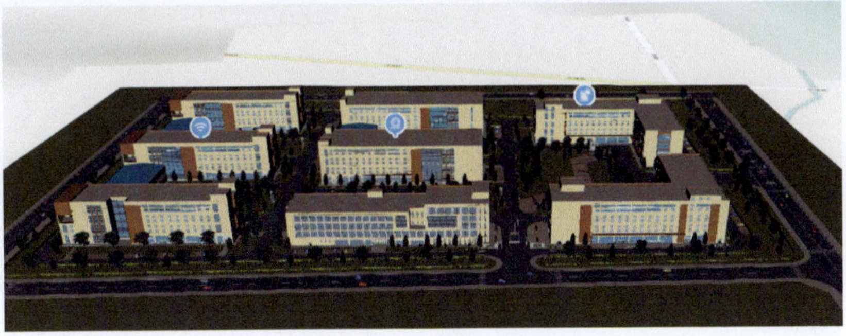

图 8.35 手工模型示意图

8.6 本章小结

本章主要介绍模型发布常用的 3DTiles、glTF 两种格式的基本概况，以及数据格式的转换方法，并对三维模型数据服务与三维模型数据网页可视化方法进行介绍。通过本章的学习，可以完成基本的模型发布，在此基础上，可以进一步开发功能更加完善的三维 GIS 系统。

思 考 题

1. 简述 3DTiles 三维模型数据的主要特点。
2. 三维瓦片索引结构主要有哪些？各种索引的特点是什么？
3. glTF 三维模型数据中主要包含哪些元素？
4. 简述 Cesium 可视化平台的功能特点。

参考文献

白云峰. 2017. Photoscan 多视角三维重建技术在土遗址保护中的应用研究[D]. 西安: 西北大学硕士学位论文.
包丹丹. 2017. 倾斜摄影测量的空三精度和三维模型精度的评估方法研究[D]. 天津: 天津师范大学硕士学位论文.
曹良中, 陈曦, 杨辽. 2017. 基于倾斜影像的三维城市自动建模[J]. 测绘科学, 42(1): 124-130.
曹琳. 2016. 基于无人机倾斜摄影测量技术的三维建模及其精度分析[D]. 西安: 西安科技大学硕士学位论文.
曹帅帅. 2017. 无人机倾斜摄影测量三维建模的应用试验研究[D]. 昆明: 昆明理工大学硕士学位论文.
陈杭. 2018. 一种基于多重纹理映射的倾斜摄影模型单体化技术[J]. 测绘与空间地理信息, 41(10): 250-252, 256.
陈良超, 詹勇, 王俊勇. 2018. 一种倾斜摄影实景三维模型单体化方法[J]. 测绘通报, (6): 68-72.
陈明杰. 2019. 无人机倾斜摄影测量三维建模及模型可视化研究[D]. 西安: 西安科技大学硕士学位论文.
陈启晟. 2016. 无人机影像匹配点云三维构网算法的研究[D]. 南昌: 东华理工大学硕士学位论文.
陈文灵, 高楠. 2013. 作战力量发展展望[J]. 军事学术, (7): 31-34.
邓琴, 吕开云. 2015. 基于 DPModeler 的倾斜影像三维重建[J]. 江西测绘, (1): 19-20, 26.
邓琴. 2015. 基于 DPModeler 的倾斜影像三维建模[D]. 南昌: 东华理工大学硕士学位论文.
丁华. 2004. 激光三维扫描、重建技术在逆向工程中的应用[D]. 济南: 山东大学硕士学位论文.
董锦菊. 2007. 逆向工程中数据测量和点云预处理研究[D]. 西安: 西安理工大学硕士学位论文.
董杨. 2017. 大数据影像稀疏三维重建理论与方法研究[D]. 郑州: 解放军信息工程大学硕士学位论文.
董友强. 2014. 影像匹配与密集点云生成研究[D]. 北京: 北京建筑大学硕士学位论文.
杜靖. 2017. 基于倾斜摄影影像的真三维单体化模型精细建模方法研究[D]. 成都: 电子科技大学硕士学位论文.
段文华, 许庆领. 2017. 倾斜摄影实景三维模型的质量控制分析[J]. 地理空间信息, (11): 93-95.
樊高月. 2013. 21 世纪外军作战趋势研究[J]. 中国军事科学, (2): 88-95.
范冲, 王学. 2014. 三维城市建筑物的纹理映射综述[J]. 测绘与空间地理信息, (7): 1-4.
高山, 陈思. 2013. 城市三维建模技术与标准研究[J]. 测绘通报, 3: 95-97.
顾广杰, 张坤鹏, 刘志超. 2017. 浅谈无人机倾斜摄影测量技术标准[J]. 测绘通报, (s1): 210-213.
郭亮, 何华贵, 杨卫军, 等. 2019. 三维实景技术的发展与应用[M]. 北京: 科学出版社.
郭思悦. 2018. 基于卫星遥感影像的三维重建技术研究[D]. 哈尔滨: 哈尔滨工程大学硕士学位论文.
何豫航, 岳俊. 2013. 基于 CMVS/PMVS 多视角密集匹配方法的研究与实现[J]. 测绘地理信息,38(3): 20-23.
侯晓芬. 2015. 基于序列影像的空间目标三维重建关键技术研究[D]. 郑州: 解放军信息工程大学硕士学位论文.
侯晓芬, 邢帅, 马东洋, 等. 2016. 面向序列影像的三维场景重建方法[J]. 测绘科学, 41(2):126-127.
黄炯荣. 2018. 基于无人机序列图像的多视图几何三维重建[D]. 南昌: 东华理工大学硕士学位

论文.
黄文诚. 2017. 基于倾斜摄影的城市实景三维模型单体化及其组织管理研究[D]. 西安: 长安大学硕士学位论文.
纪松, 范大昭, 张永生, 等. 2009. 基于 AMMGC 三线阵影像多视匹配模型的 DSM 自动提取[J]. 测绘科学. 34(2): 139-141.
纪松, 张丽, 陈彬, 等. 2016. 多基线立体影像的 GC^3-P-SGM 匹配方法[J]. 测绘科学技术学报, 33(4): 374-378, 382.
纪松. 2008. 线阵影像多视匹配自动提取 DSM 的理论与方法[D]. 郑州: 解放军信息工程大学硕士学位论文.
纪松. 2012. 多视匹配策略与优化方法研究[D]. 郑州: 解放军信息工程大学博士学位论文.
姜翰青, 王博胜, 章国锋, 等. 2015. 面向复杂三维场景的高质量纹理映射[J]. 计算机学报, 38(12): 2349-2360.
姜丽丽, 张姝娟, 王鸿阳. 2015. 倾斜航空摄影数据空中三角测量的精度分析[J]. 测绘与空间地理信息, (5): 59-60.
阚晓云, 孙景振. 2014. LiDAR 及倾斜摄影技术在数字实景城市模型中的应用[J]. 测绘地理信息, (3): 43-46.
阚酉浔. 2017. 基于多源测量数据融合的三维实景重建技术研究[D]. 武汉: 中国地质大学博士学位论文.
李安福, 曾政祥, 吴晓明. 2014. 浅析国内倾斜摄影技术的发展[J]. 测绘与空间地理信息, (9): 57-59.
李明, 张卫龙, 范丁元. 2017. 城市三维重建中的自动纹理优化方法[J]. 测绘学报. 46(3): 338-345.
李佩峻, 柴壮壮. 2018. 基于低空倾斜影像的三维建模研究[J]. 甘肃科学学报, 30(6): 1-6.
李言俊, 张科. 2009. 景象匹配与目标识别技术[M]. 西安: 西北工业大学出版社.
李莹, 林宗坚, 苏国中. 2017. Smart 3D 数据的三维模型重建[J]. 测绘科学, (9): 88-93.
李媛, 胡翰, 谢金华, 等. 2016. 局部区域表面一致性约束的三维模型纹理映射方法[J]. 武汉大学学报(信息科学版). (12): 1599-1604.
李镇洲, 张学之. 2012. 基于倾斜摄影测量技术快速建立城市 3 维模型研究[J]. 测绘与空间地理信息, 35(4): 117-119.
梁静, 施群山, 吕水生. 2020.三维激光扫描技术及应用[M]. 郑州: 黄河水利出版社.
刘磊, 孙敏, 任翔, 等. 2017. 基于无人机影像序列的三维重建方法综述[J]. 北京大学学报(自然科学版), 53(6): 1165-1178.
刘洋. 2016. 无人机倾斜摄影测量影像处理与三维建模的研究[D]. 南昌: 东华理工大学硕士学位论文.
卢俊. 2015. 基于无序多视影像的三维重建关键技术研究[D]. 郑州: 解放军信息工程大学博士学位论文.
芦彦霖. 2019. 倾斜摄影测量实景三维模型构建及精度分析[D]. 徐州: 中国矿业大学硕士学位论文.
马晨. 2016. 基于倾斜航空影像的城市生态三维重建研究[J]. 干旱环境监测, 30(2): 67-71.
宁振伟, 朱庆, 夏玉平. 2013. 数字城市三维建模技术与实践[M]. 北京: 测绘出版社.
钱朔. 2014. 真实感三维模型的纹理映射技术研究与实现[D]. 上海: 东华大学硕士学位论文.

秦川. 2015. 无人机影像匹配点云滤波处理与三维重建[D]. 成都: 西南交通大学硕士学位论文.
邱明劼. 2015. 城市遥感像对立体匹配及三维重建研究[D]. 哈尔滨: 哈尔滨工业大学硕士学位论文.
单文龙. 2019. 倾斜摄影精细化三维模型构建及分析技术研究[D]. 南京: 南京林业大学硕士学位论文.
沈大勇, 蒙印, 杨井源. 2014. 倾斜摄影实景三维模型空洞修补技术的研究[J]. 测绘, (6): 250-253.
宋碧波. 2012. 倾斜航空实景影像系统构建关键技术研究[D]. 焦作: 河南理工大学硕士学位论文.
孙向军. 2004. 场景三维重建的若干关键技术研究[D]. 南京: 南京理工大学博士学位论文.
孙钰珊, 张力, 艾海滨, 等. 2018. 倾斜影像匹配与三维建模关键技术发展综述[J]. 遥感信息, 33(2): 1-8.
谭金石, 黄正忠. 2015. 基于倾斜摄影测量技术的实景三维建模及精度评估[J]. 现代测绘, (5): 21-24.
谭仁春, 李鹏鹏, 文琳, 等. 2016. 无人机倾斜摄影的城市三维建模方法优化[J]. 测绘通报, (11): 39-42.
唐丽玉, 彭国均, 舒娱琴一. 2004. Mip-map 技术在三维实时仿真中的应用[J]. 福州大学学报, 32(1): 22-26
王丙涛, 王继. 2015. 基于倾斜摄影技术的三维建模生产与质量分析[J]. 城市勘测, (5): 80-82.
王峰. 2020. 轮廓特征约束的倾斜摄影测量建筑物 LOD-2 模型重建方法[D]. 成都: 西南交通大学博士学位论文.
王港淼. 2022. 倾斜摄影测量在城市数字化三维建模中的应用[J]. 科技创新与应用, (15): 190-192, 196.
王果, 张迪, 肖海红, 等. 2018. 利用倾斜摄影的黄河三峡景区三维重建研究[J]. 河南科学, 36(11): 1788-1792.
王建强, 钟春惺, 江丽钧, 等. 2004. 基于多视航空影像的城市三维建模方法[J]. 测绘科学, 39(3): 70-74.
王京, 郭瑞隆, 马明义. 2017. 基于无人机倾斜摄影测量的三维重建及精度分析[J]. 测绘标准化, (3): 32-33.
王蒙. 2014. 基于大规模点云数据的三维重建和纹理映射研究[D]. 南昌: 南昌大学硕士学位论文.
王卿. 2014. 机载多角度倾斜摄影技术的应用研究[D]. 焦作: 河南理工大学硕士学位论文.
王庆栋, 艾海滨, 张力. 2014. 利用倾斜摄影和 3dsMax 技术快速实现城市建模[J]. 测绘科学, 39(6): 74-78.
王庆栋. 2013. 新型倾斜航空摄影技术在城市建模中的应用研究[D]. 兰州: 兰州交通大学硕士学位论文.
王宇宙. 2014. 计算机视觉三维重建理论与应用[D]. 西安: 西北大学博士学位论文.
王宗伟. 2014. 线阵 CCD 卫星影像 DSM 自动生成技术研究[D]. 徐州: 中国矿业大学硕士学位论文.
魏祖帅, 李英成, 陈海燕. 2017. 倾斜多视影像空中三角测量的精度分析[J]. 遥感信息, 32(4): 6-10.
魏祖帅. 2015. 倾斜摄影空中三角测量若干关键技术研究[D]. 焦作: 河南理工大学硕士学位

论文.
翁其强. 2018. 基于倾斜摄影测量的建筑物三维模型自动纹理映射方法[D]. 成都: 西南交通大学硕士学位论文.
吴彤, 傅中力. 2015. 三维重建技术及其军事应用[J]. 国防科技, 36(1): 31-34.
吴熠文. 2019. 基于无人机倾斜摄影测量的建(构)筑物三维形貌测量技术[D]. 长沙: 湖南大学硕士学位论文.
向云飞. 2016. 基于机载 LiDAR 和倾斜摄影的城市建筑物三维建模[D]. 成都: 成都理工大学硕士学位论文.
肖雄武. 2018. 具备结构感知功能的倾斜摄影测量场景三维重建[D]. 武汉: 武汉大学博士学位论文.
谢宏全, 谷风云, 等. 2014. 基于激光点云数据的三维建模应用实践[M]. 武汉: 武汉大学出版社.
谢涛, 郑大鹏, 李鸿鹏. 2016. 基于倾斜摄影测量技术的输电线路走廊三维重建[J]. 通讯世界, (1): 130-132.
熊利郎, 潜冬, 李海珠. 2013. 基于实时性的三维重建综述[J]. 中国传媒大学学报(自然科学版), (6): 38-43.
薛军涛, 贺怀清, 张宇翔, 等. 2015. 典型纹理映射实现方法的研究[J]. 计算机工程, 31(7): 211-213.
闫利, 程君. 2015. 倾斜影像三维重建自动纹理映射技术[J]. 遥感信息, 30(2): 31-35.
严孝云. 2019. 基于倾斜摄影测量技术的实景三维建模技术研究[D]. 青岛: 山东科技大学硕士学位论文.
杨存英. 2016. 基于倾斜影像的建筑物提取与参数化三维重建[D]. 西安: 西安科技大学硕士学位论文.
杨洪文, 董丽华, 周平, 等. 2010. 螺旋 CT 三维重建立体显示在军事训练膝关节损伤中的应用[J]. 西南国防医药, (8): 842-844.
杨军. 2012. 弹道导弹精确制导与控制技术[M]. 西安: 西北工业大学出版社.
杨秀峰. 2014. 基于无人机遥感数据的三维地形快速重建技术研究[D]. 焦作: 河南理工大学硕士学位论文.
杨争艳. 2017. 倾斜摄影测量三维重建中纹理映射的研究[D]. 成都: 成都理工大学硕士学位论文.
余虹亮, 冯文雯, 劳冬影, 等. 2016. 基于倾斜摄影的城市建筑三维重建方法研究[J]. 计算机应用与软件, 33(12): 188-192.
余虹亮. 2016. 基于倾斜摄影的城市三维重建方法研究[D]. 南宁: 广西大学硕士学位论文.
张晨. 2018. 对倾斜摄影三维重建过程中图像匹配的研究[D]. 南京: 南京大学硕士学位论文.
张春森, 张卫龙, 郭丙轩, 等. 2015. 倾斜影像的三维纹理快速重建[J]. 测绘学报, 44(7): 782-790.
张宏伟. 2017. 基于遥感影像与点云数据的建筑物三维重建技术研究[D]. 郑州: 解放军信息工程大学博士学位论文.
张剑清, 贺少军, 苏国中. 2005. 三维模型重建中影像纹理重组织方法研究[J]. 武汉大学学报(信息科学版). (02): 115-117.
张雯, 程亮, 张群. 2014. 三维模型几何质量评价方法[J]. 测绘通报, (7): 44-47.

张鑫鑫, 王冬, 赵凤梧. 2017. 基于 A3 航空摄影系统和 Smart3d 软件快速进行实景影像三维模型生产[J]. 城市勘测, (1): 76-81.
张永宏, 张雪萍, 李英杰. 2017. 基于倾斜摄影的三维城市建模研究[J]. 测绘与空间地理信息, 40(1): 215-217.
赵宏, 杜明城. 2016. 基于倾斜摄影测量技术的智慧城市 5D 产品制作工艺实现[J]. 测绘工程, 25(9): 73-76.
赵洋洋. 2016. 基于序列图像的 3D 重建算法研究[D]. 哈尔滨: 哈尔滨理工大学硕士学位论文.
郑盼. 2018. 基于 Smart3D 软件的无人机倾斜摄影三维建模及精度评价[D]. 成都: 成都理工大学硕士学位论文.
周晓波, 王军, 周伟. 2017. 基于无人机倾斜摄影快速建模方法研究[J]. 现代测绘, 40(1): 40-42.
周晓敏, 孟晓琳, 张雪萍, 等. 2016. 倾斜摄影测量的城市真三维模型的构建方法[J]. 测绘科学, 41(9): 159-163.
朱国强, 刘勇, 程鹏正. 2016. 无人机倾斜摄影技术支持下的三维精细模型制作[J]. 测绘通报, (9): 151-152.
朱庆, 翁其强, 胡翰, 等. 2018. 基于帧缓存的多角度影像精细纹理映射方法[J]. 西南交通大学学报, 1-8.
朱延娟, 周来水, 张丽艳. 2006. 散乱点云数据配准算法[J]. 计算机辅助设计与图形学学报, 18(4): 475-481.
邹晓亮, 缪剑, 张永生, 等. 2012. 基于像素工厂的无人机影像空三优化技术[J]. 测绘科学技术学报, 29(5): 362-367.
Bernardini F, Mittlement J, Rushmeier H, et al. 1999.The ball-pivoting algorithm for surface reconstruction[J]. IEEE Transactions on Visualization and Computer Graphics, 5(4): 349-359.
Besnerais G L, Sanfourche M, Champagnat F. 2008. Dense height map estimation from oblique aerial image sequences [J]. Computer Vision and Image understanding,109: 204-225.
Boissonnat J D. 1984. Geometric structures for three-dimensional shape representation[J]. ACM Transactions on Graphics, 3(4): 266-286.
Fritsch D. 2011. News from IGI [EB/OL]. [2011-9-5]. http://www.ifp.uni-stuttgart.de/phowo/2011/presentations/040Minten.pdf.
Gal R, Wexler Y, Ofek E, et al. 2010. Seamless montage for texturing models[J]. Computer Graphics Forum, 29(2): 479-487.
Gerke M. 2009. Dense matching in high resolution oblique airborne images[C]//International Archives of Photogrammetry, Remote Sensing and Spatial Information Science. 38(Part 3/W4): 77-82.
Hermann S, Klette R. 2013. Iterative semi-global matching for robust driver assistance systems[J]. Lecture Notes in Computer Science, 7726: 465-478.
Hirschmüller H. 2008. Stereo Processing by Semiglobal Matching and Mutual Information. IEEE Transactions on Pattern Analysis and Machine Intelligence, 30(2): 328-341.
Hoppe H, Derose T, Duchamp T, et al. 1992. Surface reconstruction from unorganized points[J]. ACM SIGGRAPH Computer Graphics, 26(2): 71-78.
Kazhdan M,Bolitho M,Hoppe H. 2006. Poisson surface reconstruction[C]//The fourth Eurographics symposium on Geometry processing (SGP '06), Eurographics Association, Goslar, DEU, 61-70.
Koutsoudis A, Vidmar B, Ioannakis G, et al. 2014. Multi-image 3D reconstruction data evaluation[J]. Journal of Cultural Heritage, 15(1): 73-79.
Läbe T, Förstner W. 2006. Automatic relative orientation of images [C]//Proceedings of the 5th

Turkish-German Joint Geodetic Days. Berlin.
Lowe D G. 2004. Distinctive image features from dcale-invariant key-points [J]. International Journal of Computer Vision, 60(2): 91-110.
Michael K, Matthew B, Hugues H. 2016. Poisson surface reconstruction[C]. Proceedings of the fourth Eurographics symposium on Geometry processing(SGP '06), 6: 61-70.
Michael Waechter, Nils Moehrle, Michael Goesele. 2014. Let There Be Color!Large-Scale Texturing of 3D Reconstructions[C]. Computer Vision ECCV 2014; 8693: 836-850. doi: 10.1007/978-3-319-10602-1_54.
Michal Jancosek, Tomas Pajdla. 2014. Exploiting Visibility Information in Surface Reconstruction to Preserve Weakly Supported Surfaces[J], International Scholarly Research Notices, vol. 2014, Article ID 798595, 20 pages. https: //doi.org/10.1155/2014/798595.
Nister D. 2004. An efficient solution to the five-point relative pose problem [J]. IEEE Transactions on Pattern Analysis and Machine Intelligence(PAMI). 26(6): 756-770.
Pollefeys M, Koch R, Van Gool L. 1999. Self-calibration and metric reconstruction in spite of varying and unknown internal camera parameters[J]. International Journal of Computer Vision,32(1): 7-25.
Rupnik E, Nex F, Remondino F. 2013. Automatic orientation of large blocks of oblique images[C]. International Archives of the Photogrammetry, Remote sensing and Spatial Informartion Science, Volume XL-1/W 1, ISPRS Hannover Workshop 2013, 21-24, Hannover, Germany.
Szeliski R. 2011. Computer vision-algorithms and applications[M]. Germany: Springer, Heidelberg.
Toldo R, Fantini F, Giona L, et al. 2013. Accurate multiview stereo reconstruction with fast visibility integration and tight disparity bounding[J]. International Archives of Photogrammetry, Remote Sensing and Spatial Information Sciences, 40(5/W1): 243-249.
Vu H H, Labatut P, Pons J P, et al. 2012. High accuracy and visibility-consistent dense multiview stereo[J]. IEEE Transactions on Pattern Analysis and Machine Intelligence, 34(5): 889-901.
Weith-Glushko S, Salvaggio C. 2004. Automatic tie-point generation for oblique aerial imagery: analgorithm [OL]. [2012-3-10]. http://testcis.Cis.rit.edu/cnspci/references/theses/senior/weith-glushko2004.pdf.
Yasutaka F, Brian C, Steven M, et al. 2010. Towards Internet-scale multi-view stereo[C]. IEEE Conference on Computer Vision and Pattern Recognition, 13-18: 1434-1441.
Yasutaka F, Jean P. 2010. Accurate, Dense, and Robust Multiview Stereopsis[J]. IEEE Transactions on Pattern Analysis and Machine Intelligence, vol. 32, no. 8, pp. 1362-1376, doi: 10.1109/TPAMI.2009.161.
Zhang J Q, Zhang Y, Zhang Z X. 2012. Determination of exterior parameters for video image sequences from helicopter by block adjustment combined vertical and oblique images [OL]. [2012-3-10]. http://spiedigitallibrary. org/proceedings/resource/2/psisdg/5286/1/191_1.

Tola E, Lepetit V, Fua P. 2010. DAISY: An efficient dense descriptor applied to wide-baseline stereo[J]. IEEE Transactions on Pattern Analysis and Machine Intelligence, 32(5): 815-830.

Torr P H S, Zisserman A. 2000. MLESAC: A new robust estimator with application to estimating image geometry[J]. Computer Vision and Image Understanding, 78(1): 138-156.

[illegible] Wu Y, [illegible] S. 2012. [illegible] [J]. [illegible] Transactions on Geoscience and Remote Sensing, [illegible].

Triggs B, McLauchlan P F, Hartley R I, et al. 2000. Bundle adjustment — A modern synthesis[C]//Vision Algorithms: Theory and Practice. Berlin: Springer: 298-372.

Uricchio T, Ballan L, et al. [illegible] Machine Learning Approach for Vision-Based Geolocalization[J]. [illegible].

Vedaldi A, Fulkerson B. 2010. VLFeat: An open and portable library of computer vision algorithms[C]//Proceedings of the 18th ACM International Conference on Multimedia. Firenze: ACM: 1469-1472.

Wang H, Yan D M, et al. [illegible].

Wu C. 2013. Towards linear-time incremental structure from motion[C]//2013 International Conference on 3D Vision. Seattle: IEEE: 127-134.

Wohlfeil J, Hirschmüller H, Piltz B, et al. 2012. Fully automated generation of accurate digital surface models with sub-meter resolution from satellite imagery[J]. International Archives of the Photogrammetry, Remote Sensing and Spatial Information Sciences, XXXIX-B3: 75-80.

Xiao X, Guo B, Li D, et al. 2016. Multi-view stereo matching based on self-adaptive patch and image grouping for multiple unmanned aerial vehicle imagery[J]. Remote Sensing, 8(2): 89.

Yang B, [illegible] et al. [illegible] [J]. [illegible].